Gottlieb Strassacker, Roland Süsse

Rotation, Divergenz und Gradient

Leicht verständliche Einführung in die elektromagnetische Feldtheorie

Gottlieb Strassacker, Roland Süsse

Rotation, Divergenz und Gradient

Leicht verständliche Einführung in die elektromagnetische Feldtheorie

5., überarbeitete und erweiterte Auflage

Mit 151 Abbildungen, 17 Tabellen und 70 Beispielen

B. G. Teubner Stuttgart · Leipzig · Wiesbaden

Bibliografische Information der Deutschen Bibliothek
Die Deutsche Bibliothek verzeichnet diese Publikation in der Deutschen Nationalbibliographie; detaillierte bibliografische Daten sind im Internet über <http://dnb.ddb.de> abrufbar.

Akad. Direktor. i. R. Dr.-Ing. Gottlieb Strassacker, Universität Karlsruhe (TH)
Priv.-Doz. Dr.-Ing. habil. Roland Süsse, TU Ilmenau, Institut für Allgemeine und Theoretische Elektrotechnik

1. Aufl. 1984
2. Aufl. 1986
3. Aufl. 1992
4. Aufl. 1999
5., überarbeitete und erweiterte Auflage März 2003

Der Verlag Teubner ist ein Unternehmen der Fachverlagsgruppe BertelsmannSpringer.
www.teubner.de

Umschlaggestaltung: Ulrike Weigel, www.CorporateDesignGroup.de
Druck und buchbinderische Verarbeitung: Lengericher Handelsdruckerei, Lengerich/Westfalen
Gedruckt auf säurefreiem und chlorfrei gebleichtem Papier.
Printed in Germany

ISBN 3-519-40101-0

Vorwort zur ersten Auflage

Den hier bearbeiteten Lehrstoff habe ich didaktisch so aufbereitet, daß er bei bekannter Differential-, Integral- und Vektorrechnung auch von solchen Studierenden verstanden werden kann, die noch nicht über die Kenntnisse der Vektoranalysis verfügen oder diese gerade erst erlernen.

Bei der Abfassung des Manuskriptes kam es mir weder auf eine umfassende, noch auf eine redundanzfreie Darstellung der elektromagnetischen Feldtheorie an. Vielmehr wollte ich eine möglichst verständliche Einführung geben. Denn aus meiner langjährigen Vorlesungserfahrung an der Universität Karlsruhe weiß ich, wie schwer sich viele Studenten mit dem Erlernen dieses nach wie vor unverzichtbaren Stoffes tun. Deswegen wurden Grundbegriffe wie: Skalarfeld, Vektorfeld, Feldlinienbild, Feldröhren und Fluß, Begriffe des Quellenfeldes wie: Ergiebigkeit, Divergenz und Gauß'scher Satz, sowie Begriffe des Wirbelfeldes wie: Zirkulation, Rotation und Stokes'scher Satz in einleitenden Kapiteln besonders ausführlich dargestellt, jedoch in enger Verbindung mit vorgezogenen Beispielen des elektromagnetischen Feldes.

Zur Verdeutlichung der Theorie und zur Vertiefung des Verständnisses habe ich bewußt Wiederholungen verwendet. Damit wird den Studierenden der Zugang zu den Fragestellungen und Lösungen der Feldtheorie sehr erleichtert. Das vorliegende Studienskript ist somit nicht für eine elitäre Auslese, sondern für den Durchschnittsstudenten geschrieben.

Im Hauptteil werden die Grundgleichungen der Maxwellschen Theorie sowie das Zusammenwirken von Feldgrößen und Feldgleichungen bei differentiellen und integralen Herleitungen behandelt. Letztere führen zu den für die spätere Praxis wichtigen Anwendungen: Durchflutungs- und Induktionsgesetz, Vektorpotential mit Biot-Savartschen Regeln, Induktivitätsberechnungen, Energieströmungsvektoren, Stromverdrängung, Wellen- und Telegraphengleichung sowie deren Lösungen für ebene Wellen, u.a.m.

Die Hörer dieser Vorlesung waren stets Studenten des dritten Fachsemesters, vor der Diplom-Vorprüfung. Diese frühe Einführung von elektromagnetischer Feldtheorie bei der wissenschaftlichen Ausbildung künftiger Elektroingenieure hat den Vorteil, daß die integralen Aussagen aus den feldtheoretischen Grundlagen abgeleitet werden und dadurch wohlfundiert sind. Dagegen ist es andernorts meist üblich, zunächst integrale Ergebnisse zu lehren und deren feldtheoretische Begründung erst zu einem späteren Zeitpunkt zu geben.

Danken möchte ich Herrn Professor Mlynski und Herrn Professor Reiß für ihr Interesse an diesem Studienskript und für ihre Anregungen.

Karlsruhe, im Mai 1984

G. Strassacker

Vorwort zur fünften Auflage

Der Autor der vorangegangenen Auflagen, Herr Dr.-Ing. Gottlieb Strassacker, und der Teubner Verlag haben mich gebeten, die Überarbeitung und Erweiterung der fünften Auflage zu übernehmen. Diesem Wunsch komme ich gern nach. Da die Wahl auf mich gefallen ist, oblag nicht dem Zufall. An der Universität Karlsruhe und der Technischen Universität Ilmenau werden seit ihrem Bestehen Studierende in Elektrotechnik ausgebildet. Zu dieser Ausbildung gehört die "Theoretische Elektrotechnik" mit einer Einführung in die Theorie des elektromagnetischen Feldes.

An der Technischen Universität Ilmenau besteht die Besonderheit, daß innerhalb der Fakultät für Elektrotechnik und Informationstechnik in der Studienrichtung "Allgemeine und Theoretische Elektrotechnik" Studierende ein Hochschuldiplom erwerben können. Der wissenschaftlich Nachwuchs kann im Fachgebiet "Theoretische Elektrotechnik" promovieren und im Anschluß daran habilitieren. Damit besteht hier eine einzigartige Tradition zur Qualifikation über das Diplom hinaus, was wiederum positiv auf die Diplomausbildung zurückwirkt.

Vergleicht man in Karlsruhe und in Ilmenau die Art und Weise der Ausbildung auf dem Gebiete der Theorie des elektromagnetischen Feldes, so bestehen weitgehende Übereinstimmungen, in Teilen ist sie methodisch gleich. Aus diesen Gründen bleibt der Aufbau der fünften Auflage dieses gelungenen, von den Studierenden vielseitig genutzten Buches erhalten. Hinzugefügt sind im Anschluß an die konformen Abbildungen die Herleitung nebst Anwendungen des Abbildungssatzes von Schwarz-Christoffel und Übungsaufgaben mit Lösungen zu den Kapiteln 4 bis 7.

Bei der Einteilung der elektromagnetischen Feldtheorie werden die gängigen Kapitel Statik, streng stationäres, quasistationäres und schließlich instationäres Strömungsfeld beibehalten, obwohl gelegentlich die Meinung vertreten wird, man sollte sich von diesen ortsbezogenen Begriffen trennen zu Gunsten eines Zeitbezuges.

Bei streng physikalischer Einteilung gibt es in der Tat nur zwei Feldtypen, einerseits Felder mit streng zeitlicher (und damit auch ortsgebundener) Konstanz, andererseits Wechselfelder, die bei ausreichenden Leitungslängen auch schon bei Niederfrequenz Abstrahlung aufweisen können und damit den instationären Feldern zuzurechnen sind.

Betrachtet man aber den in der Elektrotechnik wichtigen Fall, zeitlich langsam veränderlicher Felder mit Leitungslängen, die viel kleiner sind als die Wellenlängen, so tritt bei diesen noch keine Antennenwirkung auf. Es handelt sich hier um fast ortsfeste (quasistationäre) Felder. Es ist daher angemessen, die elektromagnetischen Vorgänge quasistationärer Felder nach wie vor getrennt zu besprechen.

Elektromagnetische Felder werden auch nach Quellen- und Wirbelfeldern unterschieden. Beispiele: Elektrische Ladungen und Polflächen können Quellen elektrischer Felder, Leitungs- und Verschiebungsstromdichten können Wirbel magnetischer Felder sein. Aber schon die Elektrostatik zeigt, daß das kapazitive Feld eines Kondensators in seinem Verlauf, zwischen den Kondensatorplatten, ein quellenfreies Quellenfeld ist. Ebenso nennt man das magnetische $\vec{H}$-Feld, das an den Polen z.B. eines Permanentmagneten seine Normalkomponente sprunghaft ändert, ein Quellenfeld, obgleich auch dieses $\vec{H}$-Feld ansonsten, bei homogener Magnetisierung, quellenfrei ist.

Analog dazu gibt es Beispiele für wirbelfreie Wirbelfelder. Elektrostatik bzw. Magnetostatik: Die Mantel- oder Seitenflächen eines Körpers mit $\epsilon_r > 1$ bzw. $\mu_r > 1$ sind Orte mit Wirbeln durch sprunghaft übergehende Tangentialkomponenten eines $\vec{D}$- bzw. eines $\vec{B}$-Feldes. Diese Felder werden daher als Wirbelfelder bezeichnet, obgleich sie ansonsten, bei homogener Polarisation, völlig wirbelfrei sind.

Das Magnetfeld $\vec{H}$ außerhalb stromdurchflossener Leiter ist ein wirbelfreies Wirbelfeld. Modellhaft kann es aber durch Einführen einer Sperrfläche mit geeigneten Ersatzladungen als Quellenfeld erscheinen und mathematisch durch Gradientenbildung aus einem Skalarpotential dargestellt werden.

Es gibt also wirbelhafte und wirbelfreie Wirbelfelder. Ebenso gibt es quellenhafte und quellenfreie Quellenfelder. Man fragt sich mit Recht, wieso ein quellenfreies Quellenfeld noch als "Quellenfeld" und wieso ein wirbelfreies Wirbelfeld noch als "Wirbelfeld" bezeichnet wird. Offenbar ausschließlich durch die Art am Ort des Entstehens! Besser wäre, man vermiede den Begriff "Quellenfeld" beim quellenfreien und den Begriff "Wirbelfeld" beim wirbelfreien Feld und beschränkte sich auf die Eigenschaften eines Feldes, das "quellenfrei" oder "quellenhaft" und "wirbelfrei" oder "wirbelhaft" sein kann.

Auch der Schluß, es handele sich bei $div \ldots = 0$ um ein Wirbelfeld oder bei $rot\ \ldots = 0$ um ein Quellenfeld kann richtig oder auch falsch sein. Denn $div \ldots$ und $rot \ldots$ sind lokale Aussagen. Das betrachtete Feld kann andernorts durch Quellen, aber auch durch Wirbelursachen erzeugt worden sein.

Wenn in diesem Buch dennoch die Bezeichnungen "Quellenfeld" und "Wirbelfeld" häufig auch bei Quellen– und Wirbelfreiheit wie bisher beibehalten werden, so ausschließlich, um dadurch den Lernenden das Verstandnis auf Grund der Entstehung des jeweiligen Feldes zu erleichtern.

Ich bedanke mich bei Herrn Dr.- Ing. G. Strassacker und beim Verlag für das Entgegenkommen zur Herausgabe der fünften Auflage.

Herrn Dr.-Ing. T. Ströhla danke ich für das Schreiben des Manuskriptes.

Ilmenau, im Dezember 2002

R. Süße

Inhaltsverzeichnis

Kapitel 1

Einführung

1.1 Der Feldbegriff, Historisches

Vor Faraday glaubten Physiker wie Ampere, Biot und Savart an die sogenannte "Fernwirkungstheorie". Sie wollten ausdrücken, daß elektrisch geladene oder magnetisierte Körper über ihre Entfernung aufeinander (mit Kräften) einwirken, ohne daß sich der Zustand des Raumes zwischen diesen Körpern ändert.

MICHAEL FARADAY (englischer Physiker und Chemiker 1791 – 1867) führte die "Kraftlinien" als Feldbegriff ein. Er meinte damals (etwa 1830), daß Kraftlinien den Raum zwischen elektrisierten oder magnetisierten Körpern in einen besonderen Zustand versetzen. Der Ausdruck "Kraftlinien" lag nahe, da man feststellte, daß elektrisch geladene Körper, ebenso wie Permanentmagnete, Kräfte aufeinander ausüben. Heute ist der Begriff der Kraftlinien durch den allgemeineren Begriff der "Feldlinien" ersetzt. Ihre Dichte sagt uns, wie stark sich der Raum zwischen solchen Körpern in einem elektrisch oder magnetisch beeinflußten Zustand befindet.

JAMES CLARK MAXWELL (englischer Physiker 1831 – 1879) begründete theoretisch die elektromagnetische Feldtheorie, die nach ihm als "Maxwellsche Theorie" benannt wird. 1861 - 1864 veröffentlichte er sie als "elektromagnetische Lichttheorie". Sie ist eine makroskopische Theorie und sagt aus, daß Licht und elektromagnetische Wellen grundsätzlich von gleicher Art oder Natur sind.

Dem deutschen Physiker HEINRICH HERTZ (1857 – 1894) gelang der experimentelle Nachweis elektromagnetischer Wellen. 1888 erreichte er deren Abstrahlung, Interferenz, Reflexion und Empfang an der Technischen Hochschule in Karlsruhe. Er bestätigte damit die von Faraday vermutete, von Maxwell theoretisch dargestellte Gleichheit von Licht und elektromagnetischen Wellen.

1.2 Das Skalarfeld

Teilen wir eine begrenzte Fläche in viele gleiche Quadrate, Rechtecke oder Dreiecke (Bild 1.2.1a, 1.2.1b, 1.2.1c) oder auch in andere einander gleiche

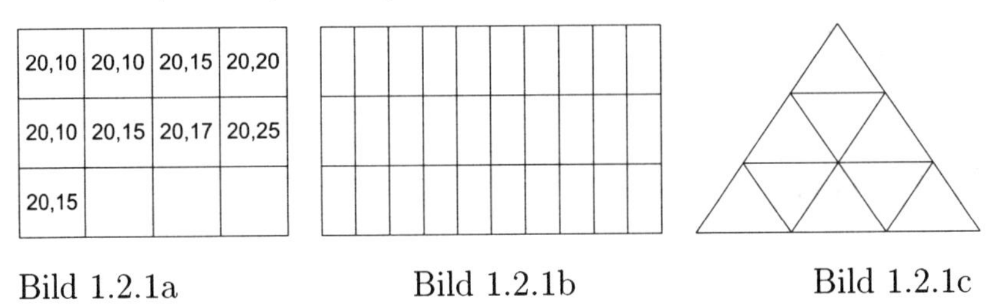

Bild 1.2.1a Bild 1.2.1b Bild 1.2.1c

Formen ein, so kann man diese Einteilung benutzen, um in jede kleine Teilfläche eine dort vorhandene Raum– oder Materialeigenschaft, z.B. die dort herrschende Temperatur, die man auf diese Weise in gleichen Abständen und zur Weiterverarbeitung erfaßt hat, einzutragen. Natürlich läßt sich die Raum– oder Materialeigenschaft auch ohne umrandende Geometrie und in verschiedenen Niveauflächen räumlich (z.B. messen und dann) angeben. Oder man notiert die gewünschte Eigenschaft in ungleichen Abständen, was sich aber oft als unzweckmäßig erweisen wird; es sei denn man sucht die Orte mit gleicher Raum– oder Materialeigenschaft (z.B. gleicher Temperatur), die man als Orte gleichen **Potentials**, im Raum als **Äquipotentialflächen**, in der Ebene als **Äquipotentiallinien** bezeichnet. (Siehe Abschnitt 4.1.4)

Alle diese Verteilungen, auch die des Beispiels Temperatur, sind ortsabhängig, sind also Funktionen des Ortes, mit dem sie sich ändern. Beispiel Temperatur: $T = T(x, y, z)$. Sie ist keine gerichtete Größe, hat also keine Vektoreigenschaft; daher werden solche örtlichen, die oft materialabhängige Eigenschaften sind, durch **skalare Ortsfunktionen** dargestellt.

Andere Beispiele für skalare Ortsfunktionen sind Feuchtigkeit, Luftdruck, aber auch elektrische oder magnetische Größen wie Dielektrizitätszahl, Permeabilitätszahl, Potential, spezifische Leitwerte oder Widerstände u.a.m.

Natürlich sind Größen wie Temperatur oder elektrisches Potential vom Zustand ihrer Umgebung abhängig: Temperatur von der Einstrahlung der Sonne, einem irdischen Heizkörper oder von Eis und Schnee. Das elektrische Potential im Raum mag abhängen von benachbarten Hochspannungen, Netzspannungen oder auch von gewollten und ungewollten Abschirmungen, also Faradayschen Käfigen, die z.B. durch PKWs oder Stahlbetonbauten mehr oder weniger gut realisiert werden. Die Verteilung (das Auftragen) der skalaren Funktionswerte der Ortsfunktionen in der Ebene oder im Raum wird auch **Skalarfeld** genannt.

Äquipotentiallinien und –flächen

Wir wollen hier skalare Ortsfunktionen neutral $0(x, y, z)$ nennen, gleichgültig ob es sich dabei um Temperatur, Potential oder andere handelt. Beim Notieren solcher Ortsfunktionen sind zwei Arten besonders gängig:

Erste Art: Man markiert die Orte gleichen Betrages und verbindet sie miteinander (z.B. alle Punkte $O_1(x, y, z) = const_1$; dann alle Punkte $O_2(x, y, z) = const_2$; dann alle Punkte $O_3(x, y, z) = const_3$; etc.etc.). So entsteht in der Ebene eine Schar von Kurven, im Raum eine Schar von Flächen, deren Parameter die Beträge $const_1$, $const_2$, $const_3$ etc. aufweisen.

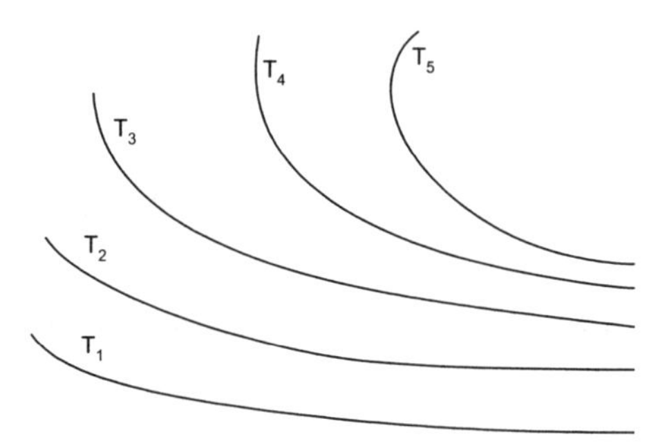

Bild 1.2.2: Äquipotentiallinien der Temperatur

Alle diese Orte gleichen Betrages der skalaren Ortsfunktion sind die im vorangehenden Abschnitt schon erwähnten Äquipotentiallinien in der Ebene und Äquipotentialflächen im Raum. Sie werden auch dann so genannt, wenn sie mit dem Begriff des elektrischen oder des magnetischen Potentials im engeren Sinne nichts zu tun haben: Bild 1.2.2.

Die zweite Art, skalare Ortsfunktionen darzustellen, möge so geschehen, wie dies z.B. im Bild 1.2.1a gezeigt wurde: Die ortsabhängigen Werte der Skalarfunktion werden in äquidistanten Abständen erfaßt und notiert. Diese Darstellung hat den Vorteil, daß die zeilen– und spaltenweise erfaßten Werte bereits als gängiges Rechenschema (Matrix) für die weitere Auswertung mit dem Digitalrechner vorliegen. Das Ziel dieser Auswertung besteht oft darin, zunächst Aquipotentiallinien oder –flächen und dann, senkrecht auf diesen stehend, die Feldvektoren, also die Feldstärken und die Feldlinien zu bestimmen.

Äquipotentialflächen sind sehr anschaulich; denn sie können (z.B. durch dünne Bleche) materialisiert werden, ohne daß ein Feld dadurch beeinflußt würde. Dies ist ebenso bei Vektorfeldern der Fall.

1.3 Vektorfeld und Feldlinienbild

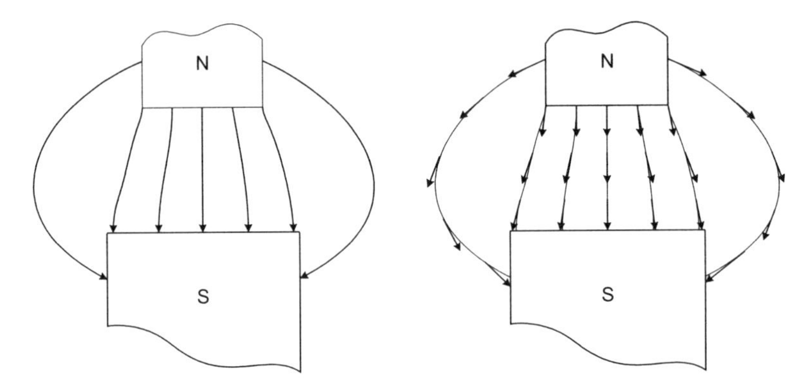

Bild 1.3.1a: Feldlinienbild Bild 1.3.1b: Vektorfeld und Feldlinien

In einem noch nicht ganz hoch gewachsenen Kornfeld im Sommer, einige Zeit vor der Ernte, stellen sich die Ähren, wenn der Wind darüber hinwegstreicht, fast in Windrichtung ein. Aus der Luft betrachtet, ersetzen sie dann ein Vektorfeld, wenn sich die Ähren völlig in die Windrichtung einstellen und wenn zusätzlich überall die Dichte der Ähren (z.B. deren Anzahl pro m^2) der dort herrschenden Windstärke proportional ist. Letztere Bedingung wird wohl nie erfüllt. Daher kann das Vektorfeld $\vec{v}$ der Windgeschwindigkeit durch ein Ährenfeld nur unvollständig dargestellt werden.

Die Bilder 1.3.1a und 1.3.1b sollen den Unterschied zwischen einem **Feldlinienbild** (1.3.1a) und seinem **Vektorfeld** (1.3.1b) aufzeigen. Als Beispiel diene das Magnetfeld eines Permanentmagneten, dessen Nord– und Südpol einander gegenüber stehen und verschieden große Polflächen haben.

Die Feldlinien (Bild 1.3.1a) sind Hilfsmittel zur quantitativen Darstellung und Auswertung einer physikalischen Größe mit Vektoreigenschaft. (Beispiele: Elektrische und magnetische Feldstärken, Flußdichten, elektrische Leitungsstromdichte oder einfach Geschwindigkeiten, z.B. die des Windes).

Feldlinien sind dadurch gekennzeichnet, daß an jeder Stelle des Raumes der Feldvektor (Bild 1.3.1b) mit der Richtung der Tangente an die Feldlinie übereinstimmt. Eine Feldlinie entsteht durch zeichnerisches Verbinden der Anfangspunkte der Feldvektoren.

Verwendet man den allgemeinen Buchstaben $\vec{u}$ für einen **Feldvektor** ($\vec{u}$ hat hier nichts zu tun mit der skalaren Größe der elektrischen Spannung), dann muß für den Zusammenhang zwischen ihm und dem Linienelement $d\vec{s}$ der Feldlinie gelten: $\vec{u} \times d\vec{s} = 0$, also $\vec{u}$ parallel $d\vec{s}$.

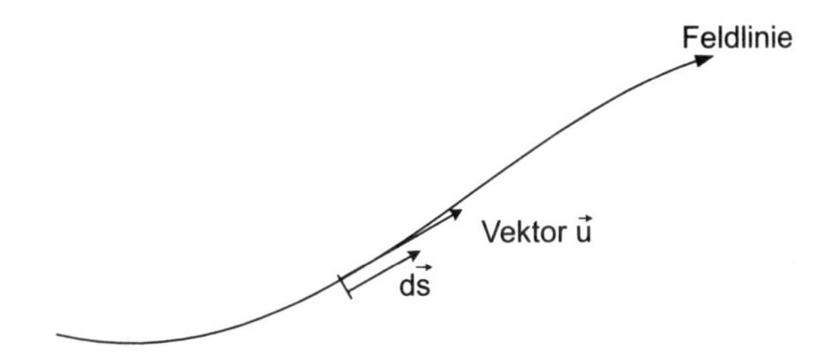

Bild 1.3.2: Feldlinie u, Vektor $\vec{u}$ und Linienelement $d\vec{s}$

Feldlinien sind dann richtig gezeichnet, wenn die Dichte der einander benachbarten Feldlinien proportional ist zur dort herrschenden Feldstärke. Die im allgemeinen gekrümmten Feldlinien u dürfen nicht verwechselt werden mit den geraden (Pfeilen der) Feldvektoren $\vec{u}$. Die **Feldstärke** ist der Betrag des Feldvektors $\vec{u}$.

Die Frage nach der **Quantität**, wieviele Feldlinien im konkreten Fall für ein Vektorfeld innerhalb eines vorgegebenen Querschnitts zu zeichnen sind, hängt von der Feldstärke und vom zu wählenden Abbildungsmaßstab ab.

Beispiel: Plattenkondensator mit kreisrunden Platten und Plattenabstand $d << r_0$, so daß die Randverzerrungen vernachlässigt werden können.

Die elektrische Feldstärke $\vec{E}$ im Plattenkondensator ist homogen (nicht ortsabhängig). Die E– und die D–Linien haben daher gleichen Abstand voneinander und sie laufen parallel zueinander.

Ist der Betrag der elektrischen Feldstärke $|\vec{E}|$ beispielsweise $100\,V/cm$, so wurde hier, im Bild 1.3.3, der senkrechte Abstand der einzelnen Feldlinien voneinander zu $0,5cm$ gewählt. Der Abbildungsmaßstab ist dafür anzugeben.

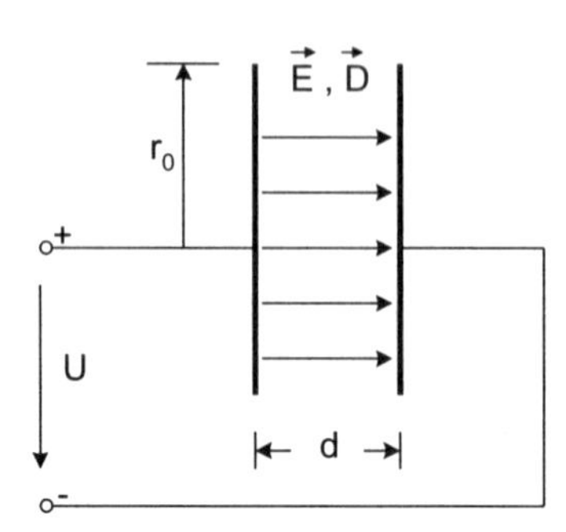

Bild 1.3.3: Homogenfeld im Plattenkondensator, daher konstanter Abstand der Feldlinien voneinander

$$Feldstärke \cdot Feldlinienabstand = const_d, \tag{1.3-1}$$

wobei die Konstante "$const_d$" dimensionsbehaftet ist. Soll sie dimensionslos werden, so läßt sich allgemeingültig anschreiben:

$$\frac{Feldstärke}{Einheit\ der\ Feldstärke} \cdot \frac{Feldlinienabstand}{Längeneinheit} = const. \tag{1.3-2}$$

Für obiges Beispiel ergibt sich: $const = 0,5$, daher ist der

$$Feldlinienabstand = \frac{50\,V/cm}{Feldstärke}\,cm = \frac{50V/cm}{100V/cm} cm = 0,5\,cm. \tag{1.3-3}$$

Der Abstand der Feldlinien voneinander ist stets senkrecht zu diesen, längs einer Äquipotentiallinie, zu betrachten.

1.4 Der Begriff Fluß

1. Beispiel: Laminare Flüssigkeitsströmung durch ein metallisches Rohr.

In Rohrmitte ist die Geschwindigkeit am größten; aber an der Rohrwand geht $|\vec{v}| \to 0$ wegen der die Flüssigkeitsmoleküle bremsenden Reibung der Rohrwand. Das Flächenintegral über den kreisförmigen Rohrquerschnitt wird aus den Elementen $\Delta\phi = \vec{v}\ d\vec{a}$ gebildet, wobei da Ringe mit konstanter Geschwindigkeit v sind.

$$\phi = \iint \vec{v}\ d\vec{a} = \frac{Volumen}{Zeit}; \qquad d\vec{a} = \vec{n}\ da, \tag{1.4-1}$$

$d\vec{a} = \vec{n}\,da$ ist der Vektor des Flächenelements, $\vec{n}$ ist der Normalen–Einsvektor.

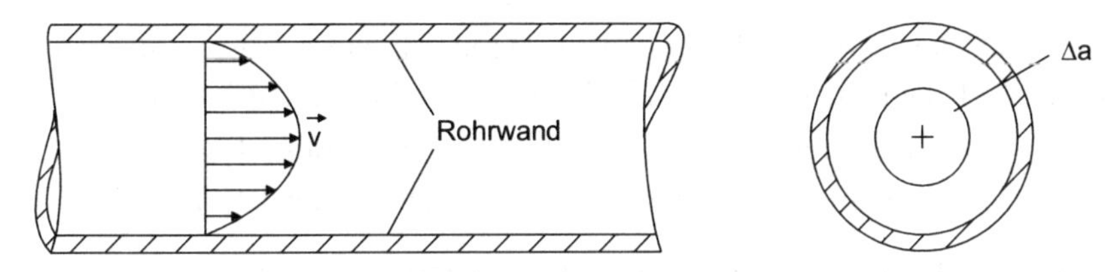

Bild 1.4.1: Geschwindigkeitsverteilung (v-Profil) im Rohrquerschnitt

Das Ergebnis ist eine skalare Größe mit der Einheit Volumen pro Zeit. Dies ist ein **Fluß**. Dieser Fluß ist anschaulich, da es sich um eine materielle Strömung handelt. Es "fließt" etwas Materielles. Wir nennen diesen Fluß ϕ.

2. Beispiel: Auch Luftbewegung, also Wind, ist eine sowohl anschauliche als auch materielle Strömung: Luftmoleküle bewegen sich mit der Geschwindigkeit $\vec{v}$:

$$\iint \vec{v}_{Wind}\, d\vec{a} = \phi_{Wind} \tag{1.4- 2}$$

ist auch ein Fluß, obwohl Luft kompressibel ist und eine viel geringere Dichte hat als Flüssigkeiten.

Man bezeichnet allgemein als **Fluß**, auch wenn sich keine materielle Vorstellung damit verbindet, das Flächenintegral des Vektors $\vec{u}$ ($\vec{u}$ steht ersatzweise für einen beliebigen Feldvektor):

$$\phi = \iint \vec{u}\, d\vec{a} = \iint \vec{u}\; \vec{n}\, da.$$

Man sieht, überall dort, wo ein Fluß definiert wird, liegt ein Vektorfeld zu Grunde; ohne Vektorfeld kein Fluß.

$d\vec{a} = \vec{n}\, da$ ist das vektorielle Flächenelement da

$\vec{n}$ ist der Normalen–Einsvektor auf dem Flächenelement da

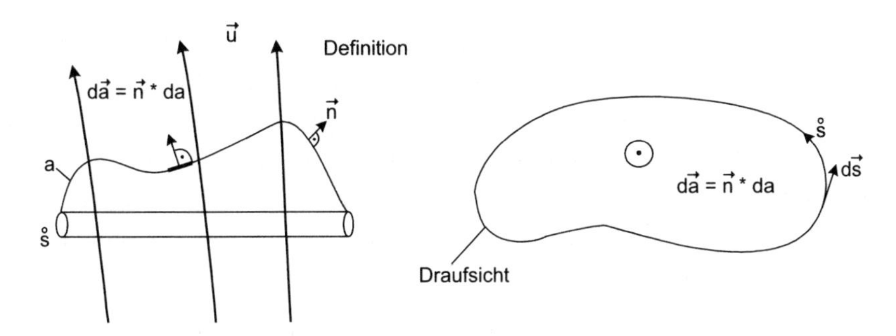

Bild 1.4.2: Zur Definition des Flusses und Zuordnung einer Randkurve $\mathring{s}$ zum Flächenelement $d\vec{a}$

$d\vec{a} = \vec{n}\, da$ ist das Flächenelement derjenigen Fläche a, die vom Vektorfeld $\vec{u}$ durchsetzt wird. Der zu berechnende Fluß ϕ durchdringt oder durchsetzt diese Fläche; sie wird berandet von der Randkurve (oder dem Umlauf) $\overset{\circ}{s}$, die dem Vektor des Flächenelementes $d\vec{a}$ rechtswendig zugeordnet ist (Bild 1.4.2 rechts).

Einige Beispiele der Elektrotechnik zur Flußberechnung

In der Elektrotechnik wird der Buchstabe ϕ vorwiegend für den magnetischen Fluß verwendet:

$$\phi = \iint \vec{B}\, d\vec{a} = \iint \vec{B}\, \vec{n}\, da, \qquad (1.4\text{-}\ 3)$$

wobei $\vec{B}$ in Vs/m^2 die magnetische Flußdichte ist. Dagegen wird für den elektrischen Fluß meist die Bezeichnung Ψ gewählt:

$$\Psi = \iint \vec{D}\, d\vec{a} = \iint \vec{D}\, \vec{n}\, da, \qquad (1.4\text{-}\ 4)$$

mit $\vec{D} = \epsilon_0 \epsilon_r \vec{E}$ in As/m^2 als elektrische Flußdichte. Es gibt aber auch andere Beispiele für einen Fluß, die oft nicht als Fluß wahrgenommen werden. So ist

$$I = \iint \vec{J}\, d\vec{a} = \iint \vec{J}\, \vec{n}\, da, \qquad (1.4\text{-}\ 5)$$

der elektrische Leitungsstrom I ein Fluß mit der Leitungsstromdichte $\vec{J}$ in A/m^2. Auch die nach dem Induktionsgesetz für ruhende Körper induzierte elektrische Spannung $u(t)$ ist begrifflich ein Fluß:

$$u(t) = -\iint \dot{\vec{B}}\, d\vec{a} = -\iint \dot{\vec{B}}\, \vec{n}\, da. \qquad (1.4\text{-}\ 6)$$

Etwas salopp ausgedrückt, kann man sagen: Ein **Fluß** ist die Summe der Feldlinien (oder Feldröhren – siehe hierzu den nächsten Abschnitt –) durch eine vorgegebene wohldefinierte Fläche a. Das Innenprodukt sorgt dafür, daß nur derjenige Anteil des Vektors genommen wird, der das Flächenelement da senkrecht durchsetzt. Weil der Feldvektor und das Flächenelement Vektoren sind, ist der Fluß stets eine skalare, also ungerichtete Größe. Sein Vorzeichen kann positiv oder negativ sein.

Für die weiteren Überlegungen in den nächsten Abschnitten bleiben wir bei der allgemeinen Bezeichnung ϕ für einen Fluß, ohne damit den speziellen magnetischen Fluß der Elektrotechnik zu meinen, ebenso wie wir den allgemeinen

Vektor $\vec{u}$ verwenden, der hier absolut nichts mit der skalaren Größe der elektrischen Spannung zu tun hat.

Feldröhren

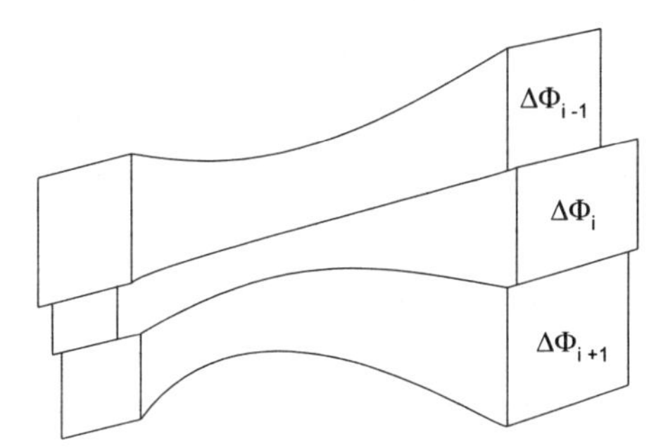

Bild 1.4.3: Feldröhren und deren Mantelflächen

Wird der felderfüllte Raum so in Röhren aufgeteilt, daß durch deren Mantelfläche keine Feldlinien hindurchtreten, dann spricht man von **Feldröhren**. Dabei kann jede Feldlinie als mittlere (Ersatz–) Kurve für eine Feldröhre betrachtet werden.

Der Teilfluß $\Delta\phi_i$ innerhalb einer Feldröhre ist konstant:

$$\Delta\phi_i = \vec{u}_i \, \Delta\vec{a}_i = const \qquad \text{und} \qquad \phi = \sum_i \vec{u}_i \, \Delta\vec{a}_i. \tag{1.4- 7}$$

$\Delta\phi = const$ erfordert, daß dort wo der Betrag des Feldvektors $|\vec{u}_i|$, also die Feldstärke klein ist, $|\Delta\vec{a}_i|$ groß ist und umgekehrt.

Diese Vorstellung wird deutlicher, wenn wir an die Strömung einer inkompressiblen Flüssigkeit denken. Dort muß durch jeden Rohrquerschnitt das gleiche Flüssigkeitsvolumen pro Zeiteinheit hindurchströmen:

$$\frac{Volumen}{Zeiteinheit} = \iint \vec{v} \, d\vec{a} \tag{1.4- 8}$$

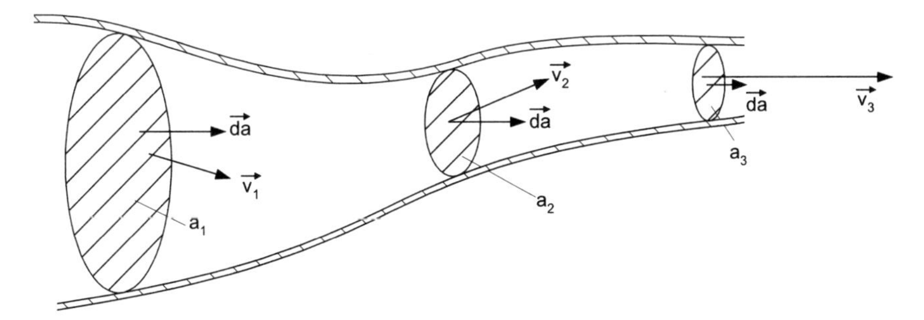

Bild 1.4.4: Flüssigkeitsströmung bei ungleichem Rohrquerschnitt

Ist der Rohrquerschnitt klein (z.B. a_3), dann ist die Strömungsgeschwindigkeit (hier v_3) groß. Ist jedoch der Querschnitt groß (z.B. a_1), dann ist die Strömungsgeschwindigkeit (hier v_1) entsprechend klein. Im Bild 1.4.4 ist die Länge der Strömungsvektoren $\vec{v}$ ihrem Betrag proportional.

Wurde ein Feldlinienbild richtig ermittelt, und repräsentiert jede Feldlinie eine Feldröhre, dann führt jede Feldröhre auch den gleichen Teilfluß $\Delta\phi$ wie ihre Nachbarfeldröhre.

Unsere Vorstellung ist nicht an kreisrunde oder elliptische Feldröhrenquerschnitte gebunden. Diese können durchaus z.B. auch rechteckig sein, so daß jeweils zwei benachbarte Feldröhren eine Feldröhrenwand gemeinsam haben.

Kapitel 2

Quellen und Senken als Feldursachen

Wir sprechen von Quellenfeldern und Wirbelfeldern. Beide unterscheiden sich grundlegend voneinander. Wir wollen deswegen beide Feldarten getrennt besprechen, um deren Unterschiede deutlich herausarbeiten zu können. Zunächst gehört unsere Aufmerksamkeit den Quellenfeldern.

2.1 Quellenfelder qualitativ

Freie elektrische (nicht aber magnetische!) Ladungen wie z.B. Elektronen und Ionen, die im Raum einzeln, also diskret, oder auch kontinuierlich als makroskopische Raumladungsdichten vorkommen, sind Ursachen eines elektrischen Quellenfeldes. Dabei sind diese Ladungen getrennt worden von der sie neutralisierenden elektrischen Gegenladung.

1. Beispiel

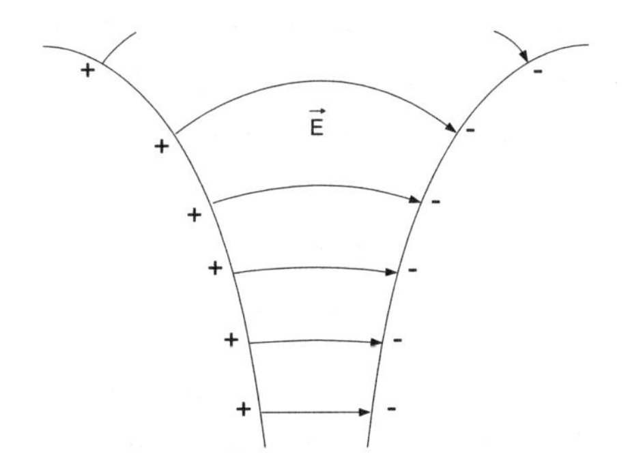

Von zwei einander benachbarten Körpern enthalte der eine einen Überschuß an positiver Ladung, der andere einen Überschuß an negativer Ladung. Es entsteht ein Quellenfeld, das bei positiven Ladungen (Quellen) entspringt und bei negativen Ladungen (Senken) endet.

Bild 2.1.1: Elektrisches Quellenfeld E zwischen zwei Körpern

2. Beispiel: Eine Metallkugel, die einen Überschuß an positiven elektrischen Ladungen trägt (Elektronen wurden abgezogen) und die, verglichen mit ihrem Radius r_0, weit von anderen Körpern entfernt ist, ist Anfang, Ausgangspunkt oder Quelle für ein kugelsymmetrisches elektrisches Quellenfeld $\vec{E}$:

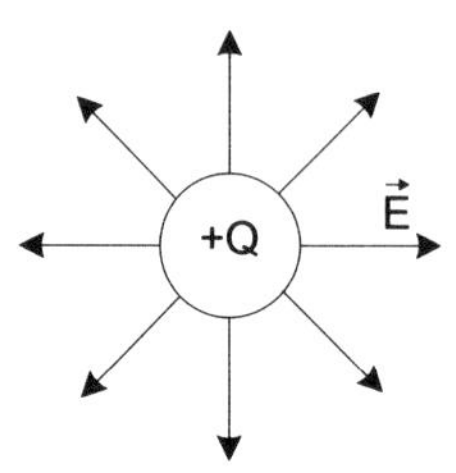

Bild 2.1.2: Kugel mit positivem Ladungsüberschuß als Quelle

Definitionsgemäß, was allein historisch begründet ist, zeigt der elektrische Feldvektor von positiven zu negativen Ladungen hin und nicht umgekehrt. Eine andere Kugel, mit nur negativem Ladungsüberschuß, ist daher Ende, Senke oder negative Quelle eines kugelsymmetrischen Vektorfeldes $\vec{E}$:

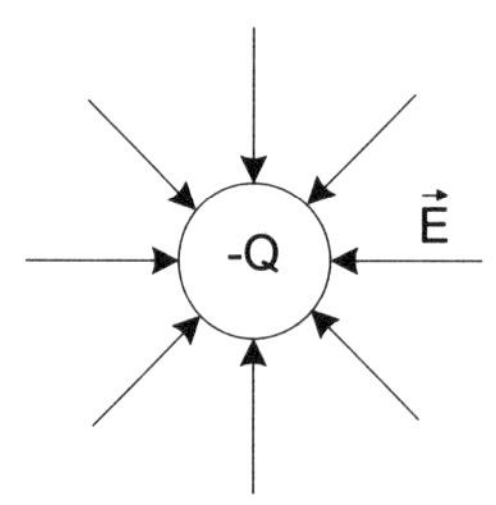

Bild 2.1.3: Kugel mit negativem Ladungsüberschuß als Senke eines Quellenfeldes

Positive elektrische Ladungen sind also Anfang oder **Quellen**, **negative elektrische Ladungen** sind Ende oder **Senken** eines elektrischen Quellenfeldes. Von einem "Senkenfeld" spricht man nicht. Eher bezeichnet man gelegentlich eine Senke (negative elektrische Ladung) als negative Quelle.

3. Beispiel: Ein komplizierterer Verlauf des elektrischen Feldes entsteht bei den folgenden drei, einander benachbarten, elektrisch geladenen Kugeln.

Treten nicht nur drei, sondern n diskrete Quellen im Raum v auf, so sind sie alle Ursache für das Entstehen eines entsprechend komplizierteren Quellenfeldes. An Stellen, an denen keine elektrischen Ladungen vorkommen, ist zwar ein elektrisches Feld vorhanden, aber es ist quellenfrei (der Raum zwischen den drei Kugeln). Das Feld kann von Ladungen, die an anderer Stelle sitzen, (bei unserem Beispiel auf den Kugeln,) erzeugt werden.

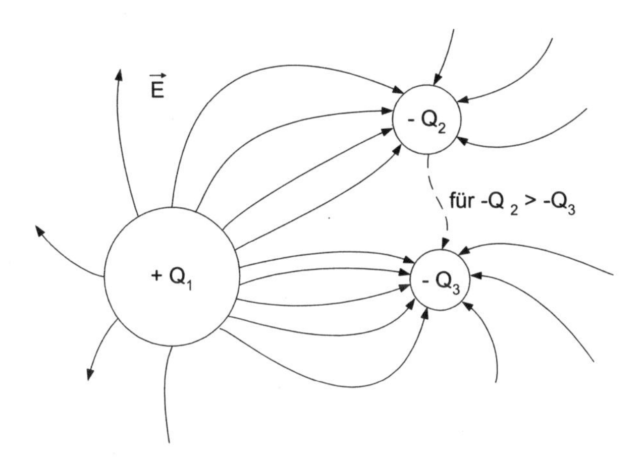

Bild 2.1.4: Quellenfeld bei drei geladenen Kugeln

Einige Quellen der Elektrotechnik

Einzelne (diskrete) positive und negative elektrische Ladungen q_i sowie kontinuierliche Flächenladungsdichten σ und Raumladungsdichten η sind Quellen des elektrischen Feldes. Es gibt jedoch keine damit vergleichbaren freien oder abtrennbaren magnetischen Ladungen. Dennoch kennt man an Ferromagnetika Quellen der magnetischen Feldstärke $\vec{H}$ (nicht aber von $\vec{B}$), auch ohne Existenz magnetischer Einzelladungen oder Monopole. Ebenso gibt es Quellen der elektrischen Feldstärke $\vec{E}$ (nicht aber von $\vec{D}$) an Dielektrika, auch ohne Vorhandensein freier elektrischer Ladungen, wie spätere Beispiele zeigen werden.

Solche Quellen findet man z.B. bei permanent polarisierter Materie an den Stirnflächen von Permanentmagneten und Elektreten. Aber auch ohne permanente Polarisation, jedoch bewirkt durch ein äußeres Feld, gibt es Quellen, besonders an Stirnflächen von Dielektrika durch elastische Ladungsverschiebung oder durch Ausrichtung von elektrischen Elementardipolen. Und es gibt Quellen, besonders an den Stirnflächen von Ferromagnetika, durch Ausrichtung von Elementarmagneten. Bild 2.1.5 möge dies für ein nicht polarisiertes Dielektrikum, Bild 2.1.6 für ein Ferromagnetikum schematisch verdeutlichen:

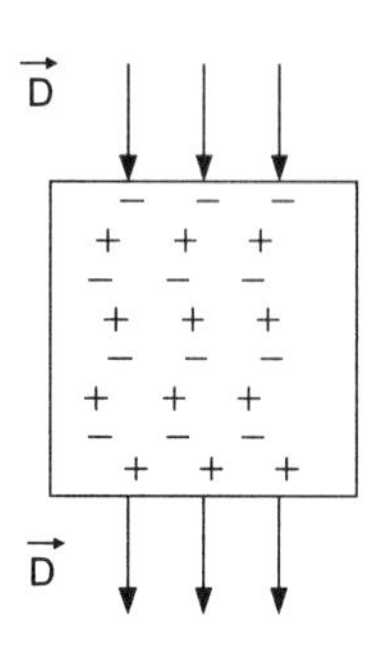

Eine von außen eingeprägte, elektrische Flußdichte $\vec{D}$ bewirkt mehr oder weniger starke elastische Ladungsverschiebungen im Dielektrikum, derart, daß an der einen Stirnfläche die negativen, an der anderen Stirnfläche die positiven Ladungen überwiegen. So werden die Stirnflächen zu Quellen für $\vec{E}$. (Siehe auch Abschnitt 4.1.1)

Bild 2.1.5: Prinzip der elastischen Ladungsverschiebung im unpolarisierten Dielektrikum

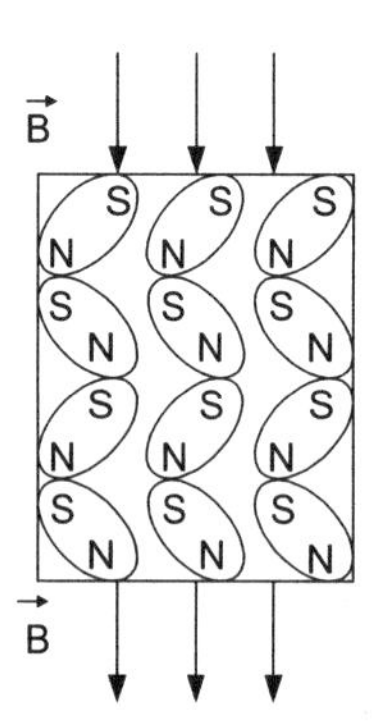

Eine von außen eingeprägte, magnetische Flußdichte $\vec{B}$ bewirkt im Ferromagnetikum eine mehr oder weniger starke Ausrichtung der Elementarmagnete derart, daß an der einen Stirnfläche die Nordpole, an der anderen Stirnfläche die Südpole überwiegen. So werden die Stirnflächen zu Quellen von $\vec{H}$. (Siehe Abschnitt 4.2.2)

Bild 2.1.6: Prinzip der Ausrichtung von Elementarmagneten im Ferromagnetikum

2.2 Quellenfelder quantitativ

2.2.1 Ergiebigkeit oder Quellenstärke

Es wurde gezeigt, daß für das Vektorfeld $\vec{u}$ ein Fluß durch das Flächenintegral $\phi = \iint \vec{u}\, d\vec{a}$ definiert ist. Wir wählen jetzt als Fläche eine geschlossene Hülle, eine Hüllfläche a_H, die das endlich große Volumen v einschließt. An der Oberfläche der Hülle soll ein Vektorfeld $\vec{u}$ vorhanden sein. Dieses kann durch Ursachen, die innerhalb oder außerhalb der Hüllfläche liegen, verursacht sein. Wir vereinbaren, wie allgemein üblich, daß der Normalenvektor $\vec{n}$ stets von der Hüllfläche weg, nach außen zeigt; dann gilt diese Richtung $\vec{n}$ auch für das Flächenelement auf der Oberfläche der Hülle

$$d\vec{a} = \vec{n}\, da. \tag{2.2- 1}$$

Alle Feldvektoren $\vec{u}$, die von der Oberfläche der Hülle nach außen (innen) zeigen, liefern einen positiven (negativen) Beitrag zum Fluß. Nur für tangential verlaufende Feldlinien: $\vec{u} \perp d\vec{a}$ ist $\vec{u}\, d\vec{a} = 0$.

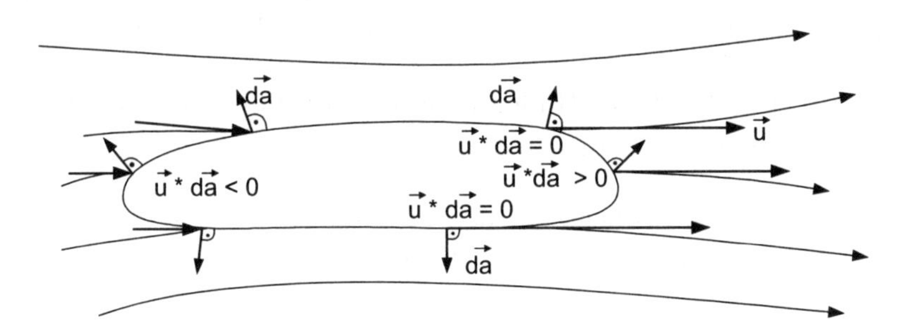

Bild 2.2.1: Flußanteile, die teilweise positiv, negativ oder Null sind

Den Wert des Hüllenintegrals bezeichnen wir als **Hüllenfluß** ϕ_H oder als **Ergiebigkeit** des eingeschlossenen Volumens v:

$$\phi_H = \oiint \vec{u}\, d\vec{a} = \begin{cases} a) & > & 0 \\ b) & < & 0 \\ c) & = & 0 \end{cases} \tag{2.2- 2}$$

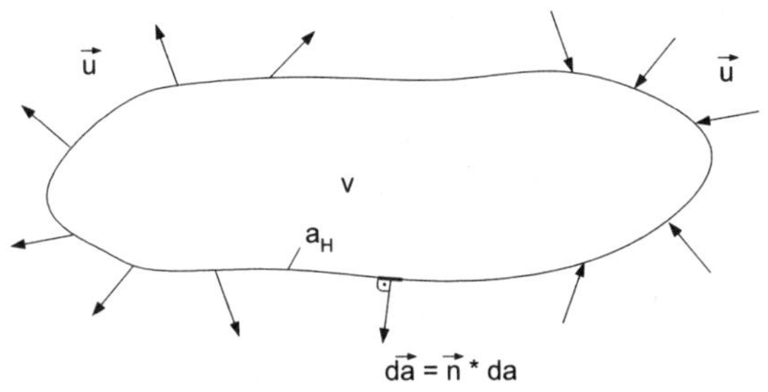

u
u
v
a_H
$d\vec{a} = \vec{n} * da$

Bild 2.2.2: Volumen mit möglicherweise Quellen und Senken innerhalb a_H

Wir diskutieren die nach Bild 2.2.2 möglichen Ergebnisse.

Zu **a)** $\phi_H > 0$: Im eingeschlossenen Volumen v befinden sich eine oder mehrere Quellen, so daß mehr Feldlinien, Feldröhren oder Feldvektoren aus der Hüllfläche austreten, als in sie hineinführen: $\oiint \vec{u}\, d\vec{a} > 0$ bedeutet ϕ_H und daher auch die Ergiebigkeit sind positiv.

Zu **b)** $\phi_H < 0$: Die Hüllfläche schließt eine oder mehrere Senken, vielleicht u.a. auch Quellen ein, jedoch bleibt ein Überschuß der Senken: $\oiint \vec{u}\, d\vec{a} < 0$. Es führen also mehr Feldlinien, Feldröhren oder Feldvektoren in die Hülle hinein als aus ihr heraus. Der Hüllenfluß ϕ_H und damit die Ergiebigkeit sind negativ.

Zu **c)** $\phi_H = 0$: Der Wert des Hüllenintegrals und damit die Ergiebigkeit sind Null. Dafür gibt es zwei Möglichkeiten:

c,1) Die Hüllfläche a_H schließt Quellen und Senken von gleichem Betrag ein. Die Ergiebigkeit ist Null. Beispiel mit diskreten elektrischen Ladungen:

$$\sum_{i=1}^{n} |q_{i+}| = \sum_{j=1}^{m} |q_{j-}| \qquad (2.2\text{-}\ 3)$$

c,2) In der Hüllfläche sind gar keine echten Quellen und Senken enthalten. Daher müssen alle in die Hülle eintretenden Feldlinien, Feldröhren oder Feldvektoren (an anderer Stelle) auch wieder aus der Hülle austreten.

Beispiel Permanentmagnet: Nordpol und Südpol sind polarisierte Quelle und Senke eines magnetischen Feldes, jedoch gibt es keine freien magnetischen Ladungen als Quellen und Senken (siehe hierzu Abschnitt 2.2.3, Beispiel 1). Umfaßt die Hülle den ganzen Permanentmagneten, dann ist die Ergiebigkeit gleich Null. Das Hüllenintegral

$$\boxed{\phi_H = \oiint \vec{u}\, d\vec{a} = \oiint \vec{u}\, \vec{n}\, da \qquad \textbf{Hüllenintegral}} \qquad (2.2\text{-}\ 4)$$

ist die allgemeingültige Rechenvorschrift zur Ermittlung der **Ergiebigkeit**, die auch **Quellenstärke** genannt wird. Sie liefert stets den Überschuß zwischen eingeschlossenen Quellen und Senken als integralen (zusammenfassenden, summierenden) Wert.

Beispiel zu positiver Ergiebigkeit

Eine Metallkugel vom Radius r_0 sei durch Wegnehmen von Elektronen mit einer Ladung +Q positiv geladen. Sie verteilt sich gleichmäßig auf der Kugeloberfläche mit der Ladungsdichte $\sigma = Q/(4\pi r^2)$. Für $R \geq r_0$ zeigen radial nach außen: Der Vektor $\vec{D} = (+Q/(4\pi R^2))\vec{e}_r$ der elektrischen Flußdichte und der Vektor $\vec{E} = \vec{D}/\epsilon = (D/\epsilon)\vec{e}_r$ der elektrischen Feldstärke.

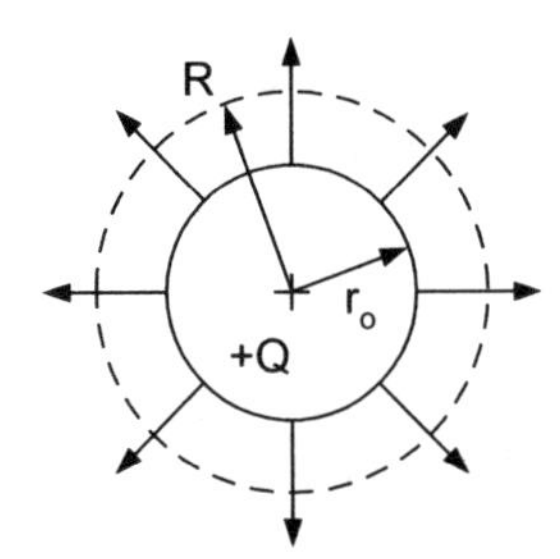

Bild 2.2.3: Radialsymmetrisches Feld um eine geladene Metallkugel

Legt man in Gedanken eine Hüllfläche um die Metallkugel und zwar zweckmäßigerweise eine konzentrische Hohlkugel mit dem Radius $R > r_0$, dann ist die dort zu berechnende Ergiebigkeit:

$$\oint\!\!\!\oint \vec{D}\, d\vec{a} = \oint\!\!\!\oint \frac{Q\,\vec{e}_r}{4\pi R^2} da\,\vec{e}_r = \frac{Q}{4\pi R^2} \oint\!\!\!\oint da = \frac{Q}{4\pi R^2} 4\pi R^2 = Q. \qquad (2.2\text{-}\ 5)$$

Die Ergiebigkeit oder Quellenstärke ist gleich der eingeschlossenen Ladung +Q. Denn im Volumen mit den Radien $r_0 < r \leq R$ kommen, was wir voraussetzen wollen, keine weiteren elektrischen Ladungen vor.

2.2.2 Divergenz oder Quellendichte

Die Ergiebigkeit oder Quellenstärke, ist eine integrale Aussage. Man erfährt durch sie, ob es in einem endlichen Volumen einen Überschuß der Quellen über die Senken oder umgekehrt gibt und wie groß er ist. Aber an welchen Orten innerhalb der Hüllfläche a_H im Volumen v Quellen oder Senken sitzen, ist zunächst unbekannt.

Vergleich: In einem Paket sei eine bestimmte Masse enthalten. Man spürt's am Gewicht. Dies ist eine integrale Feststellung, ähnlich der Ergiebigkeit. Wie jedoch die Masse innerhalb des Paketes auf die Volumenelemente verteilt ist, darüber sagt die Ergiebigkeit nichts aus. Man benötigt eine Rechenvorschrift die einer Lupe vergleichbar ist. Sie muß differentieller Art sein und Aussagen machen über die "Masseverteilung", elektrisch über Quellen und Senken in den Volumenelementen. Das ist die Quellendichte.

Gedankenexperiment zur **Herleitung der Quellendichte**: Wir berechnen wie im Abschnitt 2.2.1 die Ergiebigkeit mittels des Hüllenintegrals, wählen jedoch unsere Hüllfläche kleiner und kleiner, bis sie schließlich nur noch ein Volumenelement umfaßt. Mathematisch bedeutet dies, wir bilden einen Grenzwert. Dann dividieren wir durch dieses winzige Volumen:

$$lim_{v \to 0} \frac{1}{v} \oiint \vec{u}\, d\vec{a} \begin{cases} = \text{Ergiebigkeit pro Volumenelement} \\ = \text{Quellendichte des Vektors } \vec{u} \\ = \text{Divergenz } \vec{u} \quad (= div\ \vec{u}) \end{cases} \qquad (2.2\text{–}\ 6)$$

Soweit die Herleitung von $div\,\vec{u}$, gesprochen: Divergenz u. Sie ist ein Skalar und lautet als **Rechenvorschrift**, angewandt auf den Vektor $\vec{u}$, in kartesischen Koordinaten:

$$div\,\vec{u} = \frac{\partial u_x}{\partial x} + \frac{\partial u_y}{\partial y} + \frac{\partial u_z}{\partial z}; \qquad \vec{u} = u_x\,\vec{e}_x + u_y\,\vec{e}_y + u_z\,\vec{e}_z. \qquad (2.2\text{–}\ 7)$$

Für kartesische Koordinaten kann dieses Ergebnis auch mit dem symbolischen Vektor Nabla "∇" wie folgt angeschrieben werden:

$$\boxed{\begin{aligned} div\,\vec{u} &\equiv \nabla\vec{u} \\ &= \left(\frac{\partial}{\partial x}\vec{e}_x + \frac{\partial}{\partial y}\vec{e}_y + \frac{\partial}{\partial z}\vec{e}_z\right)(u_x\,\vec{e}_x + u_y\,\vec{e}_y + u_z\,\vec{e}_z) \\ &= \frac{\partial u_x}{\partial x} + \frac{\partial u_y}{\partial y} + \frac{\partial u_z}{\partial z} \end{aligned}} \qquad (2.2\text{–}\ 8)$$

Der Ausdruck $div\,\vec{u}$ sollte in Zylinder- oder Kugelkoordinaten, der Fehlerquellen wegen, nicht durch $\nabla\vec{u}$ gebildet werden. Es ist besser, der Nichtmathematiker schlägt die fertige Formel in den gewünschten Koordinaten im Anhang nach!

Erklärung der Divergenz in Worten

Die Divergenz oder Quellendichte eines Vektorfeldes $\vec{u}$ ist nichts anderes als die Ergiebigkeit eines Volumenelementes bezogen darauf. Ist die Divergenz des Vektorfeldes $\vec{u}$ ungleich Null, so gibt es Quellen oder Senken im betrachteten Volumenelement dv. Differentiell betrachtet, ist $div\,\vec{u}$ gleich der Längsänderung des Vektors $\vec{u}$ im kleinen; denn jede Komponente von $\vec{u}$ wird differenziert nach derjenigen Variablen, in deren Richtung diese Komponente wirkt:

$$\text{aus } u_x \text{ wird } \frac{\partial u_x}{\partial x}, \qquad \text{aus } u_y \text{ wird } \frac{\partial u_y}{\partial y}, \qquad \text{aus } u_z \text{ wird } \frac{\partial u_z}{\partial z}$$

gebildet. Für diese Berechnung der Divergenz muß der funktionale Zusammenhang (also der Vektor $\vec{u}$ mit der Ortsabhängigkeit seiner Komponenten) gegeben sein:

$$u_x = f_1(x, y, z); \qquad u_y = f_2(x, y, z); \qquad u_z = f_3(x, y, z).$$

Quellen oder Senken im Raum werden dann vorhanden sein, wenn sich u_x in x–Richtung und/oder u_y in y-Richtung und/oder u_z in z-Richtung ändern. Bei dieser Aussage ist jedoch Vorsicht geboten; denn die Quellendichte kann auch Null sein, wenn, z. B. in der Ebene ($u_z = 0$), u_x von x in der gleichen Weise abhängt, wie $-u_y$ von y; dann nämlich gilt mit

$$\frac{\partial u_z}{\partial z} = 0; \qquad \frac{\partial u_x}{\partial x} = -\frac{\partial u_y}{\partial y} \qquad \text{und} \qquad div\,\vec{u} = \frac{\partial u_x}{\partial x} + \frac{\partial u_y}{\partial y} + 0 = 0.$$

Solche Vektorfelder sind quellenfrei!

1. Einfachstes Beispiel für Quellenhaltigkeit

Gegeben sei ein **linear polarisiertes Vektorfeld** $\vec{u}$ (der Feldvektor $\vec{u}$ zeigt dabei nur in eine Richtung) z.B.: $\vec{u} = u_x\,\vec{e}_x$. Seine Quellendichte ist von Null verschieden, wenn gilt:

$$div\,\vec{u} = \frac{\partial u_x}{\partial x} \neq 0.$$

Die vorhandene u_x–Komponente muß sich also in Richtung $\pm\vec{e}_x$ ändern, dann ist dieses Feld ist in seinem Verlauf quellenhaltig.

Graphische Darstellung durch ein Vektorfeld:

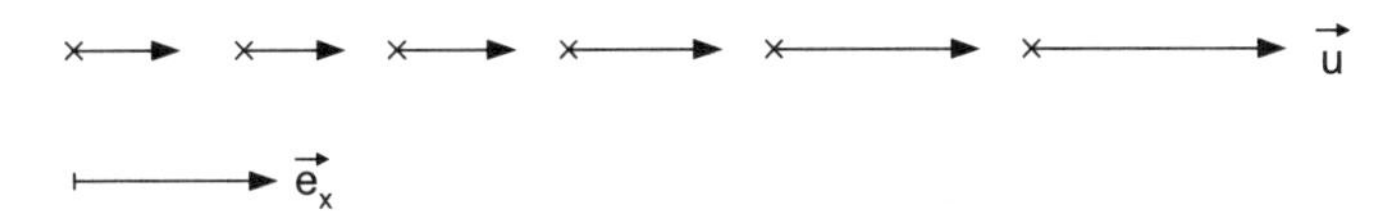

Bild 2.2.4: Linear polarisiertes Quellenfeld

2. Qualitatives Beispiel

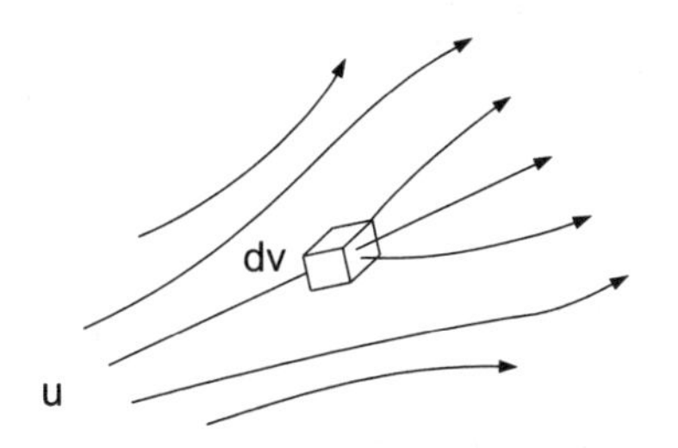

Das vorhandene Feldlinienbild wird durch eine Quelle in dv verändert: Zwei zusätzliche Feldlinien entspringen in dv. Dieses in dv neu entstehende Quellenfeld überlagert sich dem äußeren Vektorfeld. Daraus folgt ein Flußüberschuß, es gibt eine Quellendichte in dv.

Bild 2.2.5: Quelle im Volumenelement dv

3. Qualitatives Beispiel

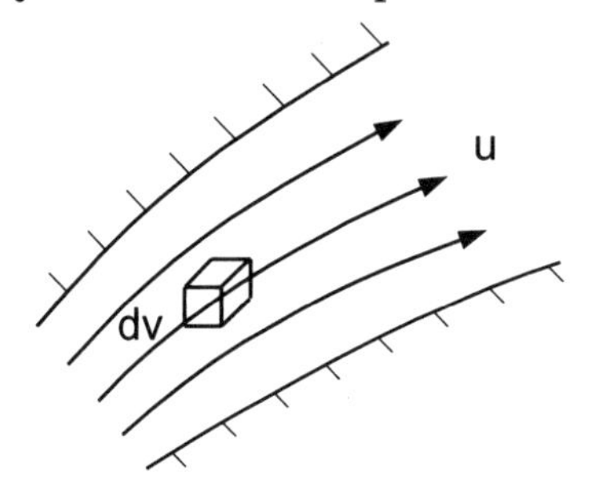

Eine Flüssigkeitsströmung sei gekennzeichnet durch den Vektor $\vec{u}$ der Strömungsgeschwindigkeit: u-Linien laufen fast parallel zur äußeren Begrenzung. Hierbei fließt ebensoviel Flüssigkeit in jedes Volumenelement hinein wie wieder heraus: $div\,\vec{u} = 0$. Es gibt keine Quelle oder Senke in dv.

Bild 2.2.6: $div\,\vec{u} = 0$

4. Qualitatives Beispiel

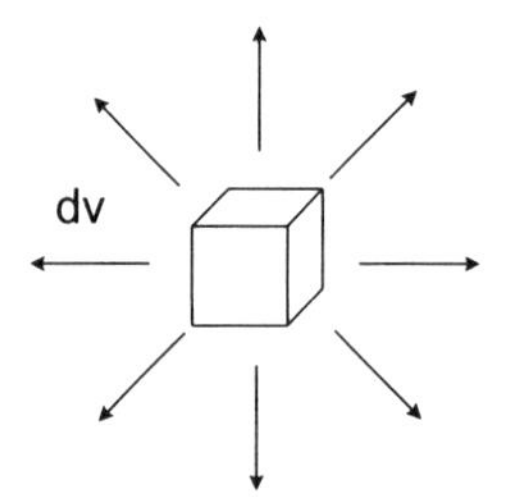

Ein Volumenelement dv enthält die einzige Quelle eines Vektorfeldes (z.B. eine punktförmige Ladung). Ein zusätzliches äußeres Feld ist nicht überlagert.

Bild 2.2.7: Volumenelement als einzige Quelle

5. Beispiel

Gegeben ein Rohr, dessen Durchmesser sich verjüngt, mit Flüssigkeitsströmung einer inkompressiblen Flüssigkeit:

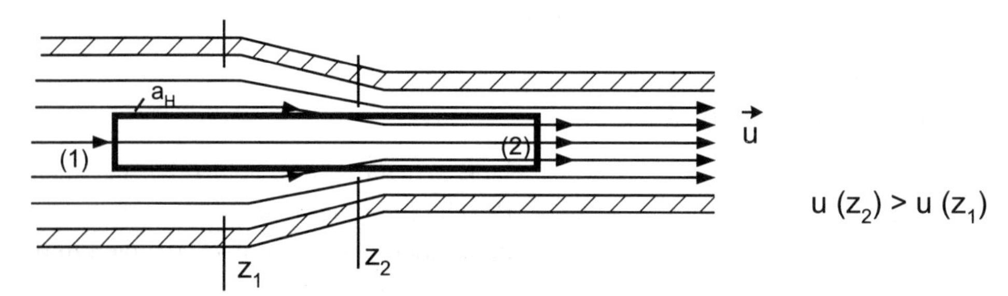

Bild 2.2.8: Quellenfreiheit in einem Rohr

Die dem Rohr einbeschriebene Hüllfläche sei dosenförmig. Sie ist als Rechteck mit den Deckelflächen (1) und (2) zu erkennen. Man sieht: Bei (1) ist die

Feldliniendichte geringer als bei (2) wegen der bei (1) geringeren Strömungsgeschwindigkeit $\vec{u} = \vec{v}$. Von (1) nach (2) hat sich demnach die Längskomponente $u_z = v_z$ im Rohr vergrößert. Liegt eine Quellendichte vor? Die Antwort muß lauten: Nein, es ist $div\,\vec{u} = div\,\vec{v} = 0$.

Erklärung

1) In die eingezeichnete zylindrische Hüllfläche a_H strömt auch seitlich Flüssigkeit ein, so daß die insgesamt eintretende gleich ist mit der bei (2) insgesamt austretenden Flüssigkeitsmenge, wie dies bei einer inkompressiblen Flüssigkeit sein muß.

2) Bei einem Vergleich von $|\vec{v}|$ an der Stelle (1) mit (2) darf die Rechenvorschrift $div\,\vec{v}$ nicht verwendet werden; denn $div\,\vec{v}$ ist eine differentielle Rechenvorschrift. Die Stellen (1) und (2) aber haben mehr als nur differentiellen Abstand voneinander. Will man $div\,\vec{v}$ innerhalb des Rohres korrekt berechnen, so muß $div\,\vec{v}$ z.B. in Zylinderkoordinaten gegeben sein und auf die einzelnen Volumenelemente angewandt werden. In Zylinderkoordinaten gilt (siehe Anhang):

$$div\,\vec{v} = \frac{1}{r}\frac{\partial}{\partial r}(r\,v_r) + \frac{1}{r}\frac{\partial v_\alpha}{\partial \alpha} + \frac{\partial v_z}{\partial z}. \qquad (2.2\text{–}9)$$

$\partial v_\alpha / \partial \alpha$ ist beim kreisrunden Rohr gleich Null. Ohne zirkulierende Strömung ist auch $v_\alpha = 0$. Da bei inkompressibler Flüssigkeitsströmung $div\,\vec{v} = 0$ sein muß, bleibt als Differentialgleichung zur Berechnung der Strömungsgeschwindigkeit:

$$0 = \frac{1}{r}\frac{\partial}{\partial r}(r\,v_r) + \frac{\partial v_z}{\partial z}. \qquad (2.2\text{–}10)$$

Die Lösung $v(r,z) = \{v_r, v_z\}$ hängt von der vorzugebenden Geometrie ab, nach der sich der Rohrquerschnitt verjüngt (= Randbedingung).

6. Beispiel

Wegen konstanter Raumladungsdichte $\eta = \Delta Q/\Delta v$ sei in der Umgebung einer langen, kreiszylindrischen Kathode, die in der z-Achse liegt: $div\,\vec{D} = \eta = const_{x,y,z}$. Man berechne $\vec{D}$ selbst in diesem Raumteil. Die Einheit von $div\,\vec{D}$ ist:

$$[div\,\vec{D}] = \frac{1}{m}\frac{As}{m^2} = \frac{As}{m^3}. \qquad (2.2\text{–}11)$$

Dies aber ist die Einheit von räumlicher Ladungsdichte η.

Lösung: Bei kreiszylindrischen Körpern empfiehlt sich stets die Verwendung von Zylinderkoordinaten:

$$div\,\vec{D} = \frac{1}{r}\frac{\partial}{\partial r}(r\,D_r) + \frac{1}{r}\frac{\partial D_\alpha}{\partial \alpha} + \frac{\partial D_z}{\partial z}. \qquad (2.2\text{–}12)$$

Aus Symmetriegründen kann auch hier $\partial D_\alpha / \partial \alpha = 0$ angenommen werden. D_α selbst darf auch Null gesetzt werden, da kein Wirbelfeld vorliegt. Ferner sei $\partial D_z / \partial z = 0$ und $D_z = 0$, da wir bei der unendlich lang ausgedehnten Kathode in Richtung $\vec{e_z}$ keine Ladungs– und daher auch keine Potentialunterschiede annehmen wollen.

Zu integrieren ist nun

$$div\,\vec{D} = \frac{1}{r}\frac{\partial}{\partial r}(r\,D_r) \qquad \text{mit} \qquad div\,\vec{D} = \eta = const, \tag{2.2– 13}$$

also $\qquad \eta = const = \dfrac{1}{r}\dfrac{\partial}{\partial r}(r\,D_r),$

$$r\,D_r = \eta \int r\,dr + const. \tag{2.2– 14}$$

Nimmt man an, daß die Raumladungsdichte η zwischen r_0 und r_1 vorhanden sei, so erhält man durch die Integration im Bereich $r_0 \leq r \leq r_1$ die Lösung:

$$D_r(r) = \frac{\eta}{2}\,(r - \frac{r_0^2}{r}) \tag{2.2– 15}$$

2.2.3 Der Satz von Gauß

Die Quellendichte oder Divergenz $div\,\vec{u}$ ist nach Definition und Herleitung: Ergiebigkeit des Volumenelementes bezogen darauf. Multipliziert man diese Ergiebigkeit p r o Volumenelement mit dem Volumenelement dv und summiert (integriert) über alle Volumenelemente eines endlichen Volumens v, so erhält man die Ergiebigkeit dieses Volumens:

$$\textbf{Ergiebigkeit} = \iiint (\text{Quellendichte von } \vec{u})\,dv \tag{2.2– 16}$$

$$= \iiint div\,\vec{u}\,dv. \tag{2.2– 17}$$

Andererseits haben wir die Ergiebigkeit mit dem Hüllintegral über eine geschlossene Hüllfläche direkt aus dem Vektorfeld $\vec{u}$ berechnet zu:

$$\textbf{Ergiebigkeit} = \oiint \vec{u}\,d\vec{a}. \tag{2.2– 18}$$

Beide Rechenvorschriften sind also gleichwertig, so daß gilt:

$$\iiint div\,\vec{u}\,dv = \oiint \vec{u}\,d\vec{a} \qquad \textbf{Satz von Gauß} \qquad (2.2\text{-}19)$$

In Worten: Anstatt die Quellendichte $div\,\vec{u}$ über alle Volumenelemente des Volumens v zu summieren (integrieren), kann man zur Berechnung der Ergiebigkeit eine Hüllfläche a_H um das zu untersuchende Volumen v legen und berechnen, ob es einen Überschuß gibt zwischen dem in die Hülle eintretenden und dem daraus austretenden Fluß.

Die im Gauß'schen Satz zur Berechnung der Ergiebigkeit vorkommende Hüllfläche a_H und das Volumen v hängen aufs engste miteinander zusammen: a_H ist die Hülle um das von ihr umfaßte Volumen v. Berechnet man die Ergiebigkeit mit dem Hüllenintegral, so ist nur ein Zweifachintegral, rechnet man bei gegebener Divergenz mit dem Volumenintegral, so ist ein Dreifachintegral auszuwerten!

Hinweis zu **Randbedingungen**: In der Praxis sind die geometrischen Gegebenheiten (Randbedingungen) oft kompliziert. Man versucht deswegen, reale Körper auf möglichst einfache Geometrien, wie Kugel, Zylinder, Quader oder auf deren Hohlkörper zurückzuführen.

Manchmal liegt die einfache Geometrie schon vor:

Kugel mit Ladung: Hüllfläche = Kugel
Koaxialkabel: Hüllfläche = kreisförmiger (Hohl–)zylinder
stromführender Draht: Hüllfläche = Kreiszylinder

Der Vorteil von Kugel und Kreiszylinder besteht darin,

1) daß deren Felder in der Regel winkelunabhängig sind, d.h. der Vektor $\vec{u}$ hat einen konstanten Betrag für $r = const$,

2) daß der Vektor $\vec{u}$ und das Oberflächenelement $d\vec{a} = \vec{n}\,da$ gleichsinnig oder gegensinnig parallel zueinander verlaufen. Bei gleichsinnig parallelem Verlauf gilt: $\vec{u} \uparrow\uparrow d\vec{a}$: $\vec{u}\,d\vec{a} = u\,\vec{e}_r\,da\,\vec{e}_r = u\,da$,

3) daß für kreiszylindrische Körper Zylinderkoordinaten, für kugelförmige Körper Kugelkoordinaten rechentechnisch vorteilhaft verwendbar sind.

1. Beispiel zum Satz von Gauß

Nach der makroskopischen Maxwelltheorie gibt es keine wahren magnetischen Einzelladungen. Man kann dies wie folgt plausibel machen: Wir stellen uns vor, wir hätten einen Stabmagneten zerbrochen, um den Nordpol als magnetische Einzelladung vom Südpol als magnetische Gegenladung zu trennen. Nach der Teilung jedoch haben wir zwei neue komplette Permanentmagnete, von denen jeder wiederum Nordpol und Südpol enthält. Teilt man diese Bruchstücke erneut und immer wieder, so gelingt es doch niemals, einen Nordpol oder einen Südpol allein zu isolieren. Es entstehen zwar immer kleinere, jedoch stets vollständige Teilmagnete mit jeweils dem Polpaar Nordpol–Südpol. Man hat daher für die magnetische Flußdichte allgemeingültig anzuschreiben:

$$div\,\vec{B} = 0. \qquad (2.2\text{-}\ 20)$$

Bild 2.2.9: Teilung eines Stabmagneten

Kein Volumenelement dv liefert isolierte magnetische Einzelladungen als Quellen oder Senken für $\vec{B}$. Daher ist nach dem Satz von Gauß:

$$\iiint \underbrace{div\,\vec{B}}_{=0}\, dv = \underbrace{\oint\!\!\!\oint \vec{B}\, da}_{=0} = 0. \qquad (2.2\text{-}\ 21)$$

Wegen $div\,\vec{B} = 0$ muß auch die Ergiebigkeit des Volumens v, also auch das Hüllenintegral (rechte Seite des Gauß'schen Satzes) gleich Null sein. Daraus folgt für jedes im Raum vorhandene Magnetfeld mit der Flußdichte $\vec{B}$, daß in ein vorgegebenes Volumen v mit der Hüllfläche a_H ebensoviele $\vec{B}$–Feldlinien ein– wie austreten: Die Ergiebigkeit oder Quellenstärke ist stets Null.

Die Hüllfläche a_H kann größer oder kleiner sein; in jedem Falle ist

$$\oint\!\!\!\oint_{a_H} \vec{B}\, d\vec{a} = 0.$$

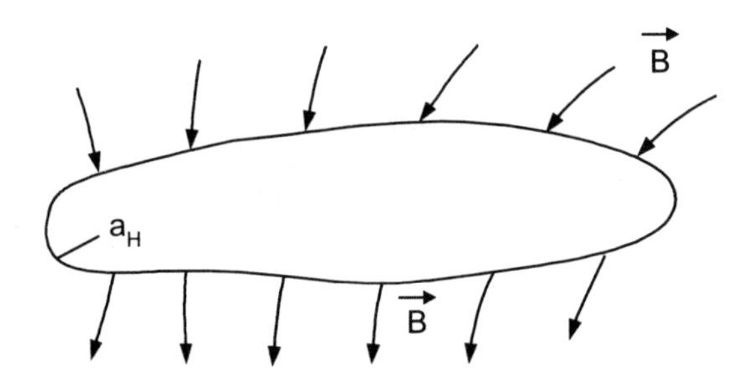

Bild 2.2.10: Zur Quellenfreiheit von $\vec{B}$

2. Beispiel

Eine elektrisch geladene Kugel möge einer elektrisch neutralen, ebenen Metallwand gegenüberstehen. Durch Influenz entsteht in der Metallwand eine Ladungsverschiebung so, daß die von der Kugel ausgehenden Feldlinien an der Metallwand ihre Gegenladung finden.

In diesem Feldverlauf, also zwischen Kugel und Metallwand (außerhalb der beiden!) möge eine Hüllfläche a_H eingebracht werden; dann ist die Ergiebigkeit des von der Hüllfläche umfaßten Volumens v, für $\epsilon_r = const$:

$$\iiint div\,\vec{D}\,dv = \oint\!\!\oint \vec{D}\,d\vec{a} = 0. \qquad (2.2\text{-}\ 22)$$

In Worten: Das von der Hüllfläche umschlossene Volumen v enthält keine Quellen oder Senken: Ebensoviele Feldlinien oder Feldröhren von $\vec{E}$ oder $\vec{D}$ wie in die Hülle eintreten, treten auch wieder aus ihr aus. Elektrische Ladungen auf der Kugeloberfläche und an der Metallwand sind zwar Quellen und Senken oder Anfang und Ende des Feldes, in seinem Verlauf aber ist dieses (raumladungsfreie) Vektorfeld im homogenen Medium quellenfrei.

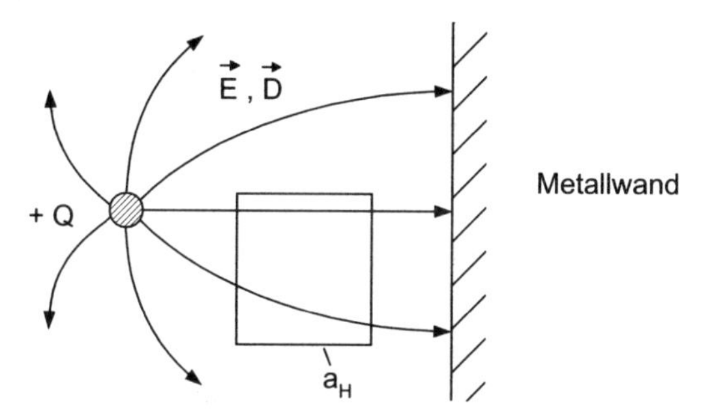

Bild 2.2.11: Geladene Kugel vor einer Metallwand

3. Beispiel

Es möge wieder eine elektrische Raumladungsdichte η als räumliche Quellendichte eines elektrischen Feldes vorhanden sein:

$$div\,\vec{D} = \eta(x, y, z). \qquad (2.2\text{-}\ 23)$$

Durch Integration erhält man daraus die in einem endlichen Volumen eingeschlossene Gesamtladung Q:

$$Q = \iiint div\,\vec{D}\,dv = \iiint \eta\,dv. \qquad (2.2\text{-}\ 24)$$

Wendet man auf diese Gleichung den Satz von Gauß an:

$$\iiint div\,\vec{D}\,dv = \oiint \vec{D}\,d\vec{a}, \qquad (2.2\text{-}\ 25)$$

so braucht man, bei gegebenem $\vec{D}$–Feld, anstelle des Dreifach– nur ein Zweifach–(Hüllen–)integral auszuführen.

Erweiterter Satz von Gauß

Gelegentlich können innerhalb eines von der Hüllfläche a_H umfaßten Volumens v sowohl Punktladungen q_i als auch Flächenladungsdichten σ (Einheit: As/m^2) als auch Raumladungsdichten η (Einheit: As/m^3) vorkommen (siehe Bild 2.2.12).

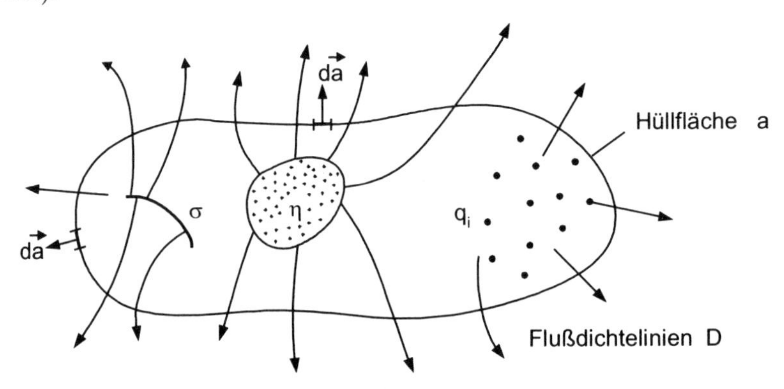

Bild 2.2.12: Punktladungen, Flächen– und Raumladungsdichten in v

Sie alle sind Quellen eines elektrischen Feldes und tragen gegebenenfalls zur **Ergiebigkeit** bei. Das Hüllenintegral des Gauß'schen Satzes, das die Ergiebigkeit liefert, muß dafür wie folgt angeschrieben werden:

$$\boxed{\oiint \vec{D}\,d\vec{a} = \underbrace{\underbrace{\sum q_i}_{\text{Punkt–}} + \underbrace{\iiint \eta\,dv}_{\text{Raum–}} + \underbrace{\iint \sigma\,d\vec{a}}_{\text{Flächenladungen}}}_{\text{Quellen eines elektrischen Feldes}}} \qquad (2.2\text{-}\ 26)$$

2.2.4 Sprungdivergenz

Die Normalkomponente u_n eines Feldvektors $\vec{u}$ (z.B. der elektrischen Verschiebungsdichte $\vec{D}$) ändert ihren Betrag sprunghaft (nicht stetig) an einer Trennfläche, wenn darauf Quellen von $\vec{u}$ flächenhaft dünn verteilt sind (z.B. elektrische Ladungen mit der Flächenladungsdichte σ)

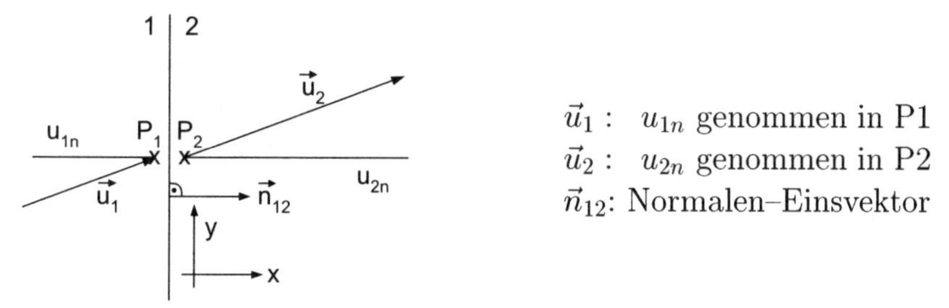

Bild 2.2.13: Trennfläche mit flächenhaften Quellen

Ist bereits ein äußeres Vektorfeld mit der Feldstärke $\vec{u}_1$ und deren Normalkomponente u_{1n} an der Trennfläche vorhanden, so kann $u_{2n} = u_{1n} + \sigma$ sein. Dabei ist σ diejenige Flächendichte der Quellen, die an der Trennfläche eine Zusatzfeldstärke erzeugt.

Würden wir zur Berechnung den für räumliche Felder bekannten Ausdruck für Quellendichte oder Divergenz verwenden, so wäre gemäß Bild 2.2.13 zu bilden:

$$div\,\vec{u} = \frac{\partial}{\partial x} u_x = \frac{\partial}{\partial x} u_n \tag{2.2- 27}$$

falls, wie oben angedeutet, die Trennfläche in einer Ebene $x = const$ liegt. $\partial u_x / \partial x$ oder $\partial u_n / \partial x$ kann aber mathematisch nur ausgeführt werden, wenn $u_n(x)$ oder $u_x(x)$ als stetige Funktion vorliegt. Dies ist aber an Trennflächen in aller Regel nicht der Fall. Daher führt $div\,\vec{u}$, also $\partial u_x / \partial x$ mathematisch zu keinem Ergebnis. Es mußte deswegen eine andere, passende Rechenvorschrift (Formel) gefunden werden, mit welcher die sprunghafte Änderung von Normalkomponenten an Trennflächen berechnet werden kann. Die Mathematik liefert uns dafür den Ausdruck der **Sprungdivergenz** mit folgender Formel:

$$\boxed{\begin{aligned} Div\,\vec{u} &= \vec{n}_{12}\,(\vec{u}_2 - \vec{u}_1) \qquad \textbf{Sprungdivergenz} \\ &= u_{2n} - u_{1n}. \end{aligned}} \tag{2.2- 28}$$

Diese Sprungdivergenz $Div\,\vec{u}$ (groß geschrieben, um Verwechslungen mit der räumlichen $div\,\vec{u}$ zu vermeiden,) ist gleich der Differenz der Normalkomponenten des Vektors $\vec{u}$ (u_{1n} auf der Seite 1, im Punkt 1, dicht neben der Trennfläche und u_{2n} auf der Seite 2, im Punkt 2, dicht neben der Trennfläche).

Man erkennt: Die Einheit oder Art der Sprungdivergenz $Div\,\vec{u}$ ist gleich der des Vektors $\vec{u}$ selbst, während $div\,\vec{u}$, die räumliche Quellendichte, die Einheit von $\vec{u}$ dividiert durch die Einheit der Länge aufweist.

1. Beispiel zur Sprungdivergenz

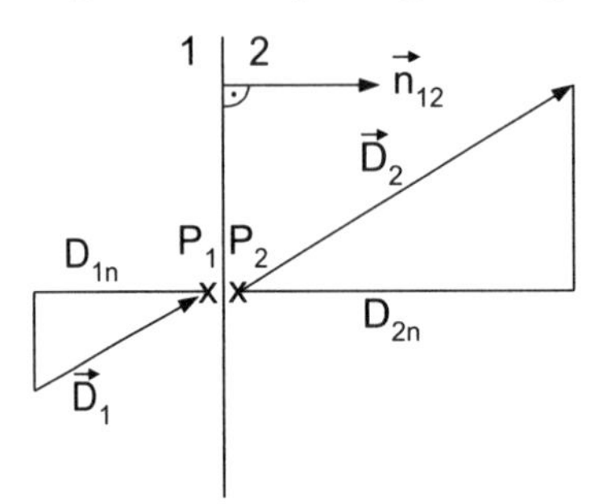

Bild 2.2.14: Trenn- oder Grenzfläche (z.B. dünne Metallfolie) mit elektrischen Ladungen in beidseitig gleichartigem Dielektrikum. $\vec{n}_{12}$ ist der Normalen–Einsvektor.

Die Trennfläche zwischen den Halbräumen 1 und 2 möge die elektrische Flächenladungsdichte $\sigma = Q/a$ enthalten. Die ankommende elektrische Flußdichte sei $\vec{D}_1$; die auf der Seite 2 abgehende sei $\vec{D}_2$. Es möge gelten: $D_{2n} > D_{1n}$. Dann ist die Quellendichte an der Trenn– oder Grenzfläche:

$$\begin{aligned} Div\,\vec{D} &= D_{2n} - D_{1n} \\ &= D_{1n} + \sigma - D_{1n} \\ &= \sigma \qquad \text{(=Ladung pro Flächeneinheit)} \end{aligned} \tag{2.2- 29}$$

2. Beispiel zur Sprungdivergenz

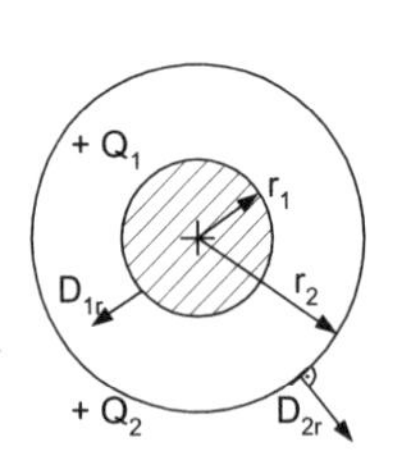

Bild 2.2.15: Eine Massivkugel mit dem Radius r_1 trage die positive Ladung Q_1. Eine zweite, konzentrische Kugel mit dem Radius r_2, die aus sehr dünnem Blech besteht, trage die auch positive Ladung Q_2. Man berechne die Quellendichte, also die Sprungdivergenz α) bei $r = r_1$ und β) bei $r = r_2$.

α) $r = r_1$: Innerhalb der Massivkugel mit r_1 ist $\vec{D} = \vec{E} = 0$. Denn gäbe es im Metall ein $\vec{E} \neq 0$, so würde ein Strom fließen; dies aber wäre ein Widerspruch zur Elektrostatik. Bei $r = r_1$ ist die Sprungdivergenz

$$Div\,\vec{D} = D_{1r} - 0. \tag{2.2- 30}$$

Die Flächenladungsdichte σ ist gleich D_{1r}:

$$D_{1r} = \sigma = \frac{Q_1}{4\pi {r_1}^2}. \tag{2.2- 31}$$

$\vec{D}_1$ existiert hier nur mit einer Normalkomponente:

$$\vec{D}_1 = D_{1r}\,\vec{e}_r \tag{2.2- 32}$$

β) $r = r_2$: Wir betrachten je einen Punkt dicht innerhalb und dicht außerhalb der äußeren Kugel; dicht innerhalb existiert D_{ir}:

$$r = r_2 - \Delta r: \qquad D_{ir} = \frac{+Q_1}{4\pi(r_2 - \Delta r)^2} \tag{2.2- 33}$$

Dagegen ist D_{ar}, dicht außerhalb der äußeren Kugel, bei $r = r_2 + \Delta r$:

$$D_{ar} = \frac{+Q_1 + Q_2}{4\pi(r_2 + \Delta r)^2}. \tag{2.2- 34}$$

Somit folgt für $r = r_2$, wenn $\Delta r \to 0$ geht, als Differenz der Normalkomponenten:

$$\begin{aligned} Div\,\vec{D} &= D_{2n} - D_{1n} = D_{ar} - D_{ir} \\ &= \frac{Q_2}{4\pi {r_2}^2} \qquad \text{Flächenladungsdichte bei } r_2 \end{aligned} \tag{2.2- 35}$$

3. Beispiel: Sprungdivergenz bei ladungsfreier Trennfläche

An einer ebenen Trennfläche mögen zwei Dielektrika mit unterschiedlichen Dielektrizitätszahlen $\epsilon_{r1} \neq \epsilon_{r2}$ aneinanderstoßen. Die Trennfläche sei frei von elektrischen Ladungen.

Eine Hüllfläche a_H, die von der Trennfläche zweigeteilt wird, liefert für die elektrische Flußdichte $\vec{D}$ die Ergiebigkeit Null, da nach Voraussetzung keine Ladungen umfaßt werden.

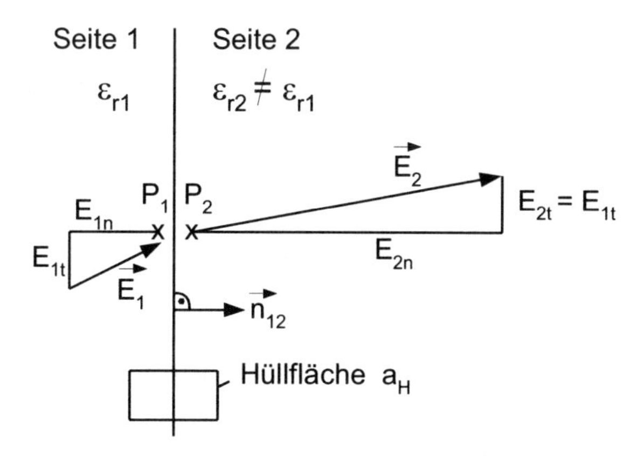

Bild 2.2.16: Sprungdivergenz bei ladungsfreier Trennfläche

An der Trennfläche ist daher auch die Sprungdivergenz der Verschiebungsdichte Null:

$$Div\,\vec{D} = D_{2n} - D_{1n} = 0. \qquad (2.2\text{-}\ 36)$$

Wegen $D_{2n} = D_{1n}$ gilt aber für die Normalkomponenten der elektrischen Feldstärke $\vec{E}$:

$$\epsilon_{r2}\, E_{2n} = \epsilon_{r1}\, E_{1n} \qquad oder \qquad \frac{E_{2n}}{E_{1n}} = \frac{\epsilon_{r1}}{\epsilon_{r2}}. \qquad (2.2\text{-}\ 37)$$

Daher verändern sich die Normalkomponenten der elektrischen Feldstärke für $\epsilon_{r2} \neq \epsilon_{r1}$ sprunghaft an der Trennfläche. Diese ist eine **Quelle für** $\vec{E}$:

$$Div\,\vec{E} = E_{2n} - E_{1n} = E_{2n}\left(1 - \frac{\epsilon_{r2}}{\epsilon_{r1}}\right). \qquad (2.2\text{-}\ 38)$$

Man erkennt: Für $\epsilon_{r2} \neq \epsilon_{r1}$ ist auch die Sprungdivergenz $Div\,\vec{E} \neq 0$. Dies ist eine Folge der elektrischen Polarisation des Dielektrikums (siehe Abschnitt 4.1.1). Analoges gilt für das magnetische Feld.

Da es keine echten magnetischen Einzelladungen gibt, gilt im magnetischen Feld an der Trennfläche zweier Medien mit unterschiedlicher Permeabilitätszahl $\mu_{r1} \neq \mu_{r2}$ für die magnetische Flußdichte $\vec{B}$:

$$Div\,\vec{B} = 0 \qquad \text{oder} \qquad B_{1n} = B_{2n} \qquad \text{und daher:} \qquad (2.2\text{-}\ 39)$$

$$\mu_{r1}\, H_{1n} = \mu_{r2}\, H_{2n} \qquad \text{oder} \qquad \frac{H_{2n}}{H_{1n}} = \frac{\mu_{r1}}{\mu_{r2}}. \qquad (2.2\text{-}\ 40)$$

Auch hier ist für $\mu_{r1} \neq \mu_{r2}$: $Div\,\vec{H} \neq 0$ und damit die **Trennfläche** eine **Quelle für** $\vec{H}$:

$$Div\,\vec{H} = H_{2n} - H_{1n} = H_{2n}\left(1 - \frac{\mu_{r2}}{\mu_{r1}}\right), \qquad (2.2\text{-}\ 41)$$

als Folge der Magnetisierung (siehe Abschnitt 4.2.2).

2.2.5 Quellenfelder durch Gradientenbildung

Da wir gerade Quellenfelder behandeln, gehört auch die Möglichkeit ihrer mathematischen Ableitung aus einer übergeordneten Potentialfunktion hierher.

Allerdings kann die mathematische Zulässigkeit erst im Abschnitt 3.6 bewiesen werden. Dann nämlich sind die dazu notwendigen mathematischen Bedingungen für Wirbelfreiheit von Quellenfeldern bekannt und können angewandt werden. Hier jedoch beschränken wir uns auf die Feststellung, daß die Vektoren $\vec{u}$ eines Quellenfeldes durch Gradientenbildung aus einem Skalarpotential $\varphi(x, y, z)$ zu gewinnen sind:

$$\boxed{\vec{u} = \pm grad\,\varphi(x, y, z)} \tag{2.2- 42}$$

$\varphi(x, y, z)$ ist eine skalare Ortsfunktion. Sie wird als **skalare Potentialfunktion** oder kurz als **Skalarpotential** bezeichnet. Mit dem symbolischen Vektor ∇ (Nabla) kann man Gl.(2.2–42) für rechtwinklige Koordinaten auch wie folgt anschreiben:

$$\boxed{\vec{u} = \pm\nabla\varphi} \qquad \text{wobei} \qquad \nabla = \frac{\partial}{\partial x}\vec{e}_x + \frac{\partial}{\partial y}\vec{e}_y + \frac{\partial}{\partial z}\vec{e}_z \tag{2.2- 43}$$

ist. Da in der Elektrotechnik aus historischen Gründen elektrische und magnetische Feldstärken stets vom höheren zum geringeren Potential hin gerichtet sind, ist der Gradient mit einem Minuszeichen zu versehen. Dazu ein Beispiel aus der Elektrostatik für die elektrische Feldstärke, also für deren Feldvektor $\vec{E}$, der sich aus einem Skalarpotential φ berechnen läßt:

$$\vec{E} = -grad\,\varphi(x, y, z); \qquad [\varphi] = V; \qquad [\vec{E}] = \frac{V}{m}. \tag{2.2- 44}$$

Ein durch Gradientenbildung gewonnenes Vektorfeld steht stets senkrecht auf Linien oder Flächen $\varphi(x, y, z) = const$, also auf den Äquipotentiallinien oder Äquipotentialflächen, was man leicht zeigen kann; denn das vollständige Differential $d\varphi$ lautet für die Ortsfunktion $\varphi(x, y, z)$:

$$d\varphi = \frac{\partial\varphi}{\partial x}dx + \frac{\partial\varphi}{\partial y}dy + \frac{\partial\varphi}{\partial z}dz. \tag{2.2- 45}$$

Diese Gleichung ist aber als Innenprodukt der Vektoren $\nabla\varphi$ und $d\vec{s}$ zu verstehen:

$$\begin{aligned} \nabla\varphi\, d\vec{s} &= \left(\frac{\partial\varphi}{\partial x}\vec{e}_x + \frac{\partial\varphi}{\partial y}\vec{e}_y + \frac{\partial\varphi}{\partial z}\vec{e}_z\right) \cdot (dx\,\vec{e}_x + dy\,\vec{e}_y + dz\,\vec{e}_z) \\ &= \frac{\partial\varphi}{\partial x}dx + \frac{\partial\varphi}{\partial y}dy + \frac{\partial\varphi}{\partial z}dz, \end{aligned} \tag{2.2- 46}$$

also

$$\boxed{d\varphi = grad\,\varphi\;\, d\vec{s}} \tag{2.2- 47}$$

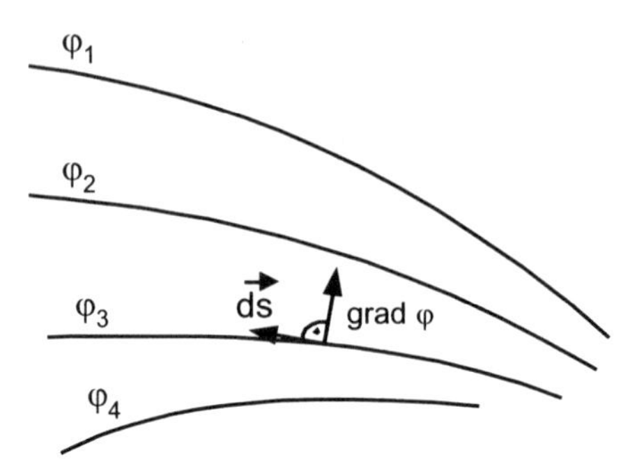

Bild 2.2.17: Äquipotentiallinien und Gradientenvektor

Legt man bewußt ein Linienelement $d\vec{s}$ so, daß es mit der Tangente an eine Äquipotentiallinie zusammenfällt, z.B. wie im Bild 2.2.17 mit $\varphi_3 = const$, so muß das zugehörige $d\varphi$ gleich Null sein; denn innerhalb einer Äquipotentiallinie bleibt φ definitionsgemäß stets konstant. $d\varphi = 0$ eingesetzt in Gl.(2.2–47):

$$0 = grad\,\varphi\; d\vec{s} \tag{2.2- 48}$$

bedeutet, daß die beiden Vektoren $grad\,\varphi$ und $d\vec{s}$ senkrecht aufeinander stehen! Da aber $d\vec{s}$ in eine Äquipotentiallinie gelegt wurde, folgt weiter, daß $grad\,\varphi$ stets senkrecht auf Äquipotentiallinien und –flächen steht.

Wir wollen anschließend Wirbelfelder betrachten. Ohne Kenntnis der Theorie ist kaum zu entscheiden, wann ein Wirbelfeld vorliegt und wann ein Quellenfeld. Bild 2.2.18 möge dies verdeutlichen:

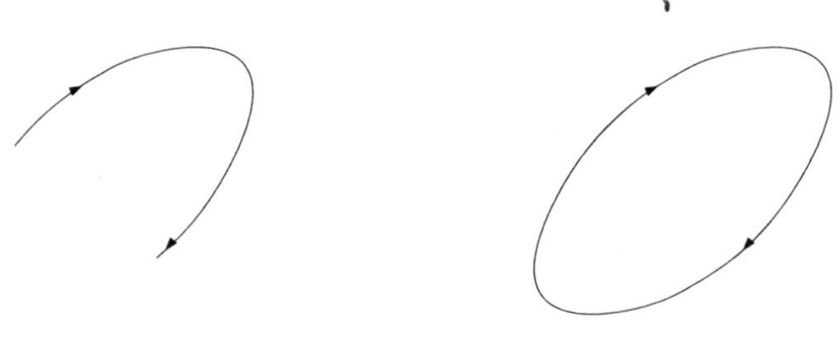

Bild 2.2.18a Bild 2.2.18b

Handelt es sich bei den beiden gezeichneten Feldlinien um Quellen– oder um Wirbelfeldlinien? Oder ist die eine Feldlinie einem Quellenfeld, die andere einem Wirbelfeld zuzuordnen? Die qualitativ korrekte Antwort muß, wenn man sich auf die **Entstehung der Felder** bezieht, lauten: Falls die Feldlinie nach Bild 2.2.18a Anfang und Ende hat, also bei Quellen beginnt und bei Senken endet, so ist sie eine Quellenfeldlinie. Falls sie jedoch nur teilweise gezeichnet wurde und, vollständig gezeichnet, den im Bild 2.2.18b dargestellten Verlauf hat, so handelt es sich um eine Wirbelfeldlinie. Im einen Falle wird weiter zu untersuchen sein, ob es sich um ein quellenhaltiges Quellenfeld oder um ein quellenfreies Quellenfeld handelt. Im zweiten Fall ist zu untersuchen, ob ein wirbelhaftes oder ob ein wirbelfreies Wirbelfeld vorliegt.

Falls man sich jedoch nicht auf die Entstehung eines Feldes bezieht, sondern nur auf dessen örtliche Eigenschaften im kleinen oder auch in endlichen Bereichen, so sollte man nur von einem Vektorfeld sprechen, das quellenfrei oder quellenhaltig, wirbelfrei oder wirbelhaltig ist. Allerdings werden dann gewisse (nicht alle) Vektorfelder, die von Quellen bzw. von Wirbeln erzeugt wurden, als gleichartig eingestuft.

Beispiel: Das magnetische $\vec{H}$–Feld außerhalb eines stromführenden Leiters ist ebenso wie das elektrische $\vec{E}$–Feld innerhalb des homogenen Dielektrikums eines Kondensators quellen– und wirbelfrei.

Kapitel 3

Wirbelfelder

3.1 Qualitative Aussagen

Im Abschnitt 2 wurden Quellenfelder betrachtet. Ihre Feldlinien haben Anfang und Ende. Es gibt in der Elektrotechnik aber auch Vektorfelder, deren Feldlinien in sich geschlossene Linien sind. Sie haben zwar eine Richtung, aber weder Anfang noch Ende. Quellen und Senken können daher nicht Ursache von in sich geschlossenen Feldlinien sein. Man hat sich zu fragen, welche anderen Ursachen es für das Entstehen von Vektorfeldern mit geschlossenen Feldlinien gibt.

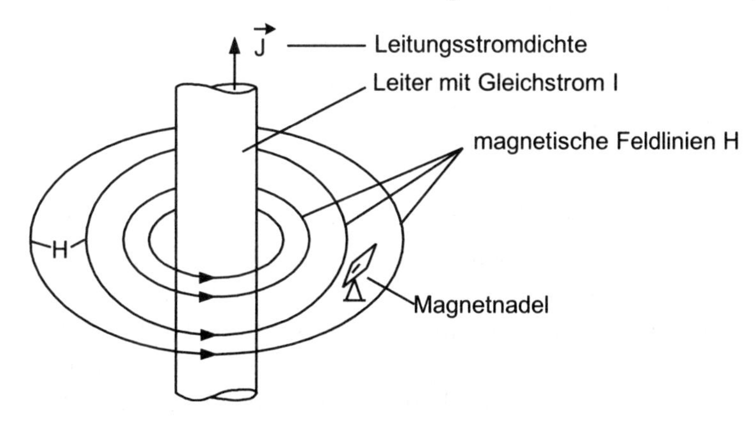

Bild 3.1.1: Geschlossene magnetische Feldlinien H um einen stromdurchflossenen Draht

Ein Experiment, nach Bild 3.1.1, gibt Aufschluß. Man umlaufe konzentrisch die Nähe eines von Gleichstrom durchflossenen, linear, vertikal aufgehängten Leiters mit einer Magnetnadel. Diese stellt sich längs des ganzen Umlaufs tangential ein. Demnach existiert in der Umgebung des Leiters eine magnetische Kraft. Sie wirkt auf die Magnetnadel und richtet diese aus. Da die Kraft rotationssymmetrisch vorkommt, erhalten wir den experimentellen Befund: Die Faradayschen Kraftlinien, oder wie wir sagen, die magnetischen Feldlinien müssen in sich geschlossen sein. Sie haben weder Anfang noch Ende. Sie umfassen den axial gerichteten Vektor der Leitungsstromdichte $\vec{J}$. Er ist die felderregende Ursache für in sich geschlossene H–Feldlinien. Geschlossene magnetische Feldlinien H kommen sowohl innerhalb des stromführenden Leiters als auch außerhalb des Leiters (um diesen herum) vor. Außer dem elektrischen Leitungsstrom gibt es in der Elektrotechnik noch andere Ursachen, die um sich herum geschlossene Feldlinien erzeugen. Im Gegensatz zu den Quellenfeldern spricht man hier von Wirbelfeldern.

Die Bezeichnung "Wirbelfeld" wird mechanisch anschaulich, wenn man an Gas– oder Flüssigkeitsteilchen denkt, die längs einer geschlossenen Kurve, z.B. auf einem Kreis, rotieren. Die Wirbelursache ist dort, wo die Materieteilchen eine radiusunabhängige, also konstante Winkelgeschwindigkeit ω haben. Die Tangentialgeschwindigkeit der Teilchen ist dann $v = r \cdot \omega$.

Anschaulisches Beispiel: Wir betrachten das aus einer Badewanne abfließende Wasser. Die Achse des Abflusses (Ursache) zeigt nach unten, das Wasser jedoch strömt nicht direkt nach unten, sondern fast kreisförmig um den Abfluß herum (tatsächlich sind die Strömungslinien hier keine Kreise, sondern haben Spiralform und eine andere Ursache als die Wirbelfelder der Elektrotechnik).

Beim stromdurchflossenen Leiter, nach Bild 3.1.1, nimmt die magnetische Feldstärke $\vec{H}$ im Innern des Leiters mit dem Radius zu: $|\vec{H}| = const \cdot r$ (analog zu den Materieteilchen mit $v = \omega \cdot r$). Dort sitzt der **Wirbelkern** oder, wie wir ihn treffender bezeichnen wollen, die **Wirbelursache**. Sie ist in diesem Beispiel gleich der Leitungsstromdichte $\vec{J}$. Außerhalb des Wirbelkerns oder der Wirbelursache, also außerhalb des Leiters, nimmt das Wirbelfeld $\vec{H}$ (besser: das von der Wirbelursache $\vec{J}$ erzeugte $\vec{H}$–Feld) dem Betrage nach ab, z.B. mit $1/r$ bei kreisrunden Drähten. Wir werden später sehen, daß diese Abnahme einer Feldstärke mit $1/r$ außerhalb kreisrunder Körper ein Kennzeichen **wirbelfreier Wirbelfelder** ist; dagegen ist eine Zunahme der Feldstärke proportional r der Hinweis auf ein **wirbelhaftes Wirbelfeld**. Es kann sich bei solchen Feldern um das H–Feld eines Stromleiters oder um das E–Feld eines kreiszylindrischen Spulenkerns handeln.

Ein mechanisch anschauliches Beispiel

Als mechanisches Analogmodell zur Stützung der Anschaulichkeit betrachten wir die laminare Strömung einer inkompressiblen Flüssigkeit in einem Rohr. Wegen Reibung der Flüssigkeitsmoleküle an der Rohrwand existiert über den Querschnitt ein Geschwindigkeitsprofil $\vec{v}(r)$ nach Bild 3.1.2, wobei an der Rohrwand $|\vec{v}| \to 0$ geht. Man erkennt, daß einander benachbarte Geschwindigkeitsvektoren unterschiedlichen Betrag haben, deswegen werden die Flüssigkeitsmoleküle in Drehbewegung (=Rotation) versetzt. Aus diesem Grund ist auch dieses laminare, linear polarisierte Strömungsfeld $\vec{v}$ wirbelhaft im Sinne der Wirbelfelder der Elektrotechnik, obgleich es sich hierbei nicht um geschlossene Stromlinien, sondern nur um Queränderungen handelt.

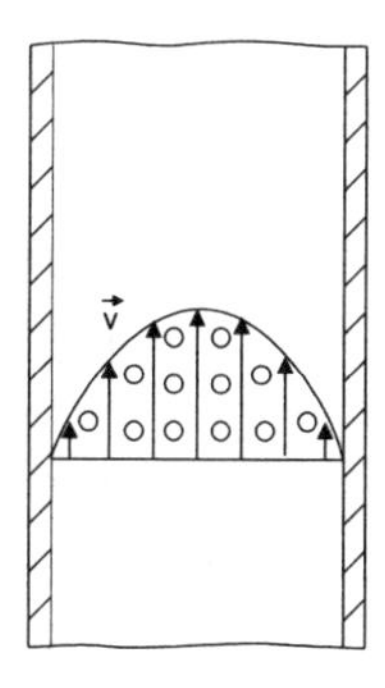

Bild 3.1.2: Geschwindigkeitsprofil in einem Rohr. Moleküle kommen in Drehbewegung oder Rotation.

3.2 Zirkulation bei Wirbelfeldern

Bei Quellenfeldern hat das Hüllenintegral zur Berechnung der Ergiebigkeit wesentliche Bedeutung. Der entsprechende Ausdruck bei Wirbelfeldern ist das Rand- oder deutlicher: das Umlaufintegral.

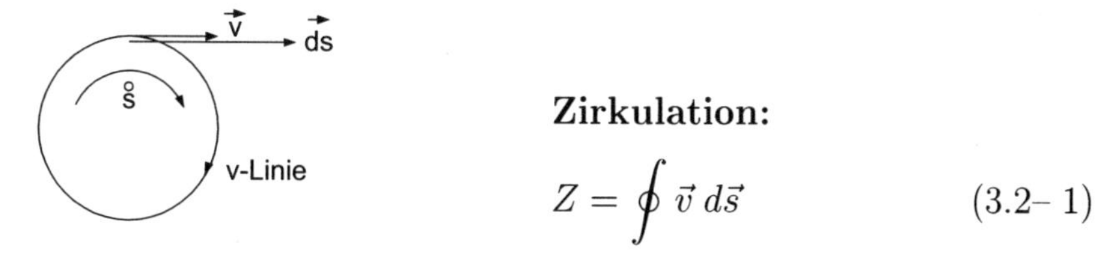

Zirkulation:

$$Z = \oint \vec{v}\, d\vec{s} \qquad (3.2\text{-}1)$$

Bild 3.2.1: Kreisförmige Strömungslinie und Zirkulation

Beim Quellenfeld ist zu untersuchen, ob aus einem wohldefinierten, endlichen Volumen ein Flußüberschuß nach außen oder nach innen wirksam ist. Beim Wirbelfeld mit in sich geschlossenen Feldlinien, ohne Anfang und ohne Ende, geht es zunächst darum, festzustellen, ob es längs eines geschlossenen Umlaufs $\overset{\circ}{s}$ ein Linienintegral gibt, dessen Wert von Null verschieden ist.

Am anschaulichen Beispiel einer Flüssigkeitsströmung mit kreisförmig bewegten Materieteilchen nach Bild 3.2.1, ist unschwer einzusehen, daß das Rand– oder Umlaufintegral über den Geschwindigkeitsvektor $\vec{v}$, z.B. längs einer v–Linie

$$Z = \oint \vec{v}\, d\vec{s} \qquad (3.2\text{– }2)$$

von Null verschieden ist; denn die Summe aller Innenprodukte aus $\vec{v}$ und $d\vec{s}$ längs des angegebenen Umlaufsinns ist positiv, da im Bild 3.2.1 $\vec{v}$ und $d\vec{s}$ längs des ganzen Umlaufs gleichsinnig parallel gerichtet sind.

Allgemein verstehen wir unter der **Zirkulation** Z den Wert eines Linienintegrals längs eines geschlossenen Weges $\overset{\circ}{s}$ und sagen dazu abkürzend **Umlauf**– oder **Randintegral**. Die Benennnung "Umlaufintegral" ist deutlicher, weil dadurch der geschlossene Weg zum Ausdruck kommt. In der Elektrotechnik wird die Zirkulation häufig über materiefreie elektrische und magnetische Feldvektoren wie $\vec{E}$ oder $\vec{H}$ gebildet. Dazu ist es notwendig, daß wir unsere Vorstellung von bewegten Materieteilchen übertragen auf elektrische oder magnetische Zustände des Raumes wie z.B. $\vec{E}$ und $\vec{H}$. Wir wollen aber zunächst anstelle konkreter Vektoren der Elektrotechnik noch den neutralen Vektor $\vec{u}$ benutzen, um einige allgemeingültige Aussagen zu machen.

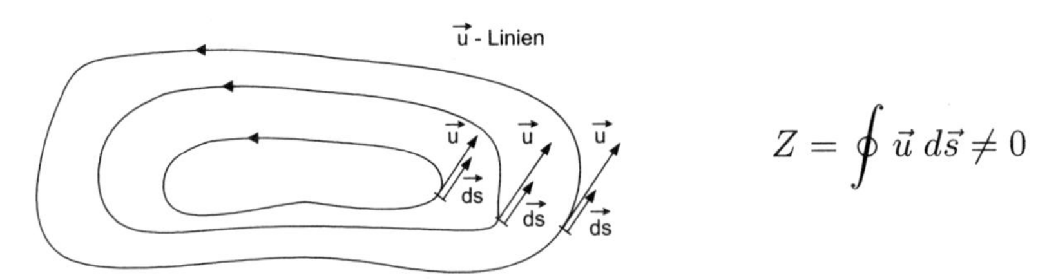

Bild 3.2.2: Zirkulation längs der Feldlinien des Vektorfeldes $\vec{u}$

a) Uberall dort, wo Feldlinien als in sich geschlossene Kurven vorkommen, ist die **Zirkulation** Z, also das Umlaufintegral dieses Vektorfeldes, zumindest längs der Feldlinien, ungleich Null:

b) Auch bei linear polarisierten Feldern der Elektrotechnik, deren Feldvektor nur in eine Richtung zeigt, kann die **Zirkulation** Z von Null verschieden sein, dann nämlich, wenn deren Feldstärke sich quer zur Feldrichtung ändert. Beispiel: Siehe Bild 3.2.3. Der Umlauf erfolgt längs des Rechtecks A–B–C–D–A. Dabei ist $|\vec{u}_1| > |\vec{u}_2|$, aber es ist $s_{AB} = s_{DC}$, und daher ist die Zirkulation, also das Umlaufintegral, ungleich Null. Die Wege s_{BC} und s_{DA} liefern keinen Beitrag; längs dieser Wege ist $\vec{u} \perp d\vec{s}$; daher ist deren Innenprodukt gleich Null.

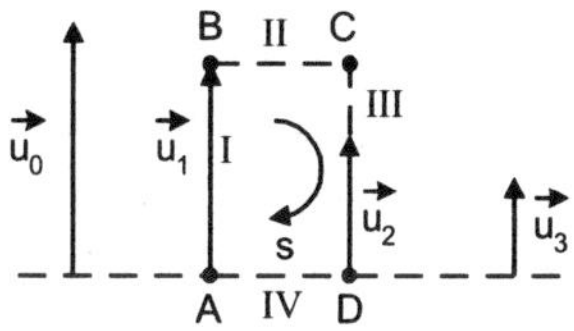

$$\begin{aligned} \oint \vec{u}\, d\vec{s} &= \int \vec{u}_1\, d\vec{s}_I + 0_{II} + \int \vec{u}_2\, d\vec{s}_{III} + 0_{IV} \\ &= u_1\, s_{AB} - u_2\, s_{DC} \\ &= s_{AB}\,(u_1 - u_2) \neq 0 \end{aligned} \qquad (3.2\text{-}\ 3)$$

Bild 3.2.3: Linear polarisiertes Vektorfeld $\vec{u}$ mit Queränderungen

Ist längs eines geschlossenen Weges das Umlaufintegral $Z \neq 0$, so existieren Feldlinien, die in sich geschlossen sind. Der Wert Z der Zirkulation (in der Elektrotechnik werden wir $\oint \vec{E}\, d\vec{s}$ als **elektrische** und $\oint \vec{H}\, d\vec{s}$ als **magnetische Umlaufspannungen** bezeichnen) gibt Auskunft über die Wirbelstärke der felderregenden Ursache, jedoch in integraler, also in zusammenfassender Form. Wo aber die Wirbelursachen im kleinen sitzen, wie sie örtlich verteilt sind, darüber gibt Z keine Auskunft. (Vergleich: Beim Quellenfeld sind Ladungen am Anfang und Ende der Feldlinien Ursache für deren Entstehen. Auch dort sagt der Hüllenfluß der Ergiebigkeit nichts aus über den Ort der Quellen innerhalb des umfaßten Volumens.)

Das Auffinden der Wirbelursachen

Will man feststellen, in welchen Flächenelementen die Wirbelursachen im kleinen sitzen, so benötigt man auch für das Wirbelfeld einen differentiellen Ausdruck, der dem $div\, \vec{D}$ des Quellenfeldes entspricht. Dazu kann man

a) beliebig (eigentlich unendlich) viele örtlich verschiedene und möglichst kleine Umläufe $\overset{\circ}{s}$ bilden, was sehr mühsam und zeitraubend sein wird und daher zu verwerfen ist,

b) oder man sucht einen geeigneten formalen Ausdruck, der die Wirbelursache in jedem Flächenelement, also differentiell (wie unter dem Mikroskop), zu erfassen erlaubt. Dieser Ausdruck ist die sogenannte **Wirbeldichte** oder **Rotation**.

Wir werden sehen, daß es außer den Wirbeldichten, die durch die Maxwellgleichungen direkt angegeben werden, auch Wirbeldichten durch Polarisation gibt. Sie treten bei homogener Polarisation nur an Grenzflächen mit tangentialer Feldkomponente, bei inhomogener Polarisation auch innerhalb der Materie auf. Bei elektrischer Polarisation sind es Wirbel von $\vec{D}$, bei der Magnetisierung sind es Wirbel von $\vec{B}$ (siehe 4.2.2).

3.3 Wirbeldichte oder Rotation

Wir benötigen diejenige "Mikrolupe", die es gestattet, in jedes Flächenelement "hineinzuschauen", um festzustellen, ob dort Zirkulationsursachen im kleinen, also Wirbelursachen (=Wirbeldichten) vorhanden sind. Dazu folgendes **Gedankenexperiment**: Mathematiker ziehen den Umlauf $\overset{\circ}{s}$ der Zirkulation um eine immer kleiner werdende, schließlich gegen Null gehende Fläche a zusammen, wobei zusätzlich durch diese kleine Fläche dividiert wird; exakt:

$$lim_{a\to 0} \frac{1}{a} \underbrace{\oint \vec{u}\, d\vec{s}}_{=Z} = n_a\, rot\, \vec{u}. \qquad (3.3\text{-}\ 1)$$

Dies ist die **Zirkulation** um eine gegen Null gehende Fläche, bezogen darauf. Abgesehen vom Normalenvektor $\vec{n}_a$ wird sie **Rotation**, also $rot\ \vec{u}$ genannt.

Nicht ganz exakt, vielleicht aber anschaulicher ist es, obigen Grenzwert durch ein Umlaufintegral um ein beliebig kleines, aber noch endliches Flächenelement $d\vec{a} = \vec{n}_a da$ zu ersetzen:

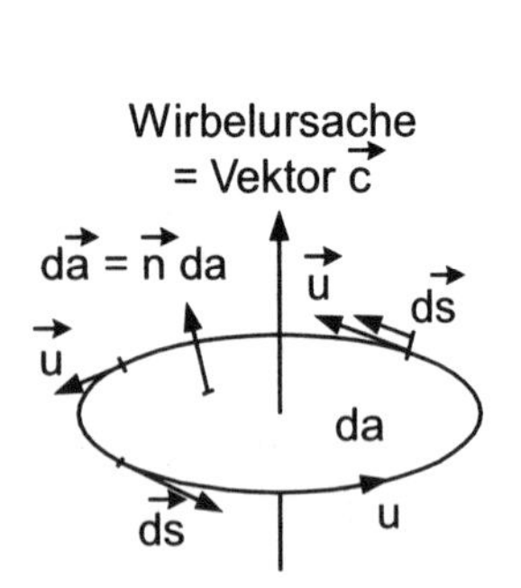

$$\frac{1}{da}\oint \vec{u}\, d\vec{s} \begin{cases} = \text{Zirkulation um ein Flächen–} \\ \quad \text{element, bezogen darauf} \\ = \vec{n}_a \cdot \text{Wirbeldichte von } \vec{u} \\ = \vec{n}_a \cdot rot\, \vec{u} \end{cases}$$

in sich geschlossene u–Linie als Folge des verursachenden axialen Vektors $\vec{c}$, der $d\vec{a}$ durchsetzt: $rot\, \vec{u} = \vec{c}$

Bild 3.3.1: Zuordnung der u–Linie um ein Flächenelement $d\vec{a} = \vec{n}_a\, da$ zu ihrer Wirbelursache $\vec{c}$

Soweit die Herleitung der Wirbeldichte oder Rotation. Für die Anwendungen folgt nun die zugehörige handliche **Rechenvorschrift**: In kartesischen Koordinaten versteht man unter $rot\, \vec{u}$ die folgende Determinante (u_x, u_y, u_z sind

Komponenten des Vektors $\vec{u}$):

$$rot\,\vec{u} = \begin{vmatrix} \vec{e}_x & \vec{e}_y & \vec{e}_z \\ \frac{\partial}{\partial x} & \frac{\partial}{\partial y} & \frac{\partial}{\partial z} \\ u_x & u_y & u_z \end{vmatrix}$$

$$= \vec{e}_x(\frac{\partial u_z}{\partial y} - \frac{\partial u_y}{\partial z}) + \vec{e}_y(\frac{\partial u_x}{\partial z} - \frac{\partial u_z}{\partial x}) + \vec{e}_z(\frac{\partial u_y}{\partial x} - \frac{\partial u_x}{\partial y}). \quad (3.3\text{-}\ 2)$$

Sie ist als Rechenvorschrift das Ergebnis der mathematischen Herleitung, also des gebildeten Grenzwertes. Sie beschreibt als Vektor die **Wirbeldichte** oder **Rotation** des gegebenen Feldvektors $\vec{u}$. Es gilt auch die Vektoridentität mit Nabla:

$$\boxed{rot\,\vec{u} \equiv \nabla \times u}, \quad (3.3\text{-}\ 3)$$

während beim Quellenfeld gilt:

$$div\ \vec{u} \equiv \nabla \vec{u}. \quad (3.3\text{-}\ 4)$$

Die Ausdrücke $rot\,\vec{u}$ und $div\,\vec{u}$ sollten in Zylinder- oder Kugelkoordinaten der Fehlerquellen wegen vom Nichtmathematiker eher nicht mittels Nabla gebildet werden. Es ist besser, man verwendet die im Anhang angegebenen Formeln.

$rot\ \vec{u}$, nach Gl.(3.3–2), ist die handliche Rechenvorschrift für den Anwender. Es müssen lediglich die Komponenten des Vektors $\vec{u}$ mit ihrer Ortsabhängigkeit bekannt sein, um $rot\ \vec{u}$ auszurechnen, gleichgültig in welchen Koordinaten. Betrachtet man die ausführliche Schreibweise von Gl.(3.3–2), so wird deutlich: Es handelt sich um Differentialausdrücke, welche die Queränderungen des Vektorfeldes $\vec{u}$ im kleinen beschreiben. Demnach ist das Vektorfeld $\vec{u}$ dann und nur dann **wirbelfrei**, $rot\ \vec{u} = 0$, wenn in kartesischen Koordinaten folgende drei **Bedingungen** gemeinsam erfüllt sind:

$$\boxed{\frac{\partial u_z}{\partial y} = \frac{\partial u_y}{\partial z} \quad \wedge \quad \frac{\partial u_x}{\partial z} = \frac{\partial u_z}{\partial x} \quad \wedge \quad \frac{\partial u_y}{\partial x} = \frac{\partial u_x}{\partial y}} \quad (3.3\text{-}\ 5)$$

Es gibt aber in sich geschlossene Feldlinien, die an manchen Orten wirbelhaft ($rot\ \vec{u} \neq 0$), an anderen Orten aber wirbelfrei ($rot\ \vec{u} = 0$) sind.

Beispiel: Ein von Gleichstrom durchflossener Draht hat seine Wirbelursache und damit auch seine Wirbeldichte oder Rotation innerhalb des Drahtes, wo

Leitungsstromdichte $\vec{J}$ vorkommt. Dort sind die in sich geschlossenen Feldlinien völlig von Wirbelursachen, nämlich von der Stromdichte $\vec{J}$, durchsetzt. $\vec{J}$ erzeugt also geschlossene magnetische Feldlinien. Die Wirbeldichte *rot* $\vec{H}$ des Vektorfeldes $\vec{H}$ ist gleich dem erzeugenden Vektor $\vec{J}$:

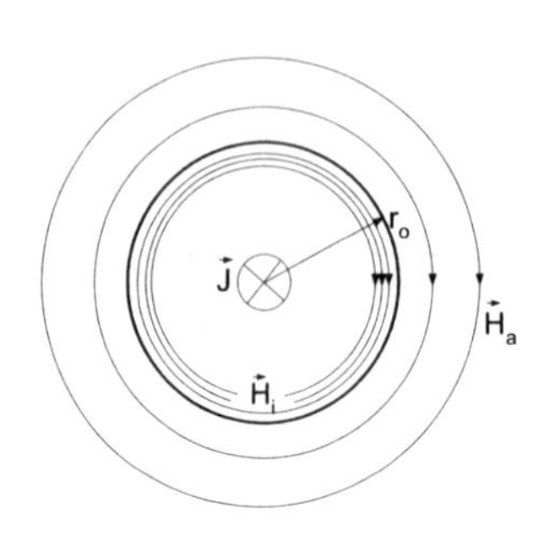

$$rot\,\vec{H} = \vec{J}$$

$\vec{J} =$ Leitungsstromdichte im Draht als Wirbelursache

bei $r \leq r_0$ in sich geschlossenes, wirbel**haftes** $\vec{H}$-Feld,
bei $r \geq r_0$ in sich geschlossenes, wirbel**freies** $\vec{H}$-Feld.

Bild 3.3.2: Feldlinien H_i, H_a eines stromführenden Drahtes

Bild 3.3.2 zeigt den typischen Fall eines wirbelhaften Wirbelfeldes im Leiterinnern mit *rot* $\vec{H} = \vec{J}$ und eines zwar vom Leiterstrom erzeugten, aber wirbelfreien Wirbelfeldes *rot* $\vec{H} = 0$ außerhalb des Leiters.

Daß es sich bei Wirbeldichten um Queränderungen des Feldes im kleinen handelt, wird aus folgendem **Beispiel** deutlich: Wir betrachten das Magnetfeld zwischen Nord- und Südpol eines Permanentmagneten: Bild 3.3.3.

Es sieht so aus, als gäbe es von der Mitte der Polschuhe (im Bild 3.3.3) in x-Richtung, nach außen hin, Queränderungen des $\vec{H}$–Feldes. Dies sind aber keine Queränderungen im kleinen. Wären es solche, wäre also *rot* $\vec{H} \neq 0$, so müßten die Gleichungen (3.3–2), die die Wirbelfreiheit beschreiben, verletzt sein. Eine genauere Betrachtung dieses $\vec{H}$–Feldes zwischen den Polschuhen zeigt, daß bei D-A, im homogenen Feldteil, nur H_y–Komponenten, im inhomogenen Feldteil, z.B. bei F, aber auch H_x–Komponenten vorkommen. So wird es möglich, daß das Umlaufintegral (die Zirkulation) $\oint \vec{H}\ d\vec{s}$ längs des geschlossenen Weges A-B-C-D-A und längs anderer geschlossener Wege Null ist. Die Wirbelfreiheit dieser magnetostatischen Felder versteht man noch besser im Abschnitt Magnetostatik.

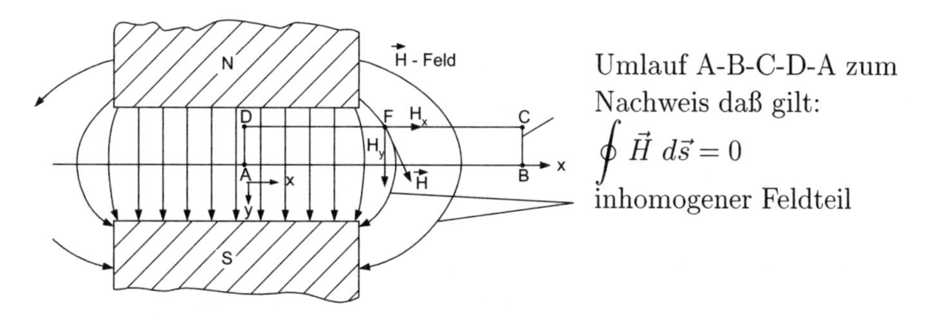

Bild 3.3.3: Wirbelfreies Quellenfeld $\vec{H}$ an Permanentmagneten

Die Gln. (3.3–5) nennt man auch **Integrabilitätsbedingungen** eines Vektorfeldes. Sind sie erfüllt, so ist das Vektorfeld (hier $\vec{u}$) mathematisch aus einem Skalarpotential $\varphi(x, y, z)$ durch Gradientenbildung zu gewinnen. Umgekehrt kann man, sofern diese Integrabilitätsbedingungen erfüllt sind, durch Integration des Vektorfeldes $\vec{u}$ das Skalarpotential $\varphi(x, y, z)$ berechnen.

Beispiel: Ein einfaches, linear polarisiertes Vektorfeld $\vec{u}$ bestehe aus nur einer Komponente:

$$\vec{u} = u_x\, \vec{e}_x; \qquad u_x = c. \tag{3.3- 6}$$

Sind die Gln. (3.3–5) erfüllt, so gilt mit dem in der Elektrotechnik üblichen Minuszeichen beim Gradienten:

$$\vec{u} = -grad\ \varphi = u_x\, \vec{e}_x = c\, \vec{e}_x. \tag{3.3- 7}$$

$grad\ \varphi$ lautet aber in kartesischen Koordinaten ausführlich:

$$\frac{\partial \varphi}{\partial x}\vec{e}_x + \frac{\partial \varphi}{\partial y}\vec{e}_y + \frac{\partial \varphi}{\partial z}\vec{e}_z = -c\, \vec{e}_x. \tag{3.3- 8}$$

Die beiden Seiten der Gleichung müssen vektoriell Gleiches beinhalten, daher verschwinden die $\vec{e}_y$– und die $\vec{e}_z$–Komponenten. Es bleibt:

$$\frac{\partial \varphi}{\partial x} = -c \qquad \text{und daher} \tag{3.3- 9}$$

$$\varphi = \varphi(x) = -c\, x + \text{ Integrationskonstante.} \tag{3.3- 10}$$

3.4 Der Satz von Stokes

Die Wirbeldichte oder Rotation eines Vektorfeldes $\vec{u}$ wird nach Gl.(3.4–1) aus der Zirkulation abgeleitet, indem die Fläche a gegen Null geht:

$$lim_{a\to 0}\frac{1}{a}\oint \vec{u}\, d\vec{s} = \vec{n}_a \ rot\ \vec{u}. \tag{3.4– 1}$$

Nach der Erfahrung des Verfassers ist für den Lernenden die Schreibweise nach Gl.(3.4–2), Zirkulation um ein Flächenelement, oft verständlicher:

$$\frac{1}{da}\oint\limits_{um\, da} \vec{u}\, d\vec{s} = \vec{n}_a \ rot\ \vec{u} \tag{3.4– 2}$$

Dabei gehört der Normalen-Einsvektor $\vec{n}_a$ wieder zu $d\vec{a}$ und steht senkrecht auf seinem Flächenelement:

$$d\vec{a} = \vec{n}_a\, da. \tag{3.4– 3}$$

Auch wird unterstellt, $d\vec{a}$ sei so klein, daß Wirbelursachen (z.B. $\vec{J}$, siehe unten), die das Flächenelement da axial durchdringen, sich innerhalb von da nicht ändern. Gl.(3.4–2) kann dann für einen Umlauf um da geschrieben werden:

$$\oint_{um\ da} \vec{u}\, d\vec{s} = rot\,\vec{u}\ d\vec{a} \qquad \text{oder exakt:} \tag{3.4– 4}$$

$$lim_{a\to 0}\frac{1}{a}\oint_{um\ a} \vec{u}\, d\vec{s} = \vec{n}_a\ rot\ \vec{u}. \tag{3.4– 5}$$

Bildet man von (3.4–4) das Integral über eine endliche Fläche a, mit endlichem Umlauf $\overset{\circ}{s}$, der diese Fläche umfaßt, so erhält man den **Satz von Stokes**:

$$\boxed{\underbrace{\oint \vec{u}\ d\vec{s}}_{\text{Zirkulation um } \vec{a}} = \iint \underbrace{rot\ \vec{u}\ d\vec{a}}_{\text{Wirbeldichte von } d\vec{a}}} \tag{3.4– 6}$$

In Worten ausgedrückt besagt der **Stokes'sche Satz**: Summiert (integriert) man die Wirbeldichte $rot\ \vec{u}$ eines jeden Flächenelementes über eine endliche, einfach zusammenhängende Fläche a, so ist das Ergebnis gleich dem Umlaufintegral $\oint \vec{u}\ d\vec{s}$. Dabei ist der Umlauf $\overset{\circ}{s}$ der äußere Rand der Fläche a.

Beispiel: Durchflutungsgesetz bei Leitungsstrom

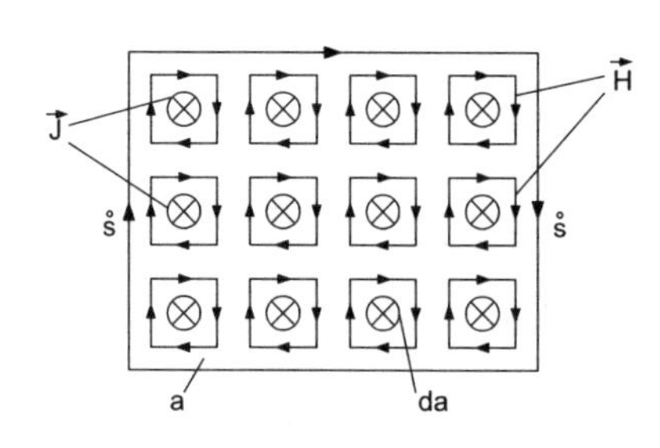

Der neutrale Vektor $\vec{u}$ wird hier ersetzt durch den magnetischen Feldvektor $\vec{H}$.

Die Zirkulation ist: $\oint \vec{H}\, d\vec{s} = I$

$I = \iint \vec{J}\, d\vec{a}$ ist der Leitungsstrom. Dabei ist $\vec{J} \uparrow\uparrow d\vec{a}$.

Bild 3.4.1: Stromdichten $\vec{J}$ sind als Wirbeldichten die Wirbelursachen in den Flächenelementen; der Gesamtstrom I durch a ist die **Wirbelstärke als Ergebnis der Zirkulation**

Bild 3.4.1 zeigt schematisch, daß sich die Feldvektoren $\vec{H}$ an den kleinen Umläufen um benachbarte Flächenelemente gegenseitig aufheben, da sie dort antiparallel zueinander gerichtet sind. Dagegen ergänzen sie sich längs des äußeren Umlaufs $\overset{\circ}{s}$ zu einer großen, geschlossenen Feldlinie. Oder, wenn man die Ursachen $\vec{J}$ für das Entstehen der H–Feldlinien betrachtet: **Leitungsstromdichte**, die in die Zeichenebene hinein zeigt, **ist Wirbelursache und Wirbeldichte** für das magnetische Feld, das sich um $\vec{J}$ herum bildet. Es ist gleichgültig, ob man die Wirbeldichten über alle Flächenelemente integriert, oder ob man längs des äußeren Randes $\overset{\circ}{s}$ umläuft. In jedem Falle erhält man die gesamte Zirkulationsursache. Das ist in diesem Beispiel der umfaßte Leitungsstrom I. Mit der magnetischen Feldstärke $\vec{H}$ an Stelle des allgemeinen Vektors $\vec{u}$, schreibt sich der Satz von Stokes wie folgt:

$$\boxed{\oint \vec{H}\, d\vec{s} = \iint rot\, \vec{H}\, d\vec{a} \qquad \textbf{Satz von Stokes}} \tag{3.4- 7}$$

Die Wirbeldichte $rot\, \vec{H}$ ist aber gegeben durch die Wirbelursache $\vec{J}$, also durch die elektrische Stromdichte. Deshalb kann an Stelle von Gl.(3.4–7) die Gleichung (3.4–8) angeschrieben werden. Sie ist das **Durchflutungsgesetz für Leitungsstrom**, das hier nur als einfaches Beispiel für die Anwendung des Stokes'schen Satzes angeschrieben wurde. Die ausführliche Herleitung des Durchflutungsgesetzes erfolgt im Abschnitt 5.1.

$$\boxed{\oint \vec{H}\, d\vec{s} = \iint \vec{J}\, d\vec{a} \qquad \textbf{Durchflutungsgesetz}} \tag{3.4- 8}$$

Falls der Umlauf $\overset{\circ}{s}$ den ganzen stromführenden Leiter umfaßt, ist das Ergebnis von (3.4–8) gleich I. Wenn nur ein Teil des stromführenden Drahtes umfaßt wird, ist das Flächenintegral $\iint \vec{J}\, d\vec{a} < I$.

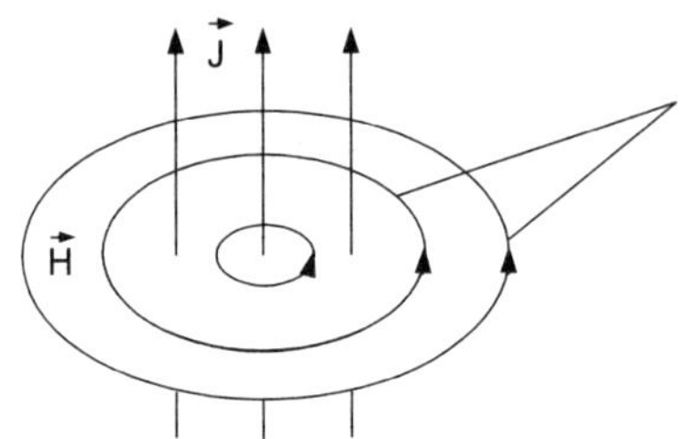

H–Feldlinien gemäß: $rot\ \vec{H} = \vec{J}$.
$\vec{J}$ und $\vec{H}$ sind einander rechtswendig zugeordnet.
Außerhalb von $\vec{J}$ ist $rot\ \vec{H} = 0$.

Bild 3.4.2: Leitungsstromdichte $\vec{J}$ und magnetische Feldlinien H in schematischer Darstellung

Man beachte den begrifflichen Unterschied zwischen der felderregenden Wirbelursache $\vec{J}$ und dem davon erzeugten magnetischen Vektorfeld $\vec{H}$.

3.5 Sprungrotation

Die im Abschnitt 3.3 beschriebene Wirbeldichte oder Rotation, $rot\ \vec{u}$, kann als Rechenvorschrift verstanden werden, womit bei gegebenem, stetigem und differenzierbarem Vektorfeld $\vec{u}$ die Wirbeldichte von $\vec{u}$ ermittelt werden kann. Ein Beispiel sei die später ausführlich zu behandelnde **1. Maxwellgleichung**. Der allgemeine Vektor $\vec{u}$ wird wieder ersetzt durch $\vec{H}$, den magnetischen Feldvektor. Wirbelursache ist die Leitungsstromdichte $\vec{J}$:

$$rot\ \vec{H} = \vec{J} \qquad (3.5\text{–}1)$$

Man kann diese Differentialgleichung auch von rechts nach links lesen: Räumlich verteilte Leitungsstromdichten sind Wirbelursache und Wirbeldichte eines durch sie erzeugten Magnetfeldes $\vec{H}$. $\vec{H}$ ist dadurch nicht selbst bekannt, sondern lediglich seine Wirbeldichte $\vec{J}$, die als Störfunktion der Differentialgleichung (3.5–1) wirkt.

Würde $\vec{J}$ nur in einer dünnen Trennschicht (z.B. Leitungsstrom in einem sehr dünnen Aluminiumfolie) vorkommen, so würde sich die Richtung von $\vec{H}$ örtlich unstetig, also sprunghaft von der einen zur anderen Seite der Trennfläche ändern. Siehe hierzu Bild 3.5.1. Die uns bisher bekannte **Rechenvorschrift der Wirbeldichte** (in kartesischen Koordinaten), die Determinante

$$rot\ \vec{H} = \begin{vmatrix} \vec{e}_x & \vec{e}_y & \vec{e}_z \\ \frac{\partial}{\partial x} & \frac{\partial}{\partial y} & \frac{\partial}{\partial z} \\ H_x & H_y & H_z \end{vmatrix}, \tag{3.5- 2}$$

wäre dafür wegen der Unstetigkeit von $\vec{H}$ mathematisch nicht anwendbar; denn wenn $\vec{H}$ echte sprunghafte Änderungen erfährt, sind seine Komponenten nicht differenzierbar. Wir benötigen also ein anderes mathematisches Werkzeug, eine andere Rechenvorschrift, die ohne Differentialausdruck auf sprunghafte Änderungen an Trennflächen zugeschnitten ist.

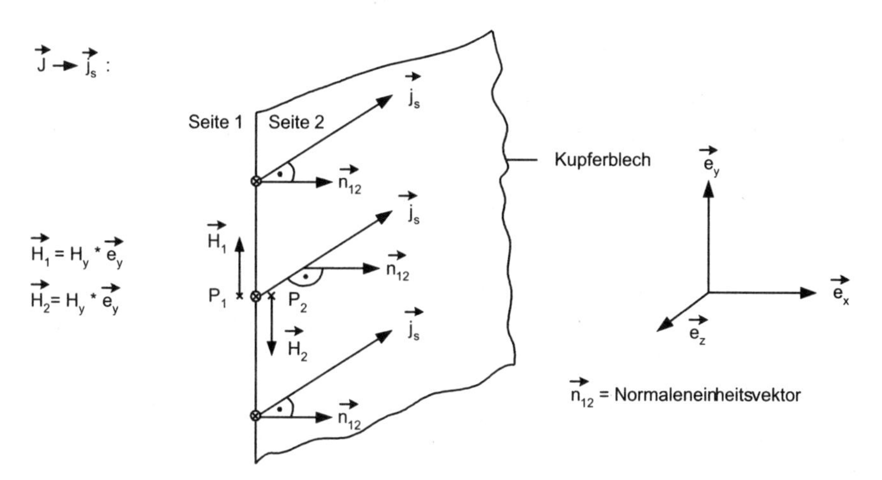

Bild 3.5.1: Sprungwirbel für $\vec{H}$ an einer stromführenden, leitfähigen Folie, die als Trenn– oder Grenzfläche wirkt

Die üblicherweise verwendete Leitungsstromdichte $|\vec{J}| = I/a$ mit der Einheit A/m^2 muß bei Flächenstrom abgeändert werden in eine Flächenstromdichte: den **Strombelag** $\vec{j}_s$ mit dem Betrag $|\vec{j}_s| = I/b$ und mit der Einheit A/m (siehe hierzu Abschnitt 5.2). b ist die Breite oder Höhe der Folie oder des dünnen Bleches, das Strombelag führt.

Am Beispiel einer dünnen z.B. Kupferfolie (Bild 3.5.1), die von elektrischem Leitungsstrom durchflossen wird, sieht man: Der Strombelag $\vec{j}_s$ zeigt in Richtung $-\vec{e}_x$. Das Blech sei in der y-z–Ebene sehr weit ausgedehnt. Dann sind die in P_1 und P_2 dicht am Blech erzeugten, magnetischen Feldvektoren H_1 und H_2 von gleichem Betrag aber antiparallel gerichtet, denn H_1 und H_2 müssen der Stromdichte im Blech rechtswendig zugeordnet sein. Die **sprunghafte Queränderung** des magnetischen Feldes, nach Bild 3.5.1, läßt sich mit *rot* $\vec{H}$ nach Gl.(3.5–2) nicht berechnen auch nicht mit dem hier so einfach werdenden Ausdruck:

$$rot\ \vec{H} = \frac{\partial H_y}{\partial x}\, \vec{e}_z = \vec{J}. \tag{3.5– 3}$$

Die Queränderungen müssen aber formelmäßig erfaßt werden. Sie lassen sich mathematisch durch die **Sprungrotation** darstellen:

$$\boxed{\begin{aligned} Rot\ \vec{H} &\equiv \vec{n}_{12} \times (\vec{H}_2 - \vec{H}_1) &= \vec{j}_s \\ &\equiv \vec{n}_{12} \times \vec{H}_2 - \vec{n}_{12} \times \vec{H}_1 &= \vec{j}_s \end{aligned}} \tag{3.5– 4}$$

$\vec{n}_{12} \times \vec{H}_2$ und $\vec{n}_{12} \times \vec{H}_1$ sind tangential gerichtete Vektoren, was aus dem Beispiel, nach Bild 3.5.1, deutlich hervorgeht. Der Betrag der Sprungrotation ist:

$$\boxed{|Rot\ \vec{H}| = |\vec{j}_s| \qquad \textbf{Sprungrotation}} \tag{3.5– 5}$$

Der Ausdruck *Rot* $\vec{H}$ wird groß geschrieben, um ihn von *rot* $\vec{H}$ deutlich zu unterscheiden. Während *rot* $\vec{H}$ die Einheit von H pro Länge hat, stimmt *Rot* $\vec{H}$ mit der Einheit von H überein. Deswegen muß auch die Sprungursache, der Sprungwirbel $\vec{J}$ in A/m^2 übergeführt werden in den Strombelag $\vec{j}_s$ mit der Einheit A/m, also Ampere pro Meter Blechhöhe oder Blechbreite (senkrecht zur Richtung von $\vec{j}_s$).

Für unseren neutralen Vektor $\vec{u}$ schreibt sich die Sprungrotation entsprechend an durch den **Vektor der Sprungrotation**:

$$\boxed{Rot\ \vec{u} \equiv \vec{n}_{12} \times (\vec{u}_2 - \vec{u}_1) = \textbf{Sprungwirbel(ursache)}} \tag{3.5– 6}$$

Gl.(3.5–6) ist bei flächenhaften Wirbelursachen und daraus resultierenden sprunghaften Queränderungen von elektrischen und magnetischen Feldern anwendbar. Bei einem zusätzlich überlagerten äußeren Feld ist Vorsicht geboten.

Beispiel für die Überlagerung eines äußeren $\vec{H}$–Feldes mit einem durch Sprungwirbel erzeugten $\vec{H}$–Feld. Ohne Stromstärke in der Trennfläche sei links und rechts von dieser bereits das äußere Magnetfeld vorhanden:

$$\vec{H}_a = H_x\vec{e}_x + H_z\vec{e}_z. \tag{3.5– 7}$$

Der Strombelag als flächenhafte Stromdichte sei: $\vec{j}_s = j_s \vec{e}_z$. Das davon erzeugte Zusatzfeld ist links bzw. rechts von der Trennfläche (siehe Bild 3.5.2):

$$\begin{aligned} \vec{H}_l &= -H_y \, \vec{e}_y \\ \vec{H}_r &= +H_y \, \vec{e}_y \end{aligned} \qquad (3.5\text{-}\ 8)$$

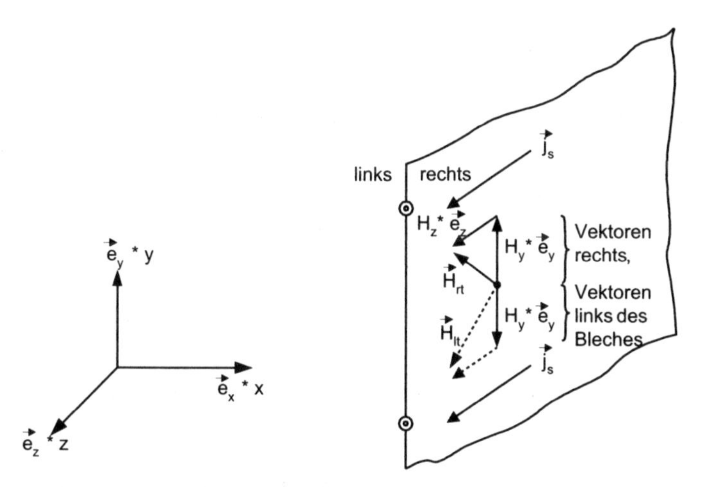

Bild 3.5.2: Äußeres Magnetfeld $\vec{H}_a$ mit Sprungwirbel in der Trennfläche infolge des Strombelags $\vec{j}_s = j_s \vec{e}_z$

Das gesamte magnetische Feld aus (3.5–7) und (3.5–8) links bzw. rechts der stromführenden Trennfläche könnte sein:

$$\begin{aligned} \vec{H}_{lges} &= H_x \vec{e}_x - H_y \vec{e}_y + H_z \vec{e}_z \\ \vec{H}_{rges} &= H_x \vec{e}_x + H_y \vec{e}_y + H_z \vec{e}_z \end{aligned} \qquad (3.5\text{-}\ 9)$$

H_x–Komponenten, senkrecht zur Trennfläche, werden durch die Sprungrotation, gemäß Gl.(3.5–4), nicht berücksichtigt, so daß die folgenden Tangentialanteile, links: H_{lt} und rechts H_{rt} übrigbleiben:

$$\begin{aligned} \vec{H}_{lt} &= -H_y \vec{e}_y + H_z \vec{e}_z \\ \vec{H}_{rt} &= +H_y \vec{e}_y + H_z \vec{e}_z. \end{aligned} \qquad (3.5\text{-}\ 10)$$

Die tangentialen Ergebnisvektoren $\vec{H}_{lt}$ und $\vec{H}_{rt}$, links und rechts des stromführenden Bleches, sind nicht mehr antiparallel gerichtet!

3.6 Wirbelfreiheit oder Quellenfreiheit?

Wir kennen jetzt den Begriff der Wirbeldichte und können sie auf ein Gradientenfeld $\vec{u} = \pm grad\,\varphi$ anwenden. φ ist wieder eine skalare Potentialfunktion. Für sie gilt:

$$\begin{aligned} rot\,\vec{u} &= rot(\pm grad\,\varphi) \\ &= \nabla \times (\pm\nabla\varphi) = \pm(\nabla \times \nabla)\,\varphi \equiv 0. \end{aligned} \tag{3.6– 1}$$

Das bedeutet: Die **Wirbeldichte** aller durch Gradientenbildung entstandenen **Quellenfelder** $\vec{u}$ ist mathematisch notwendig identisch Null. Denn das Vektorprodukt $\nabla \times \nabla$ zweier gleicher, wenn auch symbolischer Vektoren Nabla, spannt keine Fläche auf: **Quellenfelder sind wirbelfrei!**

Da sowohl die von Ladungen, wie auch die durch Polarisation erzeugten Quellenfelder durch Gradientenbildung darstellbar sind, ist ihre Wirbeldichte Null, was durch Gl.(3.6–1) zum Ausdruck kommt. Es ist somit gestattet, Quellenfelder mathematisch durch Gradientenbildung aus einem Skalarpotential darzustellen, wie dies im Abschnitt 2.3 schon geschehen ist.

Wir wollen jetzt sehen, wie es mit der **Quellendichte von Wirbelfeldern** bestellt ist. Allein der Ausdruck

$$div\,\vec{u}, \tag{3.6– 2}$$

wobei der neutrale Vektor $\vec{u}$ einem Feld von in sich geschlossenen Feldlinien angehört, gibt uns noch keine Hinweise. Wird jedoch für ein magnetisches Feld der neutrale Vektor $\vec{u}$ durch den Vektor $\vec{B}$ der magnetischen Flußdichte ersetzt, so gilt, da bis heute keine magnetischen Einzelladungen als Quellen oder Senken reproduzierbar isoliert werden konnten:

$$div\,\vec{B} = 0 \qquad \text{und} \qquad Div\,\vec{B} = 0. \tag{3.6– 3}$$

Näheres hierüber erfahren wir im Abschnitt 4.2.2. Ferner werden wir im Abschnitt 5.4 sehen, daß es zur Beschreibung von Wirbelfeldern ein sogenanntes vektorielles Potential gibt. Dieses **Vektorpotential** $\vec{A}$ wird selbst quellenfrei sein.

An dieser Stelle müssen wir uns auf die Quellendichte von $rot\,\vec{u}$ beschränken. Wir fragen also, ob die Wirbeldichte $rot\,\vec{u}$ quellenhaltig oder quellenfrei ist:

$$\begin{aligned} div\,(rot\,\vec{u}) &= \nabla\,(\nabla \times \vec{u}) \\ &= (\nabla \times \nabla)\,\vec{u} \equiv 0. \end{aligned} \tag{3.6– 4}$$

Offenbar ist die **Wirbeldichte** $rot\ \vec{u}$ eines jeden Vektors $\vec{u}$ mit mathematischer Notwendigkeit stets **quellenfrei**. Dies ist keine Aussage über die Quellen des Vektors $\vec{u}$ selbst.

Anschauliches Beispiel zur Quellenfreiheit

Bild 3.4.2 zeigt schematisiert die Feldlinien von Leitungsstromdichte $\vec{J}$ und zugehöriger magnetischer Feldstärke $\vec{H}$. Der Vektor $\vec{H}$ ist rechtswendig zu $\vec{J}$ zugeordnet. Dort, wo $\vec{J} \neq 0$ ist, gilt: $rot\ \vec{H} = \vec{J}$. Bilden wir von der linken Seite dieser Gleichung die Divergenz, so ist nach Gl.(3.6–4): $div(rot\vec{H}) = 0$. Was aber für die linke Seite einer Gleichung gilt, muß auch für ihre rechte Seite gelten. Daher muß auch sein:

$$div\ \vec{J} = 0, \tag{3.6–5}$$

das heißt, im Gleichstromfall, wo keine Verschiebungsstromdichte vorkommt, sind sowohl die Feldlinien des Vektors $\vec{H}$, wie auch diejenigen des Vektors $\vec{J}$ in sich geschlossen. Die zugehörigen Vektorfelder sind quellenfrei. Bild 3.6.1 zeigt die Quellenfreiheit der Stromdichte links im Schaltbild und rechts daneben im Ersatzbild.

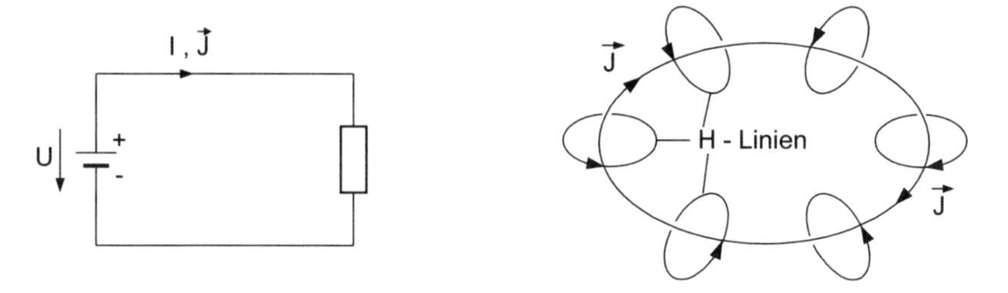

Bild 3.6.1: Quellenfreiheit der Gleichstromdichte

Praktisch bedeutet die Quellenfreiheit von $\vec{J}$, daß sich die $\vec{J}$–Linien auch durch eine Batterie hindurch quellenfrei fortsetzen. Die in der Batterie vorkommenden elektrochemischen Elementarvorgänge werden von der makroskopischen Maxwelltheorie nicht erfaßt.

3.7 Wegunabhängigkeit wirbelfreier Felder

Jedes wirbelfreie Vektorfeld $\vec{u}$ wird beschrieben durch die Differentialgleichung

$$rot\ \vec{u} = 0. \tag{3.7–1}$$

Im Abschnitt 3.4 wurde der Stokes'sche Satz erklärt. Wenden wir ihn hier mit $rot\,\vec{u} = 0$ an, so gilt:

$$\iint rot\,\vec{u}\,d\vec{a} = \oint \vec{u}\,d\vec{s} = 0. \tag{3.7- 2}$$

Wegen $rot\ \vec{u} = 0$ ist das Flächenintegral darüber und deswegen auch das Umlaufintegral längs des geschlossenen Weges $\overset{\circ}{s}$ gleich Null.

Man kann das Umlaufintegral ausführlicher anschreiben, indem man es durch zwei Linienintegrale ausdrückt (siehe Bild 3.7.1):

$$\oint \vec{u}\,d\vec{s} = \underbrace{\int_1^2 \vec{u}\,d\vec{s}}_{(I)} + \underbrace{\int_2^1 \vec{u}\,d\vec{s}}_{(II)} = 0 \tag{3.7- 3}$$

Da die Summe beider Linienintegrale gemäß Voraussetzung gleich Null ist, erhält man beim Vertauschen der Integrationsgrenzen des Linienintegrals längs (II):

$$\begin{aligned} \underbrace{\int_1^2 \vec{u}\,d\vec{s}}_{(I)} &= -\Big(-\underbrace{\int_1^2 \vec{u}\,d\vec{s}}_{(II)}\Big) \\ &= +\underbrace{\int_1^2 \vec{u}d\vec{s}}_{(II)} \end{aligned} \tag{3.7- 4}$$

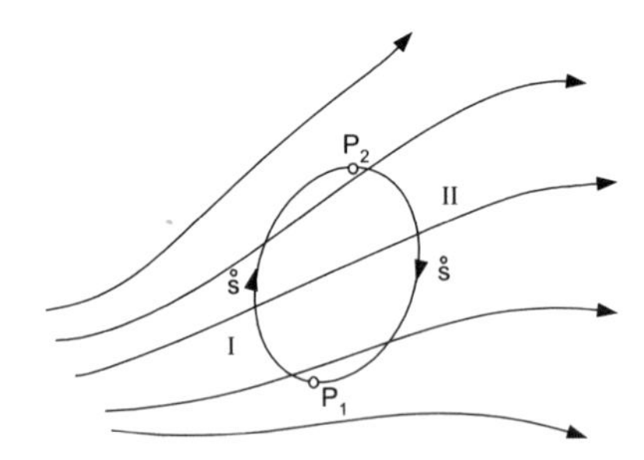

Bild 3.7.1: Zur Wegunabhängigkeit wirbelfreier Felder

Es ist daher gleichgültig, ob man längs des Weges (I) oder längs (II) oder längs eines anderen Weges von P_1 nach P_2 integriert. Der Wert des Linienintegrals $\int_1^2 \vec{u}\,d\vec{s}$ hängt allein von den Potentialen in P_1 und P_2, ab; oder genauer: Von der Potentialdifferenz dieser beiden Punkte, vorausgesetzt, für den Bereich aller Integrationswege gilt: $rot\ \vec{u} = 0$, so daß keine wirbelerzeugende Ursache vom Umlaufintegral umfaßt wird.

Kapitel 4

Statik

Die Statik (vom Lateinischen: stare = stehen, stehende, ortsgebundene Felder) mit strenger Zeitkonstanz wird beschrieben durch die **Grundgleichungen**:

$$\boxed{\begin{array}{lll} \dfrac{\partial}{\partial t} & = 0 : & \text{keine zeitlichen Änderungen} \\ dW & = 0 : & \text{keine Änderung der Energie} \end{array}} \tag{4.0– 1}$$

$$\boxed{div\ \vec{D} = \eta; \quad Div\ \vec{D} = \sigma; \quad rot\ \vec{E} = 0; \quad Rot\ \vec{E} = 0} \tag{4.0– 2}$$

$$\boxed{div\ \vec{B} = 0; \quad Div\ \vec{B} = 0; \quad rot\ \vec{H} = 0; \quad Rot\ \vec{H} = 0} \tag{4.0– 3}$$

Ferner gelten die folgenden **Materialgleichungen**, die so genannt werden, da die **Permittivitätszahl** (=Dielektrizitätszahl) ϵ_r und die **Permeabilitätszahl** μ_r als Eigenschaften der Materie berücksichtigt werden:

$$\boxed{\vec{D} = \epsilon\ \vec{E}; \qquad \epsilon = \epsilon_0\ \epsilon_r} \tag{4.0– 4}$$

$$\boxed{\vec{B} = \mu\ \vec{H}; \qquad \mu = \mu_0\ \mu_r} \tag{4.0– 5}$$

Die Bedingungen (4.0–1) gelten sowohl für elektrostatische als auch für magnetostatische Felder: Es gibt keine zeitlichen Änderungen und keinen Stromfluß, also auch keine Änderungen der statisch vorhandenen Energie.

Da in der Statik elektrische und magnetische Feldgrößen nicht miteinander verkoppelt sind, enthalten die Grundgleichungen (4.0–2) und (4.0–4) nur die elektrischen Größen: ϵ, σ, η, $\vec{D}$ und $\vec{E}$. Ebenso enthalten die Grundgleichungen (4.0–3) und (4.0–5) nur die magnetischen Größen: μ, $\vec{H}$ und $\vec{B}$. Deswegen lassen sich elektrostatisches und magnetostatisches Feld getrennt voneinander behandeln.

4.1 Elektrostatik

4.1.1 Einheiten und Definitionen

Die Einheiten der in der Elektrostatik benötigten Größen sind:

$$[\vec{E}] = \frac{V}{m}; \qquad [\vec{D}] = \frac{As}{m^2}$$

$$[rot\ \vec{E}] = \frac{V}{m^2}; \qquad [Rot\ \vec{E}] = [\vec{E}] = \frac{V}{m} \qquad (4.1\text{-}\ 1)$$

$$[div\ \vec{D}] = \frac{As}{m^3}; \qquad [\eta] = \frac{As}{m^3}; \qquad \eta = \text{Raumladungsdichte}$$

$$[Div\ \vec{D}] = [\vec{D}] = \frac{As}{m^2}; \qquad [\sigma] = \frac{As}{m^2}; \qquad \sigma = \text{Flächenladungsdichte}$$

Die in der Elektrostatik hinsichtlich der Quellen und Wirbel wichtigen Feldgrößen sind die zeitlich konstanten Größen elektrische Feldstärke $\vec{E}$ und elektrische Flußdichte $\vec{D}$. Beide sind in isotropen Medien durch die **Materialgleichung** $\vec{D} = \epsilon\vec{E}$ miteinander verbunden.

$\vec{E}$ ist **definiert** durch die Kraftwirkung eines elektrischen Feldes auf den Träger einer kleinen positiven Probeladung. Die Probeladung q_+ sollte sehr klein sein, um den äußeren Feldverlauf möglichst wenig zu stören. Ebenso sollte der Träger der Probeladung klein sein, so daß auch inhomogene elektrische Felder damit bestimmt werden könnten:

$$\vec{F} = q_+ \cdot \vec{E} \qquad \text{oder} \qquad \boxed{\vec{E} = \frac{\vec{F}}{q_+}} \qquad (4.1\text{-}\ 2)$$

Die **elektrische Flußdichte** $\vec{D}$, die mitunter auch Verschiebungsdichte genannt wird, kann leicht am Parallelplattenkondensator definiert werden; dabei vernachlässigt man das Randfeld, indem man voraussetzt, der Plattendurchmesser sei viel größer als der Plattenabstand.

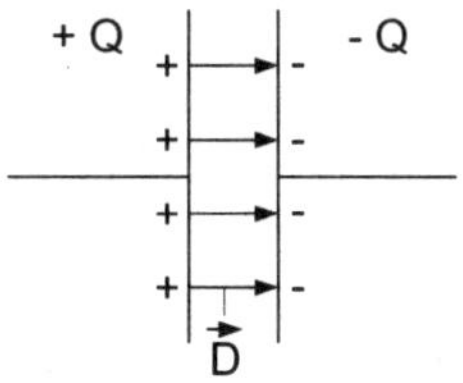

$$\boxed{D = \frac{Q}{a}; \qquad \vec{D} = \epsilon\,\vec{E}} \qquad (4.1\text{-}3)$$

a = Fläche einer Kondensatorplatte

Bild 4.1.1: Elektrische Flußdichte im Plattenkondensator

Der Betrag von $\vec{D}$ stimmt auf den Kondensatorplatten mit deren Flächenladungsdichte σ überein. Da elektrischer Fluß die Einheit As hat, ist $\vec{D}$, mit der Einheit $As/(m^2)$, die elektrische Flußdichte. Die Richtung von $\vec{D}$ stimmt mit der Richtung von $\vec{E}$ überein. Beide Vektoren sind in homogenen, isotropen Medien gleichsinnig parallel gerichtet. Hinsichtlich des elektrischen Feldes bedeutet **homogen** die örtliche Gleichartigkeit des Materials und daher $\epsilon_r = const.$ **Isotrop** bedeutet Richtungsunabhängigkeit der Dielektrizitätszahl ϵ_r. Aus historischen Gründen zeigen $\vec{D}$ und $\vec{E}$ von positiven zu negativen Ladungen hin.

Elektrische Polarisation nichtleitender Dielektrika

Im idealen, nichtleitenden Dielektrikum gibt es keinen Ladungstransport und daher auch keinen Leitungsstrom. Ein äußeres elektrisches Feld, z.B. zwischen den Platten des Kondensators nach Bild 4.1.1, wirkt aber auf die nichtleitenden Ladungsträger des Dielektrikums. Man hat dabei zwei verschiedene Arten von Dielektrika zu unterscheiden: Zum einen unpolarisierte Materie, zum anderen ursprünglich schon Dipole enthaltende (=polarisierte) Materie. Ohne äußeres $\vec{E}$–Feld sei der nach außen hin wirksame Mittelwert unpolarisierter Elementardipole gleich Null.

Durch das von außen angelegte elektrische Feld erfährt sowohl die zunächst unpolarisierte, wie auch die anfänglich schon polarisierte Materie, elastische Verschiebungen ihrer Ladungsschwerpunkte: Das unpolarisierte Dielektrikum wird polarisiert, während das schon polarisierte Dielektrikum eine Ausrichtung seiner anfänglich regellosen Elementardipole erfährt.

Diese **Elementarvorgänge** werden durch die Maxwelltheorie nur modellhaft durch makroskopische Mittelwerte und durch ein kontinuierliches Dielektrikum beschrieben.

Gegeben sei nun ein äußeres, elektrostatisches $\vec{D}$–Feld im materiefreien Raum, z.B. zwischen zwei Kondensatorplatten. Dort ist $\vec{E}_0 = \vec{D}/\epsilon_0$. Wird ein homogenes und richtungsunabhängiges Dielektrikum in das von außen eingeprägte $\vec{D}$–Feld eingebracht, so ist im Dielektrikum: $\vec{E} = \vec{D}/\epsilon_0\epsilon_r$, also $|\vec{E}| < |\vec{E}_0|$. Diese Reduzierung von $|\vec{E}_0|$ auf $|\vec{E}|$ kann makroskopisch durch das feldschwächende Polarisationsfeld $\vec{P}/\epsilon_0$ des Dielektrikums ausgedrückt werden: $\vec{D}/\epsilon_0 - \vec{E} = \vec{P}/\epsilon_0$ oder

$$\boxed{\vec{D} = \epsilon_0\,\vec{E} + \vec{P} \qquad \textbf{Definition elektr. Polarisation}} \tag{4.1- 4}$$

Dies ist die meist verwendete Definitionsgleichung für $\vec{P}$. $\vec{P}$ ist die **elektrische Polarisation** als makroskopischer Mittelwert der von der Volumeneinheit bestimmten, mikroskopisch ausgerichteten Elementardipole. $\vec{E}$ ist die resultierende Feldstärke im Dielektrikum.

Da die Polarisation $\vec{P}$ nicht direkt meßbar ist, werden Quellen von $\vec{E}$ und Wirbel von $\vec{D}$, soweit sie durch Polarisation entstehen, aus den Feldgrößen und den meßbaren Dielektrizitätszahlen berechnet (siehe Beispiele).

4.1.2 Wirbelfreiheit der elektrischen Feldstärke

Für den elektrischen Feldvektor $\vec{E}$ gilt nach Gl.(4.0–2) unter anderem:

$$rot\,\vec{E} = 0 \qquad \text{und} \qquad Rot\,\vec{E} = 0. \tag{4.1- 5}$$

Es gibt keine Wirbelursachen (rechts des Gleichheitszeichens). Die Wirbeldichte oder Rotation ist deswegen Null. Es gibt folglich in der Elektrostatik auch keine in sich geschlossenen elektrischen Feldlinien. Denn der Stokes'sche Satz, angewandt auf *rot* $\vec{E} = 0$, liefert die Zirkulation, die hier nichts anderes ist, als die elektrische Umlaufspannung:

$$\iint \underbrace{rot\,\vec{E}}_{=0}\, d\vec{a} = \oint \vec{E}\, d\vec{s} = 0, \qquad \text{also} \qquad Z = \overset{\circ}{U} = 0. \tag{4.1- 6}$$

Die **Sprungrotation** *Rot* $\vec{E} = 0$ sagt aus, daß die Tangentialkomponente E_t des elektrischen Feldvektors $\vec{E}$ an Trennflächen nicht springt, sondern stetig von der einen zur anderen Seite überwechselt; denn es ist ja (siehe Abschnitt 3.5):

$$\boxed{Rot\,\vec{E} \equiv \vec{n}_{12} \times (\vec{E}_2 - \vec{E}_1) \qquad \textbf{Sprungrotation}} \tag{4.1- 7}$$

Dies ist die Differenz der Tangentialkomponenten des Vektors $\vec{E}$. Daher folgt aus $Rot\ \vec{E} = 0$, daß $E_{2t} = E_{1t}$. Deswegen ist an Grenzflächen von Dielektrika, ohne freie Ladungen, stets $E_{1t} = E_{2t}$. Daraus wiederum folgt für die Tangentialkomponenten von $\vec{D}$ an Grenzflächen mit $\epsilon_{r1} \neq \epsilon_{r2}$, daß $D_{1t} \neq D_{2t}$, also $Rot\,\vec{D} \neq 0$ ist. Solche Grenzflächen sind Wirbel von $\vec{D}$. Diese folgen auch aus der Definitionsgleichung (4.1–4) der Polarisation; denn wegen $rot\,\vec{E} = 0$ ist mit $\vec{E} = (\vec{D} - \vec{P})/\epsilon_0$:

$$rot\ \vec{D} = rot\ \vec{P} \qquad \text{und} \qquad Rot\ \vec{D} = Rot\ \vec{P}. \tag{4.1- 8}$$

Man erkennt, daß nicht die Polarisation selbst, sondern ihre Wirbeldichte bzw. ihr Sprungwirbel als Wirbelursache eines dadurch veränderten $\vec{D}$–Feldes wirkt.

4.1.3 Quellen der Elektrostatik

Die einfachste Quelle eines elektrostatischen Feldes ist eine elektrische Punktladung. Sie ist realisierbar z.B. durch ein oder mehrere Elektronen mit der Elementarladung $e = 1,602^{-19}\ As$:

$$Q = -n\ e, \qquad \text{n ganzzahlig} \tag{4.1- 9}$$

oder auch durch ein oder mehrere Atome, die positiv oder negativ geladen sind, weil ihnen Elektronen entzogen oder zusätzliche Elektronen aufgebürdet wurden. Überwiegt die positive Ladung, so gilt an Stelle von (4.1–9):

$$Q = +n\ e, \qquad \text{n ganzzahlig.} \tag{4.1- 10}$$

Auch wenn die geladenen Atome oder die Elektronen oder deren Träger, mikroskopisch betrachtet, eine endliche Ausdehnung haben, so kann die Anordnung bei makroskopischer Betrachtung mittels der Maxwelltheorie dennoch als Punktladung gelten. Voraussetzung dafür ist allerdings, daß die Ladungsträger möglichst kugelförmig und die Abstände zu anderen Körpern sehr groß sind im Vergleich zum Durchmesser des Ladungsträgers.

Schließen elektrische Ladungen derart räumlich aneinander an, daß sie bei makroskopischer Betrachtung als endlich ausgedehntes Kontinuum gelten können, obwohl sie mikroskopisch durch eine Fülle diskreter Elementarladungen realisiert werden, so hat man zwischen räumlicher und flächenhafter Ladungsverteilung zu unterscheiden. Nach Gl.(4.0–2) gilt für die **Raum**– bzw. die **Flächenladungsdichten**:

$$\boxed{div\ \vec{D} = \eta} \qquad \text{und} \qquad \boxed{Div\ \vec{D} = \sigma} \tag{4.1- 11}$$

Die volumenspezifische Ladung oder **Raumladungsdichte** $\eta = \Delta Q/\Delta v$ für $\Delta v \to 0$ ist Quellendichte oder **Divergenz** (= Ergiebigkeit pro Volumenelement) der elektrischen Flußdichte $\vec{D}$. Die flächenspezifische Ladung oder **Flächenladungsdichte** $\sigma = \Delta Q/\Delta a$ für $\Delta a \to 0$ ist Sprungquellendichte oder **Sprungdivergenz** der elektrischen Flußdichte $\vec{D}$.

Wir wollen die drei Gleichungen (4.1–9) bis (4.1–11) noch näher beleuchten: Dort wo Punktladungen oder Raumladungsdichten $\eta(x, y, z)$ oder Flächenladungsdichten $\sigma(x, y, z)$ vorkommen, entspringt oder endet ein Quellenfeld oder Teile davon. Da η die Einheit von Ladung pro Volumen hat, erhält man durch Integration über ein endliches Volumen, welches räumliche Ladungsdichten einschließt, als ergänzende, zusammenfassende oder integrale Aussage über die Summe der eingeschlossenen Ladungen, die Ergiebigkeit oder Quellenstärke:

$$\boxed{\iiint div\ \vec{D}\ dv = \iiint \eta\ dv = \sum_{\nu} Q_{\nu} \qquad \textbf{Ergiebigkeit}} \tag{4.1- 12}$$

Das Ergebnis dieser Integration ist die im Volumen v eingeschlossene positive oder negative Überschuß– oder Differenzladung $\sum_v Q$. Sie wirkt aus dem Volumen heraus nach außen hin als Quelle oder Senke. Wendet man auf (4.1–12) den Gauß'schen Satz an, so erhält man das Hüllenintegral und wieder die Ergiebigkeit:

$$\boxed{\oiint_{a_H} \vec{D}\ d\vec{a} = \sum_{\nu} Q_{\nu} \qquad \textbf{Ergiebigkeit}} \tag{4.1- 13}$$

Dieser elektrische Hüllenfluß liefert als Flächenintegral über die geschlossene Hüllfläche a_H oft einfacher als ein Dreifachintegral die im Volumen v eingeschlossenen Quellen. Gl.(4.1–13) wird auch "**Satz vom elektrischen Hüllenfluß**" genannt. Seine erweiterte Form ist Gl.(2.2–26).

Wir betrachten noch die Sprungdivergenz nach Gl.(4.0–2):

$$\boxed{Div\ \vec{D} = \sigma(x, y, z) \qquad \textbf{Sprungdivergenz}} \tag{4.1- 14}$$

Die Sprungdivergenz ist im Abschnitt 2.2.4 grundsätzlich erklärt. Sie lautet als Rechenvorschrift:

$$Div\ \vec{D} \equiv D_{2n} - D_{1n} = \sigma(x, y, z). \tag{4.1- 15}$$

An Grenzflächen mit Ladungsdichten σ springt die Normalkomponente der elektrischen Flußdichte $\vec{D}$ um den Wert σ. Da σ die Einheit von Ladung pro Fläche hat, ergibt das Integral über diejenige Fläche, auf der σ vorkommt, die darauf vorhandene Ladung Q:

$$\boxed{\iint \sigma \, da = Q \qquad \textbf{Flächenladung}} \tag{4.1- 16}$$

Trenn- oder Grenzflächen ohne Ladungen als Quellen für $\vec{E}$

Ist eine Grenzfläche durch das Aneinanderstoßen zweier Medien mit verschiedenen Dielektrizitätszahlen ϵ_r gekennzeichnet, und sind keine Ladungen in dieser Grenzfläche vorhanden, so ist die Sprungdivergenz gleich Null:

$$Div\ \vec{D} = 0 \qquad \text{oder} \qquad D_{2n} = D_{1n}. \tag{4.1- 17}$$

Die Folge ist ein Sprung der Normalkomponente des elektrischen Feldvektors: $E_{2n} \neq E_{1n}$; denn wegen Gl.(4.1–17) ist:

$$\epsilon_{r2}\, E_{2n} = \epsilon_{r1}\, E_{1n}, \qquad \text{also} \tag{4.1- 18}$$

$$Div\ \vec{E} \equiv E_{2n} - E_{1n} = E_{2n}\left(1 - \frac{\epsilon_{r2}}{\epsilon_{r1}}\right). \tag{4.1- 19}$$

Besteht ein Dielektrikum aus einer dünnen Scheibe, so können, aus größerer Entfernung gesehen, deren Stirnflächen als elektrische Doppelschicht betrachtet werden. Denn wegen der elastischen Verschiebung von Ladungsträgern, oder wegen der Ausrichtung von Dipolen durch ein äußeres Feld, werden an der einen Stirnfläche mehr positive, an der anderen Stirnfläche mehr negative Ladungen an die Oberfläche gerückt.

Ohne freie Ladungen am Dielektrikum, $Div\ \vec{D} = 0$, ist die Sprungquelle an einer Stirnfläche, ausgedrückt durch die **Polarisation** nach Gl.(4.1–4):

$$Div(\epsilon_0\, \vec{E}) = -Div\ \vec{P} \qquad \text{bzw.} \qquad \epsilon_0\ Div\ \vec{E} = -Div\ \vec{P}. \tag{4.1- 20}$$

Also nicht die Polarisation selbst, sondern ihre negative Sprungänderung ist an Stirnflächen von Dielektrika Quelle von $\epsilon_0 \vec{E}$ bzw. von $\vec{E}$.

Grenzflächen mit aufgebrachten Ladungen als Quellen

Natürlich springt im allgemeinen die Normalkomponente von $\vec{E}$ an einer Grenzfläche zwischen gleichartigen Medien $\epsilon_{r1} = \epsilon_{r2}$ schon dann, wenn elektrische Ladungen, mit der Ladungsdichte σ, auf der Trennfläche vorkommen.

Beispiel:

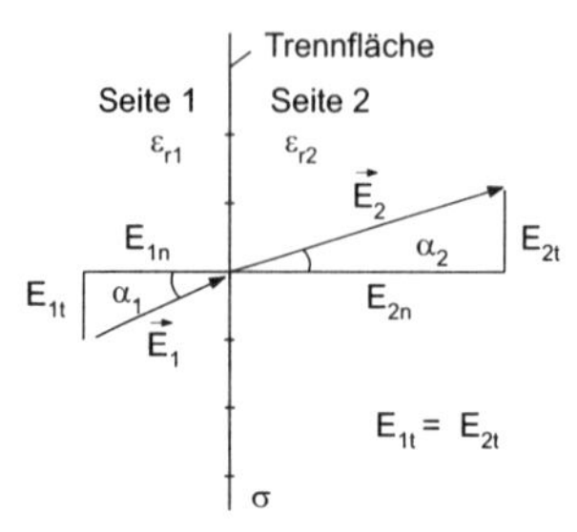

σ: nicht ortsabhängige, positive elektrische Ladungsdichte auf der Trennfläche.

$[\sigma] = \dfrac{As}{m^2}$

Bild 4.1.2: Grenzfläche zwischen verschiedenen Medien mit Flächenladungsdichte σ

Die Grenzfläche sei eine Ebene. Links, auf der Seite 1, möge ein homogenes elektrisches Feld $\vec{E}_1$ ankommen. Auf der Seite 2 geht $\vec{E}_2$ ab. Dafür gilt:

$$Div\,\vec{D} = \sigma; \qquad \sigma = const \tag{4.1- 21}$$

$$\sigma = D_{2n} - D_{1n}$$

$$D_{2n} = \sigma + D_{1n} \tag{4.1- 22}$$

$$E_{2n}\epsilon_0\epsilon_{r2} = \sigma + E_{1n}\epsilon_0\epsilon_{r1}$$

$$\boxed{E_{2n} = \frac{\sigma}{\epsilon_0\epsilon_{r2}} + E_{1n}\frac{\epsilon_{r1}}{\epsilon_{r2}}} \tag{4.1- 23}$$

Im allgemeinen wird hier $E_{2n} \neq E_{1n}$ und damit auch $Div\,\vec{E} \neq 0$ sein.

Quellen für $\vec{E}$ im inhomogenen Dielektrikum

Nach der Definitionsgleichung (4.1–4) für die elektrische Polarisation ist

$$\epsilon_0\,div\,\vec{E} = div\,\vec{D} - div\,\vec{P}. \tag{4.1- 24}$$

Als Quellen für $\vec{E}$ müssen also entweder Raumladungsdichten oder ein inhomogen polarisiertes Dielektrikum oder beides vorliegen. Ohne Raumladungsdichten ist der Innenraum eines homogen polarisierten Dielektrikums quellenfrei. Praktischer Rechengang dazu:

Beispiel: $\epsilon_r(x, y, z)$ sei eine stetige Funktion des Ortes. Dann ist mit der elektrischen Flußdichte $\vec{D} = \epsilon_0\epsilon_r\,\vec{E}$:

$$div\,\vec{D} = \vec{E}\,grad\,\epsilon + \epsilon\,div\,\vec{E} \tag{4.1- 25}$$

mit $div\,\vec{D} = \eta$ wird weiter:

$$div\,\vec{E} = \frac{1}{\epsilon}(\eta - \vec{E}\,grad\,\epsilon). \qquad (4.1\text{-}26)$$

Brechungsgesetz für elektrische Feldlinien an Grenzflächen

Gemäß Bild 4.1.2 und mit Gl.(4.1–23) lautet das Brechungsgesetz für $\vec{E}$:

$$\frac{tan\,\alpha_1}{tan\,\alpha_2} = \frac{E_{1t}}{E_{1n}}\left(\frac{\sigma}{\epsilon_0\epsilon_{r2}E_{2t}} + \frac{E_{1n}\,\epsilon_{r1}}{E_{2t}\,\epsilon_{r2}}\right). \qquad (4.1\text{-}27)$$

Wegen $Rot\,\vec{E} = 0$ ist $E_{1t} = E_{2t}$, so daß wir erhalten:

$$\boxed{\frac{tan\,\alpha_1}{tan\,\alpha_2} = \frac{\sigma}{\epsilon_0\epsilon_{r2}E_{1n}} + \frac{\epsilon_{r1}}{\epsilon_{r2}} \quad \textbf{Brechungsgesetz}} \qquad (4.1\text{-}28)$$

Ohne Flächenladungsdichte ($\sigma = 0$) verschwindet der Quotient mit σ, so daß das einfache Brechungsgesetz für elektrische Feldvektoren übrigbleibt:

$$\boxed{\frac{tan\,\alpha_1}{tan\,\alpha_2} = \frac{\epsilon_{r1}}{\epsilon_{r2}}} \qquad (4.1\text{-}29)$$

4.1.4 Spannung und Potential in der Elektrostatik

Eine **elektrische Spannung** ist stets nur zwischen zwei Punkten (Körpern) meßbar: $U = U_{12}$. Sie kann durch das Linienintegral über die elektrische Feldstärke ausgedrückt werden:

$$U_{12} = \int_1^2 \vec{E}\,d\vec{s}. \qquad (4.1\text{-}30)$$

Elektrische Spannung nimmt demnach in jener Richtung zu, in der die elektrische Feldstärke zunimmt. Senkrecht zur Richtung der elektrischen Feldlinien ist die Spannungsänderung gleich Null (Innenprodukt: $\vec{E}\,d\vec{s}$); solche Linien oder Flächen von konstantem elektrischem Potential sind **Äquipotentiallinien** oder **Äquipotentialflächen**. Da innerhalb der Äquipotentialflächen keine Feldstärke– und keine Potentialänderung erfolgt, ist die elektrostatische

Spannung zwischen zwei Raumpunkten allein von deren Potentialunterschied abhängig: Das absolute Potential φ eines Raumpunktes ist immer unbekannt. Man kann jedoch willkürlich einen Bezugspunkt wählen und ihm ein **Bezugspotential** zuschreiben.

In der Meßtechnik verwendet man häufig die Wasserleitung, einen Tiefenerder oder die Metallarmierung eines großen Gebäudes als Bezugspunkt und definiert diesen Bezugspunkt (Bezugskörper mit Äquipotentialfläche) als **Nullpotential**. Wasserleitung, Heizungsrohre oder dergleichen werden deswegen bevorzugt, weil ihr Potential durch ihre große körperliche Ausdehnung und Masse weitgehend konstant bleibt; dies gilt auch für Experimente mit größeren Stromstärken, die aber nicht hierher, in die Elektrostatik, gehören.

Die **Potentiale** verschiedener Raumpunkte sind beim gleichen Experiment auf den gleichen Bezugspunkt P_B (allgemeiner: auf das gleiche Potentialniveau) zu beziehen. Hier wird die enge Verwandtschaft zwischen den Größen Spannung und Potential deutlich: Spannung ist in der Elektrostatik stets gleich Potentialdifferenz. (Wegen der Vorzeichen siehe Bemerkung im Anschluß an Bild 4.1.4):

$$\boxed{U_{12} = \varphi_1 - \varphi_2 \qquad \textbf{elektrostatische Spannung}} \qquad (4.1\text{-}\ 31)$$

Wird $\varphi_2 = \varphi_B$ als Bezugspotential konstant gehalten, z.B. durch gleichbleibenden Bezugspunkt, dann ist die Spannung U_{12} proportional dem Potential φ_1 Oder: Das elektrische Potential eines Raumpunktes im elektrostatischen Feld ist gleich der elektrischen Spannung zwischen dem Raumpunkt und einem beliebigen Bezugspunkt. Das heißt, auch dann, wenn das Bezugspotential φ_B kein Nullpotential ist (was man ja nie weiß), werden die Potentiale z.B. der Punkte P_1, P_2, P_3, P_4, ... relativ zueinander richtig angegeben. Und die elektrische Spannung zwischen P_1 und P_2, ausgedrückt durch Bezugspfeile (nicht durch Vektoren; denn U ist ein Skalar und kein Vektor), ist:

$$U_{12} = U_{1B} - U_{2B}. \qquad (4.1\text{-}\ 32)$$

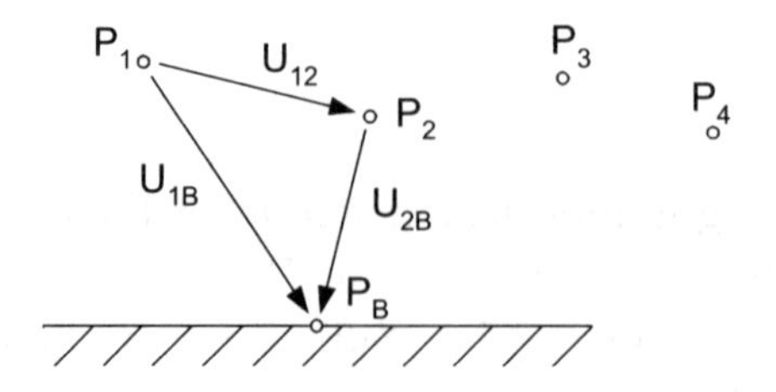

Bild 4.1.3: Spannung U_{12} als Potentialdifferenz mit Erde als Bezugskörper (z.B. Wasserleitung) und dem Bezugspotential P_B

Drückt man U_{1B} und U_{2B} durch Potentiale aus, so folgt:

$$\begin{aligned} U_{1B} &= \varphi_1 - \varphi_B \\ U_{2B} &= \varphi_2 - \varphi_B \end{aligned} \tag{4.1- 33}$$

und die gesuchte Spannung U_{12} ist, wie erwartet:

$$\begin{aligned} U_{12} &= (\varphi_1 - \varphi_B) - (\varphi_2 - \varphi_B) \\ &= \varphi_1 - \varphi_2 \end{aligned} \tag{4.1- 34}$$

Der Absolutwert eines Potentials ist für die Differenz zweier Potentiale zur Spannungsbildung ohne Bedeutung.

Die Potentialunterschiede im Raum, verursacht durch ein **inhomogenes** elektrostatisches Feld, sind im Bild 4.1.4 veranschaulicht.

Wegen der Wirbelfreiheit des elektrostatischen Feldes ist die elektrische **Spannung U_{12} wegunabhängig** (siehe Abschnitt 3.7). Daher gilt über verschiedene Wege I, II, III, oder i, nach Bild 4.1.4:

$$U_{12} = \int_1^2 \vec{E}\, d\vec{s}_{(I)} = \int_1^2 \vec{E}\, d\vec{s}_{(II)} = \int_1^2 \vec{E}\, d\vec{s}_{(III)} = \int_1^2 \vec{E}\, d\vec{s}_{(i)} \tag{4.1- 35}$$

$$\boxed{\begin{aligned} U_{12} &= -\int_1^2 grad\, \varphi\; d\vec{s} \\ &= -(\varphi_2 - \varphi_1) \\ &= \varphi_1 - \varphi_2 \end{aligned}} \tag{4.1- 36}$$

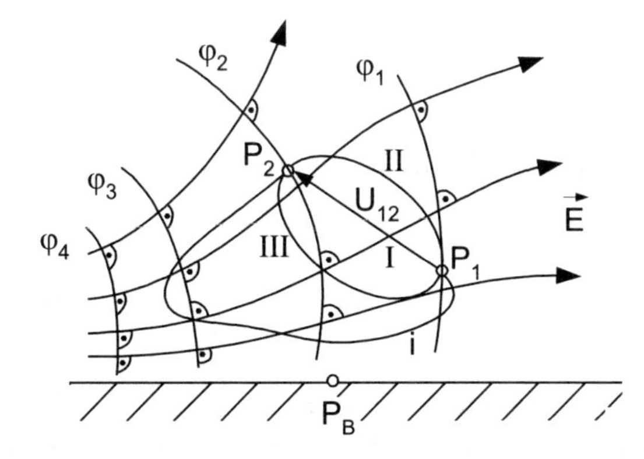

Bezugspunkt P_B als Bezugspotential

Bild 4.1.4: Elektrische Spannung im wirbelfreien elektrostatischen Feld mit Äquipotentiallinien für φ_1, φ_2, φ_3, φ_4 und Feldlinien E

Die Spannung U_{12} ist Potential an der Stelle 1 minus Potential an der Stelle 2 und nicht umgekehrt, weil die elektrische Feldstärke vom höheren zum geringeren Potential hin positiv definiert ist: $\vec{E} = -grad\,\varphi$.

Der **Feldvektor** $\vec{E}$ steht stets senkrecht auf Äquipotentiallinien und Äquipotentialflächen ($\varphi = const$). Wäre das nicht der Fall, dann hätte die Projektion von $\vec{E}$ innerhalb der Äquipotentialflächen oder –linien einen endlichen Wert; es gäbe dort ein Potentialgefälle. Das wäre ein Widerspruch zum Begriff des Äquipotentials und hätte in metallischen Äquipotentialflächen einen Stromfluß zur Folge. Und dies wäre ein Widerspruch zur Elektrostatik.

Beispiel 1: Gegeben sei eine Punktladung Q im Vakuum. Es soll die elektrische Feldstärke berechnet und festgestellt werden, ob ein Potentialfeld vorliegt.

Lösung: Die Ergiebigkeit oder Quellstärke für eine Punktladung errechnet sich aus der Gl.(4.1– 13)

$$\oiint_{a_H} \vec{D}\, d\vec{a} = Q. \tag{4.1– 37}$$

Das elektrische Feld breitet sich im Vakuum ausgehend von der Punktladung Q in jede Richtung gleich aus, so daß eine Kugelsymmetrie vorliegt. Die Auswertung des Flächenintegrals für einen laufenden Kugelradius r ($\vec{D}$ und $d\vec{a}$ zeigen in jedem Punkt auf einer Kugeloberfläche in radiale Richtung) ergibt:

$$D \cdot 2\pi r^2 = Q, \tag{4.1– 38}$$

oder wegen Gl.(4.1– 3) angewandt auf das Vakuum folgt

$$\vec{E} = \frac{\vec{D}}{\varepsilon_0} = \frac{Q}{4\pi r^2 \varepsilon_0}\vec{e}_r. \tag{4.1– 39}$$

Mit $\vec{e}_r = \frac{\vec{r}}{r} = \frac{\vec{r}}{|\vec{r}|}$ erhalten wir den Ausdruck für die elektrische Feldstärke einer Punktladung im Vakuum zu

$$\vec{E} = \frac{Q}{4\pi\varepsilon_0}\frac{\vec{r}}{r^3}. \tag{4.1– 40}$$

Zum Nachweis eines Potentialfeldes ziehen wir das Ergebnis von Gl.(3.6– 1) heran. Damit ein Potentialfeld (oder was dasselbe beinhaltet, ein wirbelfreies Feld) vorliegt, muß die Rotation des elektrischen Feldes Null sein. Für dieses Beispiel wenden wir die Gl.(3.3– 2) an.

Für eine fest vorgegebene Punktladung ist $Q/4\pi\varepsilon_0$ konstant und für den Vektor der elektrischen Feldstärke gilt in kartesischen Koordinaten

$$\vec{E} = \left(\frac{kx}{r^3}, \frac{ky}{r^3}, \frac{kz}{r^3}\right). \qquad (4.1\text{-}\ 41)$$

Die rechte Seite wird in die Gl.(3.3– 2) eingesetzt und nach der Ausführung der Differentiation (r hängt von x, y und z ab) erhalten wir:

$$\begin{aligned} rot\,\vec{u} &= \begin{vmatrix} \vec{e}_x & \vec{e}_y & \vec{e}_z \\ \frac{\partial}{\partial x} & \frac{\partial}{\partial y} & \frac{\partial}{\partial z} \\ \frac{kx}{r^3} & \frac{ky}{r^3} & \frac{kz}{r^3} \end{vmatrix} \\ &= \vec{e}_x \left(\frac{\partial}{\partial y}\frac{kz}{r^3} - \frac{\partial}{\partial z}\frac{ky}{r^3}\right) + \vec{e}_y \left(\frac{\partial}{\partial z}\frac{kx}{r^3} - \frac{\partial}{\partial x}\frac{kz}{r^3}\right) + \vec{e}_z \left(\frac{\partial}{\partial x}\frac{ky}{r^3} - \frac{\partial}{\partial y}\frac{kx}{r^3}\right) \\ &= \vec{0}. \end{aligned} \qquad (4.1\text{-}\ 42)$$

Die Rotation des Feldvektors einer Punktladung im Vakuum ist gleich dem Nullvektor. Es liegt also ein Potentialfeld oder ein wirbelfreies Feld vor.

Beispiel 2: Es sei ein sehr langer gerader dielektrischer Draht der Dicke r_0 mit einer konstanten Raumladungsdichte η gegeben. Wie groß sind die elektrische Feldstärke und die elektrische Spannung in der Umgebung des Drahtes.

Lösung: Das elektrische Feld an den Enden des Drahtes wird vernachlässigt. Deshalb hängt die Feldstärke für diese Aufgabenstellung nur vom Radius r ab und zeigt radial in $\vec{e}_r$-Richtung.

Wir gehen von der Gl.(4.1– 13) aus und erfassen die Ladungen durch das Volumenintegral über die Raumladungsdichte η:

$$\oiint_{a_H} \vec{D}\, d\vec{a} = Q = \iiint \eta\, dv. \qquad (4.1\text{-}\ 43)$$

Die Auswertung des Flächenintegrals (Zylindermantelfläche) für einen laufenden Radius außerhalb des dielektrischen Drahtes ($\vec{D}$ und $d\vec{a}$ zeigen in jedem Punkt auf die Mantelfläche parallel zueinander) ergibt:

$$D \cdot 2\pi r l = \iiint \eta\, dV = \eta \cdot \pi r_0^2 l = Q. \qquad (4.1\text{-}\ 44)$$

Das Volumenintegral ist über das Volumen des dielektrischen Drahtes zu erstrecken, da sich dort die Ladungen befinden. Damit erhalten wir unter der Beachtung der Gl.(4.0– 5) für die elektrische Feldstärke den Ausdruck:

$$\vec{E} = \frac{\eta r_0^2}{2\varepsilon} \cdot \frac{1}{r} \vec{e}_r. \tag{4.1– 45}$$

Dieses elektrostatische Feld ist wirbelfrei (man überzeuge sich davon durch die Bildung von $rot\vec{E}$). Deshalb bleibt die elektrische Spannung wegunabhängig.

Zur Berechnung der elektrischen Spannung gehen wir von der Gl. (4.1– 30) aus und berechnen das Linienintegral für zwei verschiedene Radien r_1 und r_2. Da in jedem Punkt die elektrische Feldstärke $\vec{E}$ und das Linienelement $d\vec{s}$ in dieselbe Richtung zeigen, gilt

$$U_{12} = \varphi_1 - \varphi_2 = \int_1^2 \vec{E} d\vec{s} = \int_{r_1}^{r_2} E\, dr \tag{4.1– 46}$$

und mit dem Ergebnis nach Gl.(4.1– 45) gilt

$$U_{12} = \varphi_1(r_1) - \varphi_2(r_2) = \frac{\eta_0^2}{2\varepsilon} \int_{r_1}^{r_2} \frac{dr}{r} = \frac{\eta_0^2}{2\varepsilon}\, ln \frac{r_2}{r_1}. \tag{4.1– 47}$$

Mit der Ladung Q aus der Gl.(4.1– 44) folgt schließlich für die Spannung außerhalb des dielektrischen Drahtes

$$U_{12} = \frac{Q}{2\pi\varepsilon l}\, ln \frac{r_2}{r_1}. \tag{4.1– 48}$$

4.1.5 Arbeit des elektrostatischen Feldes

Wird eine positive elektrische Ladung q_+ durch eine auf sie einwirkende elektrostatische Feldstärke (in und nicht gegen die Richtung von) $\vec{E}$ räumlich verschoben, so wird dem gemeinsamen elektrischen Feld durch die aufgewendete Arbeit W_{e12} Energie entzogen: $W_{e2} = W_{e1} - W_{e12}$, wobei gilt:

$$dW_e = q_+ \cdot \vec{E}\, d\vec{s}. \tag{4.1– 49}$$

Wird die Ladung q_+ jedoch durch äußere Kräfte gegen die Richtung von $\vec{E}$ bewegt, so sind das Innenprodukt $\vec{E}\, d\vec{s}$ und damit die Arbeit dW_e und W_{e12}

negativ: Dem elektrischen Feld wird Energie zugeführt, so daß das resultierende Feld energiereicher wird (Beispiel hierzu: Ladungstransport von P_1 nach P_2 nach Bild 4.1.4). Da aber das Linienintegral über $\vec{E}\,d\vec{s}$ in der Elektrostatik wegunabhängig ist, kann es durch die Potentialdifferenz $\varphi_2 - \varphi_1$ ersetzt werden. Wir können die **elektrostatische Arbeit** anschreiben:

$$\boxed{W_{e12} = q_+ \cdot U_{12} = q_+ \cdot (\varphi_1 - \varphi_2)} \tag{4.1- 50}$$

4.1.6 Die Laplace– und die Poissongleichung

Wegen der **Wirbelfreiheit** des elektrostatischen Feldes, $rot\,\vec{E} = 0$, ist die elektrische Feldstärke $\vec{E}$ mathematisch darstellbar als **Gradient eines Skalarpotentials** $\varphi(x, y, z)$ (siehe Abschnitt 3.6).

$$\vec{E} = -grad\varphi \qquad \text{denn es ist} \tag{4.1- 51}$$

$$\begin{aligned} rot\,\vec{E} &= rot\,(-grad\,\varphi) \\ &= \nabla \times (-\nabla\varphi) \\ &= (\nabla \times \nabla) \cdot (-\varphi) = 0. \end{aligned} \tag{4.1- 52}$$

Die Wirbeldichte ist, wie es sein muß, gleich Null. Wir bilden jetzt die **Quellendichte** dieses Gradientenfeldes:

$$div\,\underbrace{(-grad\varphi)}_{=\vec{E}} \equiv \nabla\,(-\nabla\varphi) = -\nabla^2\varphi = -\Delta\varphi \tag{4.1- 53}$$

Δ ist der Laplace–Operator. In kartesischen Koordinaten gilt:

$$\Delta = \nabla^2 = \frac{\partial^2}{\partial x^2} + \frac{\partial^2}{\partial y^2} + \frac{\partial^2}{\partial z^2}. \tag{4.1- 54}$$

Wir betrachten solche elektrischen Felder, die durch vorhandene Raumladungen (z.B. um die Kathode einer Bildschirmröhre herum) mit der Raumladungsdichte $\eta(x, y, z)$ entstehen. Dann gilt für die elektrische Flußdichte $\vec{D}$ die uns bekannte Beziehung

$$div\,\vec{D} = \eta. \tag{4.1- 55}$$

Für Dielektrika mit örtlich konstantem Wert von ϵ kann man wegen $\vec{D} = \epsilon\,\vec{E}$ schreiben:

$$div\,\vec{D} = \epsilon\,div\,\vec{E}. \tag{4.1- 56}$$

Hieraus und aus den Gln.(4.1–41) und (4.1–43) folgt:

$$\epsilon\,(-\Delta\varphi) = \eta \qquad \text{oder} \qquad (4.1\text{–}57)$$

$$\boxed{\Delta\varphi = \frac{-\eta}{\epsilon} \qquad \textbf{Poisson–Gleichung}} \qquad (4.1\text{–}58)$$

Dies ist die **Poissonsche Differentialgleichung**. Sie lautet in kartesischen Koordinaten ausführlich:

$$\boxed{\left(\frac{\partial^2}{\partial x^2} + \frac{\partial^2}{\partial y^2} + \frac{\partial^2}{\partial z^2}\right)\varphi(x, y, z) = \frac{-\eta(x, y, z)}{\epsilon}} \qquad (4.1\text{–}59)$$

Für Zylinder- und Kugelkoordinaten oder andere krummlinige Koordinaten sieht diese Differentialgleichung formal anders aus (siehe Anhang). Liegen keine Raumladungen vor, so ist $\eta = 0$ und diese Poissonsche Differentialgleichung vereinfacht sich zur **Laplaceschen Differentialgleichung** in der Kurzform:

$$\boxed{\Delta\varphi = 0 \qquad \textbf{Laplace–Gleichung}} \qquad (4.1\text{–}60)$$

In kartesischen Koordinaten lautet diese Laplacesche Potentialgleichung ausführlich:

$$\boxed{\left(\frac{\partial^2}{\partial x^2} + \frac{\partial^2}{\partial y^2} + \frac{\partial^2}{\partial z^2}\right)\varphi(x, y, z) = 0} \qquad (4.1\text{–}61)$$

Daß auch ohne Raumladungen ($\eta = 0$) ein elektrostatisches Feld existieren kann, wird verständlich, wenn man an Ladungen, z.B. auf metallischen Körpern, denkt. Sie wirken als Quellen und Senken. Der übrige Verlauf des Feldes kann ladungs– und daher quellenfrei sein. Für solche quellenfreien Raumteile gilt die Laplacesche Differentialgleichung.

Beispiel zur Laplaceschen Differentialgleichung

Gegeben sei eine elektrische Ladung $+Q$ auf einer Metallkugel vom Radius r_0. Durch Integration der Laplaceschen Differentialgleichung soll das elektrische Potential φ für Radien $r \geq r_0$ im homogenen Dielektrikum berechnet werden.

Lösung: Aus der Formelsammlung im Anhang entnehmen wir den hier naheliegend anzuwendenden **Laplaceschen Differentialoperator in Kugelkoordinaten**. Er berücksichtigt die Kugelgeometrie und beschreibt die Ortsabhangigkeiten des elektrischen Potentials $\varphi(r, \vartheta, \alpha)$:

$$\Delta\varphi = \frac{1}{r^2}\,\frac{\partial}{\partial r}\left(r^2\frac{\partial\varphi}{\partial r}\right) + \frac{1}{r^2 sin\vartheta}\,\frac{\partial}{\partial\vartheta}\left(sin\vartheta\frac{\partial\varphi}{\partial\vartheta}\right) + \frac{1}{r^2 sin^2\vartheta}\,\frac{\partial^2\varphi}{\partial\alpha^2}\,. \qquad (4.1\text{–}62)$$

Die Differentialausdrücke nach den Winkeln α und ϑ sind bei unserem Beispiel aus Symmetriegründen Null, da kein Winkel bevorzugt ist. Übrig bleibt die Radiusabhängigkeit:

$$\Delta\varphi = \frac{1}{r^2}\frac{\partial}{\partial r}\left(r^2\frac{\partial\varphi}{\partial r}\right). \qquad (4.1\text{-}\ 63)$$

Da Ladungen als Quellen des elektrischen Feldes nur auf der Kugel selbst vorkommen, ist der Raum $r > r_0$ frei von Ladungen. Dort gilt: $\Delta\varphi = 0$, so daß nach Gl.(4.1–51) anzuschreiben ist:

$$\frac{1}{r^2}\frac{\partial}{\partial r}\left(r^2\frac{\partial\varphi}{\partial r}\right) = 0 \qquad \text{somit} \qquad \frac{\partial}{\partial r}\left(r^2\frac{\partial\varphi}{\partial r}\right) = 0\cdot r^2 = 0 \qquad (4.1\text{-}\ 64)$$

Daraus folgt durch eine erste Integration:

$$r^2\frac{\partial\varphi}{\partial r} = c_1 \qquad \text{und} \qquad \frac{\partial\varphi}{\partial r} = \frac{c_1}{r^2} \qquad (4.1\text{-}\ 65)$$

und weiter als Ergebnis der zweiten Integration:

$$\varphi = \int\frac{c_1}{r^2}\,dr = \frac{-c_1}{r}+c_2. \qquad (4.1\text{-}\ 66)$$

Nun müßten noch die Integrationskonstanten c_1 und c_2 bestimmt werden. E i n e Integrationskonstante kann festgelegt werden durch ein Bezugspotential z.B. im Unendlichen. Die zweite Konstante erhält man durch den folgenden Rechengang mit dem Satz vom elektrischen Hüllenfluß.

Satz vom Hüllenfluß für die Ergiebigkeit:

$$Q = \oiint \vec{D}\,d\vec{a}. \qquad (4.1\text{-}\ 67)$$

$\vec{D}$ und $\vec{E}$ sind wegen der positiven Kugelladung radial nach außen gerichtet, und zwar winkelunabhängig, solange keine störenden Körper oder Ladungen in ihrer Nachbarschaft vorkommen.

$$r \geq r_0: \qquad \vec{D}(r) = \epsilon\,\vec{E}(r) = \frac{Q}{4\pi r^2}\,\vec{e}_r. \qquad (4.1\text{-}\ 68)$$

Hieraus läßt sich das Potential leicht berechnen; denn in **Kugelkoordinaten** lautet der die elektrische Feldstärke bestimmende **Gradientenvektor**:

$$\vec{E} = -\frac{\partial\varphi}{\partial r}\,\vec{e}_r - \frac{1}{r}\frac{\partial\varphi}{\partial\vartheta}\,\vec{e}_\vartheta - \frac{1}{r\,sin\vartheta}\frac{\partial\varphi}{\partial\alpha}\,\vec{e}_\alpha. \qquad (4.1\text{-}\ 69)$$

Wegen der Winkelunabhängigkeit ist nur die Radialkomponente ungleich Null; daher gilt:

$$\begin{aligned}\varphi &= -\int \vec{E}(r)\,d\vec{r} \qquad \text{mit} \qquad \vec{E} \uparrow\uparrow d\vec{r}: \\ &= -\frac{Q}{4\pi\epsilon}\int\frac{dr}{r^2} \\ &= \frac{Q}{4\pi\epsilon r} + c_2. \end{aligned} \tag{4.1- 70}$$

Der Vergleich dieses Ergebnisses mit Gl.(4.1–54) liefert die Integrationskonstante c_1:

$$c_1 = \frac{-Q}{4\pi\epsilon}. \tag{4.1- 71}$$

Das absolute Potential ist, wie schon betont wurde, nie exakt bestimmbar; daher ist auch c_2 von Gl.(4.1–54) oder (4.1–58) nicht absolut angebbar. Wenn man aber das Potential eines bestimmten Ortes als Bezugspotential wählt, kann c_2 definiert werden. Beispiel: Für $r = \infty$ sei $\varphi = 0$. Daraus folgt $c_2 = 0$.

4.1.7 Lösung der Poissonschen Differentialgleichung

Eine punktförmige elektrische Ladung q_+ erzeugt ein Quellenfeld, das radialsymmetrisch (winkelunabhängig) nach außen zeigt. Dabei ist die elektrische Flußdichte $\vec{D}$ im Abstand r von der Punktladung exakt gleich der dort scheinbar wirkenden Flächenladungsdichte:

$$\vec{D} = \frac{q_+}{4\pi r^2}\,\vec{e}_r \tag{4.1- 72}$$

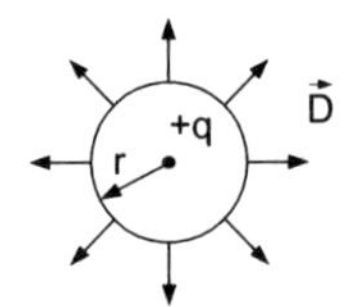

Bild 4.1.5: Flußdichte am radialsymmetrischen Kugelfeld

Wir setzen voraus, im ganzen umgebenden Raum sei $\epsilon = \epsilon_0\epsilon_r$ konstant und unabhängig von $\vec{E}$. Dann ist die elektrische Feldstärke

$$\vec{E} = \frac{q_+}{4\pi\epsilon r^2}\,\vec{e}_r. \tag{4.1- 73}$$

Wegen der Winkelunabhängigkeit des $\vec{E}$–Feldes reduziert sich der Gradient in Kugelkoordinaten, Gl.(4.1–57), auf:

$$\vec{E} = -\frac{\partial \varphi}{\partial r}\,\vec{e}_r. \tag{4.1- 74}$$

Und wir erhalten das Potential φ, wobei wir zweckmäßigerweise den Bezugspunkt ins Unendliche legen ($r = \infty : \quad \varphi = 0$) zu:

$$\varphi = -\int_{\infty}^{r} \vec{E}(r)\,d\vec{r}. \tag{4.1- 75}$$

Da $\vec{E}(r) = E_r\,\vec{e}_r$ gleichsinnig parallel zu $d\vec{r} = dr\,\vec{e}_r$ gerichtet ist, gilt:

$$\varphi = \frac{-q}{4\pi\epsilon}\int_{\infty}^{r}\frac{dr}{r^2} = \frac{+q}{4\pi\epsilon r}\,. \tag{4.1- 76}$$

Weil die Poissonsche Differentialgleichung eine lineare Differentialgleichung ist, überlagern sich die von mehreren Punktladungen im Testpunkt P(x,y,z) erzeugten Potentiale linear:

$$\varphi = \frac{1}{4\pi\epsilon}\sum_{i=1}^{n}\frac{q_i}{r_i}\,. \tag{4.1- 77}$$

r_i sind die Radien von der jeweiligen Punktladung aus zum Meßpunkt. Sind aber keine einzelnen, also diskreten Ladungen, sondern eine stetig im Raum verteilte Ladungsdichte $\eta(\xi,\rho,\psi)$ vorhanden, so kann man das elektrische Skalarpotential als Summe aller stetig einander dicht benachbarten kleinen Teilladungen $\Delta Q = \eta_i\,\Delta v_i$ mit den zugehörigen Abständen r_i zum Meß– oder Test–Punkt P(x,y,z) berechnen zu (siehe die Bilder 4.1.6 und 4.1.7):

$$\varphi = \frac{1}{4\pi\epsilon}\sum_{i=1}^{n}\frac{\eta_i\,\Delta v_i}{r_i}\,. \tag{4.1- 78}$$

Δv_i ist das i–te Volumenelement mit der Raumladungsdichte η_i. Der Abstand r_i vom festen Testpunkt P(x.y,z) zum laufenden Volumenelement $\Delta v_i(\xi,\rho,\psi)$ beträgt:

$$r_i = \sqrt{(x-\xi)^2 + (y-\rho)^2 + (z-\psi)^2}. \tag{4.1- 79}$$

Der Zeitaufwand zur Berechnung von φ mittels einer derartigen Summe, wie sie in Gl.(4.1–66) angegeben ist, wäre zu groß. Es ist einfacher, in Gedanken die Volumenteile Δv_i kleiner und kleiner zu machen bis hin zum Volumenelement dv, um damit obige Summe durch ein Integral zu ersetzen. In kartesischen Koordinaten ist:

$$\boxed{\varphi = \frac{1}{4\pi\epsilon}\iiint \frac{\eta(\xi,\rho,\psi)}{\sqrt{(x-\xi)^2+(y-\rho)^2+(z-\psi)^2}}\,dv(\xi,\rho,\psi)} \qquad (4.1\text{–}80)$$

Dieses Integral ist die **Lösung der Poissonschen Differentialgleichung** für gegebene Raumladungsdichten η im homogenen Dielektrikum ($\epsilon_r = const$).

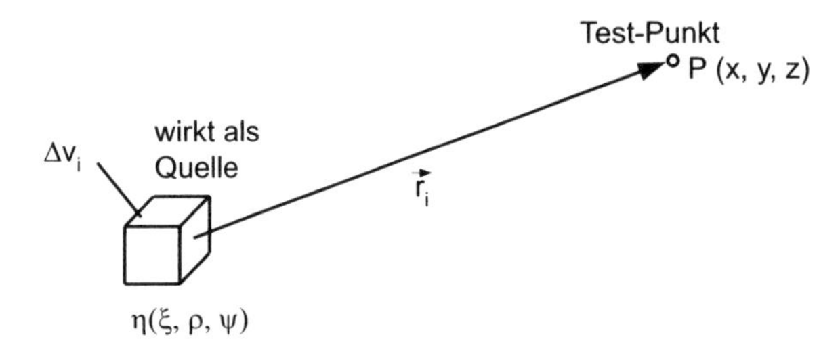

Bild 4.1.6: Volumenelement Δv_i mit der Raumladungsdichte $\eta(\xi,\rho,\psi)$ und dem äußeren Test–Punkt P(x,y,z)

Dieses Lösungsintegral (4.1–68) wird deutlicher, wenn man die im Bild 4.1.7 eingeführten Ortsvektoren $\vec{r}_q$ (vom Koordinatenursprung zum Quellenelement) und $\vec{r}_t$ (vom Koordinatenursprung zum Test-Punkt P) verwendet. Überdies ist die Schreibweise dann kürzer. Die unterschiedlichen Indizes der Vektoren deuten auf die unterschiedlichen Koordinaten $(x,y,z) \neq (\xi,\rho,\psi)$ des gleichen, z.B. kartesischen Koordinatensystems hin. Diese verschiedenen Koordinaten sind notwendig, weil die Ladungsdichte eines Raumpunktes η unverändert erhalten bleibt (invariant ist), beim Verschieben des Testpunktes P in den Koordinaten P(x,y,z). Auch ist zu integrieren über den von η erfüllten Raum $v(\xi,\rho,\psi)$ bei zum Beispiel fest liegendem Testpunkt $P(x,y,z)$.

Mit der Indizierung schreibt sich das Lösungsintegral anstelle von Gl.(4.1–68) wie folgt:

$$\boxed{\varphi = \iiint \frac{\eta(\xi,\rho,\psi)}{|\vec{r}_{qt}|}\,dv_q(\xi,\rho,\psi)} \qquad (4.1\text{–}81)$$

Der Abstand $r_{qt} = r_i$ hängt von den Koordinaten (x,y,z) und (ξ,ρ,ψ) ab, siehe die Bilder 4.1.6 und 4.1.7.

Für die Anwendungen ist es oft zweckmäßig, zum Beispiel Zylinder– oder Kugel– oder kartesische Koordinaten zu verwenden. Die Schreibweise in kartesischen Koordinaten ist durch Gleichung (4.1–68) gegeben.

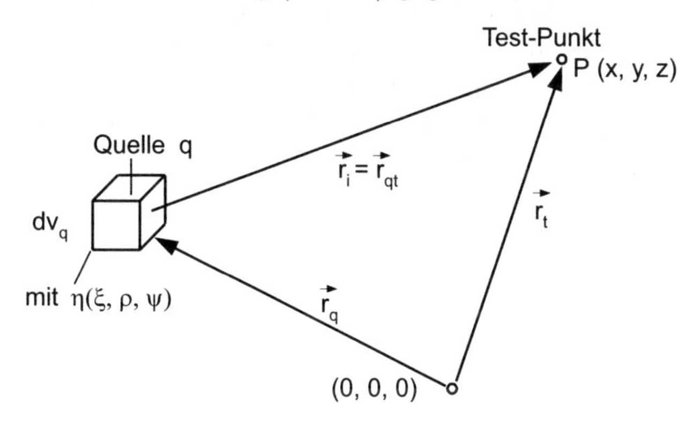

Bild 4.1.7: Quellenelement $dv_q(\xi, \rho, \psi)$, Testpunkt P(x,y,z) und die zugehörigen Ortsvektoren

Wir werden im Abschnitt 5.4.2 die Lösung nach Gl.(4.1–69) benötigen, um in mathematischer Analogie zur Poissonschen Differentialgleichung, die Lösung der Differentialgleichung des Vektorpotentials anzugeben.

Aber nicht immer, wenn Raumladungsprobleme zu lösen sind, müssen die Integrale der Gln.(4.1–68) oder (4.1–69) mit den beiden Koordinatensystemen angewandt werden. Liegt in einfachen Fällen eine winkelunabhängige zylinder- oder kugelsymmetrische Raumladungsdichte vor, so sind elektrische Flußdichte und Feldstärke nur radiusabhängig und die Rechengänge sind sehr vereinfacht:

Zylindersymmetrie	**Kugelsymmetrie**
$dQ(r) = \eta(r)\, dv$	$dQ(r) = \eta(r)\, dv$
$dv = \ell\, 2\pi r\, dr$	$dv = 4\pi r^2 dr$
$Q(r) = \ell\, 2\pi \int \eta(r)\, r\, dr$	$Q(r) = 4\pi \int \eta(r)\, r^2 dr$
$E(r) = \frac{D(r)}{\epsilon} = \frac{Q(r)}{2\pi r\, \ell\, \epsilon}$	$E(r) = \frac{D(r)}{\epsilon} = \frac{Q(r)}{4\pi r^2 \epsilon}$

(4.1– 82)

4.2 Magnetostatik

Magnetostatik erstreckt sich auf das magnetische Feld der Permanentmagnete. Wir werden sehen, wie dieses Feld mit der Maxwelltheorie beschrieben werden kann. Zuvor jedoch sollen die **Größen** $\vec{H}$, magnetische Feldstärke, und $\vec{B}$, magnetische Flußdichte, definiert werden. Ihre und die mit ihnen zusammenhängenden **Einheiten** sind:

$$[\vec{H}] = \frac{A}{m}; \qquad [\vec{B}] = \frac{Vs}{m^2}; \qquad \frac{1Vs}{m^2} = 1 \text{ Tesla}$$

$$[\mu] = [\mu_0] = \frac{[B]}{[H]} = \frac{Vs}{m^2}\frac{m}{A} = \frac{Vs}{Am}; \qquad \mu_0 = \frac{4\pi}{10^7}\frac{Vs}{Am} \quad \text{exakt}$$

$$[div\ \vec{B}] = \frac{[B]}{[\ell]} = \frac{Vs}{m^3}; \qquad [Div\ \vec{B}] = [B] = \frac{Vs}{m^2}$$

$$[rot\ \vec{H}] = \frac{[H]}{[\ell]} = \frac{A}{m^2}; \qquad [Rot\ \vec{H}] = [H] = \frac{A}{m}$$

$$[\vec{F}] = [B]\,[I]\,[\ell] = \frac{Vs}{m^2}A\,m = \frac{VAs}{m}; \qquad \frac{1VAs}{m} = \frac{1J}{m} = 1 \text{ Newton}$$

$$[\phi] = [\varphi] = Vs \qquad 1\,Vs = 1 \text{ Weber}$$

4.2.1 Definitionen für magnetische Feldstärke und Flußdichte

Die gängigen Definitionen für $\vec{H}$ und $\vec{B}$ benutzen Gleichstrom als Meßgröße. Gleichstrom aber gehört nicht in die Magnetostatik, sondern in das Kapitel des streng stationären Strömungsfeldes. Wir begehen also bewußt eine Inkonsequenz, indem wir hier, in einem vorgezogenen Abschnitt, die wichtigsten magnetischen Feldgrößen mit Hilfe von Gleichstrom definieren.

$\vec{H}$ wird oft als **Quantitätsgröße** bezeichnet. Man fragt: Wieviel Gleichstrom I ist in der Wicklung um eine lange Zylinderspule erforderlich, damit die Homogenfeldstärke $\vec{H}_i$, im Innenraum der langen Zylinderspule, ein in deren Außenraum vorhandenes Fremdfeld $\vec{H}_a$, z.B. das erdmagnetische Feld, kompensieren kann?

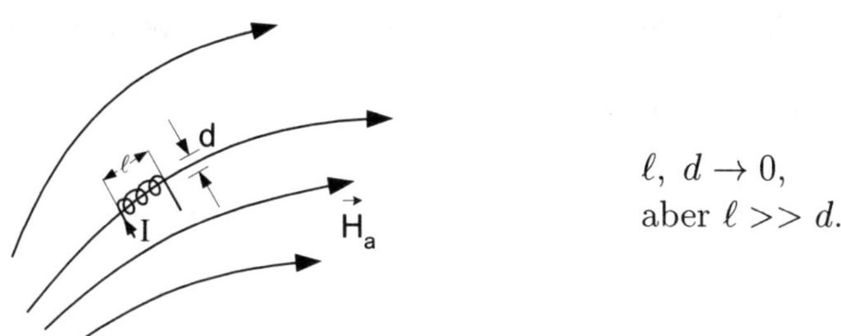

Bild 4.2.1: Lange Zylinderspule zur Kompensation eines Magnetfeldes

Definition von $\vec{H}$: Die Zylinderspule wird solange im Raum gedreht und zugleich wird ihre Stromstärke I verändert, bis das äußere Feld $\vec{H}_a$ nach Betrag und Richtung durch das eigene Homogenfeld $\vec{H}_i$, innerhalb der Spule, kompensiert wird. Der Innenraum der Spule ist dann feldfrei. Eine Kompaßnadel zeigt keine Vorzugsrichtung mehr an. Dadurch wird die **magnetische Feldstärke** definiert zu:

$$\boxed{\vec{H}_a = -\vec{H}_i = \frac{wI}{\ell} \cdot (-\vec{e}_{Hi}),} \qquad -\vec{e}_{Hi} = \text{Einsvektor von } \vec{H}_i. \qquad (4.2\text{-}\ 1)$$

Die Abmessungen der Zylinderprüfspule müssen so klein sein, daß auch ein inhomogenes äußeres Magnetfeld $\vec{H}_a$ im Innenraum der Zylinderspule als angenähert homogen betrachtet und kompensiert werden kann. Neben dieser "magnetischen Feldstärke" $\vec{H}$ (hier $\vec{H}_a$) gibt es als weitere magnetische Feldgröße die "magnetische Flußdichte" $\vec{B}$.

$\vec{B}$ wird oft als **Intensitätsgröße** des magnetischen Feldes bezeichnet. Sie wird definiert aus der Kraftwirkung auf stromdurchflossene Leiter oder auf bewegte Ladungen im Magnetfeld. Die Stromstärke I oder die Geschwindigkeit v_q des Ladungsträgers seien zeitlich konstant. Dann wirkt die **Lorentzkraft** auf einen ruhenden, stromdurchflossenen Leiter im $\vec{B}$–Feld:

$$\vec{F} = I\ (\vec{\ell} \times \vec{B}) = v\ (\vec{J} \times \vec{B}). \qquad (4.2\text{-}\ 2)$$

v ist das von Gleichstrom durchflossene Leitervolumen $a \cdot \ell$; a ist dessen Querschnitt, ℓ dessen Länge.

Die Leitungsstromdichte $\vec{J}$ gibt die Richtung des metallischen Leiters $\vec{\ell}$ vor. Denn es ist $I\,\vec{\ell} = \vec{J}\,a\,\ell = \vec{J}\,v$ wobei v wieder das stromführende Volumen und a der Querschnitt des Leiters ist. (Die unterschiedliche Zusammenfassung von je zwei Vektoren zum Skalarprodukt, einmal $\vec{J}\vec{a} = I$, das andere Mal $\vec{a}\vec{\ell} = v$, ist hier erlaubt, weil $\vec{J} \uparrow\uparrow \vec{\ell}$ gerichtet ist.) Eine andere Schreibweise der Lorentzkraft, die zur Definition von $\vec{B}$ herangezogen werden kann, lautet:

$$\vec{F} = Q\,(\vec{v}_q \times \vec{B}). \qquad (4.2\text{-}\ 3)$$

Sie beschreibt Ladungen Q (z.B. $Q = -e \cdot n$ als Elektronenstrahl in einer Fernsehröhre oder Ladungsträger mit der Ladung Q), die mit der Geschwindigkeit $\vec{v}_q$ in einem äußeren Magnetfeld bewegt werden. Der Beobachter ruht. Beide Formeln (4.2–2) und (4.2–3) des Kraftgesetzes finden ihren gemeinsamen Ursprung in der Schreibweise:

$$\begin{aligned}
\vec{F} &= \frac{\partial}{\partial t}(Q\,\vec{\ell}) \times \vec{B} \\
&= \frac{\partial Q}{\partial t}\left(\vec{\ell} \times \vec{B}\right) + Q\left(\frac{\partial \vec{\ell}}{\partial t} \times \vec{B}\right) \\
&= I\,(\vec{\ell} \times \vec{B}) + Q\,(\vec{v}_q \times \vec{B}).
\end{aligned} \qquad (4.2\text{-}\ 4)$$

Auch hier kann man das Produkt $I\,\vec{\ell}$ wie in Gl.(4.2–2) durch $v\,\vec{J}$ ersetzen, wobei v wieder das von der Stromdichte $\vec{J}$ durchflossene Volumen ist:

$$\vec{F} = v\,(\vec{J} \times \vec{B}) + Q\,(\vec{v}_q \times \vec{B}). \qquad (4.2\text{-}\ 5)$$

Die Größen $\vec{\ell}$, $\vec{B}$, $\vec{F}$ oder $\vec{v}_q$, $\vec{B}$, $\vec{F}$ ebenso wie $\vec{J}$, $\vec{B}$, $\vec{F}$ und $\vec{v}_q$, $\vec{B}$, $\vec{F}$ bilden in dieser Reihenfolge ein Rechtssystem.

Stehen im Falle des vom Leitungsstrom I durchflossenen Drahtes $\vec{\ell}$ und $\vec{B}$ bzw. $\vec{J}$ und $\vec{B}$ senkrecht aufeinander, dann kann die Betragsdefinition für die magnetische Flußdichte $\vec{B}$ ruhender Leiter algebraisch angeschrieben werden:

$$\boxed{B = \frac{F}{I\,\ell} \qquad \textbf{magnetische Flußdichte}} \qquad (4.2\text{-}\ 6)$$

Definition: Die **magnetische Flußdichte** $\vec{B}$ ist diejenige Kraft, die in einem äußeren Magnetfeld auf einen im Laborraum ruhenden stromdurchflossenen Leiter einwirkt, bezogen auf Stromstärke I und Länge ℓ dieses zylindrischen Leiters.

Und nach der anderen Schreibweise, wobei Ladungen oder ein Ladungsträger mit den Ladungen Q im Magnetfeld mit der Geschwindigkeit $\vec{v}_q$ bewegt werden, gilt für $\vec{v}_q \perp \vec{B}$:

$$B = \frac{F}{Q\,v_q} \qquad \textbf{magnetische Flußdichte} \tag{4.2- 7}$$

Die **magnetische Flußdichte** $\vec{B}$ ist auch gleich der Kraft, die in einem äußeren Magnetfeld auf den Träger einer positiven Ladung Q oder auf die bewegte Ladung selbst (z.B. Konvektionsstrom) einwirkt, bezogen auf diese Ladung Q und auf die Geschwindigkeit $\vec{v}_q$ der Bewegung.

4.2.2 Magnetostatik und Permanentmagnete

Die Gleichungen (4.0–3) sagen aus, daß es in der Statik keine Quellen für $\vec{B}$ und keine Wirbel für $\vec{H}$ gibt:

$$\begin{aligned} &div\ \vec{B} = 0; \qquad &rot\ \vec{H} = 0; \\ &Div\ \vec{B} = 0; \qquad &Rot\ \vec{H} = 0. \end{aligned} \tag{4.2- 8}$$

Als Beispiel für das Fehlen von isolierbaren magnetischen Einzelladungen diene der Stabmagnet. Man kann ihn beliebig oft zerbrechen (Bild 4.2.2), es entstehen stets neue, vollständige Stabmagnete, von denen jeder wieder einen Nord– und einen Südpol aufweist; einen Nord– oder einen Südpol alleine als Quelle oder Senke für $\vec{B}$ abzubrechen, das gelingt nicht!

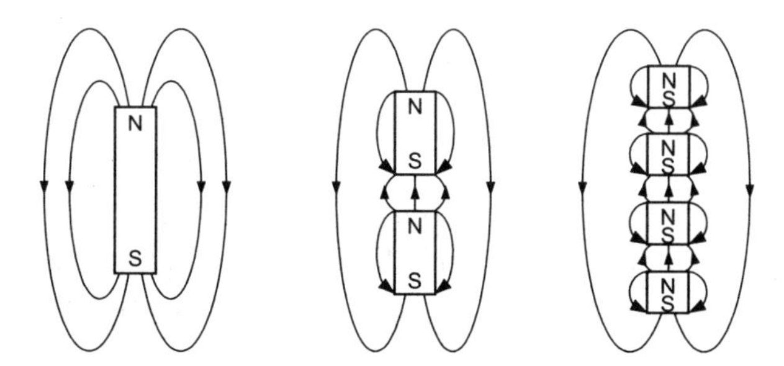

Bild 4.2.2: Schematische Darstellung der Quellenfreiheit von $\vec{B}$

Eingeprägt sei nun ein äußeres, magnetostatisches $\vec{B}$–Feld im materiefreien Raum. Dort ist $\vec{H}_0 = \vec{B}/\mu_0$. Wird ein homogenes und richtungsunabhängiges Ferromagnetikum eingebracht, so ist darin $\vec{H} = \vec{B}/\mu_0\mu_r$, also $|\vec{H}| < |\vec{H}_0|$.

Die Reduzierung von H_0 auf H kann makroskopisch durch das schwächende Feld $\vec{M}$ des Ferromagnetikums beschrieben werden: $\vec{H} = \vec{H}_0 - \vec{M} = \vec{B}/\mu_0 - \vec{M}$. Daraus erhält man die Definitionsgleichung für die Magnetisierung $\vec{M}$:

$$\boxed{\vec{B} = \mu_0\,(\vec{H} + \vec{M}) \qquad \textbf{Definition der Magnetisierung}} \tag{4.2- 9}$$

$\vec{M}$ ist die **Magnetisierung** als makroskopischer Mittelwert der von der Volumeneinheit bestimmten, mikroskopisch ausgerichteten Elementarmagnete; $\vec{H}$ ist die resultierende Feldstärke im Ferromagnetikum und $\vec{B}$ ist die noch unverändert eingeprägte, magnetische Flußdichte $\vec{B}$.

Gl.(4.2–9) gilt auch für Permanentmagnete. Bei diesen bleibt nach dem Abschalten des sie erzeugenden Magnetfeldes eine dauernde magnetische Polarisation bestehen. Sie wirkt sich als Quelle von $\vec{H}$ (siehe Bild 2.6) hauptsächlich an den Polflächen aus, dort wo sich die Magnetisierung $\vec{M}$ in Längsrichtung des Feldes am stärksten, nämlich sprunghaft ändert.

Diese Quellen an den Polflächen verursachen ein Magnetfeld $\vec{H}$, das innerhalb des Permanentmagneten dem äußeren Magnetfeld entgegengerichtet ist: $B > 0$, $H < 0$ (Hystereseschleife im 2. Quadranten). So ist erklärbar, daß außer $div\,\vec{B} = 0$ und $Div\,\vec{B} = 0$, wegen $rot\,\vec{H} = 0$ auch $\oint \vec{H}\,d\vec{s} = 0$ ist.

Auch wegen $rot\,\vec{H} = 0$ kann $\vec{H}$ selbst bei Permanentmagneten formal als Gradientenfeld eines magnetischen Skalarpotentials ausgedrückt werden.

Gl.(4.2–9) gilt also für Permanentmagnete und für nicht permanent magnetisierte Ferromagnetika. In beiden Fällen ist wegen $div\,\vec{B} = 0$ ebenso auch $div(\vec{H} + \vec{M}) = 0$ oder

$$\boxed{div\,\vec{H} = -div\,\vec{M}} \qquad \text{und} \qquad \boxed{Div\,\vec{H} = M_{1n} - M_{2n}.} \tag{4.2- 10}$$

Man sieht: Nur dort, wo sich die makroskopische Magnetisierung $\vec{M}$ in ihrer Längsrichtung im kleinen ändert, sind diese Längsänderungen Quellendichten bzw. an Polflächen Sprungquellen von $\vec{H}$. In der **Magnetostatik** ist $\vec{H}$ ein **Quellenfeld**.

Werden Ferromagnetika in ihrem Innenraum ortsabhängig magnetisiert, z.B. weil sie aus magnetisch inhomogenem Material mit $\mu_r = \mu_r(x, y, z)$ bestehen, so gilt: Örtliche Änderungen der makroskopischen Magnetisierung in Längsrichtung von $\vec{H}$ bewirken, daß $div\,\vec{H} \neq 0$ ist. An diesen Stellen existieren Quellendichten von $\vec{H}$.

Aus Gl.(4.2–9) folgt auch: $\vec{H} = \vec{B}/\mu_0 - \vec{M}$. Da aber $rot\,\vec{H} = 0$ ist, wird ebenso $rot(\vec{B}/\mu_0 - \vec{M}) = 0$. Somit ist, wenn man mit μ_0 multipliziert hat:

$$\boxed{rot\,\vec{B} = \mu_0\, rot\,\vec{M}} \qquad \text{und} \qquad \boxed{Rot\,\vec{B} = \mu_0\, Rot\,\vec{M}.} \qquad (4.2\text{– }11)$$

Man sieht: Nur dort, wo **Wirbeldichten** oder **Sprungwirbel der Magnetisierung** $\vec{M}$ auftreten, sind diese, mit μ_0 multipliziert, Wirbelursachen, also **Wirbeldichten** von $\vec{B}$. Das mit μ_0 multiplizierte $\vec{M}$ selbst ist nicht Wirbelursache oder Wirbeldichte von $\vec{B}$. $\vec{B}$ ist ein **Wirbelfeld**.

Da $\vec{M}$ selbst nicht direkt meßbar ist, werden die interessierenden Quellen von $\vec{H}$ und die Wirbel von $\vec{B}$ aus den Feldgrößen und den meßbaren Permeabilitätszahlen berechnet.

Wird ein homogenes Ferromagnetikum in seinem Innenraum gleichmäßig magnetisiert, dann wirken nur dessen Pole als Quellen von $\vec{H}$ und nur dessen Mantelflächen als Wirbel von $\vec{B}$.

Wir erkennen ferner, daß innerhalb von gleichmäßig magnetisierten, homogenen Ferromagnetika (Randflächen ausgeschlossen), ebenso wie im äußeren Luftfeld, für $\vec{H}$ und $\vec{B}$ Wirbel– und Quellenfreiheit herrscht:

$$rot\,\vec{H} = 0, \qquad rot\,\vec{B} = 0, \qquad div\,\vec{H} = 0, \qquad div\,\vec{B} = 0. \qquad (4.2\text{– }12)$$

4.2.3 Magnetisches Feld an Trenn– oder Grenzflächen

Wir setzen magnetische Isotropie voraus, das heißt, μ_r sei richtungsunabhängig. Für jede Richtung im Ferromagnetikum gilt gleichermaßen: $\vec{B} = \mu_0\mu_r\vec{H}$. Ferner sei das Ferromagnetikum bereichsweise homogen und innerhalb jedes Halbraumes von Bild 4.2.3 gleichmäßig magnetisiert. Nur an der Grenzfläche zwischen den Halbräumen 1 und 2 mögen sich die Magnetisierung und die Permeabilitätszahlen ändern. Dort gelten die schon bekannten Gleichungen der Sprungdivergenz und der Sprungrotation: $Div\,\vec{B} = 0$ und $Rot\,\vec{H} = 0$.

Die wegen $Div\,\vec{B} = 0$ an Grenzflächen auftretenden Sprungquellen der Normalkomponenten von $\vec{H}$ wurden schon berechnet (siehe Gl.(2.2–41)). Wir betrachten links $Div\,\vec{B} = 0$ und rechts $Rot\,\vec{H} = 0$:

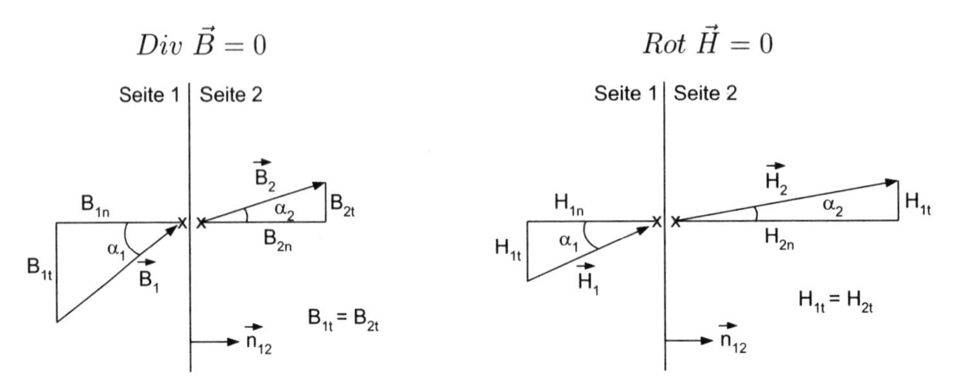

Bild 4.2.3: Grenzfläche zwischen zwei Ferromagnetika mit unterschiedlichen Permeabilitätszahlen μ_r

Wegen $Rot\,\vec{H} = 0$ gilt für die Tangentialkomponenten der magnetischen Feldstärke: $H_{2t} = H_{1t}$ oder $B_{2t}/\mu_{r2} = B_{1t}/\mu_{r1}$. Daher sind die Sprungquellen von $\vec{B}$:

$$|Rot\,\vec{B}| = |B_{2t} - B_{1t}| = \left| B_{2t}\left(1 - \frac{\mu_{r1}}{\mu_{r2}}\right) \right| \neq 0 \quad \text{für} \quad \mu_{r1} \neq \mu_{r2}. \tag{4.2- 13}$$

Die magnetische Flußdichte $\vec{B}$ ändert ihre Tangentialkomponente, wie man sieht, beim Übergang vom Ferromagnetikum zu Luft und umgekehrt sprunghaft: Es existieren **Sprungwirbel** von $\vec{B}$. Das $\vec{B}$–**Feld** ist ein **Wirbelfeld**.

Wir wollen jetzt das Brechungsgesetz auch für das magnetische $\vec{H}$–Feld an den Grenzflächen berechnen (siehe wieder Bild 4.2.3):

$$B_{1n} = B_{2n}, \qquad H_{1t} = H_{2t}, \tag{4.2- 14}$$

$$\mu_{r1}\, H_{1n} = \mu_{r2}\, H_{2n}. \tag{4.2- 15}$$

Daraus folgt das Brechungsgesetz für das magnetische Feld mit $H_{1t} = H_{2t}$:

$$\boxed{\frac{\tan\alpha_1}{\tan\alpha_2} = \frac{H_{1t}}{H_{1n}}\,\frac{H_{2n}}{H_{2t}} = \frac{H_{2n}}{H_{1n}} = \frac{\mu_{r1}}{\mu_{r2}}} \tag{4.2- 16}$$

Beispiel: Pole und Mantelflächen eines Permanentmagneten

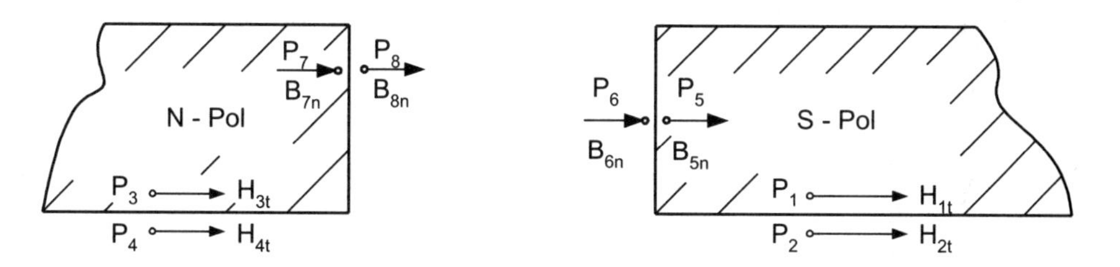

Bild 4.2.4: Auswirkung von Quellen– und Wirbelfreiheit an den Polen eines Permanentmagneten

Bild 4.2.4 zeigt Beispiele für den Übergang von Normal– und Tangentialkomponenten an den Polen und Mantelflächen eines Permanentmagneten. Daß die Sprungrotation von $\vec{H}$ und die Sprungdivergenz von $\vec{B}$ jeweils gleich Null sind, darf nicht zu der falschen Annahme führen, das Feld sei homogen. Das magnetische Feld zwischen den Magnetpolen und in ihrer Umgebung ist inhomogen. $Rot\,\vec{H} = 0$ sagt lediglich aus, daß die Tangentialkomponenten von $\vec{H}$, zum Beispiel in P_1 und P_2 oder in P_3 und P_4, also in zwei Punkten, die der Trennfläche dicht benachbart sind, gleiche Werte haben: $H_{1t} = H_{2t}$ oder $H_{3t} = H_{4t}$. Entsprechendes gilt wegen $Div\,\vec{B} = 0$ für die Normalkomponenten von $\vec{B}$ in P_5 gegenüber P_6: $B_{5n} = B_{6n}$ oder in P_7 gegenüber P_8: $B_{7n} = B_{8n}$ etc. Entfernt man sich aber vom einen oder vom anderen Rand, so wird man sehr wohl feststellen, daß $\vec{B}$ und $\vec{H}$ ortsabhängige Vektoren sind, was auch schon durch Feldlinienbilder an Permanentmagneten, zum Beispiel aus dem Physikunterricht hinreichend bekannt sein dürfte.

4.2.4 Magnetisches Skalarpotential und magnetische Spannung

Da die Wirbeldichte des magnetostatischen Feldes stets Null ist, läßt sich die magnetische Feldstärke aus einem magnetischen Skalarpotential φ_m gewinnen:

$$\vec{H} = -grad\,\varphi_m. \tag{4.2- 17}$$

Die Bedingung $rot\,\vec{H} = 0$ wird hier, ebenso wie in der Elektrostatik, aus mathematischen Gründen erfüllt; denn es ist:

$$\begin{aligned} rot\,\vec{H} &= rot\,(-grad\,\varphi_m) \\ &= (\nabla \times \nabla) \cdot (-\varphi_m) \equiv 0. \end{aligned} \tag{4.2- 18}$$

Der Gradient $-grad\,\varphi_m$ zeigt in die Richtung des stärksten magnetischen Potentialgefälles. Das so gewonnene H–**Feld** ist ein **Quellenfeld**. Wegen $rot\,\vec{H} = 0$, ist auch $\iint rot\,\vec{H}\,d\vec{a} = 0$. Wendet man darauf den Satz von Stokes an, so wird deutlich: Die magnetische Umlaufspannung $\overset{\circ}{V}$, also

$$\overset{\circ}{V} = \oint \vec{H}\,d\vec{s}, \tag{4.2–19}$$

ist in der Magnetostatik stets Null. Daraus folgt wie in den Abschnitten 3.6 und 4.1.4, daß die Spannung, hier die **magnetische Spannung** zwischen zwei Punkten, **wegunabhängig** ist:

$$V_{12} = \int_1^2 \vec{H}\,d\vec{s} = \varphi_{m1} - \varphi_{m2}. \tag{4.2–20}$$

V_{12} zwischen zwei Orten 1 und 2 ist, ebenso wie die Spannung in der Elektrostatik, allein durch die Differenz der hier magnetischen Skalarpotentiale am Ort 1 und am Ort 2 gegeben. Die Einheit des magnetischen Skalarpotentials ist die gleiche wie die der magnetischen Spannung: Ampere. Denn magnetische Feldstärke hat die Einheit A/m.

Beispiel

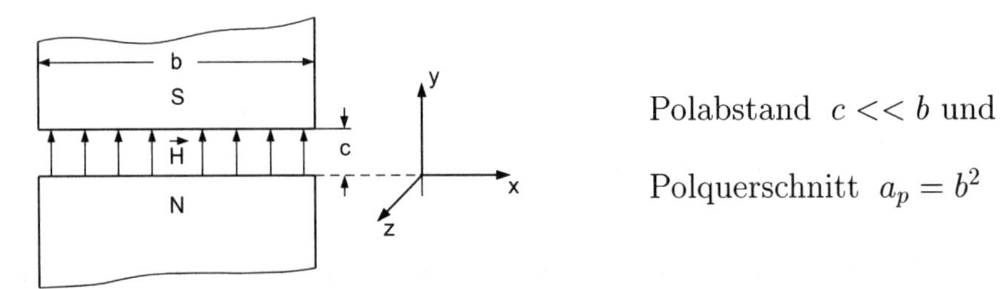

Bild 4.2.5: Magnetfeld im engen Luftspalt

Im engen Luftspalt eines Permanentmagneten sei ein nahezu homogenes Magnetfeld vorhanden:

$$\vec{H} = H_0\,\vec{e}_y. \tag{4.2–21}$$

Der Polabstand sei c. Es sollen berechnet werden:
a) die magnetische Spannung V_{NS}, b) die Potentialdifferenz zwischen N und S, c) das Skalarpotential zwischen den Polen.

Lösung a): Wegen des Homogenfeldes ist die magnetische Spannung $\bigvee_{NS}$ besonders einfach zu berechnen:

$$\bigvee_{NS} = \int_N^S \vec{H}\, d\vec{s} = H_0\, \vec{e}_y\, c\, \vec{e}_y = H_0\, c. \qquad (4.2\text{-}\ 22)$$

Lösung b): Die magnetische Potentialdifferenz zwischen den Polen ist gleich der magnetischen Spannung:

$$\varphi_{mN} - \varphi_{mS} = H_0\, c. \qquad (4.2\text{-}\ 23)$$

Lösung c): Der Gradient, Gl.(4.2–17), lautet in kartesischen Koordinaten:

$$\vec{H} = -grad\, \varphi_m = -\frac{\partial \varphi_m}{\partial x}\, \vec{e}_x - \frac{\partial \varphi_m}{\partial y}\, \vec{e}_y - \frac{\partial \varphi_m}{\partial z}\, \vec{e}_z. \qquad (4.2\text{-}\ 24)$$

Hieraus und aus der gegebenen magnetischen Feldstärke, Gl.(4.2–21), läßt sich durch Gleichsetzen das Skalarpotential berechnen; denn $\vec{H}$ hat hier einfacherweise nur eine $\vec{e}_y$–Komponente:

$$H_0 = -\frac{\partial \varphi_m}{\partial y}, \qquad (4.2\text{-}\ 25)$$

woraus folgt:

$$\begin{aligned} \varphi_m &= -H_0 \int dy + konst \\ &= -H_0\, y + konst. \end{aligned} \qquad (4.2\text{-}\ 26)$$

Der Absolutwert auch des magnetischen Potentials ist, wie der des elektrischen Potentials, was schon betont wurde, nie bestimmbar. Daher kann die Integrationskonstante *konst* nur nach willkürlicher Festlegung eines Potential-Nullpunktes angegeben werden.

Kapitel 5

Das streng stationäre Strömungsfeld

"Streng stationär" bedeutet streng ortsgebunden, da hierbei exakt keine zeitlichen Feldänderungen zugelassen sind, wohl aber, im Gegensatz zur Statik, Gleichstromfluß und damit Energieumsatz. Die beschreibenden Maxwellgleichungen und Nebengleichungen sind:

$$\frac{\partial}{\partial t} = 0; \qquad \vec{J} = \kappa\,\vec{E} \tag{5.0- 1}$$

$$div\ \vec{B} = 0; \qquad Div\ \vec{B} = 0 \tag{5.0- 2}$$

$$rot\ \vec{E} = 0; \qquad Rot\ \vec{E} = 0 \tag{5.0- 3}$$

$$rot\ \vec{H} = \vec{J}; \qquad Rot\ \vec{H} = \vec{j}_s \tag{5.0- 4}$$

Nach wie vor gilt die Quellenfreiheit der magnetischen Flußdichte $\vec{B}$. Neu gegenüber der Statik sind die beiden Gleichungen (5.0–4). Sie sind die einfachsten nichttrivialen Formen der 1. Maxwellgleichung.
$rot\,\vec{H} = \vec{J}$ sagt aus: **Leitungsstromdichte** $\vec{J}$ ist die Wirbelursache und damit **Wirbeldichte** für das davon erzeugte Magnetfeld mit der Feldstärke $\vec{H}$.

Dort wo die Leitungsstromdichte $\vec{J}$ vorkommt (z.B. im Draht oder in einer Schiene), ist dieses Magnetfeld $\vec{H}$ völlig von diesen erregenden Wirbelursachen durchsetzt, also wirbelhaft. Außerhalb der metallischen Leiter ist auch ein vom Leitungsstrom I erzeugtes Magnetfeld vorhanden, jedoch ist dort $\vec{J} = 0$, deswegen ist dort auch $rot\,\vec{H} = 0$: Die magnetische Feldstärke außerhalb metallischer Leiter ist wirbelfrei, obwohl sie von den Wirbelursachen $\vec{J}$ im Leiter erzeugt wird. Der Zusammenhang zwischen der Leitungsstromdichte $\vec{J}$ und der (Gesamt–) Stromstärke I im Leiter ist gegeben durch das Flächenintegral

$$I = \iint \vec{J}\, d\vec{a} \qquad \textbf{Leitungsstrom} \tag{5.0– 5}$$

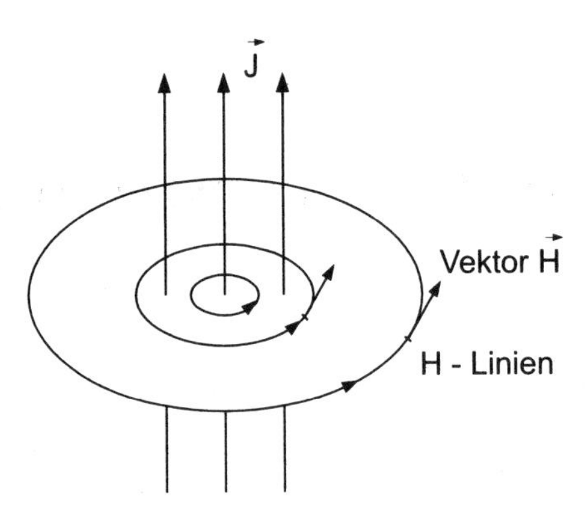

Bild 5.0.1: Magnetfeld $\vec{H}$, rechtswendig zugeordnet zur Stromdichte $\vec{J}$

Da es sich hier um Gleichstrom handelt, hat die elektrische Leitungsstromdichte $\vec{J}$ an jeder Querschnittsstelle eines zylindrischen homogenen Leiters den gleichen konstanten Wert. Daher kann man für solche Leiter, an Stelle von Gl.(5.0–5) ohne Integral anschreiben:

$$I = \vec{J}\,\vec{a} \tag{5.0– 6}$$

und, wann immer $\vec{J}$ gleichsinnig parallel zu $\vec{a}$ vorausgesetzt werden darf, erhält man die Leitungsstromdichte zu:

$$\vec{J} \uparrow\uparrow \vec{a}: \qquad J = \frac{I}{a} \qquad \textbf{Leitungsstromdichte} \tag{5.0– 7}$$

Bei gegebener Geometrie des Leiters und bekanntem Strom I kann die magnetische Feldstärke $\vec{H}$ aus der Lösung der ersten Maxwellgleichung $rot\ \vec{H} = \vec{J}$ berechnet werden. Sie ist eine Differentialgleichung, in der $\vec{H}$ nicht explizit, sondern nur in örtlichen Ableitungen vorkommt. Die gegebenen Randbedingungen des Einzelproblems sind zu berücksichtigen. Das Vorgehen wird an einem wichtigen Beispiel deutlich.

Beispiel: Ein Runddraht mit dem Radius r_0 werde vom Gesamtstrom I durchflossen. Der Draht sei sehr weit linear ausgedehnt. Man berechne die magnetische Feldstärke a) $\vec{H}_i$ im Leiter und b) $\vec{H}_a$ außerhalb des Leiters.

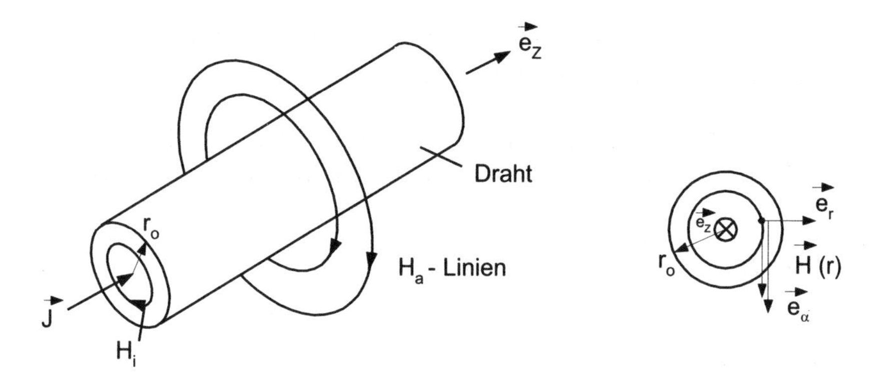

Bild 5.0.2: Runddraht mit Gleichstrom I, rechts im Querschnitt

Lösung **a)**: Da der Leiter ein Runddraht ist, schreibt man zweckmäßigerweise die 1. Maxwellgleichung $rot\ \vec{H} = \vec{J}$ in Zylinderkoordinaten an. Ferner legen wir fest: $\vec{J} = J_z \vec{e}_z$. Somit ist nur die z–Komponente von $rot\ \vec{H}$ von Null verschieden und anzuwenden. Sie lautet, siehe Anhang:

$$rot\ \vec{H}\bigg|_z = \frac{1}{r}\frac{\partial(r\ H_\alpha)}{\partial r} - \frac{1}{r}\frac{\partial H_r}{\partial \alpha} = J_z. \qquad (5.0\text{–}\ 8)$$

Der Summand mit $\partial H_r/\partial\alpha$ ist Null, weil aus Symmetriegründen keine Winkelabhängigkeit $H_r(\alpha)$ vorliegt. Aber auch die Komponenten H_r und H_z treten nicht auf; denn sie wären z.B. einem hier nicht vorhandenen Quellenfeld zuzuordnen. Somit bleibt übrig:

$$\frac{1}{r}\frac{\partial(r\ H_\alpha)}{\partial r} = J_z; \qquad \frac{\partial(r\ H_\alpha)}{\partial r} = J_z\ r. \qquad (5.0\text{–}\ 9)$$

Die Randwerte sind festzulegen: zu a) für $r \le r_0$ gibt es magnetische Feldstärke innerhalb des Drahtes. Der Deutlichkeit halber ersetzen wir H_α durch $H_{\alpha i}$. Die zugehörige Stromdichte J_z existiert in den Grenzen: $0 \le r \le r_0$. Obere Integrationsgrenze ist $r \le r_0$, weil $H_{\alpha i}(r)$ gesucht wird:

$$r\ H_{\alpha i} = J_z \int\limits_{r=0}^{r} r\ dr = J_z\ \frac{r^2}{2};$$

$$\boxed{H_{\alpha i}(r) = \frac{J_z}{2}\ r;} \qquad \vec{H}_i = H_{\alpha i}(r)\ \vec{e}_\alpha. \qquad (5.0\text{–}\ 10)$$

Die magnetische Feldstärke $\vec{H}_i$ ist rechtswendig zur Stromdichte $\vec{J}$ zugeordnet; daher ist die Richtung der Feldstärke gleich $+\vec{e}_\alpha$.

b) Bei $r \geq r_0$, außerhalb des Drahtes, ist $rot\,\vec{H} = 0$. Diese Differentialgleichung ist jetzt, entsprechend der Gl.(5.0–9), ebenfalls bereichsweise zu lösen:

$$rot\,\vec{H}\Big|_z = \frac{1}{r}\,\frac{\partial(r\,H_{\alpha a})}{\partial r} + 0 = 0. \tag{5.0– 11}$$

Die Integration ergibt:

$$r\,H_{\alpha a} = const \qquad \text{somit} \qquad H_{\alpha a}(r) = \frac{const}{r}\,.$$

Da an der Drahtoberfläche $Rot\,\vec{H} = 0$ ist, denn es gibt keinen zusätzlichen Strombelag in der Drahtoberfläche, schließen $H_{\alpha i}(r_0)$ und $H_{\alpha a}(r_0)$ mit gleichem Betrag aneinander an. Der Vergleich beider Werte miteinander liefert die Integrationskonstante: $const = J_z r_0^2/2$. Somit wird schließlich für $r \geq r_0$:

$$H_{\alpha a}(r) = \frac{J_z\,r_0{}^2}{2\,r} = \frac{J_z\,\pi r_0{}^2}{2\pi r} = \frac{I}{2\pi r}; \qquad \vec{H}_a = H_{\alpha a}\,\vec{e}_\alpha. \tag{5.0– 12}$$

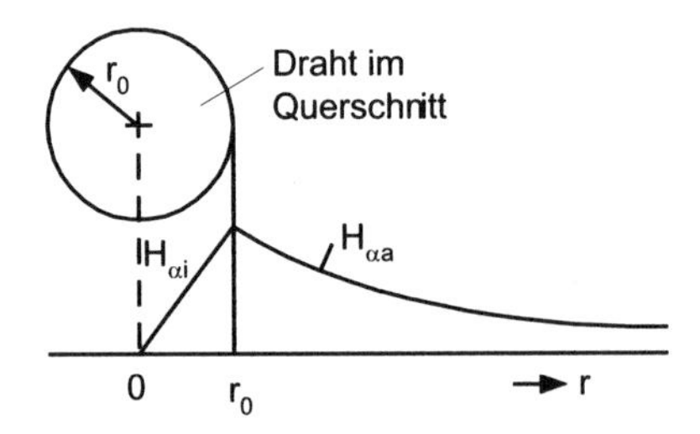

Bild 5.0.3: Abhängigkeit der magnetischen Feldstärke vom Radius beim linear ausgedehnten Runddraht. Aufgezeichnet sind die Beträge $H_{\alpha i}$, $H_{\alpha a}$

5.1 Das Durchflutungsgesetz

Nicht bei jedem stromführenden Leiter muß zur Berechnung der magnetischen Feldstärke die 1. Maxwellsche Differentialgleichung $rot\,\vec{H} = \vec{J}$ aufs neue gelöst werden. Es gibt auch die Möglichkeit einer allgemeinen Integration, so daß bei bestimmten einfachen Geometrien eine Integralgleichung (das Durchflutungsgesetz) verwendet werden kann. Zur Herleitung integrieren wir die 1. Maxwellgleichung beiderseits über eine endliche Fläche a:

$$\iint rot\vec{H}\; d\vec{a} = \iint \vec{J}\; d\vec{a} \tag{5.1- 1}$$

und wenden auf die linke Seite dieser Gleichung den Satz von Stokes an. Er lautet (siehe Abschnitt 3.4):

$$\iint rot\; \vec{H}\; d\vec{a} = \oint \vec{H}\; d\vec{s}. \tag{5.1- 2}$$

Gl. (5.1–2) eingesetzt in (5.1–1) ergibt das Durchflutungsgesetz in seiner einfachsten Form **für Gleichstrom:**

$$\boxed{\oint \vec{H}\; d\vec{s} = \iint \vec{J}\; d\vec{a} \qquad \textbf{Durchflutungsgesetz}} \tag{5.1- 3}$$

Es sagt aus, daß die magnetische Umlaufspannung,

$$\overset{\circ}{V} = \oint \vec{H}\; d\vec{s}, \tag{5.1- 4}$$

längs der geschlossenen Randkurve $\overset{\circ}{s}$ gleich ist der Stromstärke $\iint \vec{J}\, d\vec{a}$, die den Umlauf $\overset{\circ}{s}$, also diese Randkurve, durchdringt. Dabei ist $\overset{\circ}{s}$ diejenige geschlossene Kurve, längs der die magnetischen Teilspannungen $\vec{H}\, d\vec{s}$ gebildet werden. $\overset{\circ}{s}$ ist auch der Rand der Fläche a, die von Leitungsstromdichte $\vec{J}$ durchsetzt wird. Allerdings tragen nur solche Flächenelemente $d\vec{a}$ mit $\vec{J} \neq 0$ zum Innenprodukt $\vec{J}\, d\vec{a}$ bei, die tatsächlich von Stromdichte $\vec{J}$ durchdrungen werden. Dort wo $\vec{J} = 0$ ist, ist auch das Skalarprodukt $\vec{J}\, d\vec{a}$ Null. Das wird deutlich, falls mehrere Leiter mit möglicherweise unterschiedlichen Strömen die vom Umlauf $\overset{\circ}{s}$ berandete Fläche durchdringen, um die herum die magnetische Umlaufspannung gebildet wird.

Gl.(5.1–5) ist das **Durchflutungsgesetz**, angeschrieben für mehrere stromdurchflossene Leiter, die vom Umlauf $\overset{\circ}{s}$ umfaßt werden. Die Schwierigkeit ist: Kennt man die Stromstärken, so liefert dieses Gesetz zwar die magnetische Umlaufspannung $\oint \vec{H}\, d\vec{s}$, nicht aber $\vec{H}$ selbst. Die Umlaufspannung ist gleich der elektrischen Durchflutung. Unter **elektrischer Durchflutung** Θ der Randkurve $\overset{\circ}{s}$ versteht man die rechte Seite von Gl.(5.1–3) oder (5.1–5), also die Summe jener Ströme, die durch die von $\overset{\circ}{s}$ umrandete Fläche a hindurchtreten:

$$\boxed{\oint \vec{H}\, d\vec{s} = \Theta \qquad \text{mit} \qquad \Theta = \sum_{i=1}^{n} I_i} \tag{5.1- 5}$$

Nur bei wenigen, besonders einfachen Geometrien läßt sich mittels des Durchflutungsgesetzes die magnetische Feldstärke $\vec{H}$ berechnen.

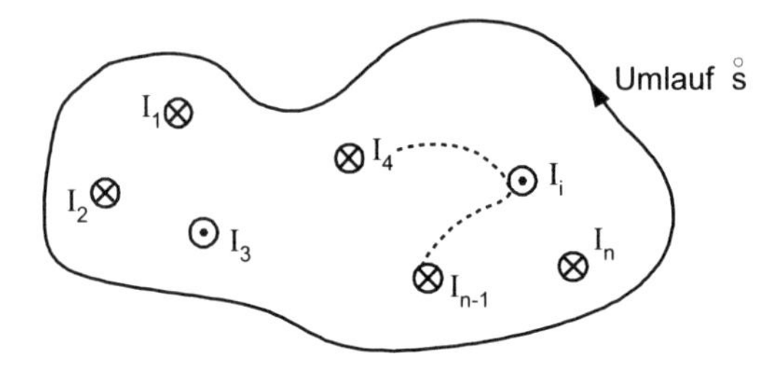

Bild 5.1.1: Durchflutungsgesetz bei mehreren umfaßten, stromführenden Leitern

1. Beispiel: Wir berechnen nochmals die **magnetische Feldstärke innerhalb und außerhalb eines weit linear ausgedehnten kreiszylindrischen Einzeldrahtes** vom Radius r_0, jetzt aber mit dem Durchflutungsgesetz. Der Draht soll vom Gleichstrom I mit der Stromdichte $J = I/(\pi {r_0}^2)$ durchflossen werden, nach Bild 5.0.2.

Lösung: Der Trick besteht darin, die magnetische Umlaufspannung längs eines solchen Weges zu bilden, längs dessen $\vec{H}$ selbst konstant bleibt. So gelingt es, die magnetische Umlaufspannung als Produkt von magnetischer Feldstärke und Umlaufweg $\overset{\circ}{s}$ anzuschreiben, so daß die Gleichung anschließend nach dem Betrag der magnetischen Feldstärke $H = |\vec{H}|$ aufgelöst werden kann.

Als geeigneten Integrationsweg für die magnetische Umlaufspannung wählt man bei diesem Beispiel konzentrische Kreise um die Drahtachse. Auf ihnen ist beim weit linear ausgedehnten Draht $|\vec{H}|$ zwar radiusabhängig, aber konstant auf einem konzentrischen Kreis mit fest vorgegebenem Radius.

Man unterscheide die **Vektoren** $\vec{H}_i$ und $\vec{H}_a$, die rechtswendig zur Leitungsstromdichte $\vec{J}$ zugeordnet sind, von den hier kreisförmigen **Feldlinien** H_i bzw. H_a. Der Vektor $d\vec{a}$ wird zweckmäßigerweise gleichsinnig parallel zu $\vec{J}$ gewählt, ebenso wählt man $d\vec{s}$ gleichsinnig parallel zum $\vec{H}$–Vektor. Dann gehen die Innenprodukte des Durchflutungsgesetzes in algebraische Produkte über.

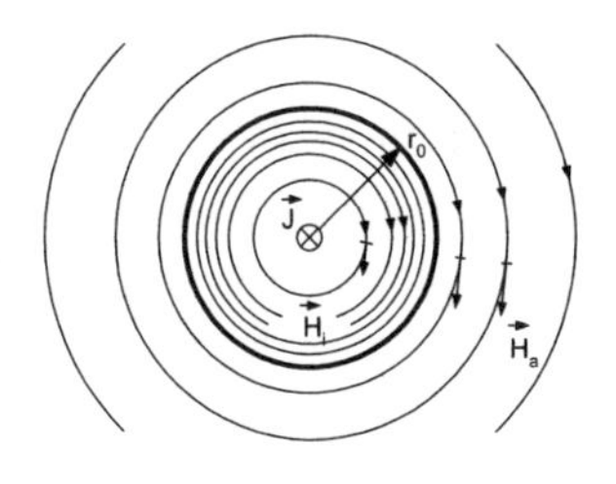

$$\oint \vec{H}\, d\vec{s} = \iint \vec{J}\, d\vec{a}.$$

Die Stromdichte im Draht zeigt in die Zeichenebene hinein.

Bild 5.1.2: Stromdurchflossener Runddraht mit Feldlinien H_i im Draht und H_a außerhalb des Drahtes

a) für $r \leq r_0$ und $\vec{H} \uparrow\uparrow d\vec{s}$ sowie $\vec{J} \uparrow\uparrow d\vec{a}$ im Drahtinnern, gilt mit $H_\alpha = H_{\alpha i}$:

$$\oint H_{\alpha i}\, ds = \iint J\, da; \tag{5.1- 6}$$

$$d\vec{a} = 2\pi r\, dr\, \vec{e}_z \qquad \text{und} \qquad d\vec{s} = r\, d\alpha\, \vec{e}_\alpha.$$

Ferner ist auf einem konzentrischen Kreis mit dem Radius $r_1 = const < r_0$ auch $H_{\alpha i}(r_1)$ konstant. Daher gilt mit $H_{\alpha i}(r_1) = const$ und $J = const$:

$$H_{\alpha i}(r_1)\, r_1 \oint d\alpha = J\, 2\pi \int\limits_{r=0}^{r_1} r\, dr;$$

$$H_{\alpha i}\, 2\pi r_1 = J\, \pi\, {r_1}^2;$$

$$H_{\alpha i}(r_1) = \frac{J}{2}\, r_1. \tag{5.1- 7}$$

Da $r_1 \leq r_0$ beliebig gewählt werden konnte, darf man dafür verallgemeinernd anschreiben: $r_1 = r$, also

$$\boxed{H_{\alpha i}(r) = \frac{J}{2}\, r; \qquad \text{und} \qquad \vec{H}_i = H_{\alpha i}(r)\, \vec{e}_\alpha,} \tag{5.1- 8}$$

denn für die Zuordnung der **Zylinder–Einsvektoren** gilt: $\vec{e}_r \times \vec{e}_\alpha = \vec{e}_z$.

b) für $r > r_0$, außerhalb des Drahtes, gilt mit $H_\alpha = H_{\alpha a}$:

Hier sind die zur Berechnung der magnetischen Umlaufspannung einzusetzenden Radien $r > r_0$, wogegen die stromdurchflossene Fläche auf $\pi {r_0}^2$ beschränkt bleibt, so daß der Gesamtstrom $I = J\pi {r_0}^2$ ist; man verfolge Schritt für Schritt. Auf Kreisen ist wieder:

$\vec{H}_a \uparrow\uparrow d\vec{s}$ und $\vec{J} \uparrow\uparrow d\vec{a}$ daher ist mit $d\vec{s} = r\, d\vec{\alpha}\, \vec{e}_\alpha$ und $d\vec{a} = 2\pi r\, dr\, \vec{e}_z$:

$$\oint H_{\alpha a}\, ds = \iint J\, da. \tag{5.1- 9}$$

Mit $H_{\alpha a}(r_1) = const$ und $J = const$ erhalten wir:

$$H_{\alpha a}(r_1)\, r_1 \oint d\alpha = J\, 2\pi \int\limits_{r=0}^{r_0} r\, dr,$$

$$H_{\alpha a}(r_1)\, 2\pi r_1 = J\, \pi {r_0}^2,$$

$$H_{\alpha a}(r_1) = \frac{I}{2\pi r_1}. \tag{5.1- 10}$$

r_1 kann wieder ein beliebiger Radius sein, der aber $\geq r_0$ sein muß; daher darf man auch hier verallgemeinernd schreiben:

$$\boxed{H_{\alpha a}(r) = \frac{I}{2\pi r} \qquad \text{und} \qquad \vec{H}_a = H_{\alpha a}(r)\, \vec{e}_\alpha.} \tag{5.1- 11}$$

Die Berechnung der magnetischen Feldstärke mittels des Durchflutungsgesetzes war hier, am Beispiel des Runddrahtes, deswegen möglich, weil $H_{\alpha i}$ und $H_{\alpha a}$ auf konzentrischen Kreisen konstant sind. Dies trifft bei Drähten nur zu, wenn sie sehr weit (exakt: unendlich weit) linear ausgedehnt sind, da jedes Stromleiterelement zur magnetischen Feldstärke beiträgt. Der Einzelbeitrag ist aber umso geringer, je weiter ein Stromelement vom festgelegten Meß- oder Testpunkt entfernt ist.

2. Beispiel: Durchflutungsgesetz und lange Zylinderspule

Die **lange**, gleichmäßig bewickelte **Zylinderspule** hat in ihrem Innenraum ein homogenes Magnetfeld, das umso homogener ist, je länger die Zylinderspule im Vergleich zu ihrem Durchmesser ist. Dagegen laufen die magnetischen Feldlinien im Außenraum so weit auseinander, daß dort die Feldstärke $|\vec{H}|$ und damit die Feldliniendichte nahezu Null sind.

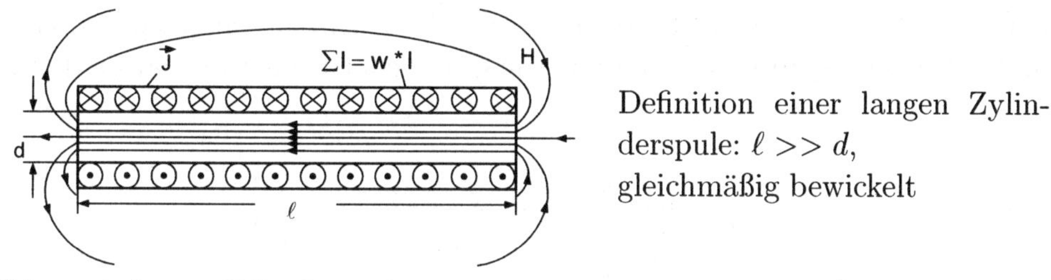

Definition einer langen Zylinderspule: $\ell >> d$, gleichmäßig bewickelt

Bild 5.1.3: Lange Zylinderspule mit einigen Feldlinien

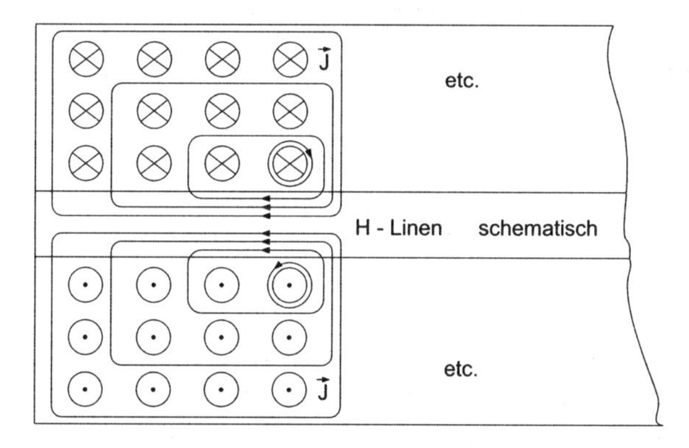

Bild 5.1.4: Bündelung aller Feldlinien im Spuleninnern: **Bündelfluß**

Bild 5.1.4 erläutert die Ursache schematisch: Im Innenraum der langen Zylinderspule bündeln sich die Feldlinien zum gemeinsamen, sogenannten **Bündelfluß**. Außen herum ist dagegen genügend Platz für weit ausladende Feldlinien (siehe Bild 5.1.3). Auch die meßtechnische Erfahrung zeigt, daß die magnetische Feldstärke im Außenraum der langen Zylinderspule in guter Näherung gleich Null ist. Daher liefert nur der Spuleninnenraum längs ℓ magnetische Spannung als Beitrag zur Umlaufspannung. Für $\vec{H} \uparrow\uparrow d\vec{s}$ und $H = H_i$, innerhalb der Spule, gilt:

$$\begin{aligned} \oint \vec{H}\, d\vec{s} &= w\, I, \\ H_i\, \ell &= w\, I, \\ H_i &= \frac{w\, I}{\ell}; \qquad H_a \approx 0. \end{aligned} \qquad (5.1\text{-}12)$$

Die Richtung des Vektorfeldes H_i ist durch die Spulenachse und durch rechtswendige Zuordnung des magnetischen Feldes zur Stromdichte in der Wicklung gegeben.

3. Beispiel: Das **Durchflutungsgesetz** soll auf eine gleichmäßig bewickelte **lange Zylinderspule** angewandt werden, die jedoch teilweise (längs s) einen ferromagnetischen Kern enthält.

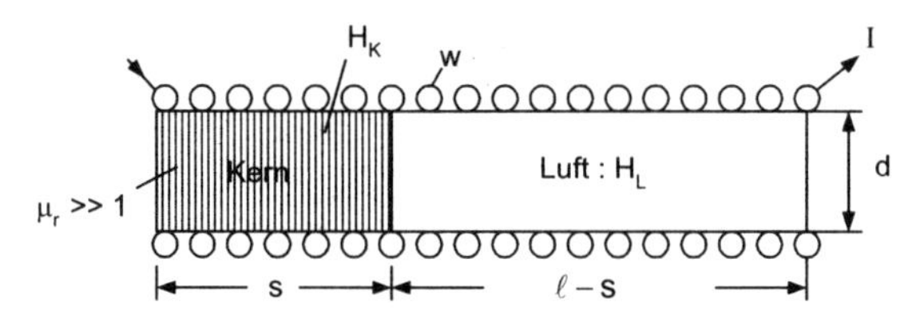

Bild 5.1.5: Zylinderspule mit einem Kern der Länge s

Hier gilt wieder bei einem Umlauf durch den Spuleninnenraum:

$$\oint \vec{H}\, d\vec{s} = w\, I \qquad \text{und} \qquad Div\, \vec{B} = 0. \tag{5.1- 13}$$

$Div\, \vec{B} = 0$ wird an der Trennfläche Kern–Luft innerhalb der Spule angewandt und bedeutet dort für die Normalkomponenten von $\vec{B}$ (mit Index L für den Luftteil und lndex K für den Kern):

$$B_{nL} = B_{nK} \quad \text{oder mit} \quad B_{nL} = \mu_0 H_L \quad \text{und} \quad B_{nK} = \mu_0 \mu_r H_K \quad \text{wird:}$$

$$1\, \mu_0\, H_L = \mu_r\, \mu_0\, H_K, \qquad \text{also} \qquad \boxed{H_L = \mu_r\, H_K.} \tag{5.1- 14}$$

Der Feldstärkebetrag im Luftteil ist nach Gl. (5.1–14) das μ_r–fache der Feldstärke im Kern. Dieser Zusammenhang wird bei der Auswertung des Durchflutungsgesetzes benötigt, um nach einer der beiden Feldstärken auflösen zu können. Aus Gl.(5.1–13) erhält man für die beiden Spulenteile:

$$H_L\, (\ell - s) + H_K\, s = w\, I \qquad \text{mit} \qquad H_L = \mu_r\, H_K : \tag{5.1- 15}$$

$$\mu_r\, H_K\, (\ell - s) + H_K\, s = w\, I,$$

$$H_K = \frac{w\, I}{s + \mu_r\, (\ell - s)} = \frac{w\, I}{\mu_r}\, \frac{1}{(\ell - s) + s/\mu_r}. \tag{5.1- 16}$$

Aus (5.1–16) ist ersichtlich, daß bei hoher Permeabilitätszahl der Nennersummand s/μ_r gegenüber $(\ell - s)$ oft vernachlässigt werden kann. Daraus und aus Gl.(5.1–14) folgt, daß die magnetische Feldstärke und Spannung im hochpermeablen Kernteil der Spule gegenüber deren Luftteil ebenfalls oft vernachlässigbar klein sein wird. Wie bei diesem Beispiel kann man bei einem Transformatorkern mit Luftspalt vorgehen.

4. Beispiel: Durchflutungsgesetz angewandt auf eine Toroidspule

Die Toroidspule habe die Form einer mit Draht bewickelten Ananasscheibe:

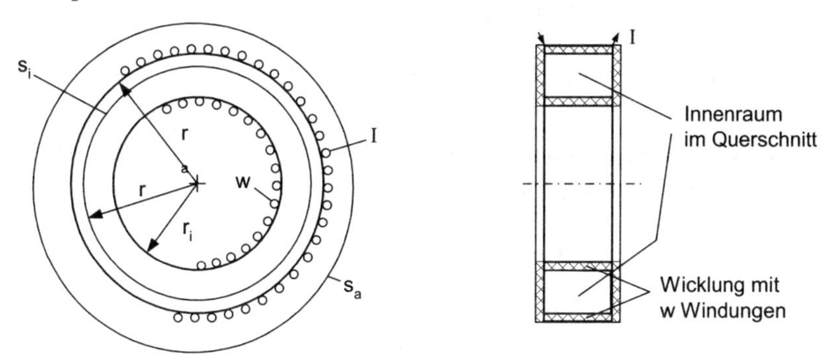

Bild 5.1.6: Toroidspule mit gleichmäßiger Wicklung

Diese Toroidspule nach Bild 5.1.6 sei gleichmäßig längs ihres Umfangs bewickelt. Dann verläuft praktisch das ganze, vom Strom I erzeugte Magnetfeld $\vec{H} = \vec{H}_i$ gebündelt im Innenraum der Spule. Der Außenraum ist feldfrei. Weil außen die Summe der umfaßten Ströme gleich Null ist, gilt dort:

$$s = s_a : \qquad \oint \vec{H}_a \, d\vec{s}_a = 0. \tag{5.1- 17}$$

Da zusätzlich Rotationssymmetrie, also Winkelunabhängigkeit herrscht, folgt aus Gl.(5.1–17), daß $H_a = 0$ ist. Dagegen ist innerhalb des Toroidkerns bei

$$s = \mathring{s}_i : \qquad \oint \vec{H}_i \, d\vec{s}_i = w \, I. \tag{5.1- 18}$$

$\mathring{s}_i$ hängt ab vom Radius $r_i \leq r \leq r_a$; längs $\mathring{s}_i$ wählen wir willkürlich aber zweckmäßig parallele Vektoren $\vec{H}_i \uparrow\uparrow d\vec{s}_i$, so daß für die Beträge von Gl.(5.1–18) angeschrieben werden kann:

$$H_i \, 2\pi r = w \, I \qquad \text{und daher}$$

$$H_i = \frac{w \, I}{2\pi r}. \tag{5.1- 19}$$

Anwendungsmöglichkeit des Durchflutungsgesetzes

Man will mit dem Durchflutungsgesetz magnetische Feldstärken berechnen. Das geht nur dann, wenn das Umlaufintegral $\oint \vec{H} \, d\vec{s}$ ausgewertet werden kann. Man muß dazu solche Umlaufwege $\overset{\circ}{s}$ finden, längs derer die magnetische Feldstärke $\vec{H}$ zumindest abschnittsweise konstant ist, so daß man das Umlaufintegral in eine Summe magnetischer Teilspannungen zerlegen kann:

$$H_1 s_1 + H_2 s_2 + \ldots + H_i s_i + \ldots + H_n s_n = w\, I \tag{5.1- 20}$$

Alle diese H_i–Werte sind konstant innerhalb der einzelnen Abschnitte und sind Normalkomponenten an deren Grenzflächen. Mittels

$$Div\, \vec{B} = 0, \qquad \text{also} \qquad \mu_i H_i = \mu_{i+1} H_{i+1}$$

lassen sich die H_i bis auf ein H, z.B. H_1, substituieren, so daß dieser Wert berechnet werden kann. Die anderen Teilfeldstärken folgen danach aus $\mu_i H_i = \mu_{i+1} H_{i+1}$.

5.2 Übergang zu flächenhaftem Strombelag

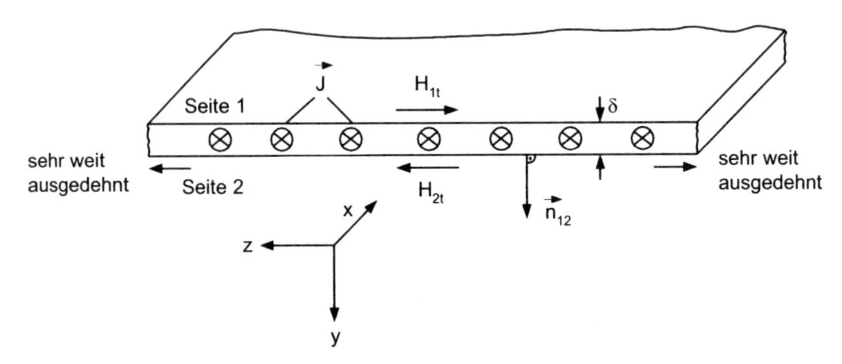

Bild 5.2.1 : Stromdichte in einem weit eben ausgedehnten Blech

Ein in x– und z–Richtung sehr weit eben ausgedehntes Blech habe die Dicke $\delta = \Delta y$. Solange Δy noch als Ausdehnung betrachtet wird, kann mit der gewohnten Stromdichte $\vec{J}$ in A/m^2 gerechnet werden. Die Wirbeldichte in kartesischen Koordinaten ist innerhalb des Bleches die Determinante

$$rot\, \vec{H} = \begin{vmatrix} \vec{e}_x & \vec{e}_y & \vec{e}_z \\ \dfrac{\partial}{\partial x} & \dfrac{\partial}{\partial y} & \dfrac{\partial}{\partial z} \\ H_x & H_y & H_z \end{vmatrix} . \tag{5.2- 1}$$

H_x, H_y, H_z sind die Komponenten des Feldvektors $\vec{H}$.

Da die Leitungsstromdichte $\vec{J}$ nur in x–Richtung vorkommt, gibt es auch von $rot\,\vec{H}$ nur eine x–Komponente:

$$\vec{e}_x \left(\frac{\partial H_z}{\partial y} - \frac{\partial H_y}{\partial z} \right) = J_x\, \vec{e}_x. \tag{5.2- 2}$$

Wegen der vorausgesetzten ebenen, sehr weiten (ideal: unendlich weiten) Ausdehnung in z–Richtung sind H_y und $\partial H_y/\partial z = 0$, so daß zu integrieren bleibt:

$$\frac{\partial H_z}{\partial y} = J_x. \tag{5.2- 3}$$

Auch H_x ist Null, da diese Feldstärke nicht rechtswendig zu $\vec{J}$ zugeordnet sein kann. Somit lautet das Ergebnis für die magnetische Feldstärke:

$$H_z = J_x\, y + konst. \tag{5.2- 4}$$

Gl.(5.2–4) sagt aus, daß innerhalb des Bleches, dort wo die Leitungsstromdichte $\vec{J}$ vorkommt (über die auch integriert wurde), die magnetische Feldstärke $\vec{H} = H_z \vec{e}_z$ linear mit y zunimmt. Ist kein weiteres äußeres Magnetfeld vorhanden, so scheint die größte Feldstärke für $y = y_{max} = \delta$ erreicht zu sein:

$$H_z = J_x\, \delta + const. \tag{5.2- 5}$$

Aber die Integrationskonstante kann aus Symmetriegründen so gewählt werden, daß $H_{2t} = H_z/2$ auf der Seite 2 und $H_{1t} = -H_z/2$ auf der Seite 1 vorkommen: $const = -J_x\, \delta/2$. Dann erhalten wir für Bild 5.2.1:

$$0 \le y \le \delta : \qquad H_z = J_x\, y - J_x\, \frac{\delta}{2}. \tag{5.2- 6}$$

Die beiden Randfeldstärken sind dann:

$$y = 0, \quad \text{Seite 1:} \quad H_{z1} = -J_x\, \frac{\delta}{2} = H_{1t},$$

$$y = \delta, \quad \text{Seite 2:} \quad H_{z2} = +J_x\, \frac{\delta}{2} = H_{2t}. \tag{5.2- 7}$$

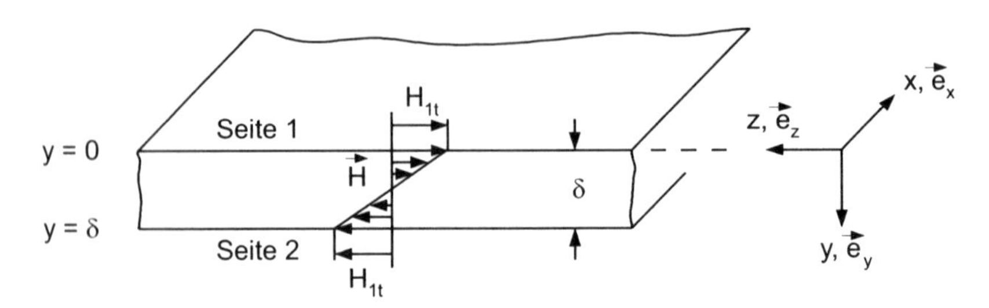

Bild 5.2.2: Magnetische Feldstärke innerhalb des sehr weit eben ausgedehnten Bleches

Geht schließlich Δy gegen Null, wird also das endlich dicke Material dünn wie z.B. eine Alufolie, bei gleichbleibender Stromstärke, so kann die Determinante nach Gl.(5.2–1) nicht mehr angewandt werden, weil die jetzt sprunghafte Änderung von $\vec{H}$ keinen stetig differenzierbaren Vorgang mehr darstellt, so daß auch eine Integration, wie sie in Gl.(5.2–4) geschehen ist, nicht möglich ist. Wir müssen nach Gl.(5.0–4) die 1. Maxwellgleichung für flächenhafte Stromdichte $\vec{j}_s$ verwenden. Ihre Einheit ist nicht A/m^2, sondern Ampere pro Breite oder Höhe der Fläche (z.B. einer Folie) in z–Richtung. Siehe Bild 5.2.3. Die Stromstärke in dem jetzt sehr dünnen Material ist aus dem Strombelag $\vec{j}_s$ durch das Linienintegral (dies ist kein Schreibfehler!) zu berechnen:

$$I = \int \vec{j}_s \, d\vec{s}. \tag{5.2- 8}$$

$d\vec{s}$ hat den Einsvektor des ursprünglichen Flächenelementes $d\vec{a}$; das ist hier $\vec{e}_x$. Die geänderte Einheit für die Stromdichte $\vec{j}_s$, die auch **Strombelag** genannt wird, ist auch wegen Übereinstimmung mit der **Sprungrotation** notwendig:

$$Rot\ \vec{H} \equiv \vec{n}_{12} \times (\vec{H}_2 - \vec{H}_1) \quad \text{mit} \quad [Rot\ \vec{H}] = [\vec{H}] = \frac{A}{m}. \tag{5.2- 9}$$

Weil der Normalenvektor $\vec{n}_{12}$ mit dem Betrag eins die Einheit eins hat, stimmt die Einheit der Sprungrotation mit der Einheit von $\vec{H}$ überein: Sie ist A/m ebenso wie die Einheit des flächenhaften Strombelags $\vec{j}_s$.

Das Grundsätzliche der Sprungrotation wurde im Abschnitt 3.5 erklärt. Wir wenden sie hier auf den stromdurchflossenen Flächenleiter nach Bild 5.2.3 an. Ein zusätzlich überlagertes äußeres Magnetfeld anderen Ursprungs sei nicht vorhanden. Dann existiert in der Umgebung des Flächenleiters nur das vom Strombelag $\vec{j}_s$ erzeugte Magnetfeld nach Bild 5.2.3.

Es sei $\vec{j}_s = j_s\,\vec{e}_x$. Für die Punkte P_1 und P_2 beidseitig dicht neben dem Flächenleiter gilt:

$$Rot\ \vec{H} \equiv \vec{n}_{12} \times (\vec{H}_2 - \vec{H}_1) = \vec{j}_s. \tag{5.2- 10}$$

Um Gl.(5.2–10) zu erfüllen, müssen mit dem Normalen-Einsvektor $\vec{n}_{12} = +\vec{e}_y$ für die magnetischen Feldstärken $\vec{H}_1$ und $\vec{H}_2$ folgende Gleichungen gelten:

$$\vec{H}_1 = H_1\,(-\vec{e}_z) = -H_{1t}\,\vec{e}_z,$$

$$\vec{H}_2 = H_2\,\vec{e}_z = +H_{2t}\,\vec{e}_z; \tag{5.2- 11}$$

eingesetzt in Gl.(5.2–10) erhält man:

$$\vec{e}_y \times (H_2\,\vec{e}_z - H_1\,(-\vec{e}_z)) = j_s\,\vec{e}_x. \tag{5.2- 12}$$

Für die Beträge gilt aus Symmetriegründen: $H_2 = H_1 = H_t$. Daher wird aus Gl.(5.2–12) wegen der Einsvektoren $\vec{e}_y \times \vec{e}_z = \vec{e}_x$:

$$2\,H_t\,\vec{e}_x = j_s\,\vec{e}_x, \qquad \boxed{H_t = \frac{j_s}{2}.} \tag{5.2- 13}$$

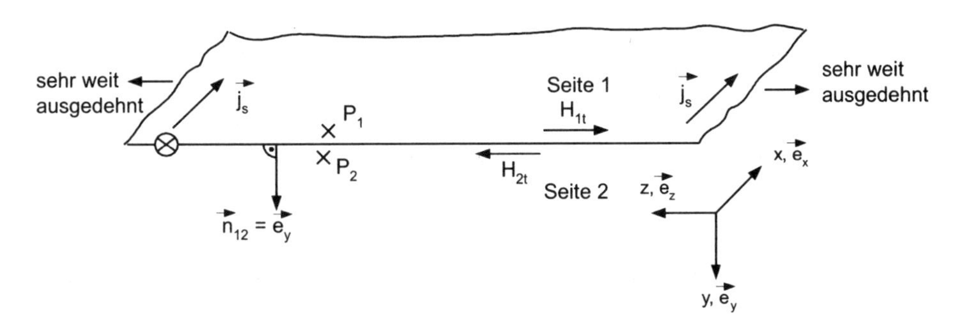

Bild 5.2.3: Feldstärkesprung am dünnen stromführenden Blech

Die Richtung der magnetischen Feldstärke springt beim Überschreiten des Flächenleiters von Seite 1 zur Seite 2 um 180^0; ihr Betrag bleibt $j_s/2$.

Über die Ortsabhängigkeit des magnetischen Feldvektors in y–Richtung, beim Weggehen vom Flächenleiter, darüber sagt die Sprungrotation nichts aus. Man kann aber festhalten: Solange die y–Abstände der Punkte P_1 und P_2 vom Flächenleiter klein sind gegenüber seiner z–Ausdehnung, solange bleibt auch der berechnete tangentiale Feldstärkewert zumindest näherungsweise konstant.

5.3 Feldstärke $\vec{H}$ bei beliebigem Leiterquerschnitt

Zunächst betrachten wir einen dünnen, fadenförmigen, unendlich weit in z–Richtung ausgedehnten, vom Gleichstrom I durchflossenen Leiter. In einem Testpunkt P(x,y) erzeugt seine Stromstärke nach dem Durchflutungsgesetz den Betrag der magnetischen Feldstärke:

$$|\vec{H}| = \frac{I}{2\pi r}. \tag{5.3- 1}$$

Die Komponenten in x– und y–Richtung sind:

$$H_x = \frac{I}{2\pi r}\, sin\, \alpha, \tag{5.3- 2}$$

$$H_y = \frac{-I}{2\pi r}\, cos\, \alpha. \tag{5.3- 3}$$

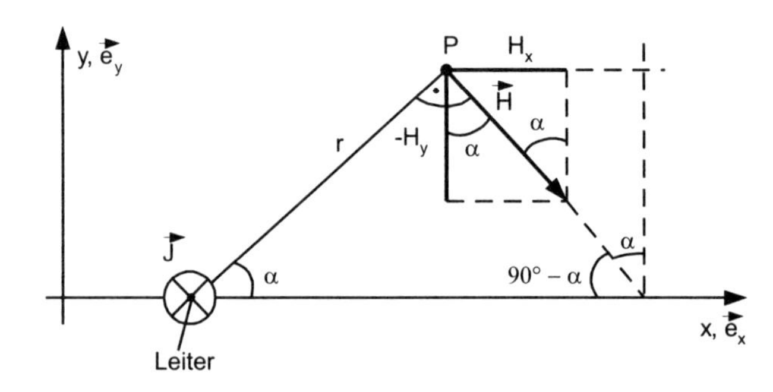

Bild 5.3.1: Komponenten der magnetischen Feldstärke

Da die 1. Maxwellgleichung, die den Zusammenhang zwischen Stromdichte und magnetischer Feldstärke liefert, eine lineare Differentialgleichung ist, können magnetische Feldstärken, die von mehreren fadenförmigen Einzelleitern herrühren, vektoriell überlagert werden:

Die nach Bild 5.3.2 in x–Richtung resultierende Feldstärke ist

$$H_x = \frac{1}{2\pi}\left(\frac{I_1}{r_1} sin\, \alpha_1 + \frac{I_2}{r_2} sin\, \alpha_2 + \frac{I_3}{r_3} sin\, \alpha_3\right); \tag{5.3- 4}$$

in y–Richtung gilt analog:

$$H_y = \frac{-1}{2\pi}\left(\frac{I_1}{r_1} cos\, \alpha_1 + \frac{I_2}{r_2} cos\, \alpha_2 + \frac{I_3}{r_3} cos\, \alpha_3\right). \tag{5.3- 5}$$

Man kann die Komponenten auch dann algebraisch linear überlagern, wenn die Linienleiter nicht in einer Ebene, wohl aber parallel zueinander verlaufen. Werden die Abstände r_1, r_2, r_3 sehr groß gegenüber den Abständen der Linienleiter voneinander, dann ist

$$r_1 \approx r_2 \approx r_3 \approx r \qquad \text{und} \qquad \alpha_1 \approx \alpha_2 \approx \alpha_3 \approx \alpha;$$

Mit diesen Werten wird näherungsweise:

$$H_x \approx \frac{1}{2\pi r}\,(I_1+I_2+I_3)\;sin\alpha, \tag{5.3- 6}$$

$$H_y \approx \frac{-1}{2\pi r}\,(I_1+I_2+I_3)\;cos\alpha. \tag{5.3- 7}$$

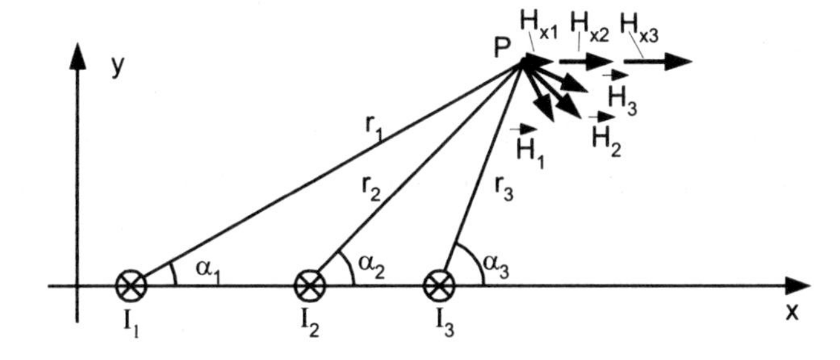

Bild 5.3.2: Drei Einzelleiter tragen zur Feldstärke bei; die Komponenten H_{y1}, H_{y2}, H_{y3} sind nicht eingezeichnet

Der Betrag der magnetischen Feldstärke in der großen Entfernung r ist angenähert:

$$H = \sqrt{{H_x}^2 + {H_y}^2} \approx \frac{1}{2\pi r}(I_1+I_2+I_3), \tag{5.3- 8}$$

weil $\quad sin^2\alpha + cos^2\alpha = 1$ ist.

Dieses Prinzip der Überlagerung erlaubt die Berechnung magnetischer Feldstärken von linear ausgedehnten Leitern, die parallel zueinander laufen, bei beliebigem, aber in z–Richtung gleich bleibendem Querschnitt.

Beispiel: Wir wollen am Beispiel eines Leiters von Rechteckquerschnitt die Formeln angeben, welche die Berechnung der magnetischen Feldstärke ermöglichen. Sie gelten auch für zylindrische Leiter von anderem Querschnitt, wenn man die Integrationsgrenzen so verändert, daß wieder über den stromführenden Querschnitt integriert wird.

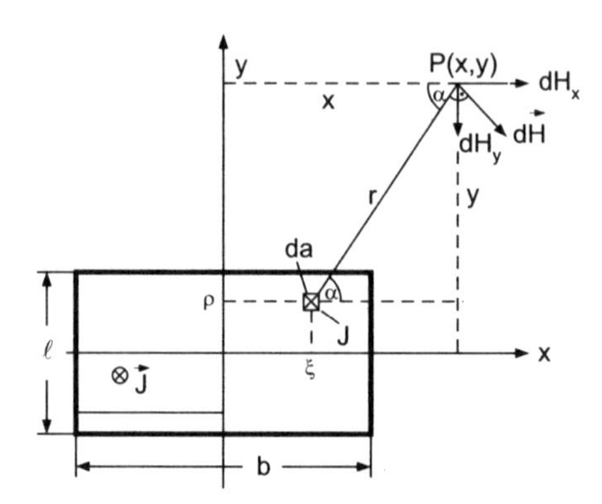

Bild 5.3.3: Rechteckiger stromdurchflossener Leiter

In Gedanken zerlegen wir den rechteckigen Leiter in unendlich viele parallele, fadenförmige Teilleiter der Querschnitte da mit den Koordinaten ξ und ρ; diese Koordinaten (ξ, ρ) der Linienleiter müssen andere sein als die des Testpunktes P(x,y); denn werden die Testpunktkoordinaten (x, y) variiert, so müssen doch (ξ, ρ) als Koordinaten des ruhenden Teilleiters konstant bleiben. Jeder stromführende Teillinenleiter trägt zur Feldstärke in Punkt P(x,y) die Anteile bei:

$$dH_x = \frac{J\,da}{2\pi r}\,sin\,\alpha; \qquad sin\,\alpha = \frac{y-\rho}{r} = \frac{y-\rho}{\sqrt{(y-\rho)^2+(x-\xi)^2}}, \tag{5.3- 9}$$

$$dH_y = \frac{-J\,da}{2\pi r}\,cos\,\alpha; \qquad cos\,\alpha = \frac{x-\xi}{r} = \frac{x-\xi}{\sqrt{(y-\rho)^2+(x-\xi)^2}}. \tag{5.3- 10}$$

Daher erhält man H_x und H_y durch Integration über den gesamten stromdurchflossenen Leiterquerschnitt $a_I = \ell \cdot b$, der durch die Koordinaten (ξ, ρ) beschrieben wird. Integrationsvariablen sind daher ebenfalls ξ und ρ:

$$H_x = \frac{J}{2\pi}\iint \frac{sin\,\alpha}{r}\,da = \frac{J}{2\pi}\iint \frac{y-\rho}{(y-\rho)^2+(x-\xi)^2}\,d\xi\,d\rho \tag{5.3- 11}$$

$$H_y = \frac{-J}{2\pi}\iint \frac{cos\,\alpha}{r}\,da = \frac{-J}{2\pi}\iint \frac{x-\xi}{(y-\rho)^2+(x-\xi)^2}\,d\xi\,d\rho \tag{5.3- 12}$$

5.4 Darstellung von Wirbelfeldern aus dem Vektorpotential

Von Quellenfeldern wissen wir, daß sie stets wirbelfrei sind und daher aus einem Skalarpotential $\varphi(x, y, z)$ abgeleitet werden dürfen; $\vec{E}$ sei eine Quellenfeldstärke, dann gilt:

$$\vec{E} = -grad\, \varphi, \tag{5.4- 1}$$

denn mathematisch notwendig ist die Wirbeldichte davon stets gleich Null:

$$\begin{aligned} rot\, \vec{E} &= rot\, (-grad\, \varphi) \\ &= \nabla \times (-\nabla\, \varphi) \\ &= (\nabla \times \nabla)\, (-\varphi) \equiv 0. \end{aligned} \tag{5.4- 2}$$

Quellenfelder werden durch Gradientenbildung beschrieben. Diese kann formal mathematisch ebenso für wirbelfreie Wirbelfelder, die auch quellenfrei sind, angewandt werden. Beispiel: Das wirbelfreie Magnetfeld außerhalb eines stromführenden Leiters. Allerdings muß man dort eine **Sperrfläche** $\alpha = const$ einziehen, so daß keine geschlossenen Umläufe um den Leiter herum möglich sind. Die Sperrfläche müßte magnetische Ersatzladungen tragen, die aber als Einzelladungen nicht existieren. Man kann sich aber vorstellen, daß die Sperrfläche als **magnetische Doppelschicht** magnetisiert ist. Mit dieser Sperrfläche gilt für alle noch möglichen Wege stets: $\oint \vec{H}\, d\vec{s} = 0$ und daher auch $\vec{H} = -grad\, \varphi_m$.

Bild 5.4.1: Draht mit Sperrfläche bei wirbelfreiem $\vec{H}$–Feld für $r \geq r_0$

Es stellt sich die Frage, ob es eine Möglichkeit gibt, wirbelhafte Vektorfelder ebenfalls aus einem übergeordneten Potential mathematisch darzustellen. Da Gradientenbildung aus einem Skalarpotential stets ein wirbelfreies Feld liefert, kommt sie nicht in Frage. Dagegen eignet sich ein sogenanntes Vektorpotential: eine gerichtete Potentialfunktion.

Meist wird das Vektorpotential als magnetisches Vektorpotential dargestellt, was auch hier geschehen soll, obwohl es auch für wirbelhafte elektrische

Feldstärken $\vec{E}$ benutzbar ist. Man beschränkt das Vektorpotential auf streng stationäre Vorgänge: Zeitliche Änderungen werden demnach nicht zugelassen. Dann gelten die Grundgleichungen:

$$div\ \vec{B} = 0; \qquad rot\ \vec{H} = \vec{J}; \tag{5.4- 3}$$

$$\vec{B} = \mu\ \vec{H}; \qquad rot\ \vec{B} = \mu\ \vec{J}. \tag{5.4- 4}$$

Überdies müssen wir voraussetzen, daß die Materie homogen und isotrop sei, d.h. wir fordern im ganzen Raum eine konstante und richtungsunabhängige Permeabilitätszahl μ_r. Dann kann man für $\vec{B}$ den **Lösungsansatz** anschreiben:

$$\boxed{\vec{B} = rot\ \vec{A}; \qquad \vec{A} = \textbf{Vektorpotential}} \tag{5.4- 5}$$

Dieser Ansatz mit $\vec{A}$ als Vektorpotential ist nur dann sinnvoll, wenn die Nebenbedingung $div\ \vec{B} = 0$ erfüllt wird; denn Quellen von $\vec{B}$ kennen wir ja nicht.

$$\begin{aligned} div\ \vec{B} &= 0 \\ &= div(rot\ \vec{A}) = \nabla\ (\nabla \times \vec{A}) \\ &= (\nabla \times \nabla)\ \vec{A} \equiv 0. \end{aligned} \tag{5.4- 6}$$

Die Nebenbedingung ist erfüllt. Wirbelfelder mit in sich geschlossenen Feldlinien können aus einem magnetischen Vektorpotential $\vec{A}$ abgeleitet werden. Allerdings ist es zweckmäßig eine weitere Bedingung zu erfüllen, nämlich Quellenfreiheit des Vektorpotentials selbst:

$$div\ \vec{A} = 0. \tag{5.4- 7}$$

Sie bedeutet, daß das Vektorpotential $\vec{A}$ nicht um einen Gradientenvektor $grad\,\chi$, mit $\chi(x, y, z)$ als beliebiger Skalarfunktion, erweitert sein darf, ansonsten wären mit:

$$\vec{A}' = \vec{A} + grad\ \chi, \tag{5.4- 8}$$

wie man nachfolgend sieht, sowohl $\vec{A}$, als auch $\vec{A}' = \vec{A} + grad\,\chi$ mögliche Lösungen, also Vektorpotentiale, für die gilt: $div\,\vec{B} = div\,\vec{B}' = 0$:

$$\begin{aligned} div\ \vec{B}' &= div\ (rot\ \vec{A}') \\ &= \nabla\ \Big(\nabla \times (\vec{A} + \nabla\chi)\Big) \\ &= (\nabla \times \nabla)\ \vec{A} + \nabla\ (\nabla \times \nabla\chi) \\ &\equiv 0. \end{aligned} \tag{5.4- 9}$$

Wegen der unendlichen Vielfalt denkbarer Gradientenvektoren $grad\,\chi$ wäre $\vec{A}'$ selbst nicht eindeutig, sondern auch unendlich vieldeutig. Daher wird $div(grad\,\chi) = \Delta\chi \neq 0$, (im elektrischen Feld: $\eta \neq 0$) durch die Bedingung $div\,\vec{A} = 0$ ausgeschlossen. Gelegentlich kann eine festgelegte Funktion $grad\,\chi(x, y, z)$ zur **Eichung des Vektorpotentials** verwendet werden.

Zum besseren Verständnis des Lösungsansatzes $\vec{B} = rot\,\vec{A}$ kann man ihn mit der 1. Maxwellgleichung vergleichen:

$$rot\,\vec{H} = \vec{J} \qquad\qquad rot\,\vec{A} = \vec{B} \tag{5.4- 10}$$

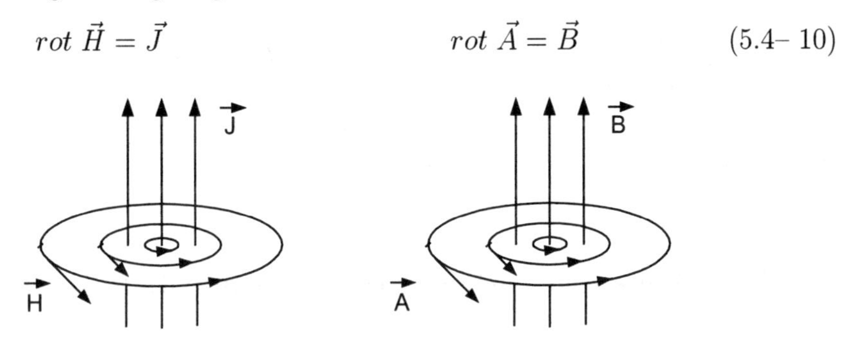

Bild 5.4.2: Zuordnungen $\vec{H}$ zu $\vec{J}$ und dementsprechend $\vec{A}$ zu $\vec{B}$

Zu Bild 5.4.2: Die Leitungsstromdichte $\vec{J}$ ist Wirbeldichte und Wirbelursache für das von ihr hervorgerufene Magnetfeld $\vec{H}$. Analog gilt: Die magnetische Flußdichte $\vec{B}$ ist Wirbeldichte und Wirbelursache für das ihr zuzuordnende Vektorpotential $\vec{A}$. Wie $\vec{H}$ rechtswendig zu $\vec{J}$, so ist auch $\vec{A}$ rechtswendig zu $\vec{B}$ zugeordnet.

Ist beispielsweise $\vec{B}$ die magnetische Flußdichte in einem langen Transformatorschenkel, dann sind die Feldlinien des Vektorpotentials $\vec{A}$ diesem $\vec{B}$ rechtswendig zugeordnet.

5.4.1 Die Differentialgleichung des Vektorpotentials

Wir setzen $\vec{B} = rot\,\vec{A}$ ein in $rot\,\vec{H}$ oder genauer in: $rot\,(\vec{B}/\mu)$ und erhalten:

$$\begin{aligned} rot\,\frac{\vec{B}}{\mu} &= rot(\frac{1}{\mu}\,rot\,\vec{A}) = \nabla \times (\frac{1}{\mu}\nabla \times \vec{A}) \\ &= \nabla\frac{1}{\mu} \times (\nabla \times \vec{A}) + \frac{1}{\mu}\nabla \times (\nabla \times \vec{A}) \\ &= grad\frac{1}{\mu} \times rot\,\vec{A} + \frac{1}{\mu}rot(rot\,\vec{A}). \end{aligned} \tag{5.4- 11}$$

Da ein homogenes Medium vorausgesetzt wurde, ist der Gradient aus $1/\mu$ gleich Null, so daß auf der rechten Seite von Gl.(5.4–11) nur $(1/\mu) rot(rot\,\vec{A})$ übrigbleibt. Aus der Vektoranalysis ist aber bekannt, daß

$$rot(rot\,\vec{A}) = grad(div\,\vec{A}) - \Delta\,\vec{A} \tag{5.4- 12}$$

ist. Bedenkt man noch, daß im vorangehenden Abschnitt $div\,\vec{A} = 0$ gefordert wurde, so bleibt für $\mu = const$ stehen:

$$rot\,\frac{\vec{B}}{\mu} = \frac{1}{\mu}\,(-\Delta\vec{A}) \qquad \text{oder} \qquad rot\,\vec{B} = -\Delta\vec{A}. \tag{5.4- 13}$$

Andererseits aber ist wegen $rot\,\vec{H} = \vec{J}$:

$$rot\,\vec{B} = \mu\,\vec{J}, \tag{5.4- 14}$$

so daß die **Differentialgleichung des Vektorpotentials** schließlich folgende allgemeine Form hat:

$$\boxed{\Delta\,\vec{A} = -\mu\,\vec{J},} \tag{5.4- 15}$$

gültig für die getroffenen Vereinbarungen und Einschränkungen.

Ausführlich, in kartesischen Koordinaten, erhält man für die zusammenfassend angeschriebene Vektorgleichung (5.4–15) drei skalare Differentialgleichungen. Sie beziehen sich auf den Vektor $\vec{A} = A_x\vec{e}_x + A_y\vec{e}_y + A_z\vec{e}_z$ des Vektorpotentials:

$$\begin{aligned}
\frac{\partial^2 A_x}{\partial x^2} + \frac{\partial^2 A_x}{\partial y^2} + \frac{\partial^2 A_x}{\partial z^2} &= -\mu\,J_x \\
\frac{\partial^2 A_y}{\partial x^2} + \frac{\partial^2 A_y}{\partial y^2} + \frac{\partial^2 A_y}{\partial z^2} &= -\mu\,J_y \\
\frac{\partial^2 A_z}{\partial x^2} + \frac{\partial^2 A_z}{\partial y^2} + \frac{\partial^2 A_z}{\partial z^2} &= -\mu\,J_z
\end{aligned} \tag{5.4- 16}$$

Alle drei Gleichungen (5.4–16) sind dann gleichzeitig von Null verschiedene Differentialgleichungen des Vektorpotentials $\vec{A}$, wenn die Leitungsstromdichten $J_x \neq 0 \wedge J_y \neq 0 \wedge J_z \neq 0$ sind. Ist aber beispielsweise nur $J_z \neq 0$, während $J_x = J_y = 0$ sind, so sind die Differentialgleichungen mit A_x und A_y Laplacesche Potentialgleichungen und nur diejenige mit A_z ist eine Differentialgleichung des Vektorpotentials.

5.4.2 Lösung der Differentialgleichung des Vektorpotentials

Im Abschnitt 4.1.7 wurde die in kartesischen Koordinaten angeschriebene Poissonsche Differentialgleichung:

$$\frac{\partial^2\varphi}{\partial x^2}+\frac{\partial^2\varphi}{\partial y^2}+\frac{\partial^2\varphi}{\partial z^2}=\frac{-\eta_q}{\epsilon} \qquad \text{oder} \qquad \Delta\varphi=\frac{-\eta_q}{\epsilon} \tag{5.4- 17}$$

gelöst. Gl.(4.1–69) war die Lösung in der Schreibweise:

$$\varphi=\frac{1}{4\pi\epsilon}\iiint\frac{\eta_q(\xi,\rho,\psi)}{|\vec{r}_{qt}|}\,dv_q(\xi,\rho,\psi). \tag{5.4- 18}$$

η_q ist die quellenhafte Raumladungsdichte, dv_q das Volumenelement mit der Raumladungsdichte η_q und $\vec{r}_{qt}$ ist der Vektor vom Volumenelement der Quelle (q = Quelle) zum Meß- oder Testpunkt P(x,y,z).

Der formale Aufbau der drei Differentialgleichungen (5.4–16) stimmt mit der Poissonschen Differentialgleichung (5.4–17) überein. Daher kann deren Lösung (5.4–18) formal für die Differentialgleichungen (5.4–16) übernommen werden. Dabei sind folgende Entsprechungen zu beachten:

$$\begin{array}{rcl} -\eta_q & \hat{=} & -J_x,\ -J_y,\ -J_z, \\ 1/\epsilon & \hat{=} & \mu, \\ A_x,\ A_y,\ A_z & \hat{=} & \varphi. \end{array}$$

Auf Grund der Analogie kann man die Lösungsintegrale sofort anschreiben:

$$A_x=\frac{\mu}{4\pi}\iiint\frac{J_{xq}}{|\vec{r}_{qt}|}\,dv_q, \tag{5.4- 19}$$

$$A_y=\frac{\mu}{4\pi}\iiint\frac{J_{yq}}{|\vec{r}_{qt}|}\,dv_q, \tag{5.4- 20}$$

$$A_z=\frac{\mu}{4\pi}\iiint\frac{J_{zq}}{|\vec{r}_{qt}|}\,dv_q. \tag{5.4- 21}$$

Diese drei Komponenten des Vektorpotentials können auch in einer einzigen zusammenfassenden Schreibweise angegeben werden:

$$\vec{A}=\frac{\mu}{4\pi}\iiint\frac{\vec{J}_q}{|\vec{r}_{qt}|}\,dv_q \qquad \textbf{Vektorpotential} \tag{5.4- 22}$$

Die Analogie der Lösungen von Poissonscher Differentialgleichung und Vektorpotential ist rein mathematischer Natur. Sie darf nicht den physikalischen Unterschied verschleiern: Die Poissonsche Differentialgleichung beschreibt Quellenfelder der Elektrostatik mit Anfang und Ende bei vorhandenen Raumladungsdichten η. Die Differentialgleichung des Vektorpotentials dagegen beschreibt Wirbelfelder mit in sich geschlossenen Feldlinien, die durch Leitungsstromdichten verursacht werden. Der Deutlichkeit halber sei Gl.(5.4–22) ausführlicher in kartesischen Koordinaten angeschrieben:

$$\boxed{\vec{A} = \frac{\mu}{4\pi} \iiint \frac{\vec{J}_q(\xi, \rho, \psi)}{\sqrt{(x-\xi)^2 + (y-\rho)^2 + (z-\psi)^2}} \, dv_q(\xi, \rho, \psi)} \qquad (5.4\text{– }23)$$

(ξ, ρ, ψ) sind die Koordinaten der verursachenden Leitungsstromdichte und deren Volumenelemente, (x, y, z) diejenigen des Meß- oder Testpunkts P(x,y,z). Zu integrieren ist über den von Leitungsstromdichte erfüllten Raum v_q.

Tritt Leitungsstromdichte nicht räumlich, sondern nur in einer dünnen Fläche (z.B. in Folie) als Strombelag mit der flächenhaften Stromdichte $\vec{j}_{sq}$ in A/m auf, so vereinfacht sich das Dreifachintegral nach Gl.(5.4–23) zu einem Zweifachintegral:

$$\boxed{\vec{A} = \frac{\mu}{4\pi} \iint \frac{\vec{j}_{sq}\, d\vec{a}_q}{|\vec{r}_{qt}|} \qquad \textbf{bei Flächenstrom}} \qquad (5.4\text{– }24)$$

Noch einfacher wird das Lösungsintegral in dem häufig auftretenden Fall von normalem Stromfluß im ausgedehnten Draht, der sich als dünner Faden idealisieren läßt. Für ihn gilt das Umlaufintegral längs des Drahtes; es geht über $\vec{J}_q \cdot dv_q \to I \cdot d\vec{s}_q$:

$$\boxed{\vec{A} = \frac{\mu\, I}{4\pi} \oint \frac{d\vec{s}_q}{|\vec{r}_{qt}|} \qquad \textbf{bei fadenartigem Stromfluß}} \qquad (5.4\text{– }25)$$

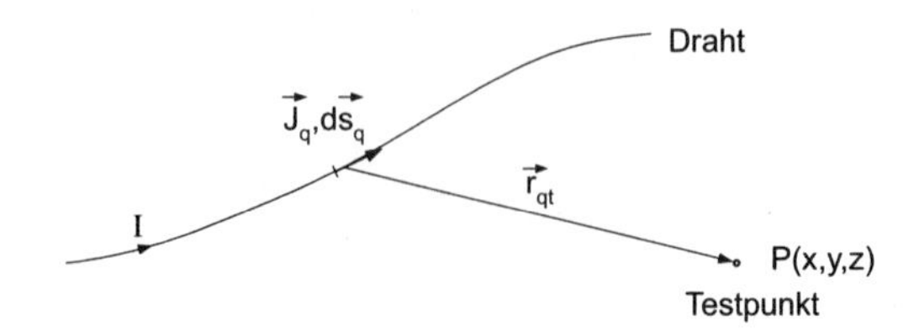

Bild 5.4.3: Vektorpotential bei fadenförmigem Strom

$\vec{A}$ ist das berechnete **Vektorpotential im Testpunkt** P(x,y,z). Alle stromführenden Linienelemente $d\vec{s}_q$ des Drahtes tragen zu $\vec{A}$ bei. Dieser Beitrag ist umso gewichtiger, je näher der Testpunkt P(x,y,z) beim Draht liegt, denn umso kleiner ist dann der Abstand r_{qt} im Nenner der Gln.(5.4–24 und 25).

Beispiel zum Vektorpotential: Der linear ausgedehnte Einzelleiter

Alle Leiterelemente $d\vec{s}_q$ zeigen in z–Richtung: $d\vec{s}_q = dz\,\vec{e}_z$, ebenso sei: $\vec{J} = J_z\,\vec{e}_z$. Daher bleibt von der Differentialgleichung des Vektorpotentials nur die Komponente in z–Richtung übrig. In kartesischen Koordinaten ist:

$$\frac{\partial^2 A_z}{\partial x^2} + \frac{\partial^2 A_z}{\partial y^2} + \frac{\partial^2 A_z}{\partial z^2} = -\mu\, J_z. \qquad (5.4\text{– }26)$$

Ist der Leiter dünn, bei fadenartigem Stromfluß, dann ist die Lösung:

$$\vec{A} = \frac{\mu\, I}{4\pi} \oint \frac{d\vec{s}_q}{r_{qt}}\,, \qquad (5.4\text{– }27)$$

und speziell bei linearer Ausdehnung mit $d\vec{s}_q = dz\;\vec{e}_z$ und $\vec{J} = J_z\;\vec{e}_z$ ist

$$\vec{A}_z = \frac{\mu\, I}{4\pi} \int\limits_{z=-\ell}^{+\ell} \frac{dz}{r_{qt}} = \frac{\mu\, I}{4\pi} \int\limits_{z=-\ell}^{+\ell} \frac{dz}{\sqrt{R^2+z^2}}\,. \qquad (5.4\text{– }28)$$

Integraltabelle: $$\int \frac{dz}{\sqrt{R^2+z^2}} = ln\;(z + \sqrt{R^2+z^2}) + C.$$

Diese Lösung hier angewandt, ergibt:

$$\begin{aligned} A_z &= \frac{\mu\, I}{4\pi}\, ln\Big(z + \sqrt{R^2+z^2}\Big)\Big|_{-\ell}^{+\ell} \\ &= \frac{\mu\, I}{4\pi}\, ln\frac{\ell + \sqrt{R^2+\ell^2}}{-\ell + \sqrt{R^2+\ell^2}} \\ &= \frac{\mu\, I}{4\pi}\, ln\frac{1 + \sqrt{(R/\ell)^2+1}}{-1 + \sqrt{(R/\ell)^2+1}}\,. \end{aligned} \qquad (5.4\text{– }29)$$

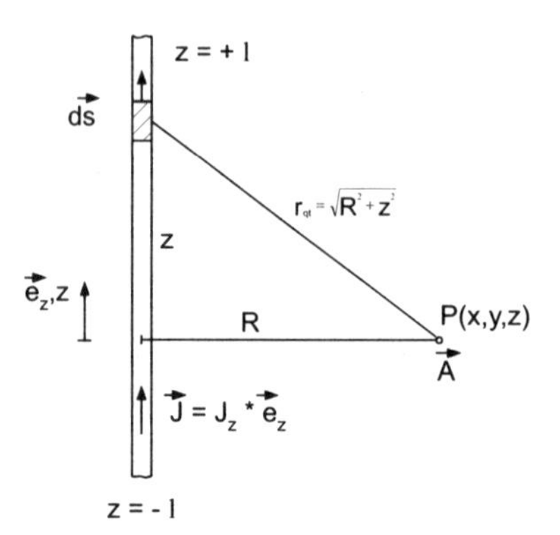

Bild 5.4.4: Sehr weit linear ausgedehnter Draht ohne Rückleiter

Man erkennt, daß bei unendlich langem Draht: $\ell \to \infty$, der Nenner von A_z gegen Null geht. Das Vektorpotential divergiert! Physikalischer Grund: Unendlich lange Linienleiter ohne Rückleiter gibt es real nicht.

5.4.3 Weitere Anwendungen des Vektorpotentials

1. Beispiel: Das aus dem Vektorpotential abgeleitete, verallgemeinerte Gesetz nach Biot–Savart

Bei gegebener, räumlich verteilter Stromdichte beschreiben die Gln.(5.4–19 bis 23) die Berechnung des Vektorpotentials. Daraus wollen wir die magnetische Feldstärke berechnen. Es ist

$$\vec{H} = \frac{1}{\mu}\,\vec{B} \qquad \text{und} \tag{5.4- 30}$$

$$\vec{B} = rot\,\vec{A}, \tag{5.4- 31}$$

so daß sich die magnetische Feldstärke anschreiben läßt zu:

$$\vec{H} = \frac{1}{\mu}\,rot\,\vec{A} = \frac{1}{\mu}\,rot\,\frac{\mu}{4\pi}\iiint \frac{\vec{J}_q}{|\vec{r}_{qt}|}\,dv_q. \tag{5.4- 32}$$

Bei zulässigem Vertauschen der Integrale mit *rot*, wird:

$$\vec{H} = \frac{1}{\mu}\,\frac{\mu}{4\pi}\iiint rot\,\frac{\vec{J}_q}{|\vec{r}_{qt}|}\,dv_q. \tag{5.4- 33}$$

Zwischenrechnung: Aus Gl.(5.4–33) ist auszuwerten:

$$rot \frac{\vec{J_q}}{|\vec{r}_{qt}|} = \nabla \times \frac{\vec{J_q}}{r_{qt}} \,. \tag{5.4- 34}$$

Bei diesem Rechengang ist wieder darauf zu achten, daß das Vektorpotential in Abhängigkeit von den laufenden Koordinaten (x, y, z) des Punktes P berechnet wird. Die Koordinaten (ξ, ρ, ψ) sind diesbezüglich Festwerte; sie geben den Ort q des stromführenden Leiters an. Die Leitungsstromdichte $\vec{J_q}$ ist daher bei der Anwendung von Nabla in der Gl.(5.4–34) eine Konstante. Nabla wirkt auf den Testpunkt P(x,y,z) mit dem Index t. Daher gilt:

$$\begin{aligned} \nabla \times \frac{\vec{J_q}}{r_{qt}} &= \underbrace{(\nabla \times \vec{J_q})}_{\equiv 0} \frac{1}{r_{qt}} + \left(\nabla \frac{1}{r_{qt}}\right) \times \vec{J_q} \\ &= grad \, \frac{1}{r_{qt}} \times \vec{J_q}. \end{aligned} \tag{5.4- 35}$$

Der Gradient aus $1/r_{qt}$ hat die Richtung des Vektors $-\vec{r}_{qt}$ und somit den Wert $-\vec{r}_{qt}/{r_{qt}}^3$. Somit wird schließlich:

$$rot \, \frac{\vec{J_q}}{r_{qt}} = \frac{-\vec{r}_{qt}}{r_{qt}^3} \times \vec{J_q} = \vec{J_q} \times \frac{\vec{r^0}_{qt}}{{r_{qt}}^2}. \tag{5.4- 36}$$

$\vec{r^0}_{qt}$ ist der Einsvektor $\vec{r^0}_{qt} = \vec{r}_{qt}/|\vec{r}_{qt}|$. Ende der Zwischenrechnung.

Setzt man dieses Ergebnis der Zwischenrechnung in Gl.(5.4–33) ein, so erhält man die **magnetische Feldstärke bei dreidimensionalem Stromfluß** zu:

$$\boxed{\vec{H} = \frac{1}{4\pi} \iiint \frac{\vec{J_q} \times \vec{r^0}_{qt}}{{r_{qt}}^2} \, dv_q \qquad \textbf{Biot–Savart erweitert.}} \tag{5.4- 37}$$

Dies ist das **erweiterte Biot-Savartsche Gesetz** mit v_q als stromführendem Volumen und $\vec{r}_{qt}$ als Vektor vom Volumenelement dv_q zum Testpunkt P(x,y,z), gemäß Bild 5.4.3, das auch hier gilt.

2. Beispiel: Herleitung des Gesetzes nach Biot–Savart für fadenartigen Stromfluß

Die stromführenden Volumenelemente dv_q von fadenförmigen Drähten können durch das Innenprodukt ausgedrückt werden:

$$dv_q = a_q \, d\vec{s}_q. \tag{5.4- 38}$$

Dann ist nach Gl.(5.4–37) für $\vec{J}_q = const_r$:

$$
\begin{aligned}
(\vec{J}_q \times \vec{r^0}_{qt})\, dv_q &= \underbrace{\vec{J}_q\, \vec{a}_q}\; d\vec{s}_q \times \vec{r^0}_{qt} \\
&= I \quad d\vec{s}_q \times \vec{r^0}_{qt}.
\end{aligned}
\qquad (5.4\text{– }39)
$$

Die vertauschte Zusammenfassung der Vektoren in Gl.(5.4–39) ist im allgemeinen verboten, da das Assoziativgesetz beim Skalarprodukt nicht gilt. Hier jedoch ist die Vertauschung zulässig, weil $\vec{J}_q$ und $d\vec{s}_q$ gleichsinnig parallel gerichtet sind. Setzt man das Ergebnis (5.4–39) für den Fall von fadenartigem Stromfluß in Gl.(5.4–37) ein, so erhält man das **Biot-Savartsche Gesetz** in seiner geläufigen Form:

$$
\boxed{\vec{H} = \frac{I}{4\pi} \oint \frac{d\vec{s}_q \times \vec{r^0}_{qt}}{r_{qt}^2} \qquad \textbf{Biot–Savart}} \qquad (5.4\text{– }40)
$$

Zwei Integralzeichen sind weggefallen, das restliche Integral ist deshalb als Umlaufintegral zu nehmen, weil es den ganzen vom Leitungsstrom I durchflossenen fadenförmigen Draht, von dessen Anfang bis zu dessen Ende, erfassen muß; denn grundsätzlich tragen alle stromführenden Linienelemente eines Drahtes zu dessen Magnetfeld bei, wenn auch mit unterschiedlichem Gewicht:

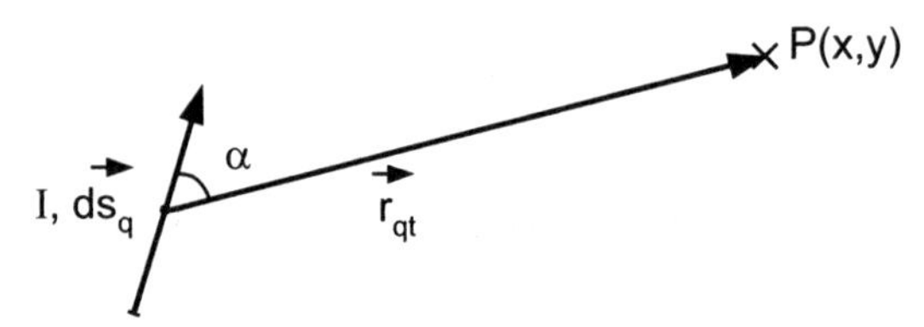

Bild 5.4.5: Beitrag eines **Stromleiterelementes** $d\vec{s}_q$ zur magnetischen Feldstärke in P(x,y)

Beispiel zum Biot-Savartschen Gesetz

Die im Bild 5.4.6 gezeichnete Drahtschleife wird vom Gleichstrom I durchflossen. Die vier Seiten der Schleife seien die Seiten eines in der Ebene liegenden Quadrates. Man berechne die magnetische Feldstärke im Mittelpunkt M dieses Quadrates.

Lösung: Die Stromzuführungen liefern keinen Beitrag zur magnetischen Feldstärke in M, da sie die Richtung einer Diagonalen haben. Das Durchflutungsgesetz ist zur Lösung nicht anwendbar, da die vier stromführenden Linienleiter nicht unendlich (nicht sehr weit!) ausgedehnt sind. Bild 5.4.5 zeigt, daß für ein einziges, fiktives Stromleiterelement eine magnetische Teilfeldstärke berechnet werden kann. Physikalisch wirksam ist selbstverständlich der ganze stromführende Draht. Für den Rechengang ist es jedoch vorteilhaft, besonders bei komplizierteren Drahtgeometrien, mit Stromleiterelementen $d\vec{s}_q$ arbeiten zu können:

$$d\vec{H} = I\,\frac{d\vec{s}_q \times \vec{r^0}_{qt}}{4\pi {r_{qt}}^2}\,. \qquad (5.4\text{-}\ 41)$$

Der Betrag der Teilfeldstärke $d\vec{H}$ ist:

$$dH = \frac{I\ ds_q\ sin\,\alpha}{4\pi {r_{qt}}^2}\,. \qquad (5.4\text{-}\ 42)$$

α ist der Winkel zwischen dem Stromleiterelement $d\vec{s}_q$ und dem Vektor $\vec{r}_{qt}$. Bei unserer Stromschleife nach Bild 5.4.6 haben alle $d\vec{H}$ die Richtung senkrecht zur Zeichenebene, da M in einer Ebene mit der Quadratschleife liegt. Man darf daher die Teilfeldstärken algebraisch addieren.

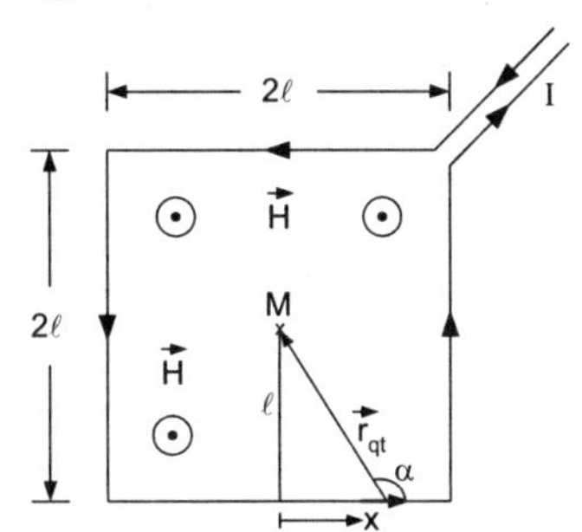

Bild 5.4.6: Quadratische Stromschleife zur Anwendung des Biot-Savartschen Gesetzes

Mit den im Bild 5.4.6 eingezeichneten Hilfslinien gilt für Gl.(5.4–42):

$$ds_q = dx; \qquad {r_{qt}}^2 = \ell^2 + x^2; \qquad sin\,\alpha = \frac{\ell}{r_{qt}} = \frac{\ell}{\sqrt{\ell^2+x^2}}\,; \qquad \text{somit}$$

$$dH = \frac{I}{4\pi}\,\frac{\ell}{\sqrt{\ell^2+x^2}}\,\frac{dx}{\ell^2+x^2}\,. \qquad (5.4\text{-}\ 43)$$

Durch eine Halbseite der Länge ℓ entsteht der Beitrag:

$$H_\ell = \frac{I\ell}{4\pi}\int\limits_0^\ell \frac{dx}{\sqrt{(\ell^2+x^2)^3}}\,. \qquad (5.4\text{-}\ 44)$$

Weil es aber insgesamt acht Halbseiten gibt und sie alle den gleichen Feldstärkebeitrag liefern, ist die magnetische Gesamtfeldstärke in M:

$$H = 8\,\frac{I\ell}{4\pi}\int\limits_0^{\ell}\frac{dx}{\sqrt{(\ell^2+x^2)^3}}\,. \tag{5.4- 45}$$

Einer Integraltabelle entnimmt man:

$$\int\frac{dx}{\sqrt{(\ell^2+x^2)^3}} = \frac{x}{\ell^2\sqrt{x^2+\ell^2}}+c\,. \tag{5.4- 46}$$

Wendet man diesen Integralwert an, so folgt die gesuchte Gesamtfeldstärke zu:

$$H = \frac{2I\ell}{\pi}\left.\frac{x}{\ell^2\sqrt{x^2+\ell^2}}\right|_0^{\ell} = \frac{\sqrt{2}\,I}{\pi\,\ell}\,. \tag{5.4- 47}$$

Die Richtung von $\vec{H}$ folgt entweder aus der rechtswendigen Zuordnung zur Leitungsstromdichte oder aus dem Vektorprodukt: $d\vec{s}\times\vec{r^0}_{qt}$: In M zeigt $\vec{H}$ senkrecht aus der Zeichenebene heraus.

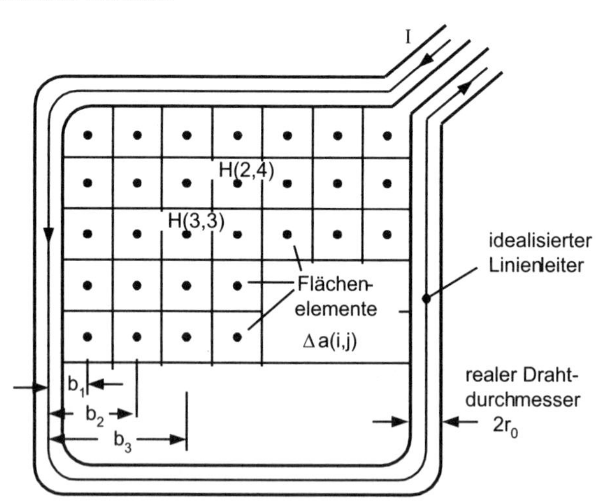

Bild 5.4.7: Schema für die Berechnung der magnetischen Feldstärke in den Flächenelementen einer Drahtschleife

Interessiert die magnetische Feldstärke auch nahe beim stromführenden Leiter und will man z.B. über den Bündelfluß ϕ auch die Induktivität einer solchen Drahtschleife berechnen, so ist dazu die einfache Anordnung nach Bild 5.4.6

nicht geeignet. Denn dort wird idealisiert von einem Linienleiter ausgegangen, dessen Radius $r_0 \to 0$ geht, bei gleichzeitig endlich bleibendem Strom im Linienleiter.

Würden immer kleinere und damit immer zahlreichere Flächenelemente direkt an den Linienleiter in der Drahtachse angrenzen, so ginge die magnetische Feldstärke H darin, im Grenzfall von differentiell kleinen Flächenelementen, gegen unendlich. Denn die Abstände der Flächenelemente zur Drahtachse (Beispiel b_1 im Bild 5.4.7) gingen gegen Null. Daher würde auch der magnetische Bündelfluß ϕ und mit ihm die Induktivität $L = \phi/I$ unendlich werden, was der Realität nicht entspräche.

Bild 5.4.7 zeigt wie vorzugehen ist. Man unterteile die innere Fläche des Rechtecks in gleichgroße Flächenelemente $\Delta a(i,j)$, wobei z.B. i die laufende Zeile und j die laufende Spalte eines Gitternetzes ist. Die äußeren Flächenelemente des Gitternetzes enden bei $r = r_0$ des realen Leiters, reichen also nicht hin bis zu dem in der Drahtachse idealisierten Linienleiter.

Vektorpotential und magnetischer Fluß

Der magnetische Fluß ϕ wird aus seiner Flußdichte über das Flächenintegral berechnet:

$$\phi = \iint \vec{B}\, d\vec{a}. \tag{5.4- 48}$$

Ersetzt man hier $\vec{B}$ durch das Vektorpotential $\vec{A}$

$$\vec{B} = rot\ \vec{A}, \tag{5.4- 49}$$

so gilt:

$$\phi = \iint rot\, \vec{A}\, d\vec{a}. \tag{5.4- 50}$$

Bei Anwendung des Satzes von Stokes geht Gl.(5.4–50) über in:

$$\phi = \oint \vec{A}\, d\vec{s}. \tag{5.4- 51}$$

Der Umlauf $\mathring{s}$ ist die Randkurve, die vom Fluß ϕ durchsetzt wird. Sie spannt diejenigen Flächen a ein, über die in den Gleichungen (5.4–48) und (5.4–50) zu integrieren ist.

5.5 Komplexes Potential und konforme Abbildung

Als Grundlage der hier nur angesprochenen konformen Abbildung [1] dient das **komplexe Potential** ebener Problemstellungen:

$$\boxed{\underline{w}(\underline{z}) = u(x,y) + j\; v(x,y).} \tag{5.5- 1}$$

Die Funktionen $\underline{w}(\underline{z})$ müssen im Sinne der Funktionentheorie differenzierbar sein. Das heißt, $u(x,y)$ und $v(x,y)$ müssen im Punkt $\underline{z}$ stetige partielle Ableitungen haben. Erfüllen diese die **Cauchy–Riemannschen Differentialgleichungen** in einem Punkt $\underline{z}$:

$$\boxed{\frac{\partial u}{\partial x} = \frac{\partial v}{\partial y},} \qquad \boxed{\frac{\partial u}{\partial y} = -\frac{\partial v}{\partial x},} \tag{5.5- 2}$$

dann ist die Funktion $\underline{w} = f(\underline{z})$ im Punkt $\underline{z}$ **holomorph, analytisch** oder **regulär**. Existieren die stetigen, partiellen Ableitungen von $u(x,y)$ und $v(x,y)$ in einem endlichen Bereich, dann ist $\underline{w} = f(\underline{z})$ in diesem ganzen Bereich holomorph, analytisch oder regulär.

In diesem Falle sind die Funktionen $u(x,y)$ und $v(x,y)$ **konjugierte** oder genauer: **orthogonale Potentiale**. Sie lösen zueinander **duale Aufgaben** der Feldberechnung. Dabei genügen sowohl $u(x,y)$ als auch $v(x,y)$ der **Laplaceschen Potentialgleichung**:

$$\Delta u(x,y) \equiv \frac{\partial^2 u}{\partial x^2}+\frac{\partial^2 u}{\partial y^2} = 0, \qquad \Delta v(x,y) \equiv \frac{\partial^2 v}{\partial x^2}+\frac{\partial^2 v}{\partial y^2} = 0. \tag{5.5- 3}$$

Ausführlicher: Wird $u(x,y)$ als Potentialfunktion definiert, wobei $u = const$ Äquipotentialflächen ergibt, dann ist $v(x,y)$ die Feld– oder Stromlinienfunktion, wobei $v = const$ Feld– oder Stromlinien liefert. Bei dem dazu dualen Problem wäre $v(x,y)$ die Potentialfunktion und $u(x,y)$ die Feld– oder Stromlinienfunktion.

Wird nun ein Funktionsverlauf $\underline{w} = f(\underline{z}) = u(x,y)+jv(x,y)$, der den genannten Bedingungen genügt, aus der $\underline{z}$–Ebene in die $\underline{w}$–Ebene abgebildet, so ist dies eine **konforme Abbildung**. Solche konformen Abbildungen sind in regulären

[1]Siehe z.B. Strassacker/Strassacker: Analytische und numerische Methoden der Feldberechnung

Bereichen **im kleinen ähnlich und winkeltreu**. Sie können zur Lösung allerdings nur ebener (zylindrischer) Feldprobleme des statischen, des streng stationären und des quasistationären Strömungsfeldes im ansonsten ladungsfreien Raum angewandt werden.

Der Vorteil der konformen Abbildung besteht darin, krumme Ränder mit inhomogenen Feldern einer $\underline{z}$–Ebene in gerade Ränder und daher leicht berechenbare homogene Felder einer $\underline{w}$–Ebene abzubilden. Die Schwierigkeit dabei ist das Finden der nicht methodisch ermittelbaren Abbildungsfunktion. Als Hilfe dafür bieten sich Kataloge bekannter, weil schon berechneter Abbildungsfunktionen an. Diese existieren aber nur in begrenztem Umfang.

Beispiel zur konformen Abbildung

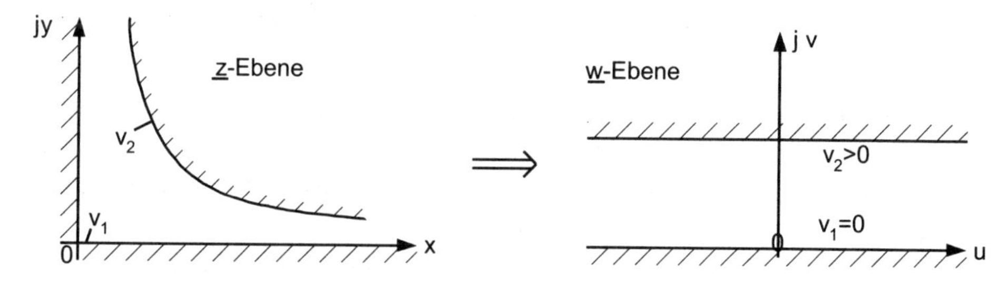

Bild 5.5.1: Konforme Abbildung

Bild 5.5.1 links zeigt eine hyperbelartige Elektrode in einer Ecke. Beide gestrichelt markierten Elektroden seien aus Metall und in der z–Richtung sehr weit ausgedehnt, so daß ein ebenes Problem vorliegt. Die Elektroden sollen die Potentiale $v_2 = U$ und $v_1 = 0\,V$ haben. Die Aufgabe besteht darin, die elektrische Feldstärke zwischen beiden Elektroden zu berechnen.

Mittels der nicht methodisch ermittelbaren **Abbildungsfunktion**, hier $\underline{w}(x,y) = \underline{z}^2 = (x+jy)^2$, kann die Elektrodenkontur der $\underline{z}$–Ebene auf die planparallelen Platten der $\underline{w}$–Ebene abgebildet werden: Siehe Bild 5.5.1, rechts. In der $\underline{w} = u + jv$ –Ebene legen wir die Platten als Äquipotentialflächen in Ebenen $v_1 = 0$ und $v_2 > 0$. Das Potential ändert sich daher mit v, so daß $v(x,y)$ Potentialfunktion und $u(x,y)$ Feldlinienfunktion ist.

Die elektrische Feldstärke kann nun mittels $\vec{E} \hat{=} -\, grad\, v(x,y)$ (siehe Literaturangabe) oder mit $\underline{E}^* \hat{=} j\, d\underline{w}/d\underline{z}$ berechnet werden. Geht man von der hier gegebenen Abbildungsfunktion $\underline{w} = \underline{z}^2$ aus, so erhält man die konjugiert komplexe Feldstärke:

$$\underline{E}^* \hat{=} j\frac{d\underline{w}}{d\underline{z}} = j\,2\,\underline{z} = j\,2\,(x+jy). \qquad (5.5\text{– }4)$$

Das Entsprichtzeichen verschwindet, wenn noch mit einem **Eichfaktor** der $\underline{w}$–Ebene F_w multipliziert wird. Dieser ist in diesem Beispiel

$$F_w = \frac{U}{v_2 - v_1} = \frac{U}{v_2}. \tag{5.5- 5}$$

Der Eichfaktor ist erforderlich, da die Mathematik nicht weiß, welche Potentialdifferenz U an die beiden Elektroden angelegt worden war. Damit erhalten wir den Betrag der elektrischen Feldstärke zu:

$$|\underline{E}| = 2\,\sqrt{x^2 + y^2}\,F_w = 2\,\sqrt{x^2 + y^2}\,\frac{U}{v_2}\,. \tag{5.5- 6}$$

5.6 Der Abbildungssatz von Schwarz-Christoffel

Es gibt eine Reihe konformer Abbildungsfunktionen, einige davon seien beispielhaft hier genannt: Potenzabbildungen $\underline{z} = \underline{w}^r$, Exponentialabbildungen $\underline{z} = e^{\underline{w}}$, trigonometrische Abbildungen $\underline{z} = a\sin(\underline{w})$, Simultanabbildungen wie $\underline{z} = k(e^{\underline{w}} + 1)$ oder auch die Abbildungen zur Berechnung der Felder einer Paralleldrahtleitung $\underline{z} = a(e^{\underline{w}} + 1)^{1/2}$ und einer Vierer-Hochspannungsleitung $\underline{z} = a(e^{\underline{w}} + 1)^{1/4}$.

Der Anwender, der tatsächliche konforme Abbildungen zu berechnen hat, verschaffe sich am besten zuvor einen Katalog vorhandener Abbildungen, um zu sehen, was bereits vorliegt und was er davon gebrauchen kann. Um einfacher rechnen zu können, sollten die Konturen der zu berechnenden Geometrie möglichst in die Achsen des komplexen Koordinatensystems gelegt werden.

Bestehen die Ränder eines ebenen Feldproblems jedoch aus Geradenstücken mit nur wenigen Winkeln, so kann die Methode der **konformen Abbildung nach Schwarz–Christoffel** angewandt werden. Dabei wird die Abbildungsfunktion methodisch ermittelt. Das Verfahren ist interessant, führt aber sehr rasch zu mathematischen Schwierigkeiten mit elliptischen oder hyperelliptischen Integralen. Man hat in solchen Fällen abzuschätzen, ob es nicht sinnvoller ist, ein numerisches Verfahren der Feldberechnung anzuwenden.

5.6.1 Herleitung des Abbildungssatzes

Zur Herleitung dieses Abbildungssatzes beginnen wir mit den Potenzabbildungen, da diese zum Schwarz-Christoffelschen Abbildungsintegral führen.

Die Abbildungsfunktion

$$\underline{z} = \underline{w}^{\frac{3}{2}} \tag{5.6- 1}$$

hat für differentielle Stücke die Form

$$d\underline{z} = \frac{3}{2}\underline{w}^{\frac{1}{2}}d\underline{w}. \tag{5.6- 2}$$

Die Verschiebung $d\underline{w}$ in der $\underline{w}$-Ebene hat die Verschiebung $d\underline{z}$ in der $\underline{z}$-Ebene zur Folge.

Aus der komplexen Abbildungsfunktion nach Gl.(5.6- 2) leiten sich die Betragsbedingung

$$|d\underline{z}| = \frac{3}{2}|\underline{w}^{\frac{1}{2}}| \cdot |d\underline{w}| \tag{5.6- 3}$$

und die Winkelbeziehung

$$arc\ d\underline{z} = \frac{1}{2}arc\ \underline{w} + arc\ d\underline{w} \tag{5.6- 4}$$

her. Da die obere Hälfte der $\underline{w}$-Ebene auf die $\underline{z}$-Ebene abgebildet werden soll, ist zuerst die Abbildung der reellen u-Achse (v=0) von $-\infty$ nach $+\infty$ auf einen Polygonzug in der $\underline{z}$-Ebene zu untersuchen. Dieses Vorgehen enthält Bild 5.6.1.

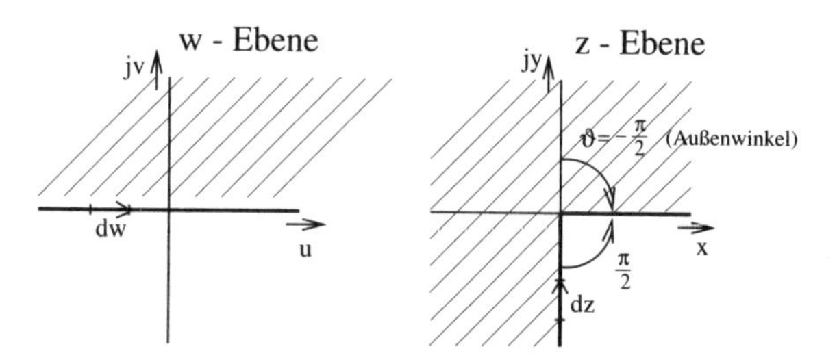

Bild 5.6.1: Abbildung der oberen $\underline{w}$-Ebene auf einen Teil der $\underline{z}$-Ebene durch die Abbildungsfunktion $\underline{z} = \underline{w}^{\frac{3}{2}}$

Wir betrachten das infinitesimale Stück $d\underline{w}$ auf der reellen $\underline{u}$-Achse, welches diese von $-\infty$ nach $+\infty$ durchläuft. Für den Winkel von $d\underline{w}$ gilt $arc\ d\underline{w} = 0$. In dieser Abbildungsfunktion nach Gl.(5.6- 2) geht neben der Verschiebung von dw auch der Ort $\underline{w}$ ein, an dem sich $d\underline{w}$ befindet. Auf der positiven Halbachse gilt für jedes $arc\ \underline{w} = 0$ und auf der negativen $\underline{u}$-Halbachse ist für jedes $\underline{w}$ der Winkel $arc\ \underline{w} = \pi$. Das Stück $d\underline{w}$ wird außerdem nach Gl.(5.6- 3) gestreckt in

$d\underline{z}$. Für die Winkelbeziehung erhalten wir mit Gl.(5.6– 4)

$$\begin{aligned} u > 0: \quad & arc\ d\underline{z} = \frac{1}{2} arc\ \underline{w} = 0 \\ u < 0: \quad & arc\ d\underline{z} = \frac{1}{2} arc\ \underline{w} = \frac{\pi}{2}\,. \end{aligned} \tag{5.6– 5}$$

Demzufolge wird die negative u-Achse bei der Abbildung in die $\underline{z}$-Ebene um $\pi/2$ bzw. $90°$ gedreht, während die positive u-Achse in die positive x-Achse übergeht. Die Abbildungsfunktion nach Gl.(5.6– 2) bildet somit die obere $\underline{w}$-Halbebene in den schraffierten Teil der $\underline{z}$-Ebene ab. Die Knickstelle befindet sich in der $\underline{z}$-Ebene im Koordinatenursprung und in der $\underline{w}$-Ebene da, wo die negative u-Halbebene in die positive u-Halbebene (was in der $\underline{w}$-Ebene in diesem Fall auch dem Koordinatenursprung entspricht) übergeht.

Wir verallgemeinern diese speziellen Ergebnisse durch die neue Abbildungsfunktion

$$\underline{z} = \frac{\underline{w}^{\mu+1}}{\mu+1}, \qquad d\underline{z} = \underline{w}^{\mu} dz, \qquad arc\, d\underline{z} = \mu\, arc\, \underline{w} + arc\, d\underline{w}\,. \tag{5.6– 6}$$

Für verschiedene charakteristische μ zeigt das Bild 5.6.2 auf welches Gebiet der $\underline{z}$-Ebene die obere $\underline{w}$-Halbebene abgebildet wird.

Die Knickstellen des Polygonzuges befinden sich an der Stelle, an der $|f(\underline{w})| = 0$ ist.

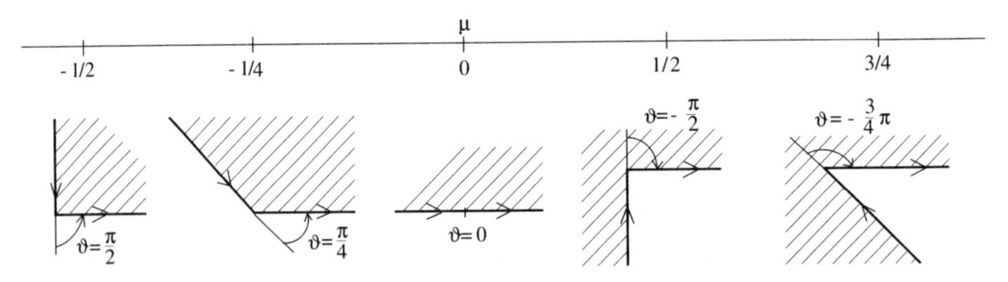

Bild 5.6.2: Abbildung der oberen $\underline{w}$-Ebene auf Gebiete der $\underline{z}$-Ebene für verschiedene μ; ϑ ist der Außenwinkel an der Knickstelle, den man beim Durchlaufen der Knickstellen im Sinne wachsender u-Werte erhält

Durch eine reelle Zahl u_1 erreicht man in der $\underline{w}$-Ebene eine Verschiebung aus dem Koordinatenursprung:

$$d\underline{z} = (\underline{w} - u_1)^{\mu}\, d\underline{w}. \tag{5.6– 7}$$

Dann liegt die Knickstelle in der $\underline{z}$-Ebene an der Stelle u_1 auf der u-Achse. Um den Polygonzug in der $\underline{z}$-Ebene beliebig verdrehen, strecken und zusätzlich alles parallel verschieben zu können, geht man zur Abbildungsfunktion

$$d\underline{z} = \underline{A}(\underline{w} - u_1)^{\mu}\, d\underline{w} \tag{5.6- 8}$$

über. Die komplexe Zahl $\underline{A}$ verdreht und streckt $d\underline{z}$ um A, wie man nach der Aufspaltung in Betrag und Winkel sieht, weil die Beziehungen

$$\begin{aligned} |d\underline{z}| &= |\underline{A}| \cdot |(\underline{w} - u_1)^{\mu}| \cdot |d\underline{w}| \\ arc\ d\underline{z} &= arc\ \underline{A} + \mu\ arc\ (\underline{w} - u_1) + arc\ d\underline{w} \end{aligned} \tag{5.6- 9}$$

gelten. Die Integration von Gl.(5.6- 8) liefert schließlich

$$\underline{z} = \underline{A}\frac{(\underline{w} - u_1)^{\mu+1}}{\mu + 1} + \underline{B} \tag{5.6- 10}$$

Die komlexe Zahl $\underline{B}$ verschiebt die gesamte Abbildung in der $\underline{z}$-Ebene parallel. Die Vorgänge an einer Knickstelle in der $\underline{z}$-Ebene veranschaulicht das Bild 5.6.3.

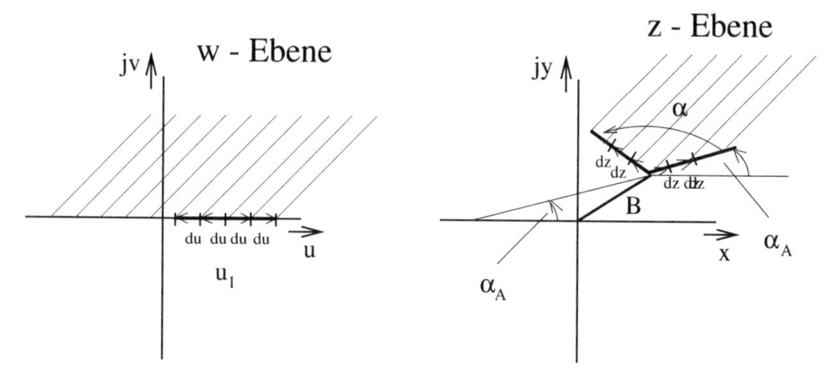

Bild 5.6.3: Drehstreckung und Parallelverschiebung durch die Abbildungsfunktion nach Gl.(5.6- 10)

Es gibt drei unterschiedliche Fälle der Transformation in dieser Abbildung, wenn wir uns in der $\underline{w}$-Ebene auf der reellen Achse befinden.

1. $\underline{w} = u_1$; $d\underline{z} = 0$; $\underline{z} = \underline{B}$
   Die Knickstelle befindet sich in der $\underline{z}$-Ebene im durch die Wahl der komplexen Zahl $\underline{B}$ entsprechenden Punkt. Der Punkt $\underline{B}$ korrespondiert in der $\underline{w}$-Ebene mit dem Punkt $(u_1, 0)$.

2. $\underline{w} = u$; $u > u_1$; $u - u_1 > 0$, d.h., wir befinden uns rechts von u_1.
   Damit gelten gemäß der Gl.(5.6– 9):

$$\begin{aligned} |d\underline{z}| &= |\underline{A}| \cdot |u - u_1|^{\mu} \cdot |du| \\ arc\ d\underline{z} &= arc\ \underline{A} + \mu\, arc\ (u - u_1) + arc\ du \end{aligned} \tag{5.6– 11}$$

   oder für die Argumente $arc(u - u_1) = 0, arc\, du = 0$ eingesetzt folgt

$$arc\, d\underline{z} = arc\, \underline{A}\ , \tag{5.6– 12}$$

   so daß eine Drehung von $d\underline{z}$ in der $\underline{z}$-Ebene um den Winkel α_A gegenüber von du in der $\underline{w}$-Ebene vorliegt.

3. $\underline{w} = u$; $u < u_1$; $d\underline{w} = -du$ (wir befinden uns links von u_1)

   Dann gilt

$$d\underline{z} = \underline{A}(u - u_1)^{\mu}(-du) = |\underline{A}|e^{j\alpha_A}(-1)^{\mu}(u_1 - u)^{\mu}(-1)du \tag{5.6– 13}$$

   und für die Winkel erhält man (-1 bedeutet eine Drehung um $+\pi$, $arc(u_1 - u) = 0$)

$$\alpha_{dz} = \alpha_A + \mu\pi + \pi = \alpha_A + \alpha = const. \tag{5.6– 14}$$

   mit $\alpha = \pi(\mu + 1)$. α ist der Innenwinkel, um den, ausgehend von α_A, gedreht wird.

Gefordert war die Abbildung der oberen Halbebene auf ein durch einen Polygonzug begrenztes Gebiet der $\underline{z}$-Ebene. Dazu sind n Knickstellen erforderlich, die der Größe nach mit den kleineren Werten beginnen und den Werten $u_1 < u_2 < ... < u_\gamma < ... < u_n$ entsprechen. Damit ist unsere Abbildungsfunktion nach Gl.(5.6– 8) auf

$$d\underline{z} = \underline{A}(\underline{w} - u_1)^{\mu_1}(\underline{w} - u_2)^{\mu_2}...(\underline{w} - u_n)^{\mu_n} d\underline{w} \tag{5.6– 15}$$

zu erweitern oder integriert geschrieben

$$\underline{z} = \underline{A}\int(\underline{w} - u_1)^{\mu_1}(\underline{w} - u_2)^{\mu_2}...(\underline{w} - u_n)^{\mu_n} dw + \underline{B}, \tag{5.6– 16}$$

wobei für die Innenwinkel die Beziehungen

$$\alpha_\gamma = \pi(\mu_\gamma + 1) \quad , \quad \gamma = 1, ..., n \tag{5.6– 17}$$

Gültigkeit haben. Allgemein ist die Summe von Außen- und Innenwinkel an jeder Knickstelle gleich π, so daß für die Außenwinkel (siehe Bild 5.6.4)

$$\alpha_{\gamma_{außen}} = \pi - \alpha_\gamma = \pi - \pi(\mu_\gamma + 1) = -\mu_\gamma \pi \,. \tag{5.6- 18}$$

gelten.

Zusammenfassend lautet der **Satz von Schwarz-Christoffel**:

Satz 5.6.1: Es sei auf der reellen Achse der $\underline{w}$-Ebene die Folge der n reellen Zahlen $u_1 < u_2 < ... < u_\gamma ... < u_n$
gegeben. Dann bildet die Funktion

$$\underline{z} = \underline{A} \int_c^w (\underline{w} - u_1)^{\mu_1} (\underline{w} - u_2)^{\mu_2} ... (\underline{w} - u_\gamma)^{\mu_\gamma} ... (\underline{w} - u_n)^{\mu_n} d\underline{w} + \underline{B} \tag{5.6- 19}$$

den oberen Teil der $\underline{w}$-Ebene auf ein durch Polygone begrenztes Gebiet der $\underline{z}$-Ebene ab, wobei dieses Gebiet den Punkt $z = \infty$ als Innenpunkt nicht enthält. $\underline{A}$ und $\underline{B}$ sind wählbare komplexe Konstanten, die $\mu_1, \mu_2, ..., \mu_n$ einstweilen keinen Einschränkungen unterliegende reelle Zahlen. Aus den Punkten $u_1, u_2, ..., u_n$ auf der reellen u-Achse und gegebenfalls $w = \infty$ ergeben sich die Eckpunkte $z_1, z_2, ..., z_n$ des Polygonzuges. Zu jedem Eckpunkt gehört ein Außenwinkel $\alpha_{\gamma_{Außen}} = -\mu_\gamma \pi$.

Für die μ_γ besteht noch eine Nebenbedingung. Denn aus der Geometrie folgt stets (=Kontrolle) für die Summe der Außenwinkel eines geschlossenen Polygonzuges 2π oder 360°: Dadurch gilt für ihre Summe:

$$\sum_{\gamma=1}^{n} (-\mu_\gamma \pi) = -\sum_{\gamma=1}^{n} \mu_\gamma \pi = 2\pi \,, \tag{5.6- 20}$$

was auf

$$\sum_{\gamma=1}^{n} \mu_\gamma = -2 \tag{5.6- 21}$$

führt.
Zur Berechnung elektrotechnischer Anwendungen können die μ_γ auch durch die Innenwinkel α_γ ausgedrückt werden. Wegen der Gültigkeit von Gl.(5.6- 18) geht aus

$$-\mu_\gamma \pi + \alpha_\gamma = \pi \tag{5.6- 22}$$

für die μ_γ der Ausdruck

$$\mu_\gamma = \frac{\alpha_\gamma}{\pi} - 1 \tag{5.6- 23}$$

hervor. Dies ist ein einfacher Zusammenhang zwischen den μ_γ und den Innenwinkeln an jeder Knickstelle des Polygonzuges. Die Gl.(5.6- 19) nimmt damit die Form

$$\underline{z} = \underline{A} \int_c^w (\underline{w}-u_1)^{\frac{\alpha_1}{\pi}-1}(\underline{w}-u_2)^{\frac{\alpha_2}{\pi}-1}...(\underline{w}-u_\gamma)^{\frac{\alpha_\gamma}{\pi}-1}...(\underline{w}-u_n)^{\frac{\alpha_n}{\pi}-1}d\underline{w}+\underline{B} \tag{5.6- 24}$$

an.

Von besonderer Bedeutung bei der Transformation von der $\underline{w}$- in die $\underline{z}$-Ebene erweist sich der unendlich ferne Punkt. Er geht von einer Ebene in die andere Ebene über, ohne einen Beitrag zum Integral in Gl.(5.6- 24) zu liefern. Der Eckpunkt im Unendlichen besitzt den Außenwinkel

$$\alpha_{\infty_{außen}} = 2\pi + \sum_{\gamma=1}^{n} \mu_\gamma \pi \ . \tag{5.6- 25}$$

Denn der Polygonzug beginnt im Unendlichen, führt über die Geradenstücke nebst den Knickstellen und endet wieder im Unendlichen. Die Drehung des Linienelementes dz_2 in dieselbe Richtung wie die von dz_1 erfordert 360° oder 2π. Ist im Sonderfall das Polygon in der $\underline{z}$-Ebene geschlossen, dann gilt Gl.(5.6- 21) und aus Gl.(5.6- 25) errechnet sich $\alpha_{\infty_{außen}} = 0$. D.h., für den unendlich fernen Punkt "bleibt kein Winkel" übrig.

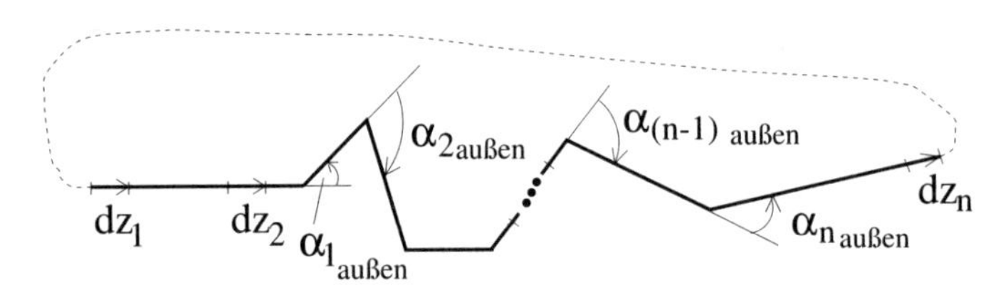

Bild 5.6.4: Darstellung zum Außenwinkel des unendlich fernen Punktes in der $\underline{z}$-Ebene

Bevor wir zur Berechnung von Anwendungen kommen sind noch Aussagen über die Anzahl der Konstanten zu treffen, denn ihre Bestimmung dient zur Anpassung an die vorhandenen Randbedingungen. Die Anzahl der Konstanten in der $\underline{w}$-Ebene entnimmt man der Gl.(5.6- 19):

n Konstanten wegen der μ_γ mit $\gamma = 1, ..., n$.

n Konstanten infolge der zu wählenden u_γ $(\gamma = 1, ..., n)$

2 Konstanten in der komplexen Zahl A

2 Konstanten in der komplexen Zahl B

Abzüglich einer Konstante infolge der Nebenbedingungen Gl.(5.6– 21).

In der Summe sind in der $\underline{w}$-Ebene $2n + 3$ Konstanten aus der Geometrie und den elektrotechnischen Sachverhalten festzulegen.

In der $\underline{z}$-Ebene ergeben sich für einen Polygonzug mit n Knickstellen $2n$ Konstanten (n komplexe Zahlen mit je zwei Konstanten). Subtrahiert man die Anzahl der Konstanten in der $\underline{z}$-Ebene von der Anzahl derer in der $\underline{w}$-Ebene bleiben 3 Konstanten frei wählbar. Bei der Abbildung der oberen $\underline{w}$-Halbebene auf ein polygonales Gebiet der $\underline{z}$-Ebene stehen folglich 3 wählbare Konstanten zur Anpassung an die vorhandenen Randbedingungen zur Verfügung.

Anmerkungen:
Da die den Polygoneckpunkten der $\underline{z}$-Ebene entsprechenden Punkte in der $\underline{w}$-Ebene Unstetigkeitsstellen in der Abbildungsfunktion darstellen, muß die Integration diese ausschließen. Man integriert auf Grund der Gesetze der Funktionentheorie um die Punkte $P_\gamma(u_\gamma, 0)$ herum.

Aus mathematischen Gründen erweist es sich nicht immer vorteilhaft, das gegebene Gebiet der $\underline{z}$-Ebene sofort als konformes Abbild eines Parallelstreifens des unbegrenzten Plattenkondensators auszudrücken. Deshalb kann man in einem ersten Schritt das gegebene Gebiet mit Hilfe der Schwarz-Christoffelschen Abbildungsfunktion (-integral) auf die obere w-Halbebene abbilden. Liegt eine Abbildung des Plattenkondensators auf diese Halbebene vor, dann hat man auch eine konforme Abbildung des Plattenkondensators auf das Gebiet, in dem sich das zu berechnende elektrostatische Feld ausbildet, bestimmt. Dieses Vorgehen beinhaltet die Ausführung mehrerer Transformationen, um zur gesuchten konformen Abbildungsfunktion zu gelangen.

5.6.2 Berechnung von konformen Abbildungsfunktionen für elektrostatische Anordungen

Zur Demonstration des Vorgehens bei dieser Methode sollen im folgenden mehrere Anwendungen berechnet werden.

Beispiel 1: Die Aufgabe besteht in der Bestimmung der Abbildungsfunktion, welche die obere $\underline{w}$-Halbebene konform auf ein rechtwinkliges Gebiet der $\underline{z}$-Ebene abbildet.

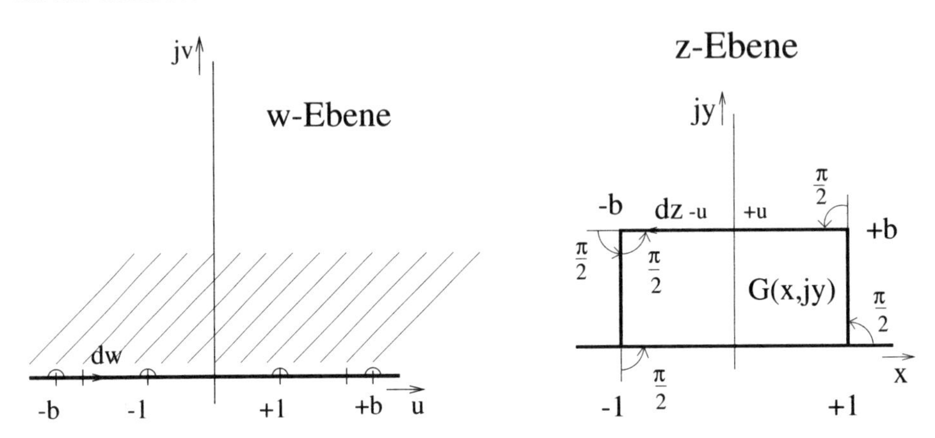

Bild 5.6.5: Konfiguration zur konformen Abbildung von der $\underline{w}$-Ebene in die $\underline{z}$-Ebene einschließlich der Zuordnung der Bildpunkte

Dem Bild 5.6.5 ist zu entnehmen, welcher Punkt der reellen Achse der $\underline{w}$-Ebene solchen auf dem Rand des Gebietes $G(x, jy)$ zugeordnet sind. Diese Zuordnung ist ganz beliebig. Durchläuft man nämlich das Gebiet der $\underline{z}$-Ebene fortlaufend im mathematisch positiven Sinn, so hat man entsprechend die u-Achse der $\underline{w}$-Ebene fortlaufend z.B. im wachsenden Sinn zu durchlaufen. Ansonsten ergben sich Konfigurationen, die keine brauchbaren Abbildungen sind. Es können Konturen, die in der Aufgabe galvanisch voneinander getrennt sind, nachher miteinander verbunden sein. Die Innenwinkel $\alpha_\gamma, \gamma = 1, ..., 4$ sind in diesem speziellen Fall gleich $\alpha_\gamma = \frac{\pi}{2}$, so daß aus Gl.(5.6– 23) für die μ_γ

$$\mu_\gamma = \frac{\alpha_\gamma}{\pi} - 1 = -\frac{1}{2} \quad , \quad \gamma = 1, 2, 3, 4 \tag{5.6– 26}$$

oder

$$-\mu_\gamma \pi = \frac{\pi}{2} \tag{5.6– 27}$$

folgt, und die Summe der μ_γ gleich

$$\sum_{\gamma=1}^{4} \mu_\gamma = -2 \tag{5.6– 28}$$

ist. D.h., der Winkel $\alpha_{\infty_{außen}} = 0$. Die Abbildungsfunktion nach Gl.(5.6– 19) bzw. Gl.(5.6– 24) ist mit vier Summanden anzusetzen, was auf das Integral

$$\underline{z} = \underline{A} \int (\underline{w} - u_1)^{\mu_1} (\underline{w} - u_2)^{\mu_2} (\underline{w} - u_3)^{\mu_3} (\underline{w} - u_4)^{\mu_4} d\underline{w} + \underline{B} \qquad (5.6\text{– }29)$$

und nach Einsetzen der Werte für die μ_γ unter Beachtung der Zuordnung der Knickstellen zu den Punkten in der $\underline{w}$-Ebene auf

$$\underline{z} = \underline{A} \int (\underline{w} + b)^{-\frac{1}{2}} (\underline{w} + 1)^{-\frac{1}{2}} (\underline{w} - 1)^{-\frac{1}{2}} (\underline{w} - b)^{-\frac{1}{2}} d\underline{w} + \underline{B} \qquad (5.6\text{– }30)$$

führt. Dieses Abbildungsintegral schreiben wir in den Ausdruck

$$\underline{z} = \underline{A} \int \frac{d\underline{w}}{\sqrt{(\underline{w}^2 - b^2)(\underline{w}^2 - 1)}} + \underline{B} = \frac{\underline{A}}{b} \int \frac{d\underline{w}}{\sqrt{(1 - \underline{w}^2)(1 - \frac{\underline{w}^2}{b^2})}} + \underline{B} \qquad (5.6\text{– }31)$$

um. Es ist bei nur vier Außenwinkel schon ein elliptisches Integral 1. Gattung. Weil dieses nicht geschlossen integriert werden kann, liegt es nur tabelliert vor.

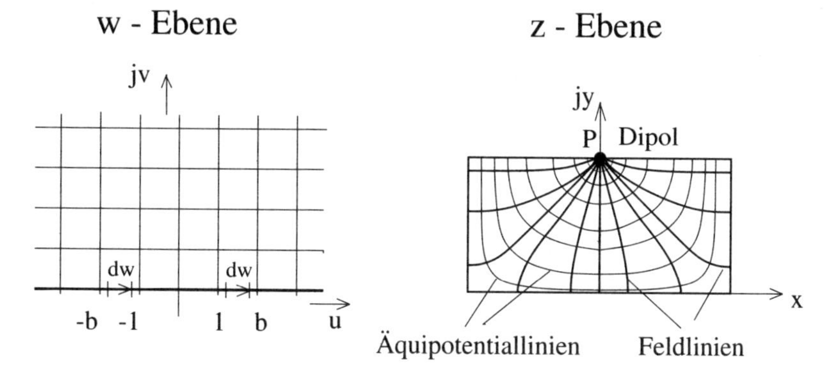

Bild 5.6.7: Abbildung des Plattenkondensators in der $\underline{w}$-Ebene auf das Feld des Dipols in der $\underline{z}$-Ebene

Nun soll dargelegt werden, welches elektrostatisches Probleme durch diese Abbildungsfunktion beschrieben wird. Bild 5.6.7 zeigt in der $\underline{w}$-Ebene für $u = const.$ (Linien der elektrischen Feldstärke) und $v = const.$ (Aquipotentiallinien) das Feldbild der im unendlich fernen Punkt befindlichen elektrischen Ladung.

Der unendlich ferne Punkt ist aus Gründen der Symmetrie in den Schnittpunkt der oberen Kante mit der y-Achse transformiert (Bild 5.6.5). Die Linien $u = const.$ und $v = const.$ gehen in der $\underline{w}$-Ebene durch den unendlich fernen Punkt und demzufolge in der Bildebene ($\underline{z}$-Ebene) durch den Bildpunkt des unendlich fernen Punktes. Dieses Feldbild kennen wir. Im Feld des Dipols (Punkt-, Linien- oder Flachdipol) treffen auch alle Feld- und Äquipotentiallinien in einem Punkt zusammen. D.h. unendlich nahe dem Punkte P befindet sich eine das Dipolfeld erzeugende Linienladung.

Zusammenfassung:

Der **Abbildungssatz von Schwarz-Christoffel** zeigt, wie vom Rand eines Gebietes auf den Feldverlauf in seinem Inneren analytisch geschlossen werden kann. Wegen der meist gebrochen auftretenden Exponenten μ_γ läßt sich die Integration im Schwarz-Christoffelschen Abbildungssatzes aber nur in wenigen Fällen geschlossen ausführen, was die mit ihm behandelbaren elektrotechnischen Anwendungen erheblich einschränkt.

Beispiel 2: Für die Elektrodenanordnung in Bild 5.6.8 ist die Abbildungsfunktion zu berechnen. Dort befindet sich eine im Winkel von 90° abgekantete Elektrode mit dem Potential φ_1 gegenüber einer ebenen Platte mit dem Bezugspotential φ_0 im Abstand d. Zur Lösung dieser Aufgabe genügt es, einen ebenen Schnitt senkrecht durch beide Elektroden zu betrachten, so daß wir von der $\underline{z}$-Ebene in Bild 5.6.9 ausgehen können.

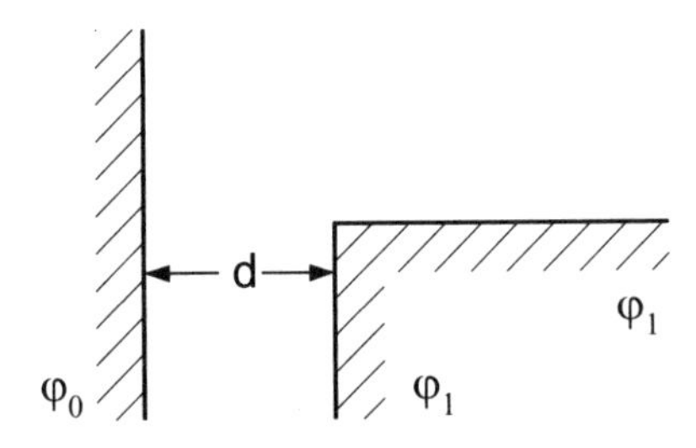

Bild 5.6.8: Elektrodenanordnung bestehend aus einer rechtwinklig abgekanteten Elektrode gegenüber einer ebenen Metallplatte im Abstand d

Das Gebiet zwischen den Elektroden der $\underline{z}$-Ebene wird auf die obere Halbebene der $\underline{w}$-Ebene abgebildet. Zuerst ist der Rand des zu betrachtenden Gebiets in der $\underline{z}$-Ebene als Polygonzug darzustellen. Wir durchlaufen dazu den Rand in geordneter Reihenfolge von A_1 ausgehend über B und C nach A_2 und ordnen diesen Punkten in derselben Reihenfolge die Bildpunkte A_1', B', C' und A_2' in der $\underline{w}$-Ebene zu. Die linke Elektrode wird durch die Wahl des Punktes B' im Koordinatenursprung der $\underline{w}$-Ebene auf die negativ reelle u-Achse und der unendlich fernen Punkt B der $\underline{z}$-Ebene in den Koordinatenursprung $u = 0$, $v = 0$ abgebildet. Die rechte Elektrode geht dann in die positive reelle u-Achse über.

Im Koordinatenursprung denken wir uns eine unendlich dünne Isolierschicht von hoher Durchschlags- und Überschlagsfestigkeit.

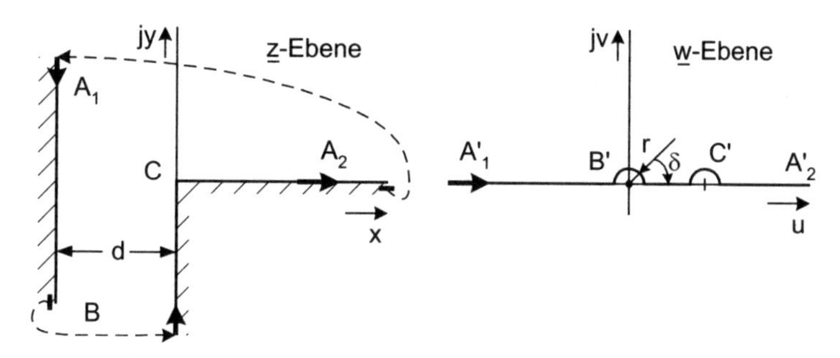

Bild 5.6.9: Wahl der Abbildungspunkte in der $\underline{z}$- und in der $\underline{w}$-Ebene

Zur Bestimmung der Außenwinkel und der Exponenten in der Abbildungsfunktion nach Gl.(5.6– 24) geht man von A über B nach C. Der Außenwinkel von A_2 nach A_1 beträgt nach der Darstellung in Bild 5.6.9 (gestrichelte Linie) 270° oder $3/2{\cdot}\pi$. Dann berechnet sich nach Gl.(5.6– 18) der Exponent $\mu_A = -3/2$. Der zu B gehörende Außenwinkel ist 180° oder π und der entsprechende Exponent $\mu_B = -1$. Für den Punkt C ergibt sich der Außenwinkel $\alpha_{C\text{außen}} = -90°$ oder $-\pi/2$, womit $\mu_C = +1/2$ folgt. Die Tabelle 5.6.1 gibt die Zuordnungen wieder.

Punkt	**A**	**B**	**C**
Bildpunkt	$\pm\infty$	$x_{B'} = 0,\ y = 0$	$x_{C'} = 1,\ y = 0$
Außenwinkel $\alpha_{\gamma\text{außen}}$	$+\frac{3}{2}\pi$	π	$-\frac{\pi}{2}$
Exponent μ_γ	$-\frac{3}{2}$	-1	$+\frac{1}{2}$

Tabelle 5.6.1: Zuordnung der Original- zu den Bildpunkten einschließlich der Außenwinkel und Exponenten μ_γ

Addiert man zur Kontrolle die Außenwinkel, dann ist ihre Summe 360° oder 2π. Dieses Ergebnis stimmt mit dem gemäß Gl.(5.6– 20) überein. Die Summe der Exponenten μ_γ ist -2. Damit bestätigt sich auch die Bedingung nach Gl.(5.6– 21).

Die Werte aus Tabelle 5.6.1 setzen wir in die Gl.(5.6– 19) ein und beachten, daß der unendlich ferne Punkt A nicht in die Abbildungsfunktion eingeht (die komplexen Konstanten in der Gl.5.6– 19 bezeichnen wir zur Vermeidung von Verwechslungen mit $\underline{D}$ und $\underline{F}$). Wir erhalten:

$$\underline{z} = \underline{D} \int_{0}^{\underline{w}} (\underline{w}-0)^{-1}(\underline{w}-1)^{-\frac{1}{2}} d\underline{w} + \underline{F} \tag{5.6– 32}$$

oder

$$\frac{\underline{z}}{\underline{w}} = \frac{\underline{D}(\underline{w}-1)^{-\frac{1}{2}}}{\underline{w}}. \tag{5.6– 33}$$

Die Konstante $\underline{D}$ gewinnt man aus dem Eckpunkt B der $\underline{z}$-Ebene, der in der $\underline{w}$-Ebene dem Nullpunkt (B') $\underline{w} = 0$ entspricht. Als singulärer Punkt ist er durch einen sehr kleinen Halbkreis mit dem konstanten Radius $r = |w|$ zu umgehen. In der komplexen Rechnung gilt der Zusammenhang

$$\underline{w} = r\, e^{j\delta}. \tag{5.6– 34}$$

Für diesen kleinen Kreis läuft δ von π bis 0 (siehe Pfeilrichtung für δ in Bild 5.6.9 rechts). Damit gelten

$$d\underline{w} = jr\, e^{j\delta} d\delta = j\underline{w}\, d\delta \tag{5.6– 35}$$

und

$$\sqrt{\underline{w}-1} = j. \tag{5.6– 36}$$

Damit setzen wir in die Gl.(5.6– 33) ein und gelangen zum Ausdruck

$$d\underline{z} = j\underline{D}\frac{d\underline{w}}{\underline{w}} = -\underline{D}\, d\delta. \tag{5.6– 37}$$

Dem Halbkreisintegral um den Punkt B' in der $\underline{w}$-Ebene entspricht ein reguläres Gebiet in der $\underline{z}$-Ebene mit der Breite d parallel zur imaginären y-Achse (Bild 5.6.9). Damit wird

$$\int_{0}^{b} d\underline{z} = b = -\underline{D} \int_{\pi}^{0} d\delta = \underline{D}\pi \tag{5.6– 38}$$

oder

$$\underline{D} = D = \frac{b}{\pi}. \tag{5.6– 39}$$

Das Integral in Gl.(5.6– 32) hat damit die Form

$$\underline{z} = \frac{b}{\pi} \int \frac{(\underline{w}-1)^{-\frac{1}{2}}}{\underline{w}} d\underline{w} + \underline{F} \tag{5.6– 40}$$

oder nach Ausführung der Integration

$$\underline{z} = \frac{2b}{\pi} (\sqrt{\underline{w}-1} - arctan\sqrt{\underline{w}-1}) + \underline{F}. \tag{5.6– 41}$$

Die Konstante $\underline{F}$ bestimmt man aus dem Punkt C in der $\underline{z}$-Ebene in Bild 5.6.9. Für ihn ist $\underline{z} = 0$ und in der $\underline{w}$-Ebene entspricht das dem Punkt $\underline{w} = 1$. Setzt man diese Werte in die Gl.(5.6– 41) ein, so wird $\underline{F} = 0$ und die vollständige Abbildungsfunktion lautet

$$\underline{z} = \frac{2b}{\pi} (\sqrt{\underline{w}-1} - arctan\sqrt{\underline{w}-1}). \tag{5.6– 42}$$

Das Zeichnen des Feldbildes, also das der Äquipotential- und Feldlinien, erfolgt, indem man Punkt für Punkt Werte für $\underline{w}$ in der $\underline{w}$-Ebene anschaut und dafür die $\underline{z}$-Werte bestimmt. Den Potentiallinien in der $\underline{z}$-Ebene entsprechen Strahlen konstanten Winkels aus dem Koordinatenursprung in der $\underline{w}$-Ebene. Den Feldlinien in der $\underline{z}$-Ebene entsprechen konzentrische Halbkreise um den Koordinatenursprung in der $\underline{w}$-Ebene.

Die vorhandene Lösung giltbei Spiegelung der Geometrie der $\underline{z}$-Ebene an der Ebene (Geraden) $x = -d$ auch für die Aufgabe Ecke gegen Ecke. In analoger Weise können Aufgeben durch Einfügen oder Weglassen einer Symmetrieebene mitunter vereinfacht werden.

5.7 Magnetischer Dipol und magnetisches Moment

Wir denken uns ein schmales Rechteck aus Draht ($b << \ell$) so in die x-y-Ebene gelegt, daß die Rechteckseiten parallel zu den Koordinatenachsen verlaufen. Der Draht sei vom Gleichstrom I durchflossen. Das Rechteck befinde sich im homogenen Magnetfeld der Flußdichte $\vec{B} = B_x \vec{e}_x$. Dann werden gemäß $\vec{F} = I\,(\vec{s} \times \vec{B})$ Kräfte nur auf die Rechteckseiten b ausgeübt. Es entsteht ein Drehmoment $\vec{M}_D$. Siehe Bild 5.7.1.

$$\begin{aligned} \vec{M}_D &= 2\,\frac{\ell}{2} \times \vec{F} = \vec{\ell} \times (\vec{b} \times \vec{B})\, I \\ &= I\,(\vec{a} \times \vec{B}) = I\,\vec{a} \times \vec{B}. \end{aligned} \tag{5.7– 1}$$

Es ist $\vec{\ell} \times \vec{b} = \vec{a}$ der Vektor der Draht-Rechteckfläche. Die Richtungen von $\vec{\ell}$ und $\vec{b}$ sind die der Leitungsstromdichte $\vec{J}$. Es sind $\vec{\ell}$, $\vec{b} \uparrow\uparrow \vec{J}$.

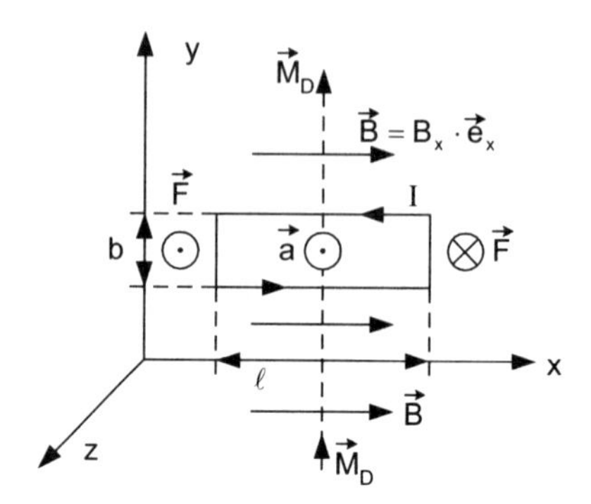

Bild 5.7.1: Magnetischer Dipol mit Kräften $\vec{F}$ und Drehmoment $\vec{M}_D$

Man bezeichnet

$$\boxed{\vec{m} = I\,\vec{a}} \tag{5.7- 2}$$

als **magnetisches (Amperesches) Dipolmoment** der Drahtschleife, die als magnetischer Dipol wirkt, solange sie stromdurchflossen ist.

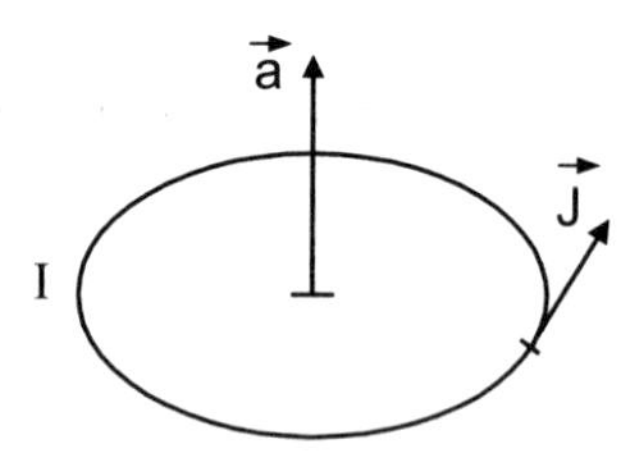

Bild 5.7.2: Rechtswendige Zuordnung des Vektors $\vec{J}$ zum Flächenvektor $\vec{a}$

Mit $\vec{m} = I\,\vec{a}$ kann man das Drehmoment auch wie folgt anschreiben:

$$\boxed{\vec{M}_D = \vec{m} \times \vec{B}} \tag{5.7- 3}$$

5.8 Magnetische Kreise mit Luftspalt

5.8.1 Abschätzung der magnetischen Feldstärken

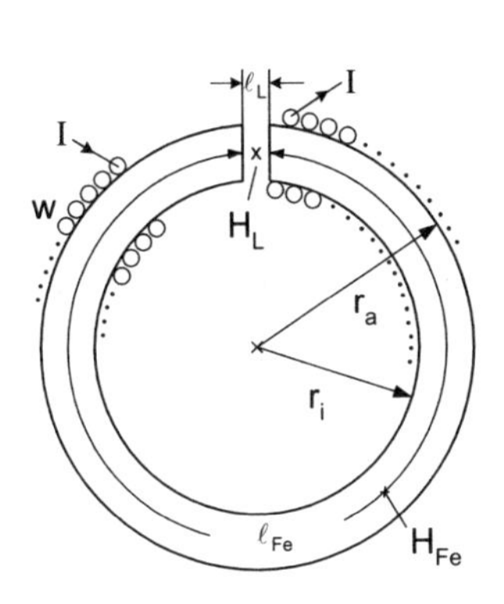

Der ferromagnetische Kern von Spulen oder Transformatoren mit oder ohne Luftspalt kann analog zu einem elektrischen Stromkreis, als magnetischer Kreis bezeichnet werden. Ein solcher magnetischer Kreis läßt sich meist angenähert in mehrere zylindrische Teile zerlegen. Dort wo der Querschnitt oder die Permeabilitätszahl sich ändern, beginnt jeweils ein neuer magnetischer Teilzylinder. Jedem dieser Teilzylinder kann ein magnetischer Widerstand zugeordnet werden.

Bild 5.8.1: Magnetischer Kreis mit Luftspalt

Dabei darf etwas großzügiger verfahren werden, als bei elektrischen Leitern; denn oft kennt man die Permeabilitätszahl μ_r eines Ferromagnetikums nur ungenau, oder sie verändert sich durch Vorgeschichte und/oder Vormagnetisierung des magnetischen Materials.

Als Beispiel verwenden wir die Toroidspule nach Bild 5.8.1. Der Kern sei ein Ferromagnetikum von konstantem Querschnitt mit ebenso konstanter Permeabilitätszahl. Ferner sei $r_a - r_i << r_i$, also $r_i \approx r_a$. Der Lufspalt sei klein $\ell_L < r_a - r_i$, so daß man in erster Näherung sowohl im Luftspalt wie auch im Kern von einem homogenen magnetischen Feld, ohne Randverzerrungen sprechen darf. Wir setzen ferner homogenes und isotropes Kernmaterial voraus. $\mu_{rFe} = \mu_r$ sei die Permeabilitätszahl des Kerns, die des Luftspaltes ist 1. Dann gilt das Durchflutungsgesetz:

$$\oint \vec{H}\, d\vec{s} = w\, I, \tag{5.8- 1}$$

$$H_{Fe}\, \ell_{Fe} + H_L\, \ell_L = w\, I. \tag{5.8- 2}$$

Wir wissen, wegen $Div\, \vec{B} = 0$ gilt:

$$1\, H_L = \mu_r\, H_{Fe} \tag{5.8- 3}$$

und daher

$$\boxed{H_{Fe} = \frac{w\, I}{\ell_{Fe} + \mu_r\, \ell_L}} \tag{5.8- 4}$$

Weiter erhält man aus den Gln.(5.7–3) und (5.7–4):

$$\boxed{H_L = \mu_r\, H_{Fe} = \frac{w\, I}{\ell_L + \ell_{Fe}/\mu_r}} \tag{5.8- 5}$$

Man sieht, daß die **Luftspaltfeldstärke** H_L bei großer Permeabilitätszahl $\mu_r >> 1$ fast ausschließlich durch die Luftspaltlänge ℓ_L bestimmt wird. Denn oft gilt: $\ell_{Fe}/\mu_r << \ell_L$. Um also eine vorgegebene magnetische Feldstärke H_L im Luftspalt möglichst genau einzuhalten, muß der Luftspalt ℓ_L sorgfältig eingestellt werden.

Wäre kein Luftspalt vorhanden ($\ell_L = 0$), dann wäre die magnetische Feldstärke H_0 im Kern:

$$H_0 = \frac{w\, I}{\ell_{Fe}}. \tag{5.8- 6}$$

Ein Vergleich der drei Feldstärken miteinander ergibt als Reihenfolge für die Beträge:

$$\boxed{H_{Fe} < H_0 < H_L} \tag{5.8- 7}$$

5.8.2 Ohmsches Gesetz magnetischer Kreise

Wir interessieren uns jetzt für das Verhältnis von magnetischem Fluß ϕ zur elektrischen Durchflutung $\Theta = w\, I$. Dazu betrachten wir beispielsweise den Luftspalt. Dort gilt unter Vernachlässigung von Randverzerrungen:

$$\phi_L = \iint \vec{B}\, d\vec{a} \approx B_L\, a_L, \tag{5.8- 8}$$

mit a_L als Querschnittsfläche des Luftspaltes. Mit $B_L = \mu_0 \cdot 1 \cdot H_L$ wird:

$$\phi_L \approx \mu_0\, H_L\, a_L \tag{5.8- 9}$$

und mit Gleichung (5.7–5) erhält man:

$$\phi_L \approx \mu_0\, a_L\, \frac{w\, I}{\ell_L + \ell_{Fe}/\mu_r}\,. \tag{5.8- 10}$$

Teilen wir schließlich Zähler und Nenner durch $\mu_0\, a_L$, so wird mit a_{Fe} als Kernquerschnitt, wobei $a_L \approx a_{Fe}$ sei:

$$\boxed{\phi_L \approx \frac{w\, I}{\dfrac{\ell_L}{a_L\, \mu_0} + \dfrac{\ell_{Fe}}{a_{Fe}\mu_0\mu_r}} \quad \textbf{Ohmsches Gesetz magnetischer Kreise}} \tag{5.8- 11}$$

Gl. (5.7–11) ist bereits der gesuchte Zusammenhang. Diese Gleichung kann als Ohmsches Gesetz für die zwei **in Serie geschalteten magnetischen Widerstände**

$$\boxed{R_{mL} = \frac{\ell_L}{a_L\, \mu_0}} \quad \text{und} \quad \boxed{R_{mFe} = \frac{\ell_{Fe}}{a_{Fe}\, \mu_0\mu_r}} \tag{5.8- 12}$$

betrachtet werden. Diese magnetischen Widerstände sind völlig analog zum elektrischen Widerstand eines zylindrischen Stromleiters zu verstehen:

$$R_{el} = \frac{\ell}{a\, \kappa}. \tag{5.8- 13}$$

Gl. (5.7–11) läßt sich mit den Abkürzungen R_{mL} und R_{mFe} für die in Serie geschalteten magnetischen Widerstände wie folgt schreiben:

$$\boxed{\phi_L = \frac{w\, I}{R_{mL} + R_{mFe}}} \tag{5.8- 14}$$

Bei geringer Streuung des magnetischen Feldes darf man annehmen, daß $\phi_L \approx \phi_{Fe}$ gleiche magnetische Flüsse sind, so wie zwei in Serie geschaltete elektrische Widerstände gleichen Leitungsstrom führen:

$$\boxed{I = \frac{U}{R_{el1} + R_{el2}}} \tag{5.8- 15}$$

Elektrische Widerstände entsprechen also magnetischen Widerständen, aber der antreibenden Spannung U des elektrischen Stromkreises entspricht die Durchflutung $\Theta = w\, I$ des magnetischen Kreises, während der elektrischen Stromstärke I der magnetische Fluß ϕ entspricht. Übersichtlich zusammengefaßt entsprechen einander:

elektrischer (Strom-)Kreis	**magnetischer (Fluß-)Kreis**
elektrischer Leitungsstrom I	magnetischer Fluß ϕ
elektrische Spannung U	Durchflutung (Erregung) $\Theta = w\,I$
elektrische Leitfähigkeit κ	Permeabilität $\mu = \mu_0\mu_r$
Querschnitt a	Querschnitt a
elektrischer Widerstand $R_{el} = \dfrac{\ell}{\kappa\,a}$	magnetischer Widerstand $R_m = \dfrac{\ell}{\mu_0\mu_r a}$
elektrischer Leitwert $G_{el} = \dfrac{\kappa\,a}{\ell}$	magnetischer Leitwert $\Lambda = \dfrac{\mu_0\mu_r\,a}{\ell}$

Unter der getroffenen Voraussetzung zylindrischer magnetischer Widerstände kann man verallgemeinernd für deren **Serienschaltung** mit $\Theta = w\,I$ als magnetische Erregung angeben:

$$\Theta = \phi \sum_{\nu} R_{m\nu} \qquad \textbf{magnetische Erregung} \tag{5.8- 16}$$

Und für die **Parallelschaltung magnetischer Widerstände** gilt, mit Λ_ν als ν–tem magnetischen Leitwert:

$$\phi = \Theta \sum_{\nu} \Lambda_\nu \qquad \textbf{magnetischer Fluß} \tag{5.8- 17}$$

Beispiel

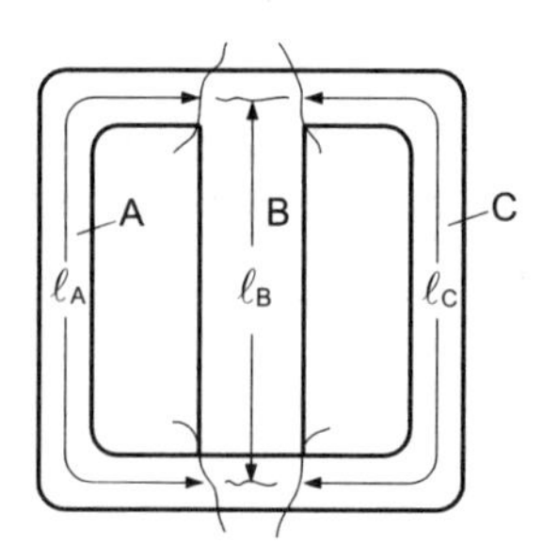

Bild 5.8.2 zeigt die Blechform eines M-Kernes. Genügend viele Bleche seien isoliert gegeneinander, übereinander geschichtet. Die Wicklung kommt auf den mittleren Schenkel. Der magnetische Widerstand dieser Anordnung (ohne Luftspalt) soll berechnet werden.

Bild 5.8.2: M–Blech eines Transformators

Die Brechungslinien zeigen das jeweilige Ende der abzuschätzenden Zylinderabschnitte an: $\ell_A = \ell_C$ und ℓ_B für deren Längen und $a_A = a_C$ sowie $a_B = 2a_C = 2a_A$ für deren Querschnitte.

Da die Wicklung auf Schenkel B aufgebracht wird, ist der dazu gehörende magnetische Gesamtwiderstand:

$$R_{mges} = R_{mB} + \frac{1}{\Lambda_A + \Lambda_C} \, . \tag{5.8- 18}$$

Da aber $\Lambda_A = \Lambda_C$ und daher $R_{mA} = R_{mC}$ ist, gilt für den magnetischen Gesamtwiderstand:

$$\begin{aligned} R_{mges} &= R_{mB} + \frac{1}{2}\, R_{mA} \\ &= \frac{\ell_B}{\mu_0\, \mu_r\, a_B} + \frac{1}{2}\, \frac{\ell_A}{\mu_0\, \mu_r\, a_A} . \end{aligned} \tag{5.8- 19}$$

5.8.3 Scherung magnetischer Kreise

Wir interssieren uns noch dafür, wie sich der magnetische Gesamtwiderstand eines magnetischen Kreises verändert, wenn in einen Kern aus hochpermeablem Ferromagnetikum ein Luftspalt eingebracht wird. Man kann diese Frage auch wie folgt stellen: Welche magnetische Permeabilitätszahl μ_{reff} kann für den magnetischen Kreis als wirksam angesehen werden, wenn man den Luftspalt rechnerisch zwar berücksichtigt, aber nachher das Ergebnis so interpretiert, als existiere nur die Länge ℓ_{Fe} des ferromagnetischen Kernes mit einer durch den Luftspalt verursachten verringerten, wirksamen Permeabilitätszahl μ_{reff}.

Wir gehen aus vom Bild 5.7.1 mit dem magnetischen Widerstand bei vorhandenem Luftspalt:

$$R_{mges} = \frac{\ell_L}{a_L\, \mu_0\, 1} + \frac{\ell_{Fe}}{a_{Fe}\, \mu_0\, \mu_r} \, . \tag{5.8- 20}$$

Dieser Ausdruck wird umgeformt, wobei näherungsweise $a_L = a_{Fe} \approx a$ gesetzt wird, was bei kleinem Luftspalt zulässig ist:

$$\begin{aligned} R_{mges} &= \frac{\ell_{Fe}}{\mu_0 \mu_r\, a}\left(1 + \frac{\ell_L}{\ell_{Fe}}\, \mu_r\right) \\ R_{mges} &= \frac{\ell_{Fe}}{a\, \mu_0 \left(\dfrac{\mu_r}{1 + \dfrac{\ell_L}{\ell_{Fe}}\, \mu_r} \right)} = \frac{\ell_{Fe}}{a\, \mu_0 \mu_{reff}} \, . \end{aligned} \tag{5.8- 21}$$

Gl.(5.7–21) kann wie folgt gelesen werden: Der durch einen Luftspalt unterbrochene ferromagnetische Kern wirkt, als sei er ein Kern ohne Luftspalt, homogen, von der Länge ℓ_{Fe} dem Querschnitt a, mit der effektiven Permeabilitätszahl der großen Klammer von Gl.(5.7–21):

$$\boxed{\mu_{reff} = \frac{\mu_r}{1 + \dfrac{\ell_L}{\ell_{Fe}}\,\mu_r}} \tag{5.8- 22}$$

Ist $\ell_L\,\mu_r/\ell_{Fe} >> 1$, was oft zutrifft, so gilt die sehr übersichtliche Näherung:

$$\boxed{\mu_{reff} \approx \frac{\ell_{Fe}}{\ell_L}} \tag{5.8- 23}$$

Bei dieser Abschätzung geht die als groß vorausgesetzte Permeabilitätszahl μ_r nicht ins Ergebnis ein. Vielmehr ist die exakte Einhaltung der Luftspaltlänge ℓ_L von wesentlicher Bedeutung.

Eine solche **Scherung** magnetischer Kreise verringert die Steigung der Magnetisierungskurve ($\mu_{reff} < \mu_r$), linearisiert diese und erhöht wegen des Luftspaltes die Streuinduktivitäten $L_{\sigma 1}$, $L_{\sigma 2}$ im Längszweig des elektrischen Ersatzbildes eines Transformators. Siehe Bild 5.8.3.

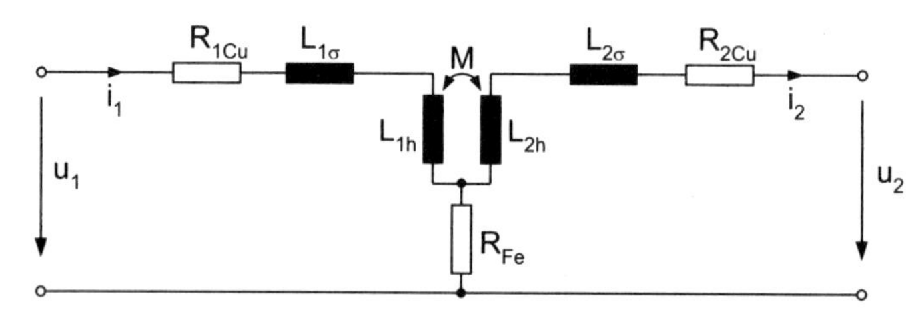

Bild 5.8.3: Elektrisches Ersatzbild eines Transformators

Die Linearisierung ist für Spulen und Transformatoren der Nachrichtentechnik von Interesse. Die Erhöhung der Streuinduktivitäten verringert den Kurzschlußstrom eines Transformators, was besonders für die Energietechnik interessant ist.

Gelegentlich kann es bei vorausgesetzter Linearität praktisch sein, die **Induktivität L einer Spule**, einer Drossel oder eines Übertragers aus deren magnetischem Widerstand R_m zu berechnen. Bei vorhandenem Bündelfluß ϕ gilt ja:

$w\,\phi = L\,I$. Substituiert man hierin den Bündelfluß durch Gl.(5.7–14) in der Form

$$\phi = \frac{w\,I}{\sum R_{mi}},$$

so erhält man den Zusammenhang:

$$\boxed{L = \frac{w^2}{\sum R_{mi}}} \qquad (5.8\text{– }24)$$

$\sum R_{mi}$ sind darin die eventuell mehreren in Serie geschalteten magnetischen Widerstände einer Anordnung, welche gemeinsam die vom Bündelfluß durchsetzte Wicklung mit w Windungen tragen.

Übergang zu langsam veränderlichen Wechselgrößen

Im vorangegangenen Abschnitt wurden magnetische Kreise mit Luftspalt im streng stationären Strömungsfeld (bei Gleichstromfluß) behandelt. Die hier gewonnenen Ergebnisse (Gleichungen) können, entsprechend ihrer praktischen Anwendung bei niederfrequentem Wechselstrom, in das Kapitel 6, also ins quasistationäre Strömungsfeld übernommen werden. Man hat dann zu ersetzen:

den Gleichstrom I durch den Wechselstrom $i(t)$,
den Gleichfluß ϕ durch den Wechselfluß $\phi(t)$,
die Erregung $\Theta = w\,I$ durch $\Theta(t) = w\,i(t)$.

Betrachten wir beispielsweise die Gleichung (5.7–14). Dort sind I und ϕ Gleichgrößen. Werden sie durch niederfrequente Wechselgrößen ersetzt, so müssen auf beiden Seiten der betreffenden Gleichung jeweils einander entsprechende, gleichartige Wechselgrößen stehen, wie: $i(t)$ und $\phi(t)$, oder $\hat{i}$ und $\hat{\phi}$, oder auch, falls mit Effektivwerten gerechnet wird, I_{eff} und ϕ_{eff}. Ferner sind die bei Wechselgrößen vorhandenen komplexen Widerstände zu berücksichtigen.

Kapitel 6

Das quasistationäre Feld

"Quasistationär" bedeutet: Zeitliche Änderungen von Spannung, Strom und Feldgrößen verlaufen so langsam, daß keine (merkliche) Antennenstrahlung erfolgt. Die Felder sind daher quasi stationär, gewissermaßen ortsgebunden. Damit dies zutrifft, müssen Leitungs– und Drahtlängen viel kleiner sein als ein Viertel der Wellenlänge λ. Sie ist

$$\lambda = \frac{v}{f} = \frac{1}{f}\,\frac{c}{\sqrt{\epsilon_r\,\mu_r}}. \qquad (6.0\text{– }1)$$

v = Ausbreitungsgeschwindigkeit; f = Frequenz; c = Lichtgeschwindigkeit

Eine praktische Frage lautet: Welche oberste Grenzfrequenz ist im Laborbetrieb zulässig, damit an den Laborkabeln noch keine merkliche Antennenstrahlung und keine stehenden Wellen auftreten? Es muß $\ell << \lambda/4$ sein!

Beispiel: Eine Laborleitung sei $\ell = 1m$ lang. Wir fordern: $\ell = \lambda/100 = 1\,m$. Dafür ist $\lambda = 100\,m$. Mit $\epsilon_r = \mu_r \approx 1$ ist $v \approx c \approx 3 \cdot 10^8\,m/s$ und daher $f_{grenz} \approx c/\lambda \approx 3\,MHz$. Bei $1\,m$ langen Laborleitungen treten also für $f \leq 3\,MHz$ keine merkliche Antennenstrahlung und keine stehenden Wellen auf.

Für langsame zeitliche Änderungen der Feldgrößen sind Ergänzungen der beiden Maxwellgleichungen erforderlich. Dabei gelten unter der getroffenen Voraussetzung $\partial/\partial t \approx 0$ die beschreibenden Gleichungen:

$$\boxed{\vec{J} = \kappa\,\vec{E} \quad \textbf{Ohmsches Gesetz in Differentialform},} \qquad (6.0\text{– }2)$$

das **Ohmsche Gesetz in Differentialform**, und nach wie vor die Quellenfreiheit der magnetischen Flußdichte $\vec{B}$:

$$\boxed{div\,\vec{B} = 0 \qquad \text{und} \qquad Div\,\vec{B} = 0.} \qquad (6.0\text{– }3)$$

In den folgenden Kapiteln werden wir neu kennenlernen:

$rot\,\vec{H} = \vec{J} + \dot{\vec{D}}$	**1. Maxwellgleichung**	(6.0- 4)
$rot\,\vec{E} = -\,\dot{\vec{B}}$	**2. Maxwellgleichung**	(6.0- 5)

Die 1. Maxwellgleichung erhält gegenüber dem streng stationären Strömungsfeld des Kapitels 5 eine Ergänzung um das langsam zeitvariable $\dot{\vec{D}}$ (siehe Abschnitt 6.1). Dieses $\dot{\vec{D}}$ ist ebenso wie $\vec{J}$ Erregungsgröße für magnetische Feldstärken.

Die 2. Maxwellgleichung hat hier erstmals Wirbelursachen: $-\,\dot{\vec{B}}$. Siehe hierzu Abschnitt 6.4. Diese Wirbelursachen sind Erregungsgrößen für elektrische Feldstärken $\vec{E}$ und bedingen das Induktionsgesetz. Vom Anschreiben der Sprungrotation $Rot\,\vec{H}$ wurde hier abgesehen, da flächenhafter Belag von elektrischer Flußdichteänderung wohl nie vorkommt. Überdies müßte die Einheiten A/m statt A/m^2 für $\partial\vec{D}/\partial t$ eingeführt werden, was nicht gängig ist.

Allerdings sei hier wenigstens erwähnt, daß in einem dünnen hochpermeablen Blech in technischen Anwendungen gelegentlich die zeitliche Änderung eines merklichen magnetischen Flußdichtebelags $(-\partial\vec{b}/\partial t)$ vorkommen kann. Die dafür anzuschreibende Gleichung für die Sprungrotation von $\vec{E}$ ist:

$$Rot\,\vec{E} = -\,\dot{\vec{b}}; \qquad [\dot{\vec{b}}] = [\vec{E}] = \frac{V}{m}. \qquad (6.0\text{- }6)$$

Wir haben es dabei mit einer sprunghaften Änderung der elektrischen Feldstärke beim Durchgang durch ein hochpermeables dünnes Blech (Folie) dann zu tun, wenn dieses Blech einen zeitlich veränderlichen Flußbelag $\dot{\vec{b}}$ führt.

Wir wollen jetzt die einzelnen Formeln und Gesetze des quasistationären Strömungsfeldes näher kennen lernen. Zunächst elektrische Stromdichte und Leitungsstrom (zeitvariable Spannungen und Ströme werden in kleinen Buchstaben geschrieben: $u(t)$, $i(t)$):

$$i(t) = \iint \vec{J}(x, y, z, t)\; d\vec{a} = \iint \kappa\; \vec{E}(x, y, z, t)\; d\vec{a}. \qquad (6.0\text{- }7)$$

Bei der Leitungsstromdichte $\vec{J}$ tritt (z.B. durch Stromverdrängung, siehe Abschnitt 6.6, oder in nichtzylindrischen Leitern) neben der Zeitabhängigkeit auch eine Ortsabhängigkeit auf. Sie ist auch vorhanden bei der aus der Stromdichte resultierenden elektrischen Feldstärke. Ferner hat bei Wechselstrom die noch nicht erweiterte 1. Maxwellgleichung, wenn man sie mit ihren Variablen anschreibt, die Form:

$$rot\ \vec{H}(x,y,z,t) = \vec{J}(x,y,z,t). \qquad (6.0\text{-}\ 8)$$

Die zeitvariable Leitungsstromdichte $\vec{J}$ und die davon erzeugte magnetische Feldstärke $\vec{H}$ sind, so lange keine Stromverdrängung auftritt, **phasengleich**. Das heißt: An einem festen Ort $P_1(x_1, y_1, z_1)$ ist der Betrag $H(t)$ unverzerrt proportional zu $\vec{J}(t)$ und zu $i(t)$. Das wird auch bei Anwendung des aus Kapitel 5 bekannten **Durchflutungsgesetzes** auf Wechselstrom deutlich. Ohne vorhandenen Verschiebungsstrom (siehe Abschnitt 6.1) gilt:

$$\boxed{\oint \vec{H}(x,y,z,t)\ d\vec{s} = \iint \vec{J}(x,y,z,t)\ d\vec{a}.} \qquad (6.0\text{-}\ 9)$$

Beispiel: Wir betrachten die magnetischen Feldstärken innerhalb und außerhalb des sehr weit linear ausgedehnten **kreiszylindrischen Drahtes** (Radius r_0), der z.B. vom Wechselstrom

$$i(t) = \hat{i}\ sin\,\omega t; \qquad \omega = 2\pi f \qquad (6.0\text{-}\ 10)$$

ω = Kreisfrequenz; f = Frequenz; $\hat{i}$ = Stromamplitude

durchflossen wird. Solange noch keine Stromverdrängung auftritt, ist die Leitungsstromdichte $\vec{J}$ in zylindrischen Leitern ortsunabhängig und phasengleich mit $H(t)$:

$$J(t) = \frac{i(t)}{\pi\, r_0^2} = \frac{\hat{i}\ sin\,\omega t}{\pi\, r_0^2}, \qquad (6.0\text{-}\ 11)$$

und die magnetische Feldstärke ist, analog Abschnitt 5.1:

$$r \leq r_0: \quad H_\alpha(r,t) = \frac{J(t)}{2}\, r = \frac{\hat{i}\ sin\,\omega t}{\pi\, r_0^2}\,\frac{r}{2}, \qquad (6.0\text{-}\ 12)$$

$$r \geq r_0: \quad H_\alpha(r,t) = \frac{i(t)}{2\pi\, r} = \frac{\hat{i}\ sin\,\omega t}{2\pi\, r}. \qquad (6.0\text{-}\ 13)$$

Wegen der im quasistationären Feld zugelassenen langsamen zeitlichen Änderungen müssen die erste Maxwellgleichung (6.0–4) und das Durchflutungsgesetz

(6.0–9) ergänzt werden. Diese Ergänzungen kommen dort zum Tragen, wo außer Leitungsströmen auch Verschiebungsströme im kapazitiven Feld auftreten.

Auch das Vektorpotential $\vec{A}$ und das allgemeine sowie das spezielle Biot–Savartsche Gesetz gelten nicht nur für Gleichströme, sondern auch für zeitlich langsam veränderliche Ströme, wenn man nur deren Zeitgesetz berücksichtigt. Wir müssen daher auf diese beiden Gesetze nicht mehr näher eingehen.

6.1 Die erste Maxwellgleichung im quasistationären Feld

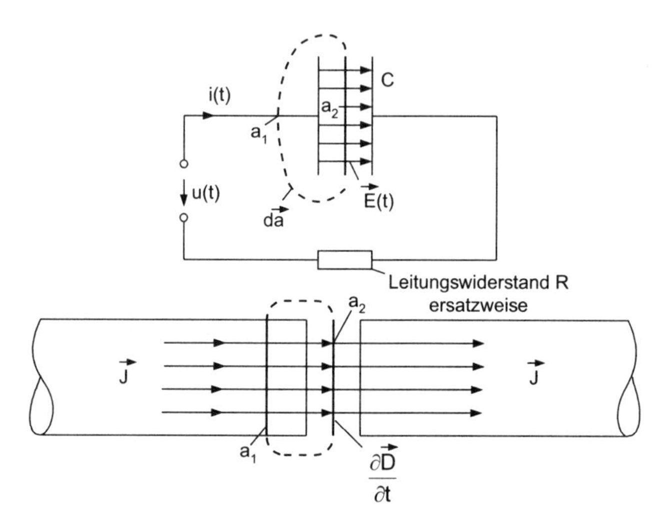

Bild 6.1.1: Kapazitiv unterbrochener Stromleiter bei Wechselstrom

Legt man in einen von Wechselspannung $u(t)$ gespeisten Stromkreis (Bild 6.1.1 oben) einen Kondensator, so erhält man als **experimentelle Ergebnisse**:

1) Der Leiter mit dem Verlustwiderstand R erwärmt sich. Ursache dafür ist trotz galvanischer Unterbrechung des Leiters ein meßbarer Wechselstrom $i(t) \neq 0$.

2) Im Innern, des Kondensators ändert sich $\vec{E}(t)$ zeitlich. $\dot{\vec{D}}(t) = \epsilon\ \dot{\vec{E}}(t)$ ist dort sogar phasengleich mit $i(t)$.

3) Magnetische Kräfte und magnetische Feldstärken treten nicht nur in der Umgebung der Zuleitungen, sondern phasengleich auch im Kondensator und in dessen Umgebung auf.

Theoretische Ergebnisse: Legt man eine Hüllfläche so, daß sie teils den Kondensatorinnenraum, teils die Zuleitung schneidet, so tritt bei a_1 Leitungsstrom

$i(t)$ in die Hülle ein, er tritt aber nirgends mehr aus der Hülle aus! Ist dies eine Senke für $i(t)$?

Im zeitlich konstanten Strömungsfeld haben wir kennen gelernt:

$$rot\,\vec{H} = \vec{J}. \tag{6.1-1}$$

Fragen wir nach der Quellendichte, so finden wir:

$$\begin{aligned} div(rot\,\vec{H}) &= \nabla\,(\nabla \times \vec{H}) \\ &= (\nabla \times \nabla)\,\vec{H} \equiv 0. \end{aligned} \tag{6.1-2}$$

Die linke Seite von Gl.(6.1–1) ist offensichtlich quellenfrei. Folglich müßte auch die rechte Seite, also $\vec{J}$, quellenfrei sein. Das Experiment widerspricht dem aber, denn Leitungsstrom $i(t)$ und Stromdichte $\vec{J}(t)$ treten bei a_1 in die Hülle ein, sie treten aber nirgends aus der Hülle aus. Wo liegt der Widerspruch? Offenbar wird die Hüllfläche (Bild 6.1.1) bei a_2 von einer Größe durchsetzt, die dem Leitungsstrom bzw. dessen Stromdichte entspricht und diese derart fortsetzt, daß auch die rechte Seite von Gl.(6.1–1) quellenfrei wird:

$$div(\vec{J} + Ergänzungsvektor) \stackrel{!}{=} 0. \tag{6.1-3}$$

So würde $\vec{J}$ bei a_1 von Bild 6.1.1 in die Hüllfläche eintreten, der Ergänzungsvektor würde bei a_2 austreten. Die Quellenfreiheit nach Gl.(6.1–2) fordert auch, daß die Ergiebigkeit Null wird; Ergiebigkeit angewandt auf Gl.(6.1–2):

$$\iiint \underbrace{div(rot\,\vec{H})}_{\equiv 0}\,dv = 0. \tag{6.1-4}$$

Auch diese Folgeforderung kann bei Hinzunahme eines Ergänzungsvektors zu $\vec{J}$ erfüllt werden. Mit dem Satz von Gauß wird aus Gl.(6.1–3), wobei wir das Wort "Ergänzungsvektor", seiner Länge wegen, mit "EGV" abkürzen:

$$\begin{aligned} \iiint div(\vec{J} + EGV)\,dv &= \oiint (\vec{J} + EGV)\,d\vec{a} \\ &= 0. \end{aligned} \tag{6.1-5}$$

Damit kann die 1. Maxwellgleichung die Form erhalten:

$$rot\,\vec{H} = \vec{J} + EGV. \tag{6.1-6}$$

Dieser Ergänzungsvektor EGV muß dimensionsmäßig mit $\vec{J}$ übereinstimmen und im Dielektrikum des Kondensators vorkommen. Es kann sich daher nur handeln um:

$$\dot{\vec{D}} = \frac{\partial \vec{D}}{\partial t} = \epsilon_0 \epsilon_r \frac{\partial \vec{E}}{\partial t} . \qquad (6.1-7)$$

Das Experiment bestätigt diesen Sachverhalt. $\dot{\vec{D}}$ hat die Einheit:

$$[\dot{\vec{D}}] = \frac{A\,s}{m^2\,s} = \frac{A}{m^2} . \qquad (6.1-8)$$

Diese **Verschiebungsstromdichte** $\dot{\vec{D}}$ ist als Ergänzungsvektor die phasengleiche Fortsetzung der Leitungsstromdichte im Dielektrikum des Kondensators. Daher nennt man die Summe aus Leitungs– und Verschiebungsstromdichte:

$$\boxed{\vec{J} + \dot{\vec{D}} = \vec{J}_w \qquad \textbf{tatsächliche Stromdichte}} \qquad (6.1-9)$$

$\vec{J}_w$ ist also **tatsächliche oder wahre elektrische Stromdichte**. Sie ist bei Wechselstrom als Wirbelursache und Wirbeldichte eines davon erzeugten Magnetfeldes anzusehen:

$$\boxed{rot\,\vec{H} = \vec{J} + \dot{\vec{D}} \qquad \textbf{1. Maxwellgleichung}} \qquad (6.1-10)$$

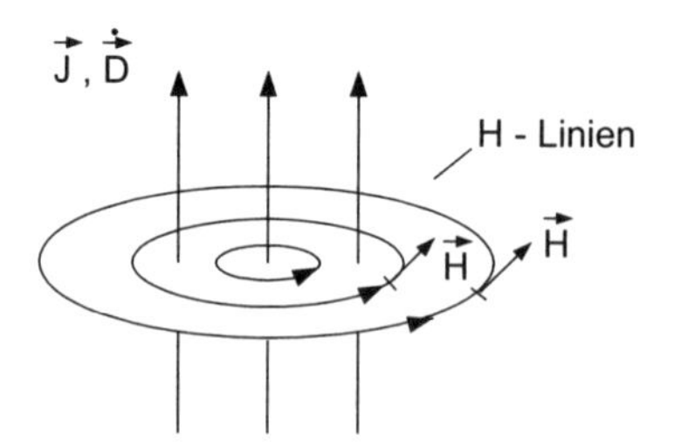

Bild 6.1.2: Zuordnung von $\vec{H}$ zu Leitungs– und Verschiebungsstromdichte nach der 1. Maxwellgleichung

Gl.(6.1–10) ist die **vollständige erste Maxwellgleichung** für Leitungs– und Verschiebungsstromdichte. Sie gilt in Übereinstimmung mit dem experimentellen Befund:

$$div(rot\,\vec{H}) = div(\vec{J} + \dot{\vec{D}}) = 0. \qquad (6.1-11)$$

Das heißt, die **vollständige Stromdichte**, bestehend aus Leitungs– und Verschiebungsstromdichte, ist **quellenfrei**. Deswegen ist auch die mit dem Hüllenintegral zu berechnende Ergiebigkeit des vollständigen Stromes Null:

$$\oiint (\vec{J} + \dot{\vec{D}})\, d\vec{a} = 0. \tag{6.1– 12}$$

Dieses Ergebnis kann auf die Hüllfläche von Bild 6.1.1 angewandt werden.

Die Verschiebungsstromdichte und daher auch der Verschiebungsstrom sind stets zeitabhängige Größen, ansonsten wäre $\partial\vec{D}/\partial t = 0$. Dann ist bei unserem Beispiel, Bild 6.1.1, auch der Leitungsstrom zeitabhängig:

$$\oiint \left(\vec{J}(t) + \dot{\vec{D}}(t) \right) d\vec{a} = \iint\limits_{a_1} \vec{J}(t)\, d\vec{a} + \iint\limits_{a_2} \dot{\vec{D}}(t)\, d\vec{a} = 0. \tag{6.1– 13}$$

Und wegen des im Bild 6.1.1 aus der Hüllfläche nach außen positiv zeigenden Oberflächenvektors $d\vec{a}$ gilt:

$$\iint\limits_{a_1} \vec{J}(t)\, d\vec{a} = -i_L(t) \quad \text{und} \quad \iint\limits_{a_2} \dot{\vec{D}}(t)\, d\vec{a} = +i_v(t). \tag{6.1– 14}$$

Leitungsstrom $i_L(t)$ tritt bei a_1 in die Hüllfläche ein, Verschiebungsstrom $i_v(t)$ gleichen Betrages tritt bei a_2 im Dielektrikum des idealen Kondensators aus der Hüllfläche aus: $i_L(t) = i_v(t)$. Der **Verschiebungsstrom** $i_v(t)$ im idealen Kondensator ist somit:

$$\boxed{i_v(t) = \dot{Q}(t) = \iint \dot{\vec{D}}(t)\, d\vec{a}.} \tag{6.1– 15}$$

Dagegen gibt es im verlustbehafteten Dielektrikum eines Kondensators außer Verschiebungsstrom auch einen Anteil Leitungsstrom $i_L(t)$.

Kirchhoffsche Knotenregel

Wir legen eine Hüllfläche um einen Knoten k derart, daß sie teils Leitungsströme, teils Verschiebungsströme schneidet:

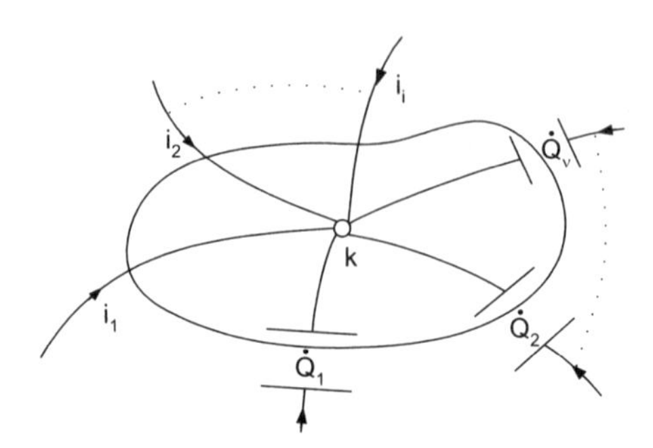

Bild 6.1.3: Leitungs- und Verschiebungsströme zum inneren Knoten k

Wir sahen, daß die Ergiebigkeit des vollständigen Stromes gleich Null ist. Denkt man an nur diskrete Leitungs– und Verschiebungsströme, dann steht an Stelle des Hüllenintegrales von Gl.(6.1–12) die Summe diskreter Ströme:

$$\sum_{i=1,\,\nu=1}^{n,\,m} \Big(i_L(t)_i + i_v(t)_\nu \Big) = 0 \quad \textbf{Knotenregel für vollständigen Strom} \qquad (6.1\text{–}16)$$

Gl.(6.1–16) ist die **Kirchhoffsche Knotenregel für Leitungs– und Verschiebungsströme**, also für den wahren oder vollständigen Strom. Sie wird meist nur für Leitungsströme angeschrieben und lautet dann:

$$\sum_{i=1}^{n} i_L(t)_i = 0 \quad \textbf{Knotenregel für Leitungsstrom} \qquad (6.1\text{–}17)$$

6.2 Das erweiterte Durchflutungsgesetz

Wir integrieren die erweiterte 1. Maxwellgleichung (6.1–10) beidseitig über die gleiche Fläche:

$$\iint rot\,\vec{H}\; d\vec{a} = \iint (\vec{J} + \dot{\vec{D}})\; d\vec{a}. \qquad (6.2\text{–}1)$$

Auf das linke Flächenintegral wenden wir den Satz von Stokes (siehe Abschnitt 3.4) an und erhalten die magnetische Umlaufspannung zu:

$$\oint \vec{H}\; d\vec{s} = \iint (\vec{J} + \dot{\vec{D}})\; d\vec{a} \qquad \textbf{Durchflutungsgesetz.} \qquad (6.2\text{–}2)$$

Gl.(6.2–2) ist das auf **Verschiebungsstrom erweiterte Durchflutungsgesetz**, gültig für ruhende Randkurven. Es sagt aus: Die magnetische Umlaufspannung längs eines vorgegebenen Weges $\overset{\circ}{s}$ ist gleich der Summe aus Leitungs– und Verschiebungsstrom, die diesen Umlauf $\overset{\circ}{s}$ oder die davon eingespannte Fläche durchsetzen. In sich geschlossene magnetische Feldlinien, die Umlaufspannungen zur Folge haben, werden also nicht nur von Leitungsströmen, sondern auch von Verschiebungsströmen $i_v(t) = \dot{Q}\,(t)$ erzeugt:

$$\overset{\circ}{V} = \underbrace{\oint \vec{H}(x,y,z,t)\,d\vec{s}}_{\text{magn. Umlaufspannung}} = i_L(t) + i_v(t). \qquad (6.2\text{–}3)$$

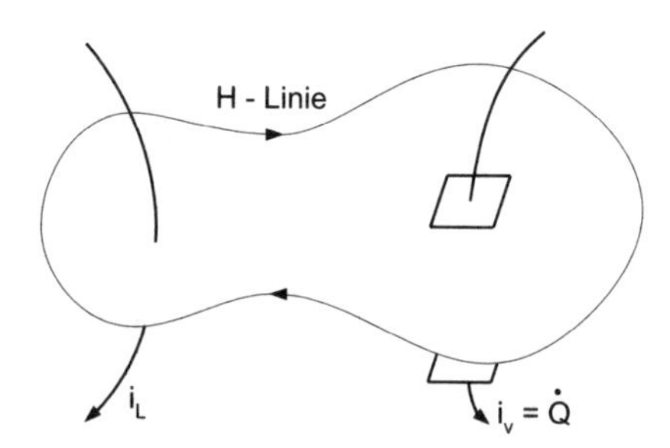

Bild 6.2.1: Leitungs– und Verschiebungsstrom als Erreger magnetischen Feldes

Nicht immer wird von einem Umlauf der ganze Leitungs– und der ganze Verschiebungsstrom umfaßt. Deshalb ist die allgemeinere Formel nicht (6.2–3), sondern Gl.(6.2–2). Versteht man jedoch unter der Summe von Strömen sinngemäß nur **diskrete Ströme**, die eine vom Umlauf $\overset{\circ}{s}$ eingespannte Fläche durchsetzen, dann darf man das für ruhende Randkurven gültige **Durchflutungsgesetz** integral oder global auch wie folgt anschreiben:

$$\boxed{\oint \vec{H}\,d\vec{s} = \sum i_L(t) + \sum i_v(t); \qquad \sum i_v(t) = \sum \dot{Q}(t).} \qquad (6.2\text{–}4)$$

Beispiel: Wendet man jedoch die 1. Maxwellgleichung (6.1–10) lokal, d.h. im kleinen, auf das Dielektrikum eines verlustlosen und daher idealen Kondensators an, so gilt:

$$rot\ \vec{H} = \dot{\vec{D}}; \qquad (6.2\text{–}5)$$

denn Leitungsstromdichte $\vec{J}$ ist dort gleich Null. Im idealen Dielektrikum eines Kondensators ist $\dot{\vec{D}}$ Erreger, also Wirbelursache und Wirbeldichte des davon erzeugten Magnetfeldes. Entsprechend lautet das **Durchflutungsgesetz innerhalb des idealen Dielektrikums**:

$$\oint \vec{H}\, d\vec{s} = \iint \dot{\vec{D}}\, d\vec{a}. \tag{6.2- 6}$$

Unser Beispiel sei ein Plattenkondensator mit kreisrunden Platten vom Radius r_0.

Wählen wir als Integrationsweg zwischen den kreisrunden Platten einen konzentrischen Kreis in der Ebene 1–1' mit dem Radius $r \leq r_0$, so sind längs dieses Integrationsweges $\vec{H}$ und $\dot{\vec{D}}$ dem Betrage nach konstant. Die beiden Seiten von Gl.(6.2–6) gehen über in:

links: $\vec{H} \uparrow\uparrow d\vec{s}$; rechts: $\dot{\vec{D}} \uparrow\uparrow d\vec{a}$

damit wird:

$$H\ 2\pi r = \dot{D}\ \pi r^2 \qquad \text{daher} \qquad H(r,t) = \frac{\dot{\vec{D}}}{2}\, r. \tag{6.2- 7}$$

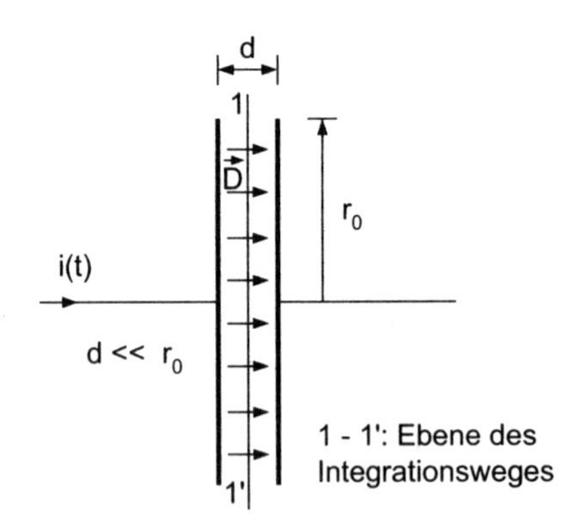

Bild 6.2.2: Plattenkondensator mit Verschiebungsstrom

Wählt man in der gleichen Integrationsebene 1–1' nach Bild 6.2.2 als Umlaufweg einen konzentrischen Kreis, dessen Radius jetzt größer ist als r_0, so erhält man bei der erneuten Anwendung des Durchflutungsgesetzes für Verschiebungsstrom unter den gleichen Voraussetzungen:

$\vec{H} \uparrow\uparrow d\vec{s}$ *und* $\dot{\vec{D}} \uparrow\uparrow d\vec{a}$:

für $r \geq r_0$ sind magnetische Umlaufspannung und Feldstärke:

$$H\,2\pi r = \dot{D}\;\pi\, r_0^2 \qquad \text{oder}$$

$$H(r,t) = \frac{\dot{D}(t)\,\pi r_0^2}{2\pi r} = \frac{i_v(t)}{2\pi r} = \frac{\dot{Q}(t)}{2\pi r}\,. \tag{6.2- 8}$$

Die Richtung von $\vec{H}$ in den Gleichungen (6.2–7) und (6.2–8) war als bekannt vorausgesetzt worden (rechtswendige Zuordnung zu $\dot{\vec{D}}$): $\vec{H} \uparrow\uparrow d\vec{s}$, $H = H_\alpha \vec{e}_\alpha$. Grundsätzlich erhält man die Richtung von $\vec{H}$ aus der 1. Maxwellgleichung, die für das kapazitive Feld im Kondensator auf $rot\,\vec{H} = \dot{\vec{D}}$ reduziert werden konnte. Ist nämlich $\dot{\vec{D}}$ nur als axialer Vektor in Richtung $\vec{e}_z$ vorhanden, so muß diese Richtung auch für $rot\,\vec{H}$ gelten, und es bleibt von dieser **1. Maxwellgleichung in Zylinderkoordinaten** für

$$\text{Radien} \quad r \leq r_0: \qquad \vec{e}_z \left\{ \frac{1}{r}\frac{\partial(r\,H_\alpha)}{\partial r} - \frac{1}{r}\frac{\partial H_r}{\partial \alpha} \right\} = \dot{D}\;\vec{e}_z, \tag{6.2- 9}$$

$$\text{für Radien} \quad r \geq r_0: \qquad \vec{e}_z \left\{ \frac{1}{r}\frac{\partial(r\,H_\alpha)}{\partial r} - \frac{1}{r}\frac{\partial H_r}{\partial \alpha} \right\} = 0. \tag{6.2- 10}$$

In beiden Fällen sind $\partial H_r/\partial\alpha$ aus Symmetriegründen und H_r selbst, ebenso wie H_z gleich Null, da kein Quellenfeld vorliegt.

Aus Gl.(6.2–9) für $r \leq r_0$ folgt:

$$\vec{e}_z \left\{ \frac{1}{r}\frac{\partial(r\,H_\alpha)}{\partial r} \right\} = \dot{D}\;\vec{e}_z, \qquad \text{daher} \qquad H_\alpha(r,t) = \frac{\dot{D}(t)}{2}\,r. \tag{6.2- 11}$$

Und aus Gl.(6.2–10) für $r \geq r_0$ folgt:

$$r\,H_\alpha(r) = const, \qquad \text{somit} \qquad H_\alpha(r,t) = \frac{const}{r}. \tag{6.2- 12}$$

Bei $r = r_0$ müssen, wegen $Rot\,\vec{H} = 0$, die beiden Feldstärken $H_\alpha(r_0)$ ohne Sprung aneinander anschließen. Daraus erhält man die Integrationskonstante:

$$\frac{\dot{D}(t)}{2}\,r_0 = \frac{const}{r_0}, \qquad \text{also} \qquad const = \frac{\dot{D}(t)}{2}\,r_0^2 \tag{6.2- 13}$$

und $$H_\alpha(r,t) = \frac{\dot{D}(t)\, r_0^2}{2\, r} = \frac{\dot{D}(t)\, \pi\, r_0^2}{2\, \pi\, r} = \frac{\dot{Q}(t)}{2\, \pi\, r}. \qquad (6.2\text{-}\ 14)$$

Sowohl für $r \leq r_0$, wie auch für $r \geq r_0$ ist $\vec{H}$ erfahrungsgemäß rechtswendig zu $\vec{J}$ und zu $\dot{\vec{D}}$ zugeordnet:

$$\vec{H}(r,t) = H_\alpha(r,t)\, \vec{e}_\alpha. \qquad (6.2\text{-}\ 15)$$

6.3 Selbst– und Gegeninduktivität

Selbstinduktivitäten werden häufig benötigt zur Berechnung von induktiven Widerständen, von elektrischen Spannungen an Spulen und zur Bestimmung magnetischen Flusses oder magnetischer Energie an Leitergebilden. Gegeninduktivitäten sind interessant im Zusammenhang mit dem Induktionsgesetz und der Berechnung von Transformatoren. In der Regel betrachtet man Induktivitäten als konstante Größen (Induktivitätskonstanten), was aber exakt nur solange zutrifft, wie kein nichtlinear wirkendes Material (z.B. ein Ferromagnetikum) mit im Spiele ist.

6.3.1 Selbstinduktivität und magnetische Energie

Wir wollen die Selbstinduktivität für eine lange Zylinderspule berechnen.

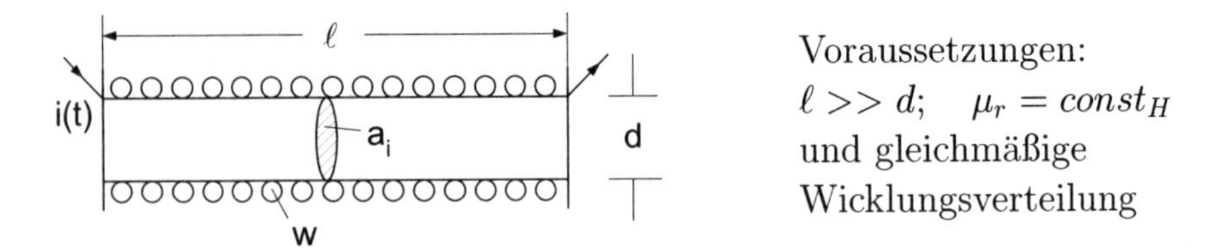

Voraussetzungen:
$\ell >> d; \quad \mu_r = const_H$
und gleichmäßige Wicklungsverteilung

Bild 6.3.1: Lange Zylinderspule

Die Voraussetzungen seien erfüllt, so daß bei Stromfluß im Innern der Spule ein homogenes Magnetfeld herrscht. Außen ist ja $H_a = 0$. Dann folgt z.B. aus dem Durchflutungsgesetz (siehe Abschnitt 5.1):

$$H(t) = \frac{w\, i(t)}{\ell}\, . \qquad (6.3\text{-}\ 1)$$

Diese Feldstärke wird für die magnetische Energie W_m benötigt. Zunächst interessiert die Volumendichte der magnetischen Energie w_m. Sie wird berechnet nach der Vorschrift

$$w_m = \int_0^{B_m} H \, dB. \tag{6.3- 2}$$

$$\text{Daraus folgt für} \qquad \mu_r = const_H : \qquad w_m = \frac{\mu}{2} H^2. \tag{6.3- 3}$$

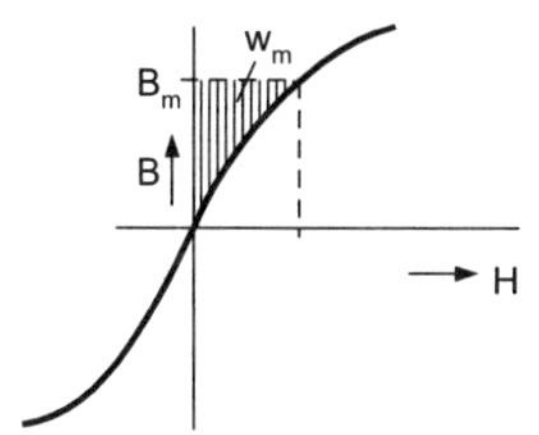

Bild 6.3.2: Energiedichte w_m der Magnetisierung

Sowohl H als auch w_m kommen mit merklichem Betrag nur im Innenraum der Zylinderspule vor; daher ist die magnetische Gesamtenergie der langen Zylinderspule, deren $\vec{H}$–Feld erfahrungsgemäß homogen ist:

$$\begin{aligned} W_m(t) &= \iiint w_m(x, y, z, t) \, dv \\ &= \frac{\mu}{2} H(t)^2 \, v \\ &= \frac{\mu}{2} \frac{w^2 i(t)^2}{\ell^2} a_i \, \ell \\ &= \frac{1}{2} \underbrace{\frac{\mu_0 \mu_r w^2 a_i}{\ell}} i(t)^2 \\ &= \frac{1}{2} \qquad L \qquad i(t)^2. \end{aligned} \tag{6.3- 4}$$

Man erkennt: Die Materialeigenschaft des Kerns μ_r, Geometrie und Windungszahlen w gehen in die Induktivität ein. Mit der Abkürzung L für die Induktivität kann die **magnetische Energie** angeschrieben werden:

$$\boxed{W_m(t) = \frac{L}{2} i(t)^2 \qquad \text{oder} \qquad \overline{W_m(t)} = \frac{L}{2} I_{eff}^2.} \tag{6.3- 5}$$

Der Ausdruck Gl.(6.3–4) für die magnetische Energie wurde am Beispiel der langen Zylinderspule hergeleitet. Er hat jedoch darüber hinaus Allgemeingültigkeit für Spulen oder Drahtgebilde jeder Art, solange $\mu_r = const$, also unabhängig von der Aussteuerung ist. Daher darf man Gl.(6.3–5) als **Definitionsgleichung für die Induktivität** L verstehen und anschreiben:

$$L = \frac{2\, W_m(t)}{i(t)^2} \qquad \text{oder} \qquad L = \frac{\overline{W_m(t)}}{I_{eff}^2}. \tag{6.3- 6}$$

L hängt nicht von der Stromstärke ab, weil $W_m(t)$ selbst proportional zu $i(t)^2$ ist. $\overline{W_m(t)}$ ist der zeitliche Mittelwert von $W_m(t)$, also proportional zu I_{eff}^2.

Magnetische Energie und Selbstinduktivität der Toroidspule

Die magnetische Feldstärke ist beschränkt auf den Innenraum einer Toroidspule. Die Feldstärke folgt aus dem Durchflutungsgesetz zu:

$$r_1 \leq r \leq r_2: \qquad H(r,t) = \frac{w\; i(t)}{2\pi r}. \tag{6.3- 7}$$

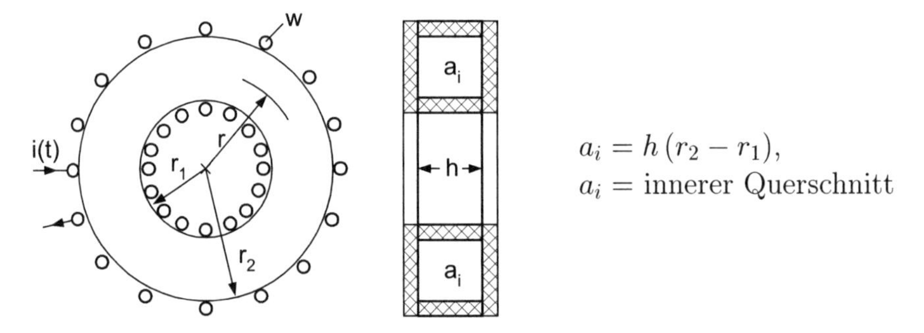

$a_i = h\,(r_2 - r_1)$,
a_i = innerer Querschnitt

Bild 6.3.3: Toroidspule, gleichmäßig bewickelt, w Windungen

Die magnetische Energiedichte ist

$$w_m(r,t) = \frac{\mu}{2}\left(\frac{w\, i(t)}{2\pi r}\right)^2, \tag{6.3- 8}$$

und die ganze im Spuleninnenraum vorhandene magnetische Energie $W_m(t)$

ergibt sich zu:

$$W_m(t) = \iiint w_m \, dv \qquad mit \qquad dv = h\, 2\pi r\, dr:$$

$$= \frac{\mu}{2} \frac{w^2 i(t)^2}{4\pi^2} h\, 2\pi \int\limits_{r=r_1}^{r_2} \frac{r\, dr}{r^2}$$

$$= \frac{\mu\, w^2\, h}{4\,\pi}\, i(t)^2\, ln\frac{r_2}{r_1}. \qquad (6.3\text{– }9)$$

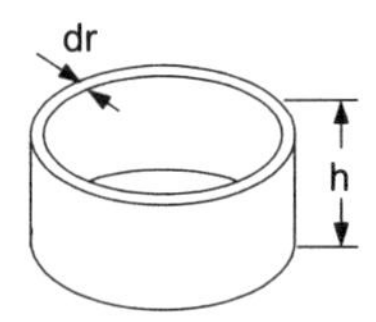

Bild 6.3.4: Zur Energieberechnung erforderlicher dünner Hohlzylinder

Daher erhalten wir die **Induktivität der Toroidspule** mit Rechteckquerschnitt zu:

$$L = \frac{2\, W_m(t)}{i(t)^2} = \frac{\mu\, w^2\, h}{2\,\pi}\, ln\frac{r_2}{r_1}. \qquad (6.3\text{– }10)$$

Toroidspule mit ferromagnetischem Kern und Luftspalt

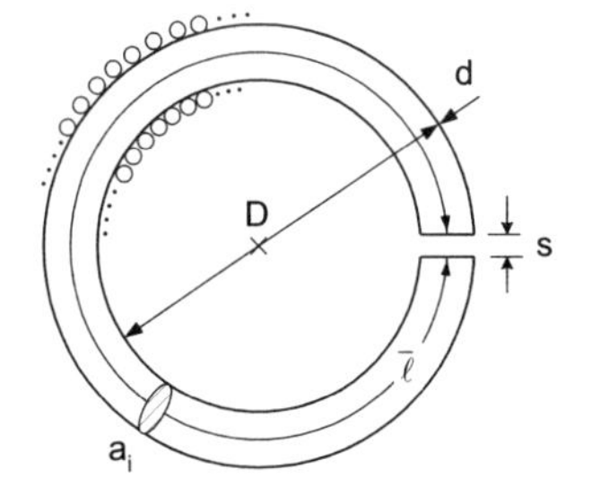

Voraussetzungen:

1) $d << D$ und $s << \sqrt{a_i},\ \overline{\ell}$

2) gleichmäßige Wicklung

3) $\mu_r = const_H$ für den Kern

Bild 6.3.5: Toroidspule mit Luftspalt

Die vereinfachenden Voraussetzungen werden getroffen, um der Übersichtlichkeit halber innerhalb der Spule ein radiusunabhängiges Magnetfeld zu erhalten. Es kommt uns darauf an zu zeigen, daß dieses Feld im Luftspalt und im Kern sehr unterschiedliche Beträge hat. Gemäß der getroffenen Voraussetzungen ist es in jedem der beiden Abschnitte als homogen anzusehen.

Die Vereinfachungen sind zulässig, besonders wenn man an die oftmals nur ungenau bekannte Permeabilitätszahl μ_r denkt. Auch für die Abschätzung der magnetischen Energie– und Induktivitätsanteile des Kerns gegenüber dem Luftspalt ist diese Betrachtung ausreichend. Wir benutzen die Formeln:

$$w_m(t) = \frac{\mu_0 \mu_r}{2} H(t)^2 \qquad \text{und} \qquad W_m(t) = \iiint w_m \, dv. \tag{6.3– 11}$$

Die in folgender Tabelle verwendete Permeabilitätszahl μ_r sei stets die des Kerns, da für den Luftspalt der Zahlenwert $\mu_r = 1$ nicht explizit angeschrieben werden muß. Es ist gleichgültig, ob wir Momentanwerte $i(t)$ oder Effektivwerte $I = I_{eff}$ des Stromes in die Formeln einsetzen. Wegen der vorausgesetzten Linearität hebt sich bei der Berechnung der Induktivität die in W_m enthaltene, gleichartige Stromstärke wieder heraus. Es ist:

$$\boxed{W_m(t) \sim i(t)^2 \qquad \text{und} \qquad \overline{W_m(t)} \sim I_{eff}^2.} \tag{6.3– 12}$$

Mittels des Durchflutungsgesetzes und mit $Div\,\vec{B} = 0$ erhält man H_{Fe} und H_L zu:

im Kern mit Index Fe	**im Luftspalt mit Index L**
$H_{Fe} = \dfrac{wI}{(\bar{\ell} + \mu_r s)}$	$H_L = \dfrac{wI}{(s + \bar{\ell}/\mu_r)}$
$w_{mFe} \approx \dfrac{\mu_0 \mu_r}{2} \underbrace{\left(\dfrac{w\,I}{\bar{\ell} + \mu_r s}\right)^2}_{H_{Fe}^2}$	$w_{mL} \approx \dfrac{\mu_0}{2} \underbrace{\left(\dfrac{w\,I}{s + \bar{\ell}/\mu_r}\right)^2}_{H_L^2}$
Voraussetzung: $\bar{\ell} << \mu_r\, s$:	Voraussetzung: $\bar{\ell}/\mu_r << s$:
$W_{mFe} \approx \dfrac{\mu_0 \mu_r}{2} \dfrac{w^2 I^2}{\mu_r^2 s^2} \bar{\ell}\, a_i \approx \dfrac{I^2}{2} \dfrac{\mu_0 w^2 \bar{\ell}\, a_i}{\mu_r s^2}$	$W_{mL} \approx \dfrac{\mu_0}{2} \dfrac{w^2 I^2}{s^2} s\, a_i \approx \dfrac{I^2}{2} \dfrac{\mu_0 w^2 a_i}{s}$
$L_{Fe} = \dfrac{2}{I^2} W_{mFe} \approx \dfrac{\mu_0 w^2 \bar{\ell}\, a_i}{\mu_r s^2}$	$L_L = \dfrac{2}{I^2} W_{mL} \approx \dfrac{\mu_0 w^2 a_i}{s}$

Die Zeichen "$\approx$" wurden wegen des als homogen angenäherten Magnetfeldes verwendet. Tatsächlich ist $H \sim 1/r$ radiusabhängig.

Die Aufteilung der Induktivität in eine Teilinduktivität L_{Fe}, die der magnetischen Energie des ferromagnetischen Kerns und in eine zweite Teilinduktivität L_L, die der Luftspaltenergie zugeordnet wird, ist nur rechnerisch möglich. Meßtechnisch läßt sich nur die gesamte Induktivität
$L_L + L_{Fe} = L$ erfassen. Dennoch interessiert uns das Verhältnis der Rechengrößen zueinander:

$$\frac{L_L}{L_{Fe}} \approx \frac{\mu_0\, w^2 a_i}{s} \; \frac{\mu_r\, s^2}{\mu_0\, w^2\, \bar{\ell}\, a_i} = \frac{\mu_r\, s}{\bar{\ell}} >> 1, \qquad (6.3\text{– } 13)$$

solange die oben getroffene Näherung gilt: $\mu_r\, s >> \bar{\ell}$. Man stellt fest: Bei hochpermeablen Kernen sind die Induktivität und die magnetische Energie des Luftspaltes viel größer als die des Ferromagnetikums. Der Dimensionierung des Luftspaltes ist deswegen besondere Aufmerksamkeit zu widmen.

6.3.2 Selbstinduktivität und magnetischer Fluß

Wir gehen wieder aus von der langen Zylinderspule. Hat sie einen homogenen Kern und eine aussteuerungsunabhängige Permeabilitätszahl $\mu_r = const_H$, was einer linearen Magnetisierungskurve gleich kommt, so gilt mit dem Ergebnis des Abschnitts 6.3.1:

$$\begin{aligned} L\, i(t) = \frac{\mu_0 \mu_r w^2 a_i}{\ell}\, i(t) &= \mu_0 \mu_r \underbrace{\frac{w\, i(t)}{\ell}}\; a_i\, w \\ &= \underbrace{\mu_0 \mu_r\;\; H(t)}\; a_i\, w \\ &= \underbrace{B(t)\;\; a_i}\;\; w \\ &= \phi(t)\;\; w. \end{aligned} \qquad (6.3\text{– } 14)$$

Der neue Zusammenhang lautet:

$$\boxed{L\, i(t) = w\, \phi(t) \qquad \text{oder} \qquad L\, I_{eff} = w\, \phi_{eff},} \qquad (6.3\text{– } 15)$$

wobei ϕ und ϕ_{eff} den **magnetischen Bündelfluß** (= der ganze magnetische Fluß als Zusammenfassung aller Feldlinien oder Feldröhren) durch den Kern der Spule repräsentiert. Auch der Zusammenhang nach Gl.(6.3–15) muß nicht auf lange Zylinderspulen beschränkt sein, sondern kann ebenso bei anderen Geometrien verwendet werden, vorausgesetzt ein Bündelfluß existiert (!) und μ_r ist konstant. Dann kann die dem magnetischen Fluß außerhalb des Leiters zugeordnete **Induktivität** durch den Bündelfluß ϕ definiert werden:

$$\boxed{L = \frac{w\ \phi(t)}{i(t)} \qquad \text{oder} \qquad L = \frac{w\ \phi_{eff}}{I_{eff}}.} \tag{6.3- 16}$$

Dies ist neben Gl.(6.3–6) eine zweite Berechnungsmöglichkeit oder Definitionsgleichung für Selbstinduktivitäten.

Oft wird zusammengefaßt: $w\phi = \psi$, wobei ψ nicht nur den Fluß einer einzigen Windung, sondern den durch w Windungen darstellt. An die Definition des magnetischen Flusses ϕ sei erinnert:

$$\phi = \iint \vec{B}\ d\vec{a} \qquad \text{daher} \qquad \psi = w\ \phi = w \iint \vec{B}\ d\vec{a}. \tag{6.3- 17}$$

Dabei wird die Fläche a von dem geschlossenen Umlauf $\overset{\circ}{s}$ umfaßt. Durch ihn tritt der Bündelfluß ϕ oder ψ, was aus Bild 5.1.4 deutlich wird.

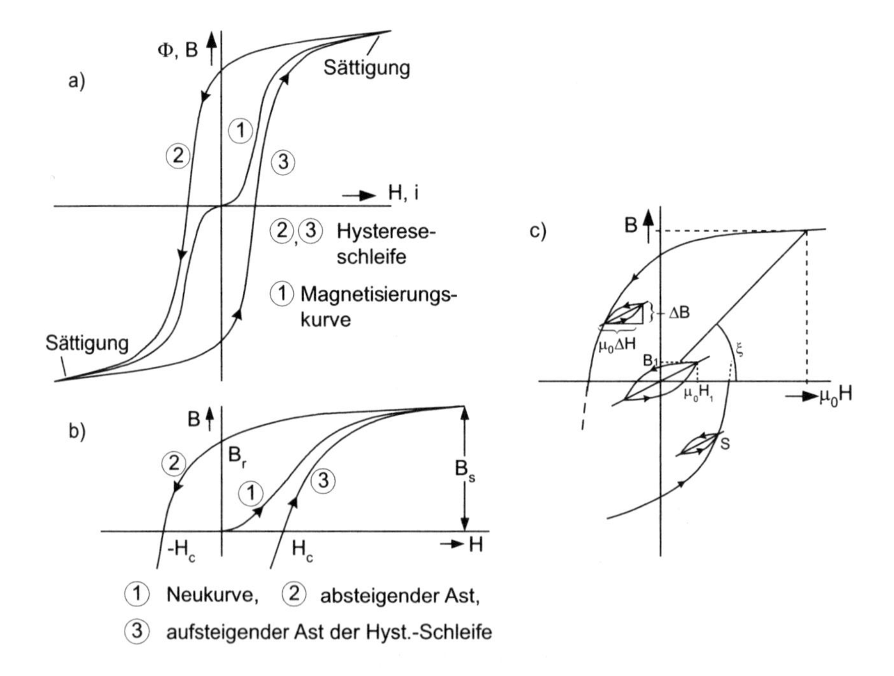

Bild 6.3.6: Hystereseschleife und Permeabilitätszahlen bei Ferromagnetika

6.3.3 Selbstinduktivität und Fluß bei Ferromagnetika

Verschiedene Permeabilitätszahlen als mittlere Steigungen

Bild 6.3.6,c) **Anfangspermeabilitätszahl**: Kleine Aussteuerung um den Nullpunkt herum, ohne Vormagnetisierung: $\mu_{ra} = \left.\frac{B_1}{\mu_0 H_1}\right|_{H,B\approx 0}$

Bild 6.3.6,c) **Totale = Wechselpermeabilitätszahl**: $\mu_{r\,tot} = tan\ \xi = \frac{\hat{B}}{\mu_0 \hat{H}}$

Auch Bild 6.3.6,c) Arbeitspunkt bei R oder S durch Gleichstromvormagnetisierung, **reversible Permeabilitätszahl** der Lanzetten: $\mu_{r\,rev} = \frac{\Delta B}{\mu_0 \Delta H}$.

Die größte Permeabilitätszahl ist nicht μ_{ra}, sondern die Wechselpermeabilitätszahl μ_{rtot} bei Aussteuerung bis etwa zur Hälfte bis zwei Drittel der Sättigungsinduktion.

Das wichtigste Kernmaterial für Transformatoren und Übertrager in der Elektrotechnik sind **Ferromagnetika**. Sie sind gekennzeichnet durch ihre Grundsubstanzen Eisen, Kobalt und Nickel sowie durch sehr große Permeabilitätszahlen: $\mu_r >> 1$. (**Diamagnetische Werkstoffe**: $\mu_r < 1$ und **paramagnetische Werkstoffe**: $\mu_r > 1$, aber nicht sehr viel größer als eins, haben in der Elektrotechnik nur geringe Bedeutung.)

Tabelle einiger weichmagnetischen Ferromagnetika [1]

Bezeichnung/Bestandteile	$\mu_{r\,a}$	$\mu_{r\,max}$	$\frac{B_s}{T}$	$\frac{H_c}{A/m}$
Dynamoblech IV (für 50 Hz – Trafos)	500	7 000	1,0	0,4
Jetzt hochpermeable Ringbandmaterialien ohne deren F_e-Anteile				
Vacoflux 50, 47 – 50% Co	1 000	12 000	2,35	110,0
Vacofer S2	1 500	30 000	2,15	12,0
Vacofer S1	2 000	40 000	2,15	6,0
Trafoperm N2, 3% Ni	2 000	35 000	2,03	10,0
Vacodur, 16% Alu	8 000	40 000	0,90	4,0
Megaperm 40 L, 35 – 40% Ni	9 000	75 000	1,48	6,0
Permenorm 5000 H2, 45 – 50% Ni	12 000	80 000	1,55	4,0
Mumetall, 72 – 83% Ni+Cu+Mo u.a.	50 000	140 000	0,80	1,2
Vacoperm 100, ähnlich Mu–Metall	90 000	250 000	0,78	0,8
Ultraperm 200, ähnlich Mu–Metall	250 000	350 000	0,78	0,3

[1]siehe Boll, Weichmagnetische Werkstoffe, Vacuumschmelze GmbH Hanau

Je nach dem prozentualen Anteil von Fe, Co und Ni in einer ferromagnetischen Legierung erhält man "weichmagnetische" oder "hartmagnetische" Materialien. **Weichmagnetische Ferromagnetika** haben eine schmale Hystereseschleife, die durch H_c und B_s bestimmt wird (siehe Bild 6.3.6a und b sowie die vorangehende Tabelle). Sie haben auch große Permeabilitätszahlen μ_{rmax}. Den Wert H_c nennt man **Koerzitivfeldstärke**. Sie gibt an, in welchem Abstand vom Koordinatennullpunkt die Hystereseäste die mit H bezifferte Abszisse schneiden. B_s ist die magnetische **Sättigungsflußdichte** oder **Sättigungsinduktion**.

Zu erwähnen ist auch, daß z.B. die für Ringbandkerne in Vorzugsrichtung gewalzten Bleche mit hoher Permeabilitätszahl eine **magnetische Anisotropie** aufweisen, also richtungsabhängige Permeabilitätszahlen haben. Die Richtungen von $\vec{B}$ und $\vec{H}$ bzw. $\vec{H}$ und $\vec{M}$ müssen dann nicht mehr übereinstimmen.

Weichmagnetische Ferromagnetika werden oft bei höheren Frequenzen verwendet und zwar als dünne Bleche meist für Transformatoren, als Ferritkerne meist für Spulen und Übertrager. Dabei ist der Zusammenhang $B = f(H)$, wie Bild 6.3.6 zeigt, grundsätzlich nichtlinear. Dies trifft insbesondere für große Aussteuerung zu. Bei diesen weichmagnetischen Materialien, mit schmaler Hystereseschleife und Aussteuerung ohne Gleichstromvormagnetisierung, ist es meist zulässig, die beiden äußeren Äste der Hystereseschleife, ② und ③ nach Bild 6.3.6a, durch eine mittlere Kurve ①zu ersetzen. Man nennt sie die **Magnetisierungskurve**.

Diese Magnetisierungskurve entsteht meßtechnisch durch Verbinden der Maximalwerte $\hat{B}$ und $\hat{H}$ (oder $\hat{\phi}$ und $\hat{i}$) bei Aussteuerung mit harmonischen Wechselgrößen bei zunehmenden Amplituden (ohne Gleichstromvormagnetisierung). Damit ist zwar ein eindeutiger Zusammenhang der Kurven $B = f_1(H)$ und $\phi = f_2(i)$ erzwungen worden, aber diese Magnetisierungskurven sind noch immer nichtlinear, weil sie aussteuerungsabhängig gekrümmt sind (① vom Bild 6.3.6a). Die zur Magnetisierungskurve gehörende Permeabilitätszahl ist die sogenannte **totale oder Wechselpermeabilitätszahl**:

$$\mu_{r\,tot} = tan\,\xi = \frac{\hat{B}(i)}{\mu_0\,\hat{H}(i)}, \tag{6.3- 18}$$

nach Bild 6.3.6c. Sie hängt u.a. ab von den Amplituden der Aussteuerung.

Ebenso ist der magnetische Fluß ϕ nicht mehr linear proportional zur Stromstärke sondern eine allgemeinere Funktion davon:

$$\phi = \phi(i) \qquad \text{Beispiel für Dynamoblech:} \qquad \hat{\phi} \approx k\,\hat{i}^{1/9}. \tag{6.3- 19}$$

Daher muß bei Wechselstromaussteuerung von ferromagnetischen Kernen als Definitionsgleichung für die Selbstinduktivität die verallgemeinerte Gleichung (6.3–20) verwendet werden, und zwar mit L und ϕ als Funktionen des Stromes $i(t)$:

$$\boxed{w\ \phi(i) = L(i)\ i} \qquad \text{oder} \qquad \boxed{L(i) = \frac{w\ \phi(i)}{i}.} \tag{6.3– 20}$$

Verwendet man jedoch Gleichstrom zur Vormagnetisierung, so daß man z.B. in R oder S einen Arbeitspunkt einstellt, dann werden durch kleine Wechselgrößen Lanzetten in der Umgebung des Arbeitspunktes ausgesteuert (siehe Bild 6.3.6c). Deren mittlere Steigung ist zwar konstant, aber abhängig von der Lage des Arbeitspunktes, also von der magnetischen Vorgeschichte des Kernes und von der Gleichstromvormagnetisierung. Man spricht dabei von der **reversiblen Permeabilitätszahl**:

$$\mu_{r\,rev} = \frac{\Delta B}{\Delta(\mu_0\,H)} = \frac{\Delta B}{\mu_0\,\Delta H}. \tag{6.3– 21}$$

ΔB und ΔH, ebenso wie nachfolgend der reversible Bündelfluß $\Delta\phi$ und Δi, sind kleine Änderungen dieser Größen beim Arbeitspunkt. Ihnen kann man eine **reversible Induktivität** $L_{rev}(i)$ zuordnen:

$$w\ \Delta\phi(i) = \Delta i\ L_{rev}(i) \qquad \text{oder} \tag{6.3– 22}$$

$$\boxed{L_{rev}(i) = \frac{w\ \Delta\phi(i)}{\Delta i}.} \tag{6.3– 23}$$

Tabelle einiger hartmagnetischen Ferromagnetika

Material	$\mu_{r\,a}$	B_r/T	$H_c/(A/m)$
Stahl mit 1% C	40	0,70	5 000
Chrom-Wolfram-Stahl	30	1,10	5 000
Barium-Ferrit	1,2	0,35	200 000
Strontium-Ferrit	1,2	0,45	200 000
Platin-Kobalt-Legierung mit 77% Pt, 23 % Co	1,2	0,45	260 000

Die **Hystereseschleife hartmagnetischer Ferromagnetika** ist sehr viel breiter als die der weichmagnetischen Werkstoffe. Sie ist hauptsächlich durch B_r und den sehr großen Wert von H_c gekennzeichnet (siehe Tabelle). B_r nennt man **Remanenz**, das ist die beim Abschalten der magnetischen Erregung ($i = 0,\ H = 0$) remanente oder zurückbleibende magnetische Flußdichte oder Induktion (siehe Bild 6.3.6.b). Hartmagnetische Ferromagnetika werden überwiegend zur Herstellung von Dauermagneten verwendet.

6.3.4 Innere Induktivität kreisrunder Drähte

Die mit einem Meßgerät meßbare Induktivität (in deren richtigem Betriebszustand!) ist stets die ganze Induktivität einer Spule. Die Berechnungsvorschriften nach den Gln.(6.3–6, 16, 20, 23) haben entweder mit magnetischer Energie oder mit magnetischem Bündelfluß zu tun, gehen also zurück auf magnetische Feldstärke. Diese aber wurde in unserer bisherigen Induktivitätsberechnung nur soweit berücksichtigt, wie sie außerhalb des Wicklungsdrahtes vorkam. Wir haben daher bislang nur die **äußere Induktivität** berechnet.

Bei genauerer Betrachtung fällt auf, daß auch das magnetische Feld innerhalb des Wicklungsdrahtes eine magnetische Energie und einen magnetischen Fluß zur Folge hat. Ihr Einfluß und Beitrag zur Gesamtinduktivität muß berechnet werden, um abschätzen zu können, ob dieser Beitrag vernachlässigt werden kann oder ob nicht.

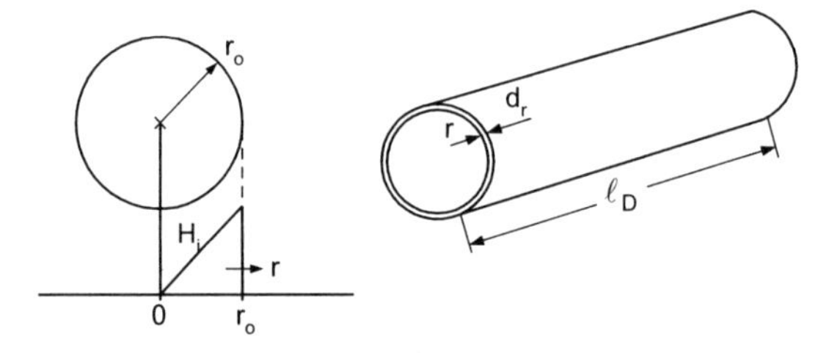

Bild 6.3.7: Links: Kreisrunder Draht und dessen innere Feldstärke H_i, rechts: Volumenelement $dv = \ell_D 2\pi r\, dr$ mit $r < r_0$

Wir verwenden einen kreisrunden Draht mit dem Radius r_0, von der Länge ℓ_D mit der radiusunabhängigen, konstanten Stromdichte J und dem Gesamtstrom $I = J\pi r_0^2$. Da kein Bündelfluß vorliegt, berechnen wir die magnetische Energie im Drahtinnern und daraus die innere Induktivität L_i des Drahtes. Seine Form ist unerheblich; das Ergebnis hängt also nicht davon ab, ob der Draht linear ausgedehnt oder zu einer Spule gewickelt ist, oder ob er eine andere Form hat. Auf Grund des Durchflutungsgesetzes gilt für kreisrunde Drähte:

$$0 \leq r \leq r_0: \qquad H_i = \frac{J}{2}\, r. \qquad (6.3\text{–}\ 24)$$

Die magnetische Energiedichte ist im Drahtinnern für nichtferromagnetische, Metalle wie Silber, Kupfer und Aluminium mit $\mu_r \approx 1$:

$$w_m = \frac{\mu}{2} H^2 = \frac{\mu_0}{2} \frac{J^2}{4} r^2, \tag{6.3- 25}$$

daher ist die gesamte magnetische Energie W_{mi} im Draht mit dem Volumenelement dv nach Bild 6.3.7:

$$\begin{aligned} W_{mi} &= \iiint w_m \, dv \\ &= \frac{\mu_0}{2} \frac{J^2}{4} \ell_D \, 2\pi \int\limits_{r=0}^{r_0} r \, r^2 \, dr \\ &= \frac{\mu_0}{4} J^2 \, \ell_D \, \pi \, \frac{r_0^4}{4} \qquad \text{und mit} \qquad I = J\pi r_0^2 : \\ &= \frac{\mu_0 \, \ell_D \, I^2}{16 \, \pi}. \end{aligned} \tag{6.3- 26}$$

Auf Grund der Definitionsgleichung ist die zugehörige innere Induktivität L_i des Leiters:

$$L_i = \frac{2 \, W_{mi}}{I^2}. \tag{6.3- 27}$$

Setzt man W_{mi} ein, so folgt:

$$\boxed{L_i = \frac{\mu_0 \, \ell_D}{8 \, \pi} \qquad \textbf{die innere Induktivität},} \tag{6.3- 28}$$

gültig für kreisrunde Leiter ohne Stromverdrängung, unabhängig von der geometrischen Anordnung der Leiter, also von der Leiterführung.

Innere und äußere Induktivität einer Zylinderspule

Im Abschnitt 6.3.1 wurde die äußere Induktivität der langen Zylinderspule berechnet zu $(L =)\, L_a = \mu_0 \mu_r a w^2 / \ell$, wobei $\mu_r = const_H$ vorausgesetzt wurde. Im obigen Abschnitt war die innere Induktivität L_i des kreisrunden Drahtes der Länge ℓ_D berechnet worden zu: $L_i = \mu_0 \ell_D / (8\pi)$. Die tatsächliche Gesamtinduktivität der langen Zylinderspule ist demnach:

$$L = L_a + L_i. \tag{6.3- 29}$$

Um das Verhältnis von L_a zu L_i berechnen zu können, ist es zweckmäßig, zunächst die Drahtlänge ℓ_D durch Größen der Zylinderspule auszudrücken:

Mit $\ell_d \approx D\,\pi\,w$ wird

$$L_i \approx \frac{\mu_0}{8\pi} D\pi w = \frac{\mu_0\,D\,w}{8}. \qquad (6.3\text{-}\ 30)$$

Und mit mit $L_a = \mu_0\mu_r\,a\,w^2/\ell$ erhalten wir den Quotienten:

$$\frac{L_a}{L_i} \approx \frac{\mu_0\mu_r a w^2}{\ell}\,\frac{8}{\mu_0 D w} = \frac{8\,\mu_r\,a\,w}{D\,\ell}. \qquad (6.3\text{-}\ 31)$$

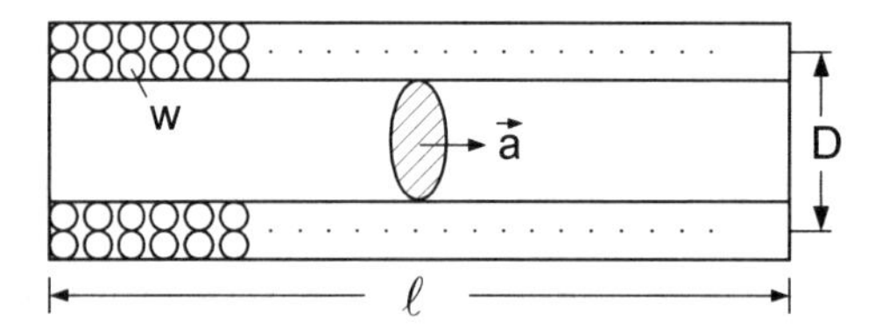

D: mittlerer Windungsdurchmesser
ℓ: Spulenlänge
a: innerer Spulenquerschnitt

Bild 6.3.8: Lange Zylinderspule

Eine grobe, willkürliche Abschätzung, die der Größenordnung nach oft stimmt, ist noch erforderlich:

$$D\,\ell \approx 8\,a. \qquad (6.3\text{-}\ 32)$$

Damit wird übersichtlich, ebenfalls nur der Größenordnung nach:

$$\boxed{\frac{L_a}{L_i} \approx w\,\mu_r} \qquad (6.3\text{-}\ 33)$$

Hieraus kann man schließen: Bei Spulen mit großer Windungszahl w und/oder mit einem Kern von großer Permeabilitätszahl ist L_i gegen L_a bei der Berechnung von Induktivitäten vernachlässigbar. Der folgende Abschnitt muß zeigen, ob für $\mu_r = 1$ und $w = 1$ auch $L_a/L_i \approx 1$ wird, wie dies nach Gl.(6.3-33) zu sein scheint, oder ob dann andere Größen von Bedeutung sind.

Äußere und innere Induktivität der Paralleldrahtleitung

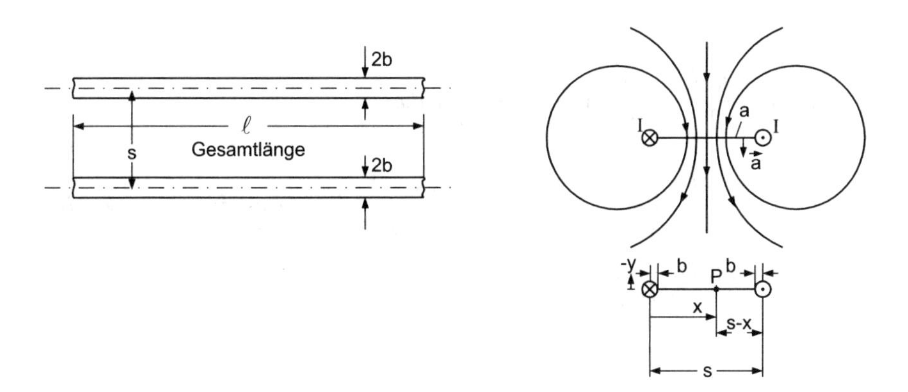

Bild 6.3.9: Paralleldrahtleitung, links: Draufsicht, rechts: im Querschnitt

Wir berechnen L_a aus der Beziehung

$$w\,\phi_a = L_a\,I, \tag{6.3- 34}$$

dabei ist ϕ_a der durch die beiden Drähte hindurchgehende Bündelfluß. Er ist am stärksten eingeschnürt in der Verbindungsebene a zwischen beiden Drähten. Dort wollen wir ihn berechnen. In dieser Ebene ist: $\vec{H} \uparrow\uparrow \vec{a}$ und daher $\vec{H}\,d\vec{a} = H\,da$.

Die von den beiden Einzeldrähten herrührenden Feldstärken lassen sich linear überlagern, weil in der eingespannten Ebene a alle Vektoren $\vec{H}$ gleichsinnig parallel gerichtet sind:

$$H(x,0) = \underbrace{\frac{I}{2\pi x}}_{\text{vom linken}} + \underbrace{\frac{I}{2\pi(s-x)}}_{\text{vom rechten Draht.}} \tag{6.3- 35}$$

Verlaufen die Drähte in Luft, dann ist $\mu_r = 1$ und

$$\begin{aligned} B(x,0) &= \mu_0\,H(x,0) \\ &= \frac{\mu_0\,I}{2\pi x} + \frac{\mu_0\,I}{2\pi\,(s-x)}\,. \end{aligned} \tag{6.3- 36}$$

Weiter ist wegen: $\phi_a = \iint \vec{B}\, d\vec{a}$ mit $\vec{B} \uparrow\uparrow d\vec{a}$ und $da = \ell\, dx$, daher:

$$\begin{aligned} \phi_a &= \frac{\mu_0\, I\, \ell}{2\,\pi} \int\limits_{x=b}^{x=s-b} \left(\frac{1}{x} + \frac{1}{s-x}\right) dx \\ &= \frac{\mu_0\, I\, \ell}{2\,\pi} \left(ln\frac{s-b}{b} - ln\frac{s-(s-b)}{s-b} \right) \qquad \text{und für} \qquad s >> b: \\ &\approx \frac{\mu_0\, I\, \ell}{\pi}\, ln\frac{s}{b}\,. \end{aligned} \tag{6.3- 37}$$

Jetzt kann Gl.(6.3–33) mit $w = 1$ angewandt werden, und man erhält die **äußere Induktivität einer Doppeldrahtleitung** zu:

$$\boxed{L_a = \frac{w\, \phi_a}{I} = 1\, \frac{\phi_a}{I} = \frac{\mu_0\, \ell}{\pi}\, ln\, \frac{s-b}{b}\,.} \tag{6.3- 38}$$

Ist $s >> b$, wie z.B. bei Freileitungen, dann gilt in guter Näherung:

$$\boxed{L_a \approx \frac{\mu_0\, \ell}{\pi}\, ln\, \frac{s}{b}\,.} \tag{6.3- 39}$$

Betrachtet man die Grenzwerte, so folgt:

1) Für $s = 2b = 2r_0$ (Abstand Null!) wird nach Gl.(6.3–38): $L_a = 0$.

2) Für $s \to \infty$ geht auch $L_a \to \infty$. Das heißt, L_a divergiert logarithmisch, was technisch nie realisiert werden kann; denn die beiden Leiter einer Paralleldrahtleitung bleiben immer in endlichem Abstand von einander.

3) $b \to 0$ bewirkt $L_a \to \infty$. Auch ein Drahtradius $b = 0$ ist technisch nicht realisierbar. Die Stromdichte darin müßte unendlich groß werden.

Der Vergleich von L_a mit L_i bei der Paralleldrahtleitung ergibt mit $\ell_D = 2\,\ell$, wobei ℓ die einfache Länge der Paralleldrahtleitung ist:

$$L_i = \frac{\mu\, \ell_D}{8\,\pi} = \frac{\mu\, 2\,\ell}{8\,\pi} = \frac{\mu\, \ell}{4\,\pi}, \tag{6.3- 40}$$

$$L_a = \frac{\mu_0\, \ell}{\pi}\, ln\frac{s-b}{b}. \tag{6.3- 41}$$

Setzen wir für μ in L_i im Falle von Kupferdraht $\mu = 1 \cdot \mu_0$ ein, so erhalten wir schließlich den Quotienten:

$$\boxed{\frac{L_a}{L_i} = \frac{\mu_0 \ell \; ln\dfrac{s-b}{b}}{\pi \dfrac{\mu_0 \ell}{4\pi}} = 4 \; ln\frac{s-b}{b}.} \tag{6.3- 42}$$

L_a ist also auch bei der Paralleldrahtleitung dann sehr viel größer als L_i wenn der Drahtabstand s viel größer ist als der Drahtradius b. Bei Kabeln dagegen, mit geringem Abstand zwischen Hin- und Rückleiter, darf bei Induktivitätsberechnungen L_i gegenüber L_a nicht vernachlässigt werden.

Will man die Induktivität L eines Draht– oder Leitergebildes messen, dann muß die Geometrie der Anordnung starr vorgegeben sein. (Beispiel: Auf festem Kern fixierte Spule). Will man L berechnen, so kann dazu, falls er existiert, der Bündelfluß verwendet werden. (Beispiele: Transformatoren, Toroidspule, lange Zylinderspulen). Existiert kein Bündelfluß, (Beispiele: Das Innere von Leitern, auseinandergezogene Drahtwindungen ohne Kern), dann führt die Berechnung von L aus dem magnetischen Fluß zu Fehlern; daher hat die Berechnung von L in diesen Fällen aus der magnetischen Energie der Anordnung zu erfolgen.

Ein ausgedehntes Stück Metall, von einigen cm oder m Länge, ist keine geeignete Anordnung zur Berechnung oder Messung der Induktivität. Für sie ließe sich höchstens der innere magnetische Teilfluß (im Leiter) oder dessen innere magnetische Teilenergie angeben.

Würde man mit einem Induktivitätsmeßgerät die **Gesamtinduktivität** L eines solchen z.B. linear ausgedehnten **Leiterstückes** messen wollen, so wäre dessen eines Ende an das Induktivitätsmeßgerät anzuschließen, sein anderes, abstehendes Ende aber ebenso, und zwar über ein Meßkabel. Durch das Meßkabel, zusammen mit dem Leiterstück, wäre wieder eine geschlossene Anordnung erreicht. Für sie wäre ein Fluß und damit eine Induktivität L meßbar. Beide würden jedoch von der Geometrie aus Meßkabel und Leiterstück abhängen, und die gemessene Induktivität wäre keineswegs die des Leiterstückes alleine.

6.3.5 Gegeninduktivität

Mit der Selbstinduktivität L eines einzelnen Stromkreises kann man bei harmonischen Schwingungen durch $R + j\omega L$ den komplexen Widerstand des Stromkreises oder der Spule angeben. Durch $u_L(t) = L\, di/dt$ erhält man bei beliebiger Kurvenform eines Stromes $i(t)$ die induktive Spannung des Stromkreises oder der Spule. Will man aber auf Grund des Stromes $i_1(t)$ in einem Stromkreis 1 die dadurch in einem Stromkreis 2 induzierte Spannung berechnen, so benötigt man die Gegeninduktivität M. Drei induktiv miteinander gekoppelte Stromkreise haben auch drei Gegeninduktivitäten. n induktiv miteinander gekoppelte Stromkreise haben $n \cdot (n-1)/2$ Gegeninduktivitäten. Um die Gegeninduktivität zu veranschaulichen, beschränken wir uns auf zwei Stromkreise oder Spulen oder auch nur Stromschleifen, die induktiv miteinander gekoppelt seien. Siehe Bild 6.3.10.

Induktive Kopplung: Ein Teil des Magnetfeldes einer Spule durchsetzt auch die andere Spule und induziert in ihr eine elektrische Spannung.

Wir setzen voraus, es sei $\mu_r = const_H$. Dann ist die magnetische Energie dieser Anordnung im felderfüllten Volumen v:

$$\begin{aligned} W_m &= \frac{\mu}{2} \iiint (\vec{H}_1 + \vec{H}_2)^2 \, dv \\ &= \frac{\mu}{2} \iiint (\vec{H}_1^2 + \vec{H}_2^2 + 2\,\vec{H}_1\,\vec{H}_2) \, dv \\ &= W_{m1} + W_{m2} + W_{m12} \\ &= \frac{L_1}{2}\, I_1^2 + \frac{L_2}{2}\, I_2^2 + M\, I_1\, I_2 \\ &= \frac{w_1 I_1 \phi_1}{2} + \frac{w_2 I_2 \phi_2}{2} + \begin{cases} w_2 \phi_{12} I_2 & \text{oder} \\ w_1 \phi_{21} I_1, & \end{cases} \end{aligned} \tag{6.3- 43}$$

wobei $L_k I_k = w_k \phi_k$ und $M_{12} I_1 = w_2 \phi_{12}$ bzw. $M_{21} I_2 = w_1 \phi_{21}$ eingesetzt wurde. Bei passiven Vierpolen gilt: $M_{12} = M_{21} = M$. Ferner bedeuten:

ϕ_{12} ist der magnetische Teilfluß des Stromkreises 1, der auch den Stromkreis 2 durchsetzt, daher ist $\phi_{12} \sim w_1 I_1$.

ϕ_{21} ist der magnetische Teilfluß des Stromkreises 2, der auch den Stromkreis 1 durchsetzt, daher ist $\phi_{21} \sim w_2 I_2$.

M ist der Koeffizient der gegenseitigen Induktion, kurz: **Gegeninduktivität**.

$M I_1 I_2$ ist die den beiden Stromkreisen gemeinsame magnetische Feldenergie.

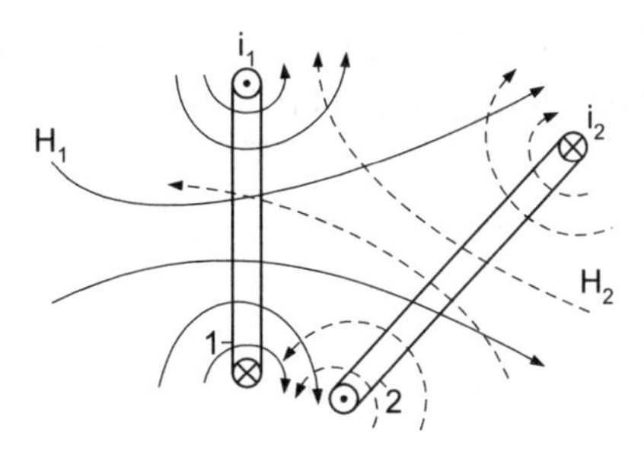

Bild 6.3.10: Zwei miteinander gekoppelte Stromkreise

Ändert sich die gegenseitige Lage der beiden Stromschleifen, nicht aber deren individuelle Geometrie, so ändert sich zwar M, nicht aber L_1, L_2. Mit M ändert sich auch die den beiden Stromschleifen gemeinsame Energie MI_1I_2. Die Gegeninduktivität M ist also ein Maß für die gegenseitige Verkopplung der beiden Stromkreise miteinander. Diese Kopplung ist umso stärker, je mehr der Teilfluß ϕ_{12} mit ϕ_1 und je mehr ϕ_{21} mit ϕ_2 übereinstimmt. Dabei gilt immer:

$$\phi_{12} \leq \phi_1 \qquad \text{und} \qquad \phi_{21} \leq \phi_2. \tag{6.3- 44}$$

Zwei Stromkreise (z.B. Luftspulen) haben dann die **stärkste** gegenseitige **Kopplung**, wenn ihre Windungen aufs engste einander benachbart sind und/oder ein hochpermeabler Kern die Wicklungen durchdringt. Die gegenseitige Kopplung ist Null, z.B. wenn die Achsen von zwei Zylinderspulen in einer Ebene liegen, aber senkrecht aufeinander stehen.

Da die gemeinsame magnetische Energie W_{m12} zweier Stromkreise gleich $M\ I_1I_2$ ist, kann daraus die **Gegeninduktivität** M berechnet werden:

$$\boxed{M = \frac{W_{m12}(t)}{i_1(t)\, i_2(t)} \qquad \text{oder} \qquad M = \frac{\overline{W_{m12}(t)}}{I_{1eff}\ I_{2eff}},} \tag{6.3- 45}$$

analog zur Berechnung der Induktivität L nach Gl.(6.3–6). Ferner gilt nach Gl.(6.3–43):

$$M\ i_1(t)\ i_2(t) = \begin{cases} w_2\ \phi_{12}(t)\ i_2(t) & \text{oder} \\ w_1\ \phi_{21}(t)\ i_1(t). \end{cases} \tag{6.3- 46}$$

Auch daraus kann die **Gegeninduktivität** berechnet werden und zwar in Analogie zur Induktivitätsberechnung nach Gl.(6.3–16):

$$M = \frac{w_2\,\phi_{12}(t)}{i_1(t)}, \quad \text{wobei} \quad \phi_{12}(t) \sim i_1(t) \tag{6.3- 47}$$

$$M = \frac{w_1\,\phi_{21}(t)}{i_2(t)}, \quad \text{wobei} \quad \phi_{21}(t) \sim i_2(t) \tag{6.3- 48}$$

Für die Gegeninduktivität M gilt der Zusammenhang mit den Induktivitäten L_1 der Spule 1 und L_2 der Spule 2:

$$M \leq \sqrt{L_1\,L_2} \sim w_1\,w_2 \tag{6.3- 49}$$

und der **magnetische Kopplungsfaktor** k ist definiert zu:

$$k = \frac{M}{\sqrt{L_1\,L_2}}; \qquad k \leq 1. \tag{6.3- 50}$$

Für $k = 0$ ist auch $M = 0$: Zwei Stromkreise (z.B. Spulen) sind dann nicht induktiv miteinander gekoppelt.

Für $k = 1$ erreicht M sein Maximum: $M_{max} = \sqrt{L_1 L_2}$. Zwei Stromkreise (z.B. Spulen) sind so am stärksten induktiv miteinander gekoppelt. In diesem Fall durchsetzen a l l e magnetischen Feldlinien (oder Feldröhren, also der ganze Fluß) des einen Stromkreises (z.B. der Spule 1) auch den anderen Stromkreis (z.B. die Spule 2). Dieser physikalische Sachverhalt bedeutet: Hier sind magnetischer Streufluß, der nur den erzeugenden Stromkreis (z.B. die erzeugende Spule) durchsetzt und die ihm zuzuordnende Streuinduktivität gleich Null.

Praktischer Hinweis zur Berechnung der Selbstinduktivität L

Für Wickelkörper von Mittel- und Hochfrequenzspulen geben die Hersteller häufig den sogenannten A_L–Wert an. Er bezeichnet die durch eine Windung auf diesem Wickelkörper entstehende Induktivität. Somit ist die Induktivität von w Windungen, ausgedrückt durch den A_L-Wert:

$$L = w^2\,A_L. \tag{6.3- 51}$$

6.3.6 Metalle, Ferrite und Pulververbundwerkstoffe

Ferrite sind oxidische Werkstoffe. Sie unterscheiden sich von den metallischen Werkstoffen in Sättigung, Anfangspermeabilitätszahl und insbesondere im spezifischen elektrischen Widerstand. Verbundwerkstoffe unterscheiden sich von den Metallen hauptsächlich in der Anfangspermeabilitätszahl und im spezifischen elektrischen Widerstand. Folgende Tabelle[2] möge dies der Größenordnung nach verdeutlichen:

	Metalle	**Ferrite**	**Verbund–werkstoffe**
Sättigungspolarisation/Tesla	$0,6 - 2,4$	$0,25 - 0,5$	$0,5 - 1,8$
Anfangspermeabilitätszahl μ_r	$6 \times 10^2 - 10^5$	$8 - 10^4$	$8 - 5 \times 10^2$
Spez. elektr. Widerstd./ $\Omega mm^2/m$	≈ 1	$5 \times 10^4 - 10^{12}$	$10^3 - 10^{10}$

Wegen ihrer hohen elektrischen Leitfähigkeit müssen legierte Metalle, die als ferromagnetische Kerne verwendet werden sollen, als dünne, lamellierte und gegeneinander isolierte Bleche oder als Band hergestellt werden, um die bei Wechselstrom auftretenden Wirbelstromverluste klein zu halten. Ferrite dagegen können wegen ihrer dreidimensionalen Materialunterbrechnung als Kompaktkerne verwendet werden. Beispiele: Schalenkerne oder auch Ferritantennen.

Weichmagnetische Verbundwerkstoffe bestehen aus feinen Pulvern aus Fe oder NiFe, die isoliert voneinander mit Bindemittel gepreßt werden. Auch sie haben eine dreidimensionale Materialunterbrechung, wodurch Wirbelströme sehr reduziert werden. Insofern unterscheiden sie sich von den Metallen und sind mit den Ferriten vergleichbar. Ihr isotroper elektrischer Widerstand liegt um den Faktor 10^3 bis 10^{10} höher als der metallischer Legierungen, so daß diese Werkstoffe für höherfrequente Anwendungen auch als Kerne von Drosseln in der Leistungselektronik und als Formteile für Elektromotoren in Frage kommen. Da die Permeabilitätszahl bei 40 mT nur Werte zwischen 5 und 250 annimmt, sind die magnetischen Widerstände solcher Kerne und damit auch die Streufelder der damit erstellten Spulen und Drosseln viel größer als die der metallischen Blech– oder Bandkernspulen.

[2] zu Einzelheiten siehe: Boll, Weichmagnetische Werkstoffe, Vakuumschmelze GmbH Hanau

6.4 Induktionsgesetz und zweite Maxwellgleichung

In einem historischen Experiment fand der englische Chemiker und Physiker Faraday (1791 – 1867) heraus, wodurch elektrische Spannungen induziert werden. Sein Versuchsbefund lautete:

"In einer starren, ruhenden, geschlossenen Drahtschleife, die als Leitkurve $\overset{\circ}{s}$ die Fläche a genügend genau umrandet, fließt trotz Fehlens eingeprägter elektromotorischer Kräfte (gemeint sind Spannungen) ein elektrischer Leitungsstrom, wenn der die Fläche a durchsetzende magnetische Fluß ϕ sich zeitlich ändert, gleichgültig ob die Änderung von ϕ erzeugt wird

a) durch Änderung der Stärke benachbarter Ströme,
b) durch Lageänderung benachbarter Stromkreise, oder
c) durch Lageänderung benachbarter (Permanent–) Magnete."

6.4.1 Das Induktionsgesetz für ruhende Randkurven

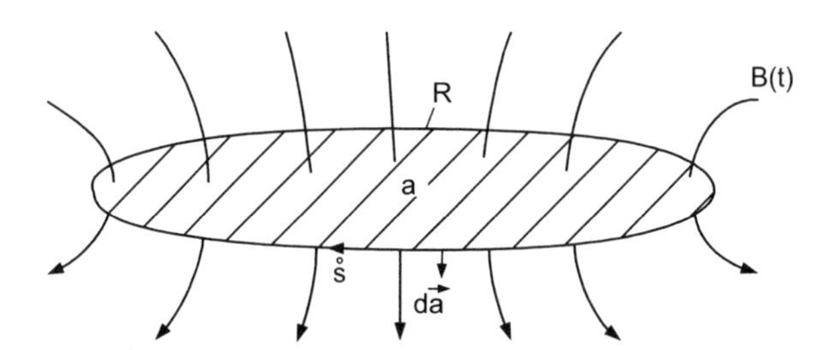

Bild 6.4.1: Magnetischer Fluß $\phi(t)$ durchsetzt die Randkurve $\overset{\circ}{s}$, R sei der Widerstand der Drahtschleife

Das Faradaysche Versuchsergebnis (bei Niederfrequenz und daher vernachlässigbarem Blindwiderstand in der Stromschleife):

$$\underbrace{i(t)\, R}_{=\overset{\circ}{u}\,(t)} = -\, \overset{\bullet}{\phi}\,(t) = -\frac{\partial}{\partial t} \iint \vec{B}(t)\, d\vec{a} \tag{6.4- 1}$$

muß sorgfältig interpretiert werden; denn nicht die in der Drahtschleife auftretende Stromstärke $i(t)$, sondern die Umlaufspannung $\overset{\circ}{u}\,(t)$ ist Folge der Flußänderung $-\overset{\bullet}{\phi}$. Die Stromstärke stellt sich erst sekundär ein gemäß:

$$i(t) = \frac{\overset{\circ}{u}\,(t)}{R} = -\frac{\overset{\bullet}{\phi}}{R}. \tag{6.4- 2}$$

Ein Zweites muß beachtet werden: Aus mathematischer Sicht wirkt das $\partial/\partial t$ von Gl.(6.4–1) sowohl auf $\vec{B}(t)$ als auch auf $d\vec{a}$. Es ist aber $\partial(d\vec{a})/\partial t$ nur dann von Null verschieden, wenn die von der Randkurve $\overset{\circ}{s}$ eingespannte Fläche a sich örtlich und damit auch zeitlich ändert. Dieser Bewegungsvorgang führt zum Induktionsgesetz für bewegte Leiter, das im Abschnitt 6.4.2 behandelt wird. Hier soll zunächst das **Induktionsgesetz für ruhende Randkurven** besprochen werden. Unter "ruhend" verstehen wir, daß die Randkurve $\overset{\circ}{s}$ (Bild 6.4.1) relativ zum Träger des Magnetfeldes $B(t)$ örtlich in Ruhe bleibt. Dieses Induktionsgesetz für ruhende Randkurven schreiben wir an Stelle von Gl.(6.4–1) oder (6.4–2) deutlicher so:

$$\boxed{\overset{\circ}{u}(t) = -\iint \frac{\partial \vec{B}}{\partial t}\, d\vec{a}} \tag{6.4-3}$$

Wir erfassen hiermit bewußt nur zeitliche Änderungen der Induktion $\vec{B}$.

1. Beispiel

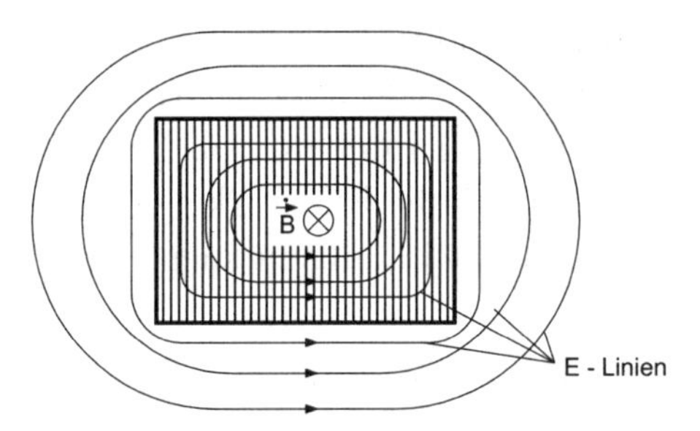

Bild 6.4.2: Transformatorschenkel mit magnetischer Flußdichte

Im Schenkel eines Transformators, nach Bild 6.4.2, sei ein die Zeichenebene senkrecht durchdringendes Magnetfeld mit der Flußdichte $\vec{B}$ vorhanden. Obwohl der Transformatorkern in Bleche aufgeteilt ist, die gegeneinander elektrisch isoliert sind, existieren im Kern selbst und um den Kern herum in sich geschlossene elektrische Feldlinien, die durch $-\partial\vec{B}/\partial t$ erzeugt werden.

Legt man nämlich eine Drahtschleife um den Kern herum, so wird darin die elektrische **Umlaufspannung** oder **Windungsspannung** induziert. Sie kann mit einem Spannungsmesser gemessen werden. Hat man nicht nur eine, sondern w Drahtwindungen um den Kern herumgelegt, so wird w Male die Flußänderung $-\dot{\phi}$ umfaßt, so daß auch die w–fache Spannung induziert wird:

$$\begin{aligned} \overset{\circ}{u}_w(t) &= -w \iint \dot{\vec{B}}\, d\vec{a} \\ &= -w\, \dot{\phi} \end{aligned} \tag{6.4-4}$$

Die Schreibweise $-w\,\dot{\phi}$ ist richtig, solange man beachtet, daß $\dot{\phi}$, gemäß unserer Vereinbarung, nur die zeitliche Änderung der magnetischen Flußdichte, nicht aber eine eventuelle zeitliche Änderung der Randkurve (und der Fläche a) erfassen soll.

Erklärung der Formeln

1. $-\dot{\phi}$ heißt **magnetischer Ruheschwund**. Dies ist ein historischer Begriff in Anlehnung an die ruhende materielle Randkurve, die von $\dot{\phi}\,(t)$ durchsetzt wird.

2. Mit den Gleichungen (6.4–3) und (6.4–4) werden elektrische Umlaufspannungen (oder Windungsspannungen), nicht aber elektrische Feldstärken berechnet. Es wäre z.B. falsch zu sagen: Im Draht um den Transformatorschenkel (nach Bild 6.4.2) herum wäre die elektrische Feldstärke gleich der Spannung dividiert durch die Drahtlänge; vielmehr ist im allgemeinen:

$$E(t) \neq \frac{\overset{\circ}{u}\,(t)}{\overset{\circ}{s}} \qquad \text{örtlicher Mittelwert:} \qquad \overline{E(t)} = \frac{\overset{\circ}{u}\,(t)}{\overset{\circ}{s}}. \tag{6.4-5}$$

Die Ungleichung würde dann zu einer gültigen Gleichung werden, wenn sowohl Transformatorschenkel als auch Draht darum herum konzentrische Kreisform hätten, so daß die Anordnung winkelunabhängig wäre. Dies ist aber beim rechteckigen Schenkel nach Bild 6.4.2 nicht der Fall.

3. Der magnetische Ruheschwund $-\dot{\phi}$, also diese negative Flußänderung durch eine Randkurve hindurch, kann durch die drei von Faraday gefundenen Induktionsursachen bedingt sein. Salopp können wir die Induktionsursachen so zusammenfassen: Wenn sich die Zahl der magnetischen Feldlinien oder Feldröhren durch eine ruhende Randkurve $\overset{\circ}{s}$ zeitlich ändert, entsteht in dieser Randkurve eine elektrische Umlaufspannung.

Fortsetzung von Beispiel 1

Bild 6.4.3 zeigt schematisch den rechteckigen Schenkel eines Transformators. Die magnetische Flußdichte oder Induktion: $\vec{B}(t)$ sei örtlich konstant aber zeitabhängig. Sie beschränkt sich auf den Querschnitt $b \cdot c = a$ des Schenkels:

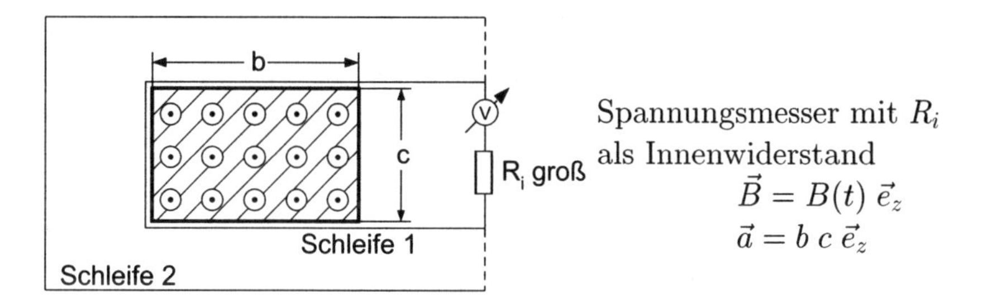

Bild 6.4.3: Zum Induktionsgesetz beim Transformator

Gesucht wird die in den gezeichneten Drahtschleifen 1 und 2 auftretende elektrische Spannung.

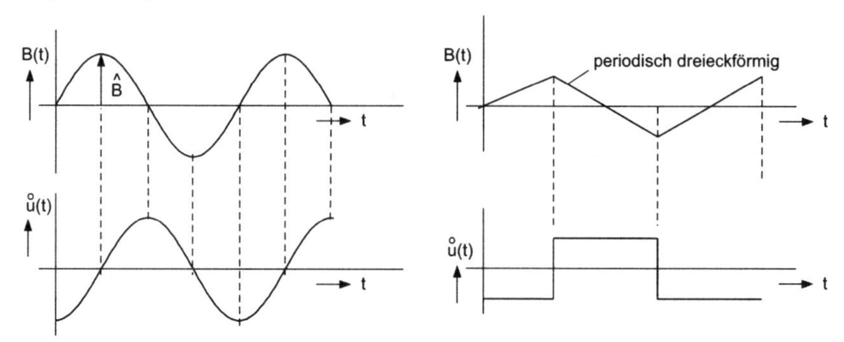

Bild 6.4.4: Verschiedene Zeitfunktionen $B(t)$ und die daraus folgenden elektrischen Spannungen: $\overset{\circ}{u}(t) \sim -\dot{B}$

Lösung: Wir setzen voraus, der Innenwiderstand R_i des Spannungsmessers sei hochohmig, damit möglichst die ganze Spannung daran und nicht am Widerstand der Leiterschleife auftritt. Zunächst dürfte überraschen, daß man für Schleife 1 und Schleife 2 den gleichen Meßwert erhält. Ursache: Schleife 1, dicht um den Kern herum, und Schleife 2, weiter außen liegend, umfassen den gleichen magnetischen Fluß und die gleiche zeitliche Flußänderung:

$$\overset{\circ}{u}(t) = -\dot{\phi} = -b\,c\;\dot{B}(t), \qquad (6.4\text{-}6)$$

wobei $a = b \cdot c$ senkrecht von $B(t)$ durchsetzt wird, so daß $\vec{a} \uparrow\uparrow \vec{B}(t)$ angenommen werden durfte. Der zeitliche Verlauf $\overset{\circ}{u}(t)$ hängt ab von $B(t)$, das wir als eingeprägt voraussetzen wollen. Bild 6.4.4 zeigt die induzierten Spannungen für verschiedene Kurvenformen von $\vec{B}(t)$.

2. Beispiel zum Induktionsgesetz

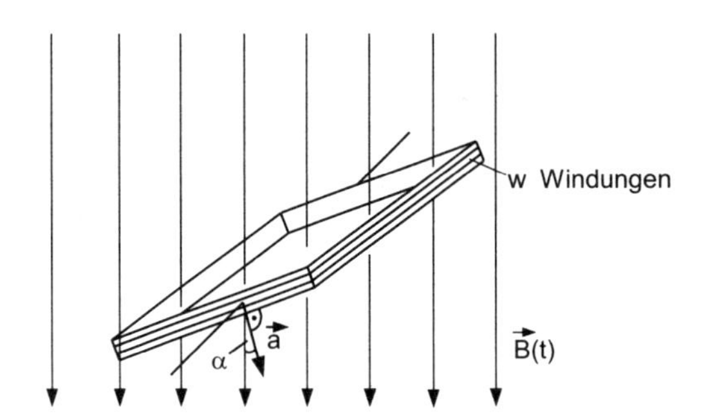

Bild 6.4.5: Spule schräg im homogenen Magnetfeld

Eine Spule mit w Windungen um die Fläche a herum liegt so in einem Magnetfeld, daß der Flächenvektor $\vec{a}$ mit $\vec{B}(t)$ den Winkel α bildet. $B(t)$ sei örtlich homogen und nur zeitabhängig. Dann ist

$$\overset{\circ}{u}_w(t) = -w \iint \dot{\vec{B}}(t)\, d\vec{a} \qquad (6.4\text{-}\ 7)$$

mit $\vec{B}(t)\, d\vec{a} = B(t)\, da\, cos\, \alpha,$ $\qquad (6.4\text{-}\ 8)$

so daß die von $\vec{B}$ senkrecht durchsetzte, wirksame Fläche $a_\perp = a\ cos\, \alpha$ ist. Daher und wegen des homogenen $\vec{B}$–Feldes wird:

$$\overset{\circ}{u}_w(t) = -w\ a\ \dot{B}(t)\ cos\, \alpha. \qquad (6.4\text{-}\ 9)$$

3. Beispiel zum Induktionsgesetz

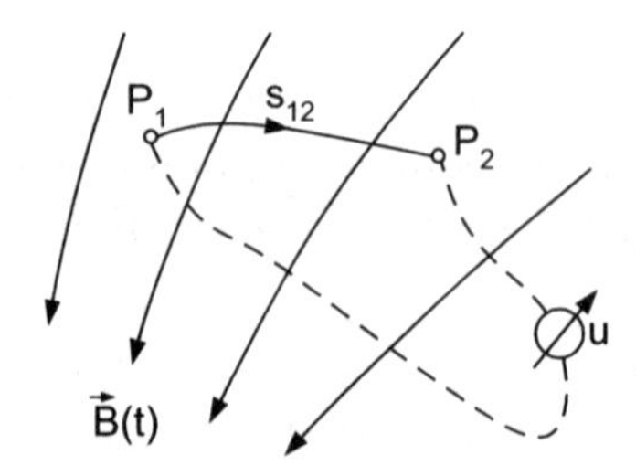

Bild 6.4.6: Elektrische Spannung von P_1 nach P_2

Gegeben sei ein inhomogenes (ortsabhängiges) und zeitvariables Magnetfeld der Flußdichte $\vec{B}(x, y, z, t)$. Gesucht ist die elektrische Spannung längs eines Weges s_{12} mit dem Anfangspunkt P_1 und dem Endpunkt P_2.

Lösung: Eine von P_1 nach P_2 induzierte elektrische Spannung kann nicht angegeben werden, da bei ruhenden (Rand–)kurven nur in geschlossenen Umläufen eine Spannung induziert wird. Nur dort ist die eingespannte Fläche a eindeutig definiert. Wollte man versuchen, die elektrische Spannung zu messen, so würde man dafür die nach Bild 6.4.6 gestrichelt eingezeichneten Leitungen zum Spannungsmesser benötigen. Ferner müßte s_{12} ein materieller Faden sein. Damit aber hätte man einen geschlossenen Umlauf geschaffen. Von seiner Lage gegenüber dem Magnetfeld hängt die jetzt in dieser Schleife induzierte Spannung ab:

$$\overset{\circ}{u}(t) = -\iint \dot{\vec{B}}(x, y, z, t)\, d\vec{a}. \qquad (6.4\text{– }10)$$

$\overset{\circ}{u}(t)$ ist prinzipiell verschieden von einer eventuell zwischen P_1 und P_2 vorhandenen elektrischen Spannung u_{12}, die (bei ruhenden Randkurven) nur durch ein räumlich vorhandenes elektrisches Feld $\vec{E}$, nicht aber durch Induktion, entstehen kann:

$$u_{12} = \int_1^2 \vec{E}\, d\vec{s}; \qquad (6.4\text{– }11)$$

denn das Induktionsgesetz für ruhende Randkurven setzt ja stets eine geschlossene Randkurve voraus.

4. Beispiel zum Induktionsgesetz

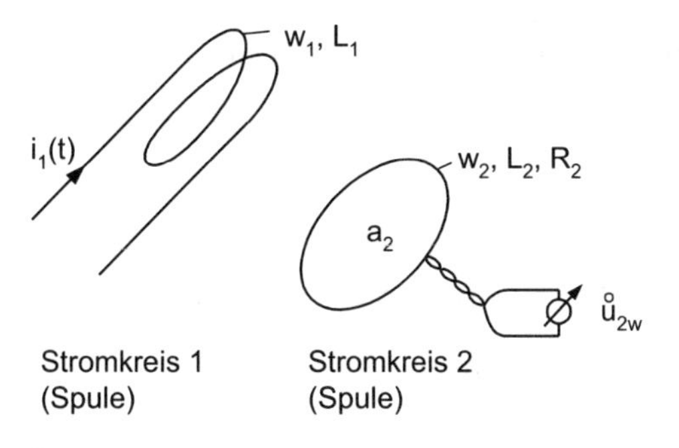

Bild 6.4.7: Lufttransformator

Gegeben die zwei Stromkreise nach Bild 6.4.7, die selbst und gegeneinander ruhen. Stromkreis 1 führt den eingeprägten Strom $i_1(t)$, Stromkreis 2 ist frei von jeder Quelle und nur über lange, verdrillte Zuleitungen an einen Spannungsmesser angeschlossen, so daß nur a_2 die von magnetischem Fluß durchsetzte Fläche des Stromkreises 2 ist. Gesucht wird die im Stromkreis 2 induzierte elektrische Spannung.

Lösung: Das Induktionsgesetz ist anzuwenden mit den Indizes:

$$\overset{\circ}{u}_{2w}(t) = -w_2 \;\overset{\bullet}{\phi}_2(t). \qquad (6.4\text{-}12)$$

Dabei ist $\phi_2(t)$ der die Spule 2 durchsetzende magnetische Fluß. Da er von der Spule 1 herrührt, schreibt man deutlicher:

$$\overset{\circ}{u}_{2w}(t) = -w_2 \;\overset{\bullet}{\phi}_{12}(t) \qquad (6.4\text{-}13)$$

$\phi_{12}(t)$ ist nicht der ganze, von der Spule 1 erzeugte magnetische Fluß, sondern nur derjenige Teilfluß, der auch die Spule 2 durchsetzt. Bezeichnet M die gegenseitige Kopplung zwischen Spule 1 und Spule 2, (siehe Abschnitt 6.3.5 Gegeninduktivität) wobei

$$M \sim w_1\, w_2 \qquad \text{und} \qquad M \leq \sqrt{L_1 L_2} \qquad (6.4\text{-}14)$$

ist, dann gilt auch:

$$w_2\, \phi_{12}(x, y, z, t) = M\; i_1(t) \qquad \text{und daher} \qquad (6.4\text{-}15)$$

$$\boxed{\overset{\circ}{u}_{2w}(t) = -M \frac{di_1(t)}{dt}} \qquad (6.4\text{-}16)$$

5. Beispiel zum Induktionsgesetz (Selbstinduktion)

Wir wollen mittels des Induktionsgesetzes den induktiven Widerstand einer Spule, die von Strom durchflossen wird, herleiten.

Voraussetzungen: $\mu_r = const_H$, daher auch $L = const_i$. Ferner: Die betrachtete Spule sei ideal, d.h. verlustlos.

Gegeben: Die Induktivität L der idealen Spule und die Stromstärke: $i(t) = \hat{i}\, sin\, \omega t$. Wir wollen komplex rechnen und verwenden daher:

$$\begin{aligned} \underline{i}(t) &= \hat{\underline{i}}\; e^{j\omega t} && \text{komplexer Momentanwert,} \\ \hat{\underline{i}} &= \hat{i}\; e^{j\varphi_i} && \text{komplexe Amplitude, daher:} \\ \underline{i}(t) &= \hat{i}\; e^{j(\omega t + \varphi_i)} && \text{komplexer Momentanwert.} \end{aligned}$$

Wir wenden das Induktionsgesetz an, wobei:

$$u_L(t) = +w \, \frac{d\phi}{dt} = +L \, \frac{di}{dt} \tag{6.4- 17}$$

ist. Das Pluszeichen gilt wegen des gewählten Verbraucher–Zählpfeil–Systems.

Bild 6.4.8: Ideale Spule und ihre Spannung

Aus den komplexen Momentanwerten des Stromes erhält man auch die komplexen Momentanwerte der Spannung:

$$\begin{aligned} \underline{u}_L(t) &= L \, \frac{d\underline{i}}{dt} = L \, \frac{d}{dt}\left(\hat{i} \, e^{j(\omega t + \varphi_i)}\right) \\ &= j\omega L \, \hat{i} \, e^{j(\omega t + \varphi_i)} = j\omega L \, \underline{i}(t) \end{aligned} \tag{6.4- 18}$$

Man erkennt: Für die **ideale** (verlustlose) **Spule** ist $j\omega L$ der **komplexe Widerstand**, ωL der reelle **Blindwiderstand**.

Achtung !
Wie man aus der vorangehenden Herleitung sieht, sind diese Widerstandswerte Ergebnis der harmonisch vorausgesetzten Stromstärke. Ein anderer Zeitverlauf des Stromes würde, falls man ihn direkt in $L \cdot di/dt$ einsetzt, andere, nicht gebräuchliche induktive Widerstände ergeben! Der gängige Blindwiderstand ωL der Spule (und ebenso $-1/\omega C$ beim Kondensator) setzt also stets das Rechnen mit einer harmonischen Schwingung der Kreisfrequenz ω voraus!

6.4.1.1 Die zweite Maxwellgleichung bei ruhenden Randkurven

An Stelle der elektrischen Umlaufspannung $\overset{\circ}{u}(t)$, die in einem geschlossenen materiellen Faden (z.B. einen Draht) induziert wird, kann man schreiben:

$$\overset{\circ}{u}(t) = \oint \vec{E}(x, y, z, t) \, d\vec{s}. \tag{6.4- 19}$$

Somit kann das Induktionsgesetz für eine Windung auch angeschrieben werden:

$$\oint \vec{E}\, d\vec{s} = -\iint \dot{\vec{B}}\; d\vec{a}. \qquad (6.4\text{--}20)$$

Wendet man auf die linke Seite von Gl.(6.4–20) den Satz von Stokes an, so erhält man:

$$\iint rot\,\vec{E}\; d\vec{a} = -\iint \dot{\vec{B}}\; d\vec{a}. \qquad (6.4\text{--}21)$$

Auf beiden Seiten kann man das Flächenintegral weglassen und erhält die gegen Bewegung invariante zweite Maxwellgleichung:

$$\boxed{rot\,\vec{E} = -\dot{\vec{B}} \qquad \textbf{zweite Maxwellgleichung}.} \qquad (6.4\text{--}22)$$

Sie sagt aus, daß die Feldgrößen $\vec{E}$ und $\partial\vec{B}/\partial t$ in einem ursächlichen Zusammenhang stehen: Die Ursache $-\partial\vec{B}/\partial t$ erzeugt in sich geschlossene elektrische Feldlinien $\vec{E}$. Dort wo $-\partial\vec{B}/\partial t$ vorkommt, (Beispiel: im Transformatorschenkel,) ist diese zeitliche Änderung der magnetischen Flußdichte Wirbelursache (= Erregungsgröße) und **Wirbeldichte (Rotation)** des davon erzeugten elektrischen Feldes $\vec{E}$. Bei $-\partial\vec{B}/\partial t \neq 0$ ist das elektrische Feld auch wirbelhaft: $rot\,\vec{E} = -\partial\vec{B}/\partial t$. Jedes zeitlich variable Magnetfeld $H(t)$ oder $B(t)$ ist völlig von geschlossenen elektrischen Feldlinien durchsetzt. Wo kein $-\partial\vec{B}/\partial t$ vorkommt (z.B. außerhalb des Transformatorschenkels), ist das durch $-\partial\vec{B}/\partial t$ erzeugte $\vec{E}$–Feld wirbelfrei: $rot\,\vec{E} = 0$. Die Zuordnung von $\vec{E}$ zu $-\partial\vec{B}/\partial t$ ist rechtswendig, oder: die Zuordnung von $\vec{E}$ zu $+\partial\vec{B}/\partial t$ ist linkswendig:

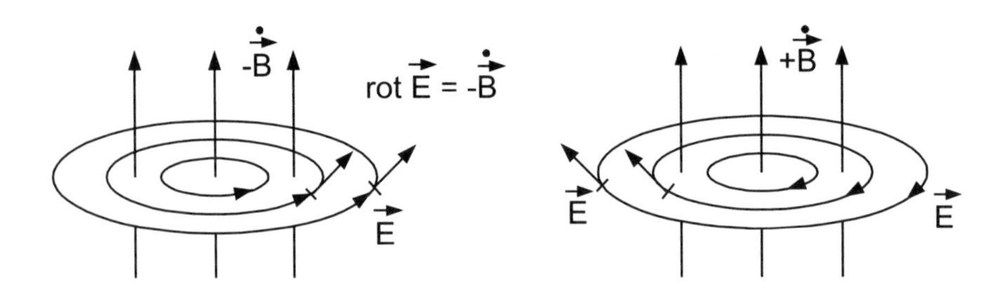

Bild 6.4.9: Zuordnung von $-\dot{\vec{B}}$ bzw. $+\dot{\vec{B}}$ zu davon erzeugten elektrischen Feldlinien $\vec{E}$ nach der 2. Maxwellgleichung

Für die Anwendung der 2. Maxwellgleichung sind je nach Geometrie geeignete Koordinaten zu wählen.

Beispiel: Um einfach rechnen zu können, nehmen wir an, der Kern einer linear wirkenden Eisendrossel habe Kreisquerschnitt und sei in $\vec{e}_z$–Richtung sehr weit ausgedehnt:

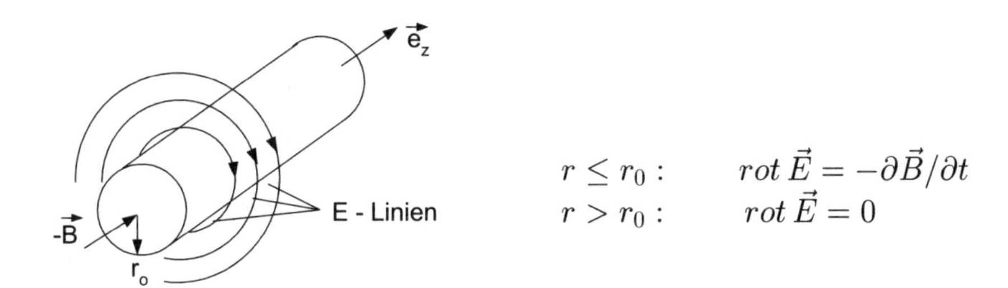

Bild 6.4.10: Kreiszylinder mit magnetischer Flußdichte und $\vec{E}$–Linien

Innerhalb des Kreiszylinders existiere $-\dot{\vec{B}}$ mit der Richtung $\vec{e}_z$. Dann wird die **2. Maxwellgleichung** zweckmäßigerweise durch **Zylinderkoordinaten** ausgedrückt (siehe Anhang):

$$\Big(\frac{1}{r}\frac{\partial E_z}{\partial \alpha} - \frac{\partial E_\alpha}{\partial z}\Big)\vec{e}_r + \Big(\frac{\partial E_r}{\partial z} - \frac{\partial E_z}{\partial r}\Big)\vec{e}_\alpha + \frac{1}{r}\Big(\frac{\partial (r\,E_\alpha)}{\partial r} - \frac{\partial E_r}{\partial \alpha}\Big)\vec{e}_z = -\,\dot{B}_z \vec{e}_z \qquad (6.4\text{- }23)$$

Da die rechte Seite dieser Gleichung als feldverursachende Größe nur eine z–Komponente aufweist, ist auch auf der linken Seite nur die Differenz in Richtung $\vec{e}_z$ von Null verschieden. Eine Komponente E_r tritt hier nicht auf, sie würde einem Quellenfeld entsprechen. Denn die Flußdichteänderung, die das $\vec{E}$–Feld erzeugt, wirkt theoretisch unendlich weit in Richtung von $\vec{e}_z$. Diesem $(-\partial B_z/\partial t)\vec{e}_z$ ist nur ein $E_\alpha(r,t)$ rechtswendig zugeordnet und daher von Null verschieden. Der Rechengang verläuft nun völlig analog zur Berechnung der magnetischen Feldstärke am kreiszylindrischen Draht gemäß $rot\,\vec{H} = \vec{J}$:

$$r \leq r_0 : \qquad \frac{1}{r}\,\frac{\partial (r\,E_\alpha)}{\partial r} - \frac{1}{r}\,\frac{\partial E_r}{\partial \alpha} = -\,\dot{B}_z\,. \qquad (6.4\text{- }24)$$

Wäre $E_r \neq 0$, so wäre dennoch aus Symmetriegründen $\partial E_r/\partial \alpha = 0$, daher bleibt:

$$\frac{1}{r}\,\frac{\partial (r\,E_\alpha)}{\partial r} = -\,\dot{B}_z\,. \qquad (6.4\text{- }25)$$

Die Lösung ist somit für $r \leq r_0$

$$\boxed{E_\alpha(r,t) = -\,\dot{B}_z\,\frac{r}{2}\,.} \qquad (6.4\text{- }26)$$

Für $r \geq r_0$, außerhalb des Flußdichte führenden Zylinders, ist $rot\,\vec{E} = 0$. Daher ist nun an Stelle von Gl.(6.4–25) anzuschreiben:

$$\frac{1}{r}\,\frac{\partial(r\,E_\alpha)}{\partial r} = 0 \qquad \text{und} \tag{6.4– 27}$$

$$r\,E_\alpha(r,t) = const \qquad \text{oder} \qquad E_\alpha(r,t) = \frac{const}{r}. \tag{6.4– 28}$$

Bei $r = r_0$, am Zylindermantel, ist $Rot\,\vec{E} = 0$, so daß dort die Werte $E_\alpha(r,t)$ stetig ineinander übergehen. Durch Vergleich von Gl.(6.4–26) mit Gl.(6.4–28) bei r_0 erhält man die Integrationskonstante: $const = -\dot{B}_z\; r_0^2/2$. Damit lautet die Lösung für $r \geq r_0$:

$$\boxed{E_\alpha(r,t) = \frac{-\dot{B}_z\; r_0^2}{2\,r} = \frac{-\dot{B}_z\;\pi\,r_0^2}{2\pi r} = \frac{-\dot{\phi}}{2\pi r}\,.} \tag{6.4– 29}$$

Geht man umgekehrt von der nun bekannten zweiten Maxwellgleichung aus, so kann man anschreiben:

$$rot\,\vec{E} = -\,\dot{\vec{B}}, \tag{6.4– 30}$$

man kann beide Seiten integrieren:

$$\iint rot\,\vec{E}\;d\vec{a} = -\iint \dot{\vec{B}}\;d\vec{a} \tag{6.4– 31}$$

und wendet den Satz von Stokes auf die linke Seite von Gl.(6.4–31) an:

$$\boxed{\underbrace{\oint \vec{E}\;d\vec{s}}_{\overset{\circ}{u}\,(t)} = \underbrace{-\iint \dot{\vec{B}}\;d\vec{a}}_{-\,\dot{\phi}}\,.} \tag{6.4– 32}$$

Dann sieht man deutlich, daß hier die durch $-\dot{\phi}$ entstehende elektrische Umlaufspannung $\overset{\circ}{u}\,(t)$ nur durch die zeitvariable magnetische Flußdichte, nicht aber durch eine zeitvariable Fläche a erzeugt wird. Die Fläche a und der Umlauf $\overset{\circ}{s}$ (=Randkurve) gehören wieder eindeutig zusammen: $\overset{\circ}{s}$ ist die Randkurve um die Fläche a.

6.4.1.2 Quellenfreiheit des magnetischen Ruheschwundes

Wegen der immer gültigen Quellenfreiheit der magnetischen Flußdichte: $div\,\vec{B} = 0$, ist auch die Ergiebigkeit in einem endlichen Volumen Null:

$$\iiint div\,\vec{B}\,dv = \oiint \vec{B}\,d\vec{a} = 0. \qquad (6.4\text{-}\ 33)$$

Das bedeutet: Bei jedem endlichen, durch eine Hüllfläche eingeschlossenen Volumen v ist die Anzahl der eintretenden Feldlinien oder Feldröhren von $\dot{\vec{B}}$ gleich der Zahl der austretenden Feldlinien oder Feldröhren. Oder nach Bild 6.4.11: Der bei a_u in das endliche Volumen v eintretende Fluß aus dem Integral über $\partial\vec{B}/\partial t$ ist gleich dem bei a_o austretenden Fluß:

Ergiebigkeit: $$\iint\limits_{a_u} \dot{\vec{B}}\ d\vec{a} + \iint\limits_{a_o} \dot{\vec{B}}\ d\vec{a} = 0. \qquad (6.4\text{-}\ 34)$$

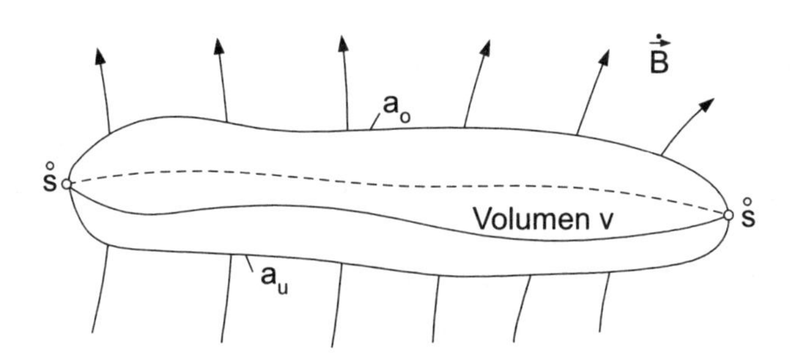

Bild 6.4.11: Zur Quellenfreiheit von $\dot{\vec{B}}$

Daher kann (nach dem folgenden Bild 6.4.12) eine Randkurve $\overset{\circ}{s}$ die kleinste Fläche a_1 oder auch eine gewölbte Fläche a_2, a_3, ..., a_i, ... einspannen oder umranden. Anschauliche Vorstellung: Der feste Rand $\overset{\circ}{s}$ spannt eine Gummimembran oder ein Gummituch ein, das man z.B. nach oben hin dehnt oder anhebt. Dabei entstehen verschiedene Flächen, wie a_2 und a_3 nach Bild 6.4.12.

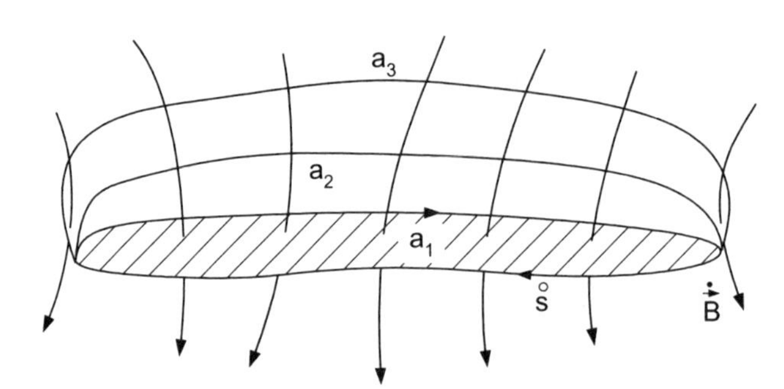

Bild 6.4.12: Verschiedene Flächen a_i in der gleichen Randkurve $\overset{\circ}{s}$ werden von der gleichen Flußänderung $\overset{\bullet}{\phi}$ durchdrungen

Die durch a_1 oder durch a_2 oder durch a_3 oder durch a_i hindurchtretende Flußänderung ist, bei gleichgebliebener Randkurve $\overset{\circ}{s}$, immer die gleiche, da auch keine Quellen von $\overset{\bullet}{\vec{B}}$ existieren: $div\,\overset{\bullet}{\vec{B}}= 0$, weil $div\,\vec{B} = 0$ ist. Für die Anwendung des Induktionsgesetzes ist es daher gleichgültig, ob a_1 oder a_2 oder a_3 oder a_i in die Randkurve $\overset{\circ}{s}$ eingespannt werden. Die in ihr induzierte elektrische Umlaufspannung ist also unabhängig davon, ob die Flußänderung durch a_1 oder durch a_2 oder durch a_3 oder durch a_i betrachtet wird, solange nur die ruhende Randkurve $\overset{\circ}{s}$ dieselbe bleibt.

6.4.2 Induktionsgesetz für langsam bewegte Körper

Vorab muß man klarstellen, daß es im Falle von bewegten Körpern zwei Beobachtungssysteme gibt: Das eine Mal ruht der Beobachter (z.B. gegenüber dem Laborraum, der Erdoberfläche und dem dagegen ruhenden Träger des Magnetfeldes) und mißt an seinem Ruhestandort die in einem ebenfalls ruhenden Leiter induzierte elektrische Spannung. Das andere Mal bewegt sich der Beobachter mit dem Leiter und nimmt wahr, was daran geschieht. Wir haben also zwei voneinander verschiedene Beobachtungssysteme.

Um die Feldgrößen der beiden Systeme voneinander unterscheiden zu können, werden wir sie unterschiedlich indizieren:

1) Wenn das Laborsystem (der Beobachter) mit den daran fixierten Koordinaten ruht, während Materie (z.B. ein Leiter) gegenüber dem Laborsystem bewegt wird, indizieren wir die Feldgrößen mit r.

2) Wenn dagegen das Laborsystem (der Beobachter) samt Koordinatensystem gemeinsam mit der Materie (z.B. einem Leiter) bewegt wird, so daß die Materie

gegenüber dem Beobachter in Ruhe ist, während der Laborraum dagegen in Bewegung erscheint, indizieren wir die Feldgrößen mit b.

Physikalische Größen wie die elektrische Spannung oder die elektrische Feldstärke können aus der Sicht des einen oder des anderen Beobachtungssystems betrachtet, also gemessen werden. Es wird sich herausstellen, daß die Meßwerte, z.B. die elektrische Spannung oder die Feldstärke, in verschiedenen Beobachtungssystemen unterschiedlich ausfallen können, was zunächst schwer verständlich erscheint. Der Unterschied wird aber erklärbar, wenn man die verschiedenartigen Meßbedingungen näher betrachtet. Dies soll für die Spannungsmessung mittels eines Gedankenexperimentes geschehen.

Nach den Bildern 6.4.13a und 6.4.13b wird ein lineares Leiterstück (ein Metallstab) mit der gegenüber der Lichtgeschwindigkeit c kleinen Geschwindigkeit v translatorisch bewegt. Nach 6.4.13a ist der Beobachter (der Spannungsmesser) mit dem Metallstab über die Zuleitungen starr verbunden. Beide werden in dieser Geometrie gemeinsam bewegt.

Bei Bild 6.4.13b ruht der Beobachter (der Spannungsmesser), während die Materie (der Metallstab) mit der Geschwindigkeit $\vec{v}$ bewegt wird. Beide Bewegungen erfolgen in einem, von uns vorausgesetzten, homogenen und zeitlich konstanten Magnetfeld der Flußdichte $\vec{B} = const$. Dieses $\vec{B}$–Feld durchsetzt die beiden Leiterschleifen.

Wir betrachten zunächst den mitbewegten Beobachter nach Bild 6.4.13a. Wenn er eine Spannung messen soll, müssen wir ihm den starr mit ihm verbundenen Spannungsmesser auf seine Reise mitgeben. Dadurch entsteht eine geschlossene Leiterschleife als Rand um eine konstante Fläche a. Sie wird vom magnetischen Fluß

$$\phi = \iint \vec{B}\, d\vec{a} = \vec{B}\, \vec{a} = const \qquad (6.4\text{– }35)$$

durchsetzt. ϕ ist wegen der Homogenität und der zeitlichen Konstanz des $\vec{B}$–Feldes und wegen der translatorischen Bewegung selbst konstant. Deswegen ist die im mitbewegten Beobachtungssystem gemessene Spannung Null: $\overset{\circ}{u} = -d\phi/dt = 0\,V$. Denn würde im bewegten Leiterstab der Länge ℓ, nach Bild 6.4.13a, eine Spannung $u \neq 0\,V$, die wir messen wollen, entstehen, so entstünde die gleichgroße Spannung in der Zuleitung zum und im mitbewegten Meßgerät.

So würden sich beide Spannungen im homogenen und zeitlich konstanten $\vec{B}$–Feld stets kompensieren.

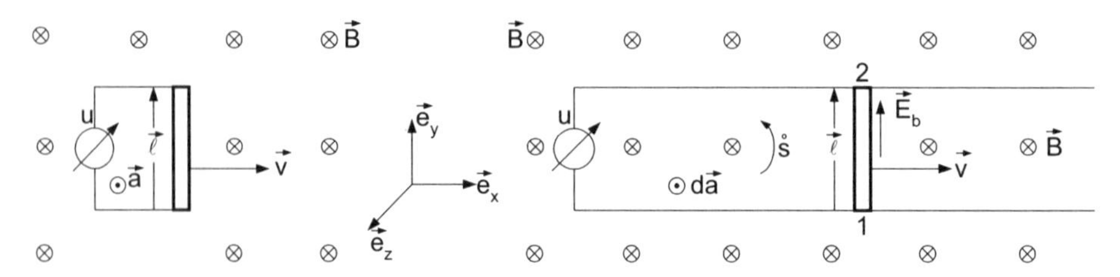

a) Fall 2): System (Beobachter) und Materie (Stab) gemeinsam bewegt

b) Fall 1) System (Beobachter) ruht, Materie (Stab) darin wird mit $\vec{v}$ bewegt

Bild 6.4.13: Spannungsmessung nach Fall 2), links und Fall 1), rechts bei hinsichtlich Ort und Zeit konstantem $\vec{B}$

Wenn jetzt der ruhende Beobachter des gemischten Systems nach Bild 6.4.13b die Spannung am bewegten Leiterstab messen soll, so genügt es nicht, ihm eine Fernablesung eines mitbewegten Spannungsmessers zu ermöglichen. Sie würde natürlich auch den Meßwert $u = 0\,V$ ergeben, wie dies zu Bild 6.4.13a beschrieben wurde.

Deswegen darf zur Spannungsmessung im Ruhesystem das Meßgerät nicht mit dem Leiterstab mitbewegt werden. Vielmehr muß diese Spannungsmessung mit einem anderen Spannungsmesser, der sich im Ruhesystem befindet, erfolgen! Damit aber befinden wir uns im System nach Bild 6.4.13b. Dort lassen wir das Leiterstück $\vec{\ell}$ in Gedanken auf zwei ruhenden Metallschienen gleiten. Mit den ruhenden Schienen ist der Spannungsmesser, ebenfalls ruhend, fest verbunden. Dadurch entsteht wieder eine geschlossene Leiterschleife. Die elektrische Feldstärke und Spannung in der Leiterschleife ist gegeben durch die vom ruhenden Beobachter feststellbare **Lorentz**– oder **Bewegungsfeldstärke** $\vec{E} = \vec{v} \times \vec{B}$ und durch die Spannung u_{12} an der wirksamen Länge ℓ_y des bewegten Leiterstabes:

$$u_{12} = \int_1^2 \vec{E}_r \, d\vec{s}$$

Nun treibt die **Lorentzkraft** aber positive Ladungen an, die im Stab von Bild 6.4.13b nach oben bewegt werden. Sie sammeln sich bei 2 an. Bleibt man bei der Definition, daß $\vec{E}$ vom höheren zum geringeren Potential hin zeigt, dann gilt: $\vec{E}_r = -(\vec{v} \times \vec{B})$. Daher ist

$$u_{12} = -\int_1^2 (\vec{v} \times \vec{B})\, d\vec{s}. \qquad (6.4\text{-}\ 36)$$

Daß die elektrische Feldstärke $\vec{E}_r = -(\vec{v} \times \vec{B})$ ist, folgt auch aus der Transformationsgleichung 6.4.41, wobei wir annehmen, daß $E_b = 0$ ist.

$$u_{12} = -(v_x \vec{e}_x \times B_z(-\vec{e}_z))\, \ell_y \vec{e}_y = -v_x B_z \ell_y\, \vec{e}_y^{\,2} = -v_x B_z \ell_y \neq 0. \qquad (6.4\text{-}\ 37)$$

Dies ist der tatsächlich vom ruhenden Beobachter abzulesende Meßwert der Spannung. Er ist verschieden vom Meßwert $0\,V$ des mitbewegten Spannungsmessers.

Bei diesem einfachen aber wichtigen Beispiel, nach Bild 6.4.13b, kann die Spannung auch als Umlaufspannung nach der Faradayschen Schreibweise: $\mathring{u} = -\dot{\phi}$ berechnet werden. Denn durch die Bewegung des Stabes vergrößert sich die eindeutig umrandete Fläche a und mit ihr der sie durchdringende Fluß ϕ. Daher ist, noch immer bei örtlich und zeitlich konstantem $\vec{B}$:

$$\begin{aligned} \mathring{u} &= -\dot{\phi} = -\iint \vec{B}\, d\frac{\partial \vec{a}}{\partial t} = -\vec{B}\,(\vec{v} \times \vec{\ell}) \\ &= -B_z v_x \ell_y. \end{aligned} \qquad (6.4\text{-}\ 38)$$

Wir betrachten nochmals Bild 6.4.13b. Anders als zuvor sei $\vec{B}$ jetzt eine Funktion der Zeit t, also nicht mehr konstant. Die zugehörige Umlaufspannung $\mathring{u}\,(t)$ ist jetzt, vom ruhenden Beobachter aus gemessen:

$$\mathring{u} = -\iint \dot{\vec{B}}\,(t)\, d\vec{a} + \int_1^2 (\vec{v} \times \vec{B}(t))\, d\vec{s}. \qquad (6.4\text{-}\ 39)$$

so wie es auch die Transformationsgleichung (6.4–41) vorschreibt.

Die beiden Maxwellgleichungen sind uns hinreichend bekannt. Sie gelten unverändert auch für bewegte Leiter. Denn die Maxwellgleichungen sind invariant gegen Bewegung. Wir indizieren die Feldgrößen mit den Indizes nach 1) mit r, nach 2) mit b, wie beschrieben wurde:

Maxwellgleichungen	
im ruhenden System	**im bewegten System**
$rot\,\vec{H}_r = \vec{J}_r + \dot{\vec{D}}_r$	$rot\,\vec{H}_b = \vec{J}_b + \dot{\vec{D}}_b$
$rot\,\vec{E}_r = -\,\dot{\vec{B}}_r$	$rot\,\vec{E}_b = -\,\dot{\vec{B}}_b$

(6.4– 40)

Daß trotz formal gleicher Maxwellgleichungen je nach System unterschiedliche Spannungen und einige unterschiedliche Feldgrößen beobachtet werden, ist durch Transformationsgleichungen erklärbar. Sie bringen die Feldgrößen beider Systeme in einen funktionalen Zusammenhang, was schon durch Gleichung (6.4–38) deutlich wird.

Offenbar ist das Vorhandensein oder Nichtvorhandensein einer elektrischen Feldstärke $\vec{E}$ (oder auch einer magnetischen Feldstärke $\vec{H}$) vom Bezugssystem abhängig. Mit anderen Worten: Das Entstehen von $\vec{E}$ oder $\vec{H}$ hängt ab vom Bewegungszustand eines Leiters gegenüber dem Beobachter und gegenüber dem Träger des Magnetfeldes. Ohne hier eine Herleitung anzugeben (siehe Literaturstellen), seien die für langsame Geschwindigkeiten ($v << c$) wichtigen **Transformationsgleichungen** nachfolgend aufgeführt:

$$\vec{E}_b = \vec{E}_r + \vec{v} \times \vec{B}_r \qquad (6.4\text{– }41)$$

$$\vec{B}_b \approx \vec{B}_r; \qquad \vec{D}_b \approx \vec{D}_r \qquad (6.4\text{– }42)$$

$$\vec{H}_b = \vec{H}_r - \vec{v} \times \vec{D}_r \qquad (6.4\text{– }43)$$

$$\eta_b \approx \eta_r \qquad (6.4\text{– }44)$$

$$\vec{J}_b \approx \vec{J}_r - \vec{v}\,\eta_r \qquad (6.4\text{– }45)$$

Die unterschiedlichen Meßwerte, abhängig vom bewegten oder ruhenden Beobachter, werden bei den beiden Größen Stromdichte $\vec{J}$ und Raumladungsdichte η besonders deutlich. Wenn in einem mit der Materie bewegten System (zum Beispiel einem Stromkreis) keine Leitungsstromdichte $\vec{J}$ vorhanden ist, wenn also $\vec{J} = 0$ ist, wird ein mitbewegter Beobachter eine Raumladungsdichte η als solche erkennen und benennen. Der ruhende, nicht mitbewegte Beobachter wird jedoch von einem Konvektionsstrom $\vec{J}_r = \vec{v}\,\eta_r$ sprechen.

Bemerkung zu Gleichungen gemischter Systeme: Bildet man von Gl.(6.4–41) die Wirbeldichte, so erhält man:

$$rot\,\vec{E}_b = rot\,\vec{E}_r + rot\,(\vec{v}\times\vec{B}_r). \tag{6.4– 46}$$

$rot\,\vec{E}_r$ kann aber nach der zweiten Maxwellgleichung durch $-\dot{\vec{B}}_r$ ersetzt werden, und wir erhalten:

$$rot\,\vec{E}_b = -\,\dot{\vec{B}}_r + rot\,(\vec{v}\times\vec{B}_r). \tag{6.4– 47}$$

Diese Differentialgleichung ist ebenfalls eine Misch– oder Transformationsgleichung, nicht aber die zweite Maxwellgleichung, denn sie enthält Größen des bewegten und des ruhenden Systems. Das gleiche gilt für die Integralformen der Maxwellgleichungen.

Beispiel für einen bewegten Leiter, vom ruhenden Beobachter aus gesehen, bei auch ruhendem Träger des Magnetfeldes. Auf Grund der Transformationsgleichungen gilt: $\vec{B}_b \approx \vec{B}_r \approx \vec{B}$. Ferner ist $\vec{E}_b = \vec{v} \times \vec{B}$.

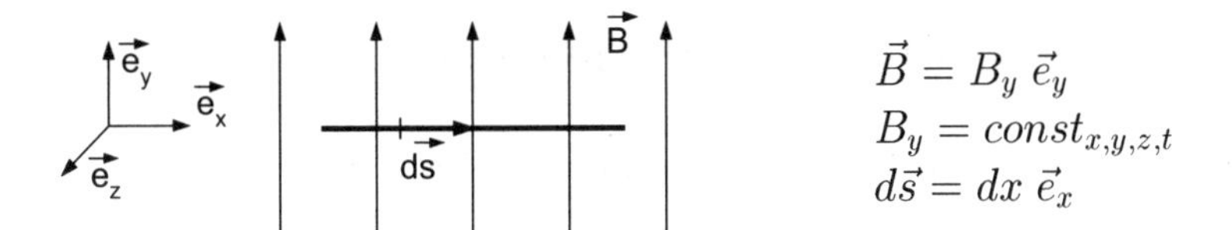

Bild 6.4.15: Im Magnetfeld in verschiedenen Richtungen bewegter Leiterstab

Ein dünner Leiterstab mit dem Linienelement $d\vec{s}$ wird im örtlich und zeitlich konstanten $\vec{B}$–Feld bewegt. Elektrische Feldstärke kann wegen des geringen Stabquerschnitts nur dann interessieren, wenn sie in Längsrichtung des Stabes entsteht. Dies wird nachfolgend gezeigt. Im Leiter gilt:

a) $\vec{v} = v_x\,\vec{e}_x$:

$$\begin{aligned}(\vec{v}\times\vec{B})\,d\vec{s} &= v_x\,B_y\,(\vec{e}_x\times\vec{e}_y)\,dx\,\vec{e}_x \\ &= v_x\,B_y\,dx\,\underbrace{\vec{e}_z\,\vec{e}_x}_{=0} = 0.\end{aligned} \tag{6.4– 48}$$

Die Einsvektoren des Skalarproduktes stehen senkrecht aufeinander. In Längsrichtung des Stabes entsteht daher keine elektrische Spannung.

b) $\vec{v} = v_y\,\vec{e}_y$:

$$(\vec{v}\times\vec{B})\,d\vec{s} = v_y\,B_y\,\underbrace{(\vec{e}_y\times\vec{e}_y)}_{=0}\,dx\,\vec{e}_x = 0, \tag{6.4- 49}$$

denn $\vec{v}$ und $\vec{B}$ sind parallele Vektoren.

c) $\vec{v} = v_z\,\vec{e}_z$:

$$\begin{aligned}(\vec{v}\times\vec{B})\,d\vec{s} &= v_z\,B_y\,(\vec{e}_z\times\vec{e}_y)\,dx\,\vec{e}_x \\ &= -v_z\,B_y\,dx\,\vec{e}_x^{\,2} = -v_z\,B_y\,dx.\end{aligned} \tag{6.4- 50}$$

Hier entsteht in Längsrichtung des Stabes die elektrische Feldstärke $\vec{E}_b = -v_z B_y \vec{e}_x$ und daher im ganzen Stab, falls dieser die Länge ℓ hat, eine nur vom ruhenden Beobachter meßbare, elektrische Spannung

$$u = -u_b = -\int(\vec{v}\times\vec{B})\,d\vec{s} = +v_z\,B_y\,\ell. \tag{6.4- 51}$$

6.4.3 Induktionsgesetz und Vektorpotential

Im Kapitel 5.4, Vektorpotential, wurde festgestellt, daß

$$\vec{B} = rot\,\vec{A} \tag{6.4- 52}$$

ist. Verwendet man dieses Vektorpotential $\vec{A}$, um damit die 2. Maxwellgleichung anzuschreiben, so ist mit:

$$rot\,\vec{E} = -\,\dot{\vec{B}} \tag{6.4- 53}$$

$$rot\,\vec{E} = -\frac{\partial}{\partial t}\,rot\,\vec{A}. \tag{6.4- 54}$$

Da aber die Reihenfolge der Differentiation nach Ort und Zeit vertauscht werden dürfen, gilt auch:

$$rot\,\vec{E} = -rot\,\dot{\vec{A}}\,. \tag{6.4- 55}$$

Wir setzen voraus, die Vektorfelder $\vec{E}$ und $\partial\vec{A}/\partial t$ seien quellenfreie Wirbelfelder. Alle Feldlinien von $\vec{E}$ und $\partial\vec{A}/\partial t$ sind dann in sich geschlossen und weder bei $\vec{E}$ noch bei $\partial\vec{A}/\partial t$ ist ein zusätzliches Gradientenfeld überlagert. Diese Voraussetzung drückt sich formelmäßig aus durch: $div\,\vec{E} = 0$ und $div\,\partial\vec{A}/\partial t = 0$. Damit kann Gl.(6.4–55) zumindest bei harmonischen Größen integriert werden, so daß wir schreiben dürfen:

$$\boxed{\vec{E} = -\,\dot{\vec{A}}} \qquad (6.4\text{– }56)$$

Hieraus folgt, daß die induzierte elektrische Umlaufspannung $\mathring{u}\,(t)$ bei ruhenden Randkurven wie folgt angeschrieben werden kann:

$$\boxed{\mathring{u}\,(t) = \oint \vec{E}\;d\vec{s} = -\oint \dot{\vec{A}}\;\;d\vec{s}} \qquad (6.4\text{– }57)$$

Wegen Gl.(6.4–52) lautet der magnetische Fluß ϕ:

$$\phi = \iint \vec{B}\;d\vec{a} = \iint rot\,\vec{A}\;d\vec{a}. \qquad (6.4\text{– }58)$$

Und daraus wird nach Anwendung des Satzes von Stokes:

$$\boxed{\phi = \oint \vec{A}\;d\vec{s}} \qquad (6.4\text{– }59)$$

Auch hiermit kann das Induktionsgesetz für ruhende Randkurven angeschrieben werden, wie schon in Gl.(6.4–57) und zwar ohne die mit Einschränkungen versehene Integration der Gl.(6.4–55). Für einen einzigen Umlauf gilt:

$$\boxed{\mathring{u}\,(t) = -\,\dot{\phi} = -\oint \dot{\vec{A}}\;\;d\vec{s}} \qquad (6.4\text{– }60)$$

Gibt es mehr als nur einen Umlauf, etwa w Drahtwindungen um einen Transformatorschenkel herum, so sind die Gln.(6.4–57) und (6.4–60) mit der Windungszahl w zu multiplizieren:

$$\boxed{\mathring{u}_w\,(t) = -w\;\;\dot{\phi} = -w\oint \dot{\vec{A}}\;\;d\vec{s}} \qquad (6.4\text{– }61)$$

Richtungszuordnung

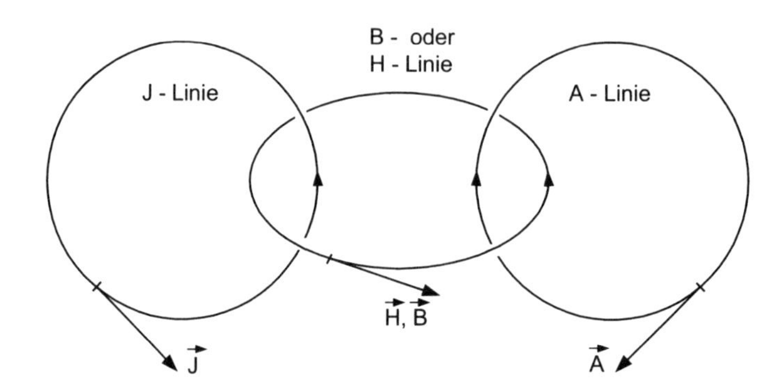

Bild 6.4.16: Zuordnungen gemäß $rot\,\vec{H} = \vec{J}$ und $rot\,\vec{A} = \vec{B}$

Wegen $\Delta\vec{A} = -\mu\vec{J}$, siehe Abschnitt 5.4.1, hat das Vektorpotential x–Komponenten, wenn die Leitungsstromdichte x–Komponenten hat. Entsprechendes gilt für die y– und die z–Komponenten. Das Vektorpotential $\vec{A}$ ist dabei antiparallel zur Leitungsstromdichte $\vec{J}$ gerichtet. Und wegen $rot\,\vec{H} = \vec{J}$ bzw. $rot(\vec{B}/\mu) = \vec{J}$ einerseits und $\vec{B} = rot\,\vec{A}$ andererseits, sind A–Linien rechtswendig zu den Feldlinien von $\vec{H}$ oder $\vec{B}$ und diese wiederum rechtswendig zu den J–Linien zugeordnet. Siehe Bild 6.4.16.

6.5 Energieströmung und Energieströmungsvektoren

In der Literatur ist es üblich, von Energieströmung zu sprechen. Tatsächlich aber handelt dieses Kapitel von Leistungen und Leistungsdichten. Denn weder die Energie, noch ihre Flächen– oder Volumendichte sind Vektoren, die eine Richtung des Entstehens oder Versickerns angeben könnten. Dagegen ist das Vektorprodukt aus elektrischer und magnetischer Feldstärke wieder ein Vektor, dessen Divergenz berechnet werden kann. Die Quellendichte aus $\vec{E} \times \vec{H}$ beschreibt die verschiedenen Arten von elektromagnetischer Leistungsdichte und deren kontinuierliche Umwandlungsmöglichkeiten. Man spricht daher von einer Kontinuitätsgleichung. $\vec{E} \times \vec{H}$ selbst gibt die Richtung und Intensität der Flächendichte der Leistung an. $\vec{E}$ und $\vec{H}$ müssen aber ursächlich miteinander zusammenhängen: Sie müssen einem gemeinsamen elektromagnetischen Feld angehören. Gegenbeispiel: Ein elektrostatisches $\vec{E}$–Feld und ein permanentmagnetisches $\vec{H}$–Feld können nicht zu einer Energieströmung zusammenwirken.

Wir werden nachfolgend im Abschnitt 6.5.1 den reellen und im Abschnitt 6.5.2 den komplexen Poyntingvektor und die damit verbundenen Größen der Leistungsströmung kennen lernen.

6.5.1 Der reelle Poyntingvektor

Wir suchen die Quellendichte aus $\vec{E} \times \vec{H}$:

$$div(\vec{E}\times\vec{H}) = \nabla(\vec{E}\times\vec{H}). \qquad (6.5\text{-}1)$$

Nabla als Differentialoperator, angewandt auf das Vektorprodukt, ergibt:

$$\nabla(\vec{E}\times\vec{H}) = (\nabla\times\vec{E})\,\vec{H} - (\nabla\times\vec{H})\,\vec{E}. \qquad (6.5\text{-}2)$$

Wir ersetzen Nabla wieder durch Divergenz und Rotation:

$$div(\vec{E}\times\vec{H}) = \vec{H}\; rot\,\vec{E} - \vec{E}\; rot\,\vec{H}. \qquad (6.5\text{-}3)$$

Die Differenz $\vec{H}\; rot\,\vec{E} - \vec{E}\; rot\,\vec{H}$ gewinnen wir mittels der ersten und zweiten Maxwellgleichung. Wir multiplizieren diese mit $\vec{E}$ bzw. mit $\vec{H}$:

1. Maxwellgleichung	2. Maxwellgleichung	
$rot\,\vec{H} = \vec{J} + \dot{\vec{D}} \quad \vert\cdot\vec{E};$	$rot\,\vec{E} = -\dot{\vec{B}} \quad \vert\cdot\vec{H}$	(6.5- 4)
$\vec{E}\; rot\,\vec{H} = \vec{E}\,\vec{J} + \vec{E}\,\dot{\vec{D}};$	$\vec{H}\; rot\,\vec{E} = -\vec{H}\,\dot{\vec{B}}\,.$	(6.5- 5)

Die beiden Gln.(6.5–5) eingesetzt in Gl.(6.5–3) ergeben die Quellendichte:

$$div(\vec{E}\times\vec{H}) = -\vec{H}\,\dot{\vec{B}} - \vec{E}\,\vec{J} - \vec{E}\,\dot{\vec{D}} \qquad \text{oder} \qquad (6.5\text{-}6)$$

$$\boxed{-div(\vec{E}\times\vec{H}) = +\vec{E}\,\vec{J} + \vec{E}\,\dot{\vec{D}} + \vec{H}\,\dot{\vec{B}}} \qquad (6.5\text{-}7)$$

Einheiten und ihre Bedeutung

$$[E]\cdot[J] = \frac{V}{m}\,\frac{A}{m^2} = \frac{VA}{m^3}\,.$$

$\vec{E}\,\vec{J}(t)$ ist die **Volumendichte der Stromwärme–Leistungsschwingung** in verlustbehafteten Medien, eine Funktion der Zeit, kein zeitlicher Mittelwert. $\vec{E}(t)$ und $\vec{J}(t)$ sind phasengleich.

$$[E]\cdot[\dot{D}] = \frac{V}{m}\,\frac{As}{m^2 s} = \frac{VA}{m^3}.$$

$\vec{E}\;\dot{\vec{D}}\,(t)$ ist die zeitliche Änderung der elektrischen Feldenergiedichte, also die **Volumendichte der elektrischen (Feld-)Leistung.** Auch sie ist grundsätzlich Funktion der Zeit und kein zeitlicher Mittelwert. $\dot{\vec{D}}\,(t)$ eilt bei harmonischen Größen gegenüber $\vec{E}(t)$ zeitlich um 90^0 voraus.

$$[H]\cdot[\dot{B}] = \frac{A}{m}\,\frac{Vs}{m^2 s} = \frac{VA}{m^3}.$$

$\vec{H}\;\dot{\vec{B}}\,(t)$ ist die zeitliche Änderung der magnetischen Feldenergiedichte, also die **Volumendichte der magnetischen (Feld-)Leistung.** Auch sie ist grundsätzlich Funktion der Zeit und kein zeitlicher Mittelwert. $\dot{\vec{B}}\,(t)$ eilt bei harmonischen Größen gegenüber $\vec{H}(t)$ zeitlich um 90^0 voraus.

Nur im Gleichstromfall sind die Leistungsdichten $\vec{E}\,\dot{\vec{D}}$ sowie $\vec{H}\,\dot{\vec{B}}$ gleich Null, während $\vec{E}\vec{J}$ zeitlich konstant und daher zugleich Mittelwert der Leistungsdichte, also Volumendichte der Stromwärmeleistung ist.

Wir wollen nun sehen, welche Leistungen in einem endlichen Volumen vorkommen. Dazu integrieren wir Gl.(6.5–7) über ein endliches Volumen v

$$-\iiint div\,(\vec{E}\times\vec{H})\,dv = \iiint (\vec{E}\,\vec{J}+\vec{E}\;\dot{\vec{D}}\,+\vec{H}\;\dot{\vec{B}})\,dv \qquad (6.5\text{–}\,8)$$

und wenden auf die linke Seite dieser Gleichung den Satz von Gauß an:

$$\oint\!\!\!\oint(\vec{E}\times\vec{H})\,d\vec{a} = -\iiint (\vec{E}\,\vec{J}+\vec{E}\;\dot{\vec{D}}\,+\vec{H}\;\dot{\vec{B}})\,dv. \qquad (6.5\text{–}\,9)$$

Die linke Seite der Gleichung beschreibt die aus der Hülle austretende Leistung, weil $d\vec{a} = \vec{n}\,da$ vereinbarungsgemäß stets von einer Hüllfläche nach außen zeigte.

In der Literatur aber ist es üblich, speziell bei Energieströmung die in die Hülle eintretende Leistung positiv zu rechnen. Wir richten deswegen innerhalb dieses Kapitels von nun an den Normalen–Einsvektor und damit auch den Vektor des Oberflächenelementes $d\vec{a}_2$ in die Hüllfläche hinein.

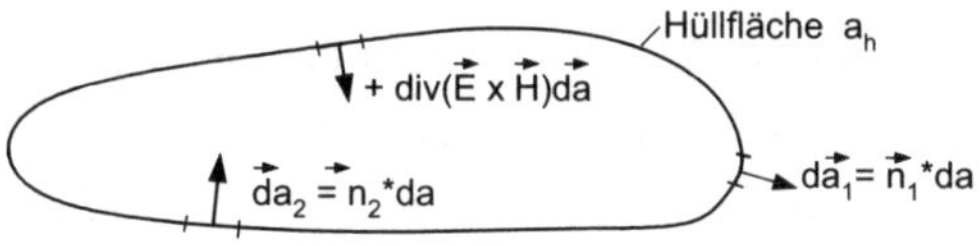

$d\vec{a}_2 = -d\vec{a}_1 = -\vec{n}_1\, da = \vec{n}_2\, da$

Bild 6.5.1: Die in eine Hülle eintretende Leistung wird positiv gezählt

Wir verzichten gleich wieder auf den Index 2 und erhalten die in ein Volumen eintretenden Leistungen positiv zu:

$$\oiint (\vec{E}\times\vec{H})\, d\vec{a} = \iiint (\vec{E}\,\vec{J}+\vec{E}\,\dot{\vec{D}}+\vec{H}\,\dot{\vec{B}})\, dv. \qquad (6.5\text{–}\ 10)$$

Die Abkürzung $\boxed{\vec{S} = \vec{E}\times\vec{H}}$ (6.5– 11)

nennt man den **Poyntingvektor**. Er wird oft als "Energieströmungsvektor" bezeichnet, ist aber seiner Einheit (Art) nach: **Flächendichte der Leistungsströmung**, was aus seiner Einheit deutlich wird:

$$[\vec{E}]\cdot[\vec{H}] = \frac{V}{m}\,\frac{A}{m} = \frac{VA}{m^2}.$$

Unter Benutzung des Poyntingvektors lautet Gl.(6.5–10):

$$\boxed{\oiint \vec{S}\, d\vec{a} = \underbrace{\iiint \vec{E}\,\vec{J}\, dv}_{P_w(t)} + \underbrace{\iiint \vec{E}\,\dot{\vec{D}}\, dv}_{\dot{W}_e\,(t)} + \underbrace{\iiint \vec{H}\,\dot{\vec{B}}\, dv}_{\dot{W}_m\,(t)}.} \qquad (6.5\text{–}\ 12)$$

In Gl.(6.5–12) ist die Fläche a Hüllfläche um das eingeschlossene Volumen v. Durch diese Hüllfläche können eindringen:

1. Die Stromwärmeleistungsschwingung $P_w(t)$. Sie ist noch nicht die Stromwärmeleistung P_v,

2. die elektrische Feldleistung $\overset{\bullet}{W}_e(t)$ und

3. die magnetische Feldleistung $\overset{\bullet}{W}_m(t)$.

Gl.(6.5–12) wird **Kontinuitätsgleichung der Energie** genannt; denn sie beschreibt den Zusammenhang und die Änderung der drei elektromagnetischen Energieformen untereinander. Nimmt beispielsweise die Gesamtenergie im Volumen v zu (rechte Seite von Gl.(6.5–12)), so muß diese zusätzliche Energie durch die Hüllfläche eintreten (linke Seite von Gl.(6.5–12)). Sie beschreibt auch, was innerhalb eines abgeschlossenen Volumens v passiert.

Die Gl.(6.5– 10) mit $\vec{S} = \vec{E} \times \vec{H}$ erlaubt nicht in jedem Fall eindeutig auf die Ursache der Energieströmung zu schließen. Dies wird deutlich, wenn zum Pointingvektor $\vec{S}$ ein Vektor $\vec{S_D}$ addiert wird, dessen Divergenz überall Null ist. Auf der linken Seite der Gl.(6.5– 10) folgt unter Verwendung des Gaußschen Satzes:

$$\oiint (\vec{S}+\vec{S_D})\, d\vec{a} = \oiint \vec{S}\, d\vec{a} + \iiint div S_D\, dv = \oiint \vec{S}\, d\vec{a}. \qquad (6.5\text{– }13)$$

In beiden Fällen ergibt sich die gleiche Energieströmung durch die Hüllfläche.

Beispiel: Ein Volumen v sei so weit ausgedehnt, daß durch seine Hüllfläche keine Leistung eintritt:

$$\oiint \vec{S}\, d\vec{a} = 0, \qquad (6.5\text{– }14)$$

was in jedem Fall für den Extremwert einer unendlich großen Hülle richtig ist. Dann bleibt von der Kontinuitätsgleichung übrig:

$$0 = \iiint (\vec{E}\,\vec{J} + \vec{E}\,\overset{\bullet}{\vec{D}} + \vec{H}\,\overset{\bullet}{\vec{B}})\, dv \qquad \text{oder} \qquad (6.5\text{– }15)$$

$$0 = P_w(t) + \overset{\bullet}{W}_e(t) + \overset{\bullet}{W}_m(t)$$

$$\text{also} \quad \boxed{P_w(t) = -\overset{\bullet}{W}_e(t) - \overset{\bullet}{W}_m(t)} \qquad (6.5\text{– }16)$$

Demnach kann im abgeschlossenen Volumen v eine **Stromwärmeleistungsschwingung** $P_w(t)$ aus der Abnahme von elektrischer und/oder magnetischer

Feldleistung entstehen. Die Stromwärmeleistung P_v erhält man als den zeitlichen Mittelwert der Schwingung $P_w(t)$. Man nennt die **Stromwärmeleistung** auch **Wirk-** oder **Verlustleistung**:

$$\boxed{P_v = \overline{P_w(t)} = \frac{1}{T}\int_0^T P_w(t)\, dt} \qquad (6.5\text{–}17)$$

Sie ist im abgeschlossenen Volumen nach Gl.(6.5–15):

$$P_v = -\frac{1}{T}\int_0^T \left(\dot{W}_e(t) + \dot{W}_m(t) \right) dt. \qquad (6.5\text{–}18)$$

Differentiell angeschrieben, beschreibt die Quellendichte des Poyntingvektors:

$$div\,\vec{S} \equiv div(\vec{E}\times\vec{H}) = \vec{E}(t)\,\vec{J}(t) + \dot{w}_e(t) + \dot{w}_m(t) \qquad (6.5\text{–}19)$$

das zeitabhängige Entspringen, Versickern oder Umwandeln der verschiedenen Leistungsdichten (im Volumenelement).

Hinweis auf Elektro- und Magnetostatik

Dort ist definitionsgemäß $\partial/\partial t = 0$, also auch $\dot{w}_e = 0$ und $\dot{w}_m = 0$, weswegen in der Elektrostatik zwangsläufig auch $P_w(t) = 0$ und $P_v = 0$ sein müssen.

1. Beispiel zum Poyntingvektor

Ein Runddraht werde vom Wechselstrom $i(t)$ durchflossen. Die Zeitabhängigkeit sei so langsam, oder der Draht so dünn, daß keine Stromverdrängung auftritt. Daher ist an jeder Querschnittstelle des Drahtes die gleiche Stromdichte vorhanden.

Der Poyntingvektor $\vec{S}$ hat zwei Anteile:

1. Eine Radialkomponente, verursacht durch E_t und H,

2. eine Tangentialkomponente, verursacht durch E_n und H.

Da wir den Poyntingvektor zunächst aus E_t und H, dann aus E_n und H berechnen wollen, ist es notwendig, an Stelle der Komponenten E_t und E_n deren

Vektoren zu schreiben, damit die Vektorprodukte $\vec{E}_t \times \vec{H}$ und $\vec{E}_n \times \vec{H}$ gebildet werden können; es sind

$$\vec{E}_t = E_t\,\vec{e}_z \qquad \text{und} \qquad \vec{E}_n = E_n\,\vec{e}_r; \qquad \vec{E} = \vec{E}_t + \vec{E}_n; \tag{6.5- 20}$$

$$\vec{S}_r = \vec{E}_t \times \vec{H} \qquad \text{und} \qquad \vec{S}_t = \vec{E}_n \times \vec{H}, \qquad \text{so daß} \tag{6.5- 21}$$

$$\vec{S} = \vec{E} \times \vec{H} = \vec{S}_r + \vec{S}_t. \tag{6.5- 22}$$

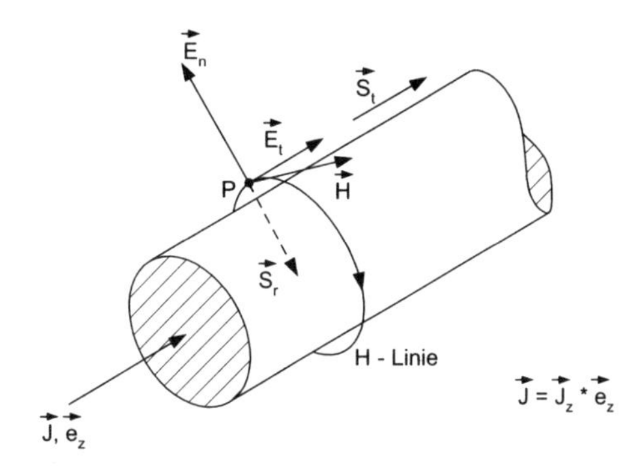

Bild 6.5.2: Runddraht und seine Feldvektoren im Punkt P

Zu 1), Radialer Anteil des Poyntingvektor: $\vec{S}_r = \vec{E}_t \times \vec{H}$

a) Für Radien $r \leq r_0$ gilt nach dem 1. Beispiel von Abschnitt 5.1:

$$\vec{H}(r,t) = \frac{J(t)}{2}\,r\,\vec{e}_\alpha. \tag{6.5- 23}$$

$\vec{E}_t$ erhalten wir aus dem Ohmschen Gesetz in Differentialform für den verlustbehafteten Leiter:

$$\vec{E}_t = \rho\,J(t)\,\vec{e}_z. \tag{6.5- 24}$$

Damit kann die Radialkomponente des Poyntingvektors angeschrieben werden:

$$\begin{aligned} \vec{S}_r &= \frac{J(t)}{2}\,r\,\rho\,J(t)\,(\vec{e}_z \times \vec{e}_\alpha) \\ &= \frac{J(t)^2}{2}\,\rho\,r\,(-\vec{e}_r) \qquad \text{denn} \qquad \vec{e}_\alpha \times \vec{e}_z = \vec{e}_r \\ &= S_r\;(-\vec{e}_r). \end{aligned} \tag{6.5- 25}$$

Die Radialkomponente S_r des Poyntingvektors wird mit abnehmendem Radius kleiner und schließlich Null für $r = 0$, da wegen $H(r = 0) = 0$ auch kein endliches Vektorprodukt $\vec{S}_r$ übrig bleiben kann.

Der Poyntingvektor $\vec{S}_r$ nach Gl.(6.5–24) zeigt radial in den Leiter hinein zu dessen Achse hin. Diese Flächendichte der Leistung kann daher keine zum Verbraucher transportierte Leistung sein; sie strömt zur Leiterachse hin, versiegt aber, bevor sie dort ankommt: $S_r(r = 0) = 0$. Offensichtlich handelt es sich um Verlustleistung; denn $E_t = \rho\, J$ kommt nur durch den spezifischen elektrischen Widerstand ρ zustande. Wäre $\rho = 0$, so wäre auch $E_t = 0$ und damit auch $S_r(r) = 0$ und zwar an jeder Stelle $0 \le r \le r_0$.

b) Ergiebigkeit bei $r = r_0$ an der Drahtoberfläche

Es muß uns also interessieren: Welche (Gesamt–)Leistung strömt bei r_0 durch die Oberfläche des Drahtes in das Leiterinnere? Wir berechnen hier die negative Ergiebigkeit, weil Ergiebigkeit definiert war als der aus einer Hüllfläche austretende Fluß. S_r ist aber, gemäß Vereinbarung, an der Drahtoberfläche in die Zylinderhülle hineingerichtet:

Bild 6.5.3: Querschnitt durch einen Runddraht, dessen Mantelfläche den wesentlichen Teil der Hüllfläche bildet

In die Hülle tritt bei $r = r_0$ ein:

$$\oiint \vec{S}_r\, d\vec{a} = \underbrace{\iint \vec{S}_{r_0}\, da\,(-\vec{e}_r)}_{\text{durch Mantel}} + \underbrace{\iint \vec{S}_r\, da\,\vec{e}_z + \iint \vec{S}_r\, da\,(-\vec{e}_z).}_{\text{Zyl.–Boden u. Deckel}} \qquad (6.5\text{– }26)$$

Zylinderboden und Deckel mit $\vec{S}_r \perp d\vec{a}$ liefern keine Beiträge. Allein durch die Mantelfläche mit $\vec{S}_{r_0} \uparrow\uparrow da(-\vec{e}_r)$ strömt Leistung in das Drahtinnere:

$$\begin{aligned}\iint \vec{S}_{r_0}\, d\vec{a} &= \rho\, \frac{J(t)^2}{2}\, r_0\, 2\pi r_0\, \ell \\ &= \rho\, J\, \ell\, (J\pi r_0^2) = \rho\, J(t)\, \ell\, i(t) = \rho\, \frac{i(t)}{\pi r_0^2}\, \ell\, i(t) \\ &= i(t)^2\, R. \end{aligned} \qquad (6.5\text{– }27)$$

Durch die Oberfläche des Drahtes dringt in jedem Augenblick aus der Feldleistungsschwingung des Dielektrikums die im Draht in Wärme umgesetzte Leistung ein. Deren zeitlicher Mittelwert ist die Stromwärmeleistung P_v des Drahtes:

$$P_v = \overline{P_w(t)} = \frac{1}{T} \int_0^T i(t)^2 \, R \, dt = I_{eff}^2 \, R \tag{6.5- 28}$$

oder durch den Poyntingvektor ausgedrückt:

$$\boxed{P_v = \frac{1}{T} \int_0^T \left(\oiint \vec{S}_{r_0} \, d\vec{a} \right) dt.} \tag{6.5- 29}$$

Zu 2), Tangentialer Anteil des Poyntingvektors: $\vec{S}_t = \vec{E}_n \times \vec{H}$

Im Innern des stromdurchflossenen Leiters existiert nur E_t, nicht aber E_n. Gäbe es ein E_n, so würde diese Feldstärke einen Stromfluß senkrecht zur Leiterachse verursachen. Außerhalb des Leiters ist die resultierende elektrische Feldstärke $\vec{E} = \vec{E}_n + \vec{E}_t$. Das Vektorprodukt $\vec{E}_t \times \vec{H}$ außerhalb des Leiters bringt kein neues Ergebnis gegenüber 1). Es bleibt daher zu behandeln:

$$\begin{aligned} \vec{S}_t &= \vec{E}_n \times \vec{H} = E_n \, \vec{e}_r \times H \, \vec{e}_\alpha = E_n \, H \, \vec{e}_z \\ &= S_t \, \vec{e}_z. \end{aligned} \tag{6.5- 30}$$

Bei Paralleldrahtleitungen, die linear ausgedehnt sind, ist zwar außerhalb eines jeden Leiters für diesen $H(t) = i(t)/2\pi r$, aber die Normalkomponente $\vec{E}_n$ ist außerhalb der Drähte nicht nur von Drahtabstand und Zeit, sondern auch vom Winkel α abhängig (siehe Bild 6.5.4).

Nur in Sonderfällen (Beispiel: Koaxialkabel) ist E_n winkelunabhängig und daher nur eine Funktion von r und t.

Das überraschende Ergebnis ist, daß der tangential gerichtete Poyntingvektor nach Gl.(6.5–29), der **außerhalb von Stromleitern** parallel zu deren Achse gerichtet ist (Beispiel: Hochspannungsleitungen), den **Leistungstransport** zum Verbraucher beschreibt. **Die Energie wird demnach nicht im Innern des Leiters, sondern außerhalb, im Dielektrikum transportiert.** Auch die Energie, die als Verlustleistung in den Leiter eintritt, wird bis zu ihrem

Eintritt in den Leiter im Dielektrikum geführt. Die Leiter selbst enthalten die Stromstärke und führen somit das elektrische und das magnetische Feld im Dielektrikum.

2. Beispiel zum Poyntingvektor: Paralleldrahtleitung

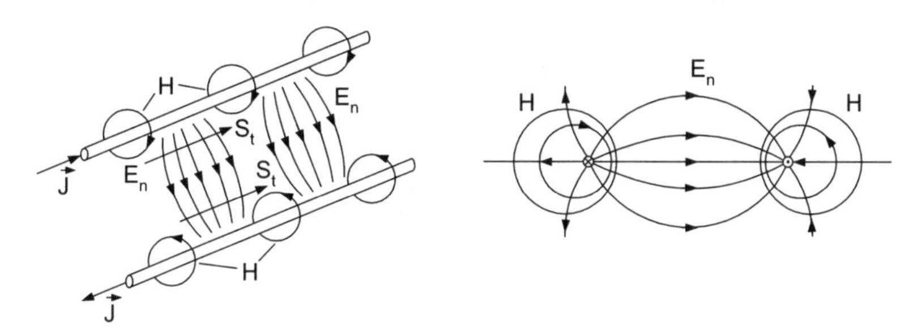

Bild 6.5.4: Paralleldrahtleitung perspektivisch und im Querschnitt

Eine Paralleldrahtleitung möge den Gleichstrom I mit der Stromdichte $\vec{J}$ führen. Die für den Energietransport wesentliche Komponente von $\vec{E}$ ist nicht E_t, sondern wieder E_n außerhalb der Drähte. Denn auch hier bestimmen $\vec{E}_n$ und $\vec{H}$ den Vektor $\vec{S}_t$, parallel zu den Leiterachsen. Da im Hin– und im Rückleiter Gleichstrom fließt, ist $\vec{S}_t$ zeitlich konstant und hat nur die Richtung zum Verbraucher, während bei Wechselstrom, abhängig von der Art des Abschlußwiderstandes der Leitung, $\vec{S}_t$ seine Richtung periodisch ändern kann. Dies soll aus dem folgenden Beispiel deutlich werden.

Beispiel 3: Eine Paralleldrahtleitung sei vom niederfrequenten Wechselstrom $i(t)$ durchflossen und mit einer verlustlosen Spule von konstanter Induktivität L abgeschlossen:

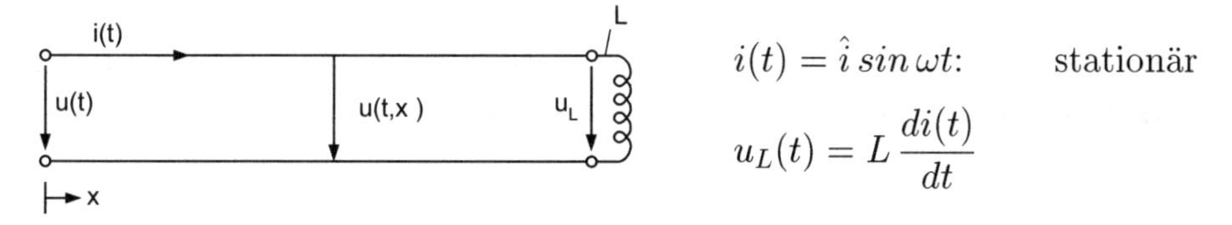

$$i(t) = \hat{i} \sin \omega t: \qquad \text{stationär}$$

$$u_L(t) = L \frac{di(t)}{dt}$$

Bild 6.5.5: Paralleldrahtleitung mit idealer Spule als Abschluß

Der Übersichtlichkeit halber führen wir Näherungen ein: Die Leitung sei nicht zu lang und ihr elektrischer Widerstand so klein, daß er vernachlässigt werden darf. Dann ist auch der Spannungsverlust längs der Leitung vernachlässigbar und es gilt $u_L(t) \approx u(t)$. In diesem idealisierten Fall ist auch $E_n(\alpha, r, t)$ unabhängig von der Längskoordinate x, weswegen

$$E_n \sim u_L(t) \qquad \text{ist.} \tag{6.5- 31}$$

Für $\vec{S}_t = \vec{E}_n \times \vec{H}$ ist $H(t) \sim i(t)$, und $S_t \sim u_L(t)\, i(t)$. (6.5- 32)

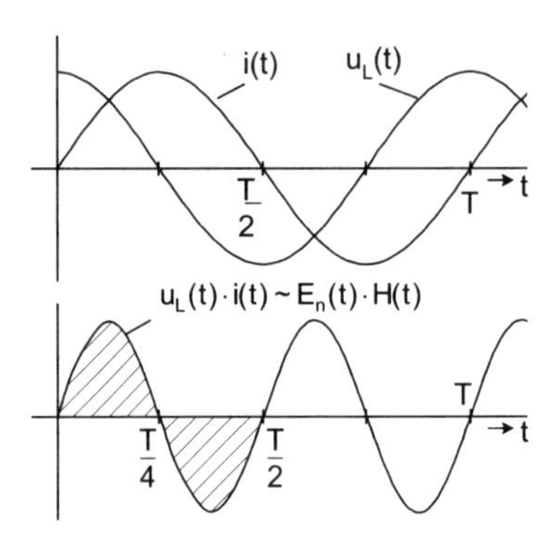

Bild 6.5.6: Poyntingvektor bei $\varphi = 90^0$ Phasenverschiebung zwischen Strom und Spannung an einer idealen Spule

Hat man jedoch einen beliebigen Phasenwinkel φ zwischen Spannung und Strom, so gilt:

$$\begin{aligned} P(t) &= \hat{u}\, cos\omega t \;\; \hat{i}\, cos(\omega t + \varphi) \\ &= \frac{\hat{u}\,\hat{i}}{2}\left(cos\,\varphi + cos(2\omega t + \varphi)\right). \end{aligned} \tag{6.5- 33}$$

Ergebnisse für niederfrequenten Wechselstrom in der Parallelleitung:

1) $u_L(t)\, i(t)$ und daher auch $S_t(t)$ sind zeitabhängig und haben die **doppelte Frequenz** von $u(t)$ und $i(t)$. Das ist auch für jeden anderen Abschlußwiderstand (Wirkwiderstand, Kondensator, komplexer Widerstand) der Fall.

2) Der zeitliche Mittelwert des Produkts $u_L(t)\, i(t)$ ist dann Null, wenn $u_L(t)$ und $i(t)$ um $\pi/2$ oder $T/4$ phasenverschoben sind. (Dies gilt für einen verlustlosen Kondensator und eine verlustlose Spule). Da $|\vec{E}_n \times \vec{H}| \sim |u_L \cdot i|$ ist, kehrt der Poyntingvektor S_t nach jeder Viertelperiode von $u(t)$ oder $i(t)$ seine Richtung um; das heißt: **Blindwiderstände erzeugen Pendelleistung**, sie nehmen keine Wirk–(Stromwärme–)leistung auf. Ihr Poyntingvektor hat den arithmetischen Mittelwert Null. Generator und induktiver oder kapazitiver Blindwiderstand geben einander abwechselnd je eine Viertelperiode lang "Blindleistung", die deswegen so genannt wird, weil sie nicht als Stromwärme transportiert oder verbraucht wird.

3) An einem Wirkwiderstand R (ohne Blindanteil), der am Leitungsende angeschlossen wird, sind $u(t)$ und $i(t)$ und daher auch $E_n(t)$ und $H(t)$ phasengleich. Der zeitliche Mittelwert von $u(t)\,i(t)$ ist ebenso wie der von $\vec{S}_t(t)$ stets größer Null. $\vec{S}_t(t)$ zeigt sogar ständig in eine Richtung, wobei der Momentanwert $S_t(t)$ zwischen Null und einem Maximalwert schwankt. Energie wird nur vom Generator zum Verbraucher transportiert.

Gleichphasige Werte von Spannung und Strom haben also eine Leistungsschwingung ohne Blindleistungsanteil:

$$P(t) = P_w(t) = \hat{u}\,\hat{i}\;sin^2\omega t = \frac{\hat{u}\,\hat{i}}{2}\,(1 - cos\,2\omega t).$$

Deren zeitlicher Mittelwert ist die **Stromwärmeleistung**, hier: $P_v = \hat{u}\,\hat{i}/2$.

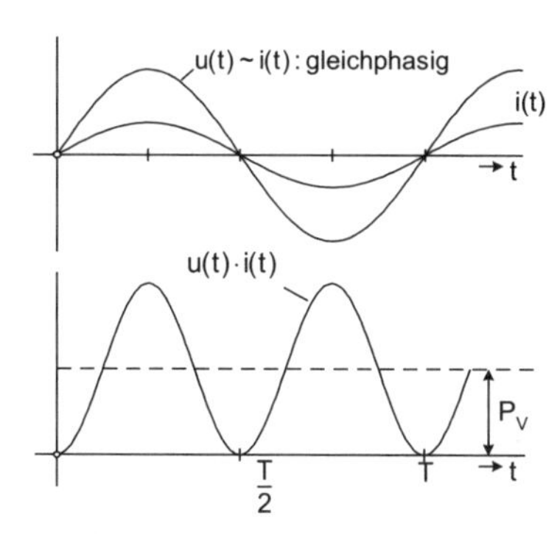

Bild 6.5.7: Leistungen bei Wirkwiderstand am Leitungsende

Die Leistungsschwingung $P_w(t) = u(t)\,i(t)$ am Widerstand R hat nur Werte $P(t) \geq 0$, ebenso ist dann der Poyntingvektor $S_t(t) \geq 0$.

4) Hüllen– oder Fächenintegral? Will man die in ein abgeschlossenes Volumen ein– oder die daraus austretende Feldleistung berechnen, so verwendet man bei Gl.(6.5–12) ein Hüllenintegral. Interessiert jedoch die durch eine vorgegebene (Querschnitts–)Fläche dringende Leistungsschwingung, so ist über diese (Querschnitts-)Fläche zu integrieren.

6.5.2 Energieströmung und komplexer Poyntingvektor

Wir sahen, daß das Hüllen– oder Flächenintegral über den reellen Poyntingvektor Leistungsschwingungen ergibt. Will man Wirk–, Blind– und Scheinleistung berechnen, so muß noch der zeitliche Mittelwert der beim reellen Poyntingvektor ermittelten Leistungsschwingungen gebildet werden. Dieser zusätzliche Rechengang wird bei Leistungsberechnungen mittels des komplexen Poyntingvektors entbehrlich.

Elektrische und magnetische Feldstärken müssen wieder ursächlich dem gleichen elektromagnetischen Feld angehören.

Bei der Herleitung und Anwendung des komplexen Poyntingvektors wird die komplexe Rechnung mit nur harmonischen Schwingungen im eingeschwungenen Zustand verwendet. Linearität der Materie oder der Bauelemente ist also erforderlich. Daher müssen homogene, isotrope Medien mit aussteuerungsunabhängigen, konstanten Werten ϵ_r, μ_r und κ vorausgesetzt werden. Die reellen Feldvektoren mit cosinusförmigem Zeitverlauf ergeben sich aus den komplex angeschriebenen Momentanwerten zu:

$$\vec{E} = Re\{\underline{\vec{E}}_m\, e^{j\omega t}\}$$

$$\vec{H} = Re\{\underline{\vec{H}}_m\, e^{j\omega t}\} \qquad \text{denn} \qquad e^{j\omega t} = cos\,\omega t + j\, sin\,\omega t. \tag{6.5- 34}$$

E_m und H_m sind komplexe Amplituden: $E_m = \hat{E}$ und $H_m = \hat{H}$, so daß

$$\underline{\vec{E}}_m = \underline{E}_m\, \vec{e}_E = E_m\, e^{j\varphi_E}\, \vec{e}_E$$

$$\underline{\vec{H}}_m = \underline{H}_m\, \vec{e}_H = H_m\, e^{j\varphi_H}\, \vec{e}_H \tag{6.5- 35}$$

sind die komplexen Amplituden der Feldvektoren. Die allgemein von Ort und Zeit abhängigen komplexen Momentanwerte sind:

$$\underline{\vec{E}}(r,t) = E_m(r)\, e^{j\varphi_E}\, e^{j\omega t}\, \vec{e}_E$$

$$\underline{\vec{H}}(r,t) = H_m(r)\, e^{j\varphi_H}\, e^{j\omega t}\, \vec{e}_H. \tag{6.5- 36}$$

Wir setzen sie in die Maxwellgleichungen ein; zunächst in die erste, komplex angeschriebene Maxwellgleichung:

$$rot\,\underline{\vec{H}} = \kappa\,\underline{\vec{E}} + \epsilon\,\dot{\underline{\vec{E}}}\,. \tag{6.5- 37}$$

Das ergibt mit $\overset{\bullet}{\underline{\vec{E}}} = j\omega\,\underline{\vec{E}}$, ohne die Ortsabhängigkeiten (r) weiter anzuschreiben:

$$rot(\underline{\vec{H}}_m\, e^{j\omega t}) = \kappa\,\underline{\vec{E}}_m\, e^{j\omega t} + \epsilon\, j\omega\,\underline{\vec{E}}_m\, e^{j\omega t}. \tag{6.5- 38}$$

$e^{j\omega t}$ hebt sich auf jeder Seite heraus, es bleiben die komplexen, ortsabhängigen Amplituden der Feldvektoren:

$$rot\,\underline{\vec{H}}_m = \kappa\,\underline{\vec{E}}_m + j\omega\epsilon\,\underline{\vec{E}}_m. \tag{6.5- 39}$$

Jetzt werden die komplexen Momentanwerte in die auch komplex angschriebene, zweite Maxwellgleichung eingesetzt, also in:

$$rot\,\underline{\vec{E}} = -\mu\,\overset{\bullet}{\underline{\vec{H}}} \qquad \text{es folgt:} \tag{6.5- 40}$$

$$rot(\underline{\vec{E}}_m\, e^{j\omega t}) = -\mu\, j\omega\,\underline{\vec{H}}_m\, e^{j\omega t} \tag{6.5- 41}$$

und nach Kürzen der Zeitfunktion $e^{j\omega t}$ bleibt:

$$rot\,\underline{\vec{E}}_m = -j\omega\mu\,\underline{\vec{H}}_m. \tag{6.5- 42}$$

Um nachher aus den komplexen Amplituden die Effektivwerte zu erhalten, braucht man die zu (6.5–38) konjugiert komplexe Gleichung. Die Vorzeichenumkehr vor jedem $j = \sqrt{-1}$ kennzeichnen wir bei den Feldgrößen durch "*":

$$rot\,\underline{\vec{H}}^*_m = \kappa\,\underline{\vec{E}}^*_m - j\omega\epsilon\,\underline{\vec{E}}^*_m. \tag{6.5- 43}$$

Diese Gleichung ist mit $\underline{\vec{E}}_m$ zu erweitern:

$$\underline{\vec{E}}_m\, rot\,\underline{\vec{H}}^*_m = \kappa\,\underline{\vec{E}}^*_m\underline{\vec{E}}_m - j\omega\epsilon\,\underline{\vec{E}}^*_m\underline{\vec{E}}_m. \tag{6.5- 44}$$

Umgekehrt verwenden wir die 2. Maxwellgleichung in der Form von Gl.(6.5–41), erweitern sie aber mit dem konjugiert komplexen $\underline{\vec{H}}^*_m$:

$$\underline{\vec{H}}^*_m\, rot\,\underline{\vec{E}}_m = -j\omega\mu\,\underline{\vec{H}}_m\,\underline{\vec{H}}^*_m. \tag{6.5- 45}$$

Subtrahieren wir jetzt Gl.(6.5–44) von (6.5–43), so erhalten wir einen links des Gleichheitszeichens in seinem Aufbau schon bekannten Ausdruck:

$$\underline{\vec{E}}_m\, rot\,\underline{\vec{H}}^*_m - \underline{\vec{H}}^*_m\, rot\,\underline{\vec{E}}_m = (\kappa - j\omega\epsilon)\,\underline{\vec{E}}_m\,\underline{\vec{E}}^*_m + j\omega\mu\,\underline{\vec{H}}_m\underline{\vec{H}}^*_m. \tag{6.5- 46}$$

Vom reellen Poyntingvektor kennen wir die Quellendichte

$$-div(\vec{E}\times\vec{H}) = \vec{E}\; rot\,\vec{H} - \vec{H}\; rot\,\vec{E}. \tag{6.5- 47}$$

Entsprechend erhalten wir jetzt für komplexe und konjugiert komplexe Amplituden der Feldvektoren:

$$-div(\underline{\vec{E}}_m\times\underline{\vec{H}}^*_m) = \underline{\vec{E}}_m\; rot\,\underline{\vec{H}}^*_m - \underline{\vec{H}}^*_m\; rot\,\underline{\vec{E}}_m. \tag{6.5- 48}$$

Die linke Seite von Gl.(6.5–47) eingesetzt in (6.5–45) ergibt

$$\boxed{-div(\underline{\vec{E}}_m\times\underline{\vec{H}}^*_m) = (\kappa - j\omega\epsilon)\,\underline{\vec{E}}_m\,\underline{\vec{E}}^*_m + j\omega\mu\,\underline{\vec{H}}_m\,\underline{\vec{H}}^*_m} \tag{6.5- 49}$$

Nun bedeuten:

$$\underline{\vec{E}}_m\,\underline{\vec{E}}^*_m = \vec{E}_m\,e^{j\varphi_E}\,\vec{E}_m\,e^{-j\varphi_E} = E_m^2\,\vec{e}_E^{\,2} = E_m^2 \tag{6.5- 50}$$

$$\underline{\vec{H}}_m\,\underline{\vec{H}}^*_m = \vec{H}_m\,e^{j\varphi_H}\,\vec{H}_m\,e^{-j\varphi_H} = H_m^2\,\vec{e}_H^{\,2} = H_m^2. \tag{6.5- 51}$$

Die Gln.(6.5–49) und (6.5–50) sind also das Quadrat der reellen Amplituden oder das zweifache Quadrat der Effektivwerte:

$$E_m^2 = 2\,E_{eff}^2, \qquad H_m^2 = 2\,H_{eff}^2, \tag{6.5- 52}$$

so daß man mit diesen quadratischen Mittelwerten weiter erhält:

a)

$$\kappa\,\underline{\vec{E}}_m\,\underline{\vec{E}}^*_m = \kappa\,E_m^2 = 2\,\kappa\,E_{eff}^2 \tag{6.5- 53}$$

$$\boxed{\kappa\,E_{eff}^2 = \overline{p_w(t)} = p_v = \frac{1}{T}\int_0^T p_w(t)\,dt} \tag{6.5- 54}$$

Dies ist die **Stromwärmeleistungsdichte** als zeitlicher Mittelwert der Volumendichte der Stromwärme–Leistungsschwingung, also die pro Volumenelement umgesetzte Stromwärmeleistung p_v.

b)

$$\frac{\mu}{2}\,\underline{\vec{H}}_m\,\underline{\vec{H}}^*_m = \frac{\mu}{2}H_m^2 = 2\,\frac{\mu}{2}\,H_{eff}^2. \tag{6.5- 55}$$

$$\boxed{\frac{\mu}{2}H_{eff}^2 = \frac{1}{T}\int_0^T w_m(t)\,dt = \overline{w_m(t)}} \tag{6.5- 56}$$

Dies ist der **zeitliche Mittelwert der magnetischen Feldenergiedichte.**

c) $$\frac{\epsilon}{2}\underline{\vec{E}}_m\,\underline{\vec{E}}_m^* = \frac{\epsilon}{2}\,E_m^2 = 2\,\frac{\epsilon}{2}\,E_{eff}^2. \tag{6.5- 57}$$

$$\boxed{\frac{\epsilon}{2}\,E_{eff}^2 = \frac{1}{T}\int_0^T w_e(t)\,dt = \overline{w_e(t)}} \tag{6.5- 58}$$

Dies ist der **zeitliche Mittelwert der elektrischen Feldenergiedichte.** E_{eff} und H_{eff} sind Effektivwerte bei vorausgesetzt harmonischem Zeitverlauf. Bei Verwendung der Ergebnisse nach a), b) und c) wird aus Gl.(6.5–48):

$$-div(\underline{\vec{E}}_m\times\underline{\vec{H}}_m^*) = 2\,\kappa\,E_{eff}^2+2\,j\omega\left(2\left(\frac{\mu}{2}\,H_{eff}^2-\frac{\epsilon}{2}\,E_{eff}^2\right)\right). \tag{6.5- 59}$$

$$-\frac{1}{2}\,div\,(\underline{\vec{E}}_m\times\underline{\vec{H}}_m^*) = \overline{p_w(t)}+2\,j\omega\left(\overline{w_m(t)}-\overline{w_e(t)}\right). \tag{6.5- 60}$$

Schließlich ist der Satz von Gauß anzuwenden, um die Ergiebigkeit eines endlichen Volumens zu erhalten:

$$\iiint div(\underline{\vec{E}}_m\times\underline{\vec{H}}_m^*)\,dv = \oint\!\!\oint(\underline{\vec{E}}_m\times\underline{\vec{H}}_m^*)\,d\vec{a}, \tag{6.5- 61}$$

angewandt auf Gl.(6.5–59) erhalten wir:

$$\begin{aligned}-\frac{1}{2}\oint\!\!\oint(\underline{\vec{E}}_m\times\underline{\vec{H}}_m^*)\,d\vec{a} &= \iiint\left(\overline{p_w(t)}+2j\omega\left(\overline{w_m(t)}-\overline{w_e(t)}\right)\right)dv\\ &= \overline{P_w(t)}+2j\omega\left(\overline{W_m(t)}-\overline{W_e(t)}\right).\end{aligned} \tag{6.5- 62}$$

Entscheiden wir uns auch hier, im Sonderfall des komplexen Poyntingvektors, dafür, daß die positive Flächennormale in die Hüllfläche hineinzeigt, dann ist:

$$\boxed{\begin{aligned}+\frac{1}{2}\oint\!\!\oint(\underline{\vec{E}}_m\times\underline{\vec{H}}_m^*)\,d\vec{a} &= \overline{P_w(t)}+2j\omega\left(\overline{W_m(t)}-\overline{W_e(t)}\right)\\ &= P_v+2j\omega\left(\overline{W_m(t)}-\overline{W_e(t)}\right)\end{aligned}} \tag{6.5- 63}$$

Das ist die **Integralform des komplexen Energieströmungsvektors.**

Erklärung der Einzelausdrücke:

a) $\overline{P_w(t)} = P_v$ ist die im Volumen v umgesetzte **Stromwärmeleistung** (Wirkleistung) und zwar nicht nur in konzentrierten Bauelementen, sondern auch durch elektromagnetische Wellen in halbleitenden oder metallischen Medien.

b) $2\omega\,\overline{W_m(t)}$ ist die **induktive Blindleistung** im Volumen v.

Beispiel ideale Spule der Induktivität L :

$$\overline{W_m(t)} = \frac{L}{2}\, I_{eff}^2 \quad \text{somit} \quad 2j\omega\,\overline{W_m(t)} = 2j\omega\,\frac{L}{2}\, I_{eff}^2 = j\omega L\, I_{eff}^2 = j\, P_{ind}. \qquad (6.5\text{–}\ 64)$$

c) $-2\omega\,\overline{W_e(t)}$ ist die **kapazitive Blindleistung** im Volumen v.

Beispiel idealer Kondensator der Kapazität C:

$$\overline{W_e(t)} = \frac{C}{2}\, U_{eff}^2 \quad \text{somit} \quad -2j\omega\,\overline{W_e(t)} = -2j\omega\,\frac{C}{2}\, U_{eff}^2 = -j\omega C\, U_{eff}^2 = +j\, P_{kap}. \qquad (6.5\text{–}\ 65)$$

Damit ist an konzentrierten Blindwiderständen gezeigt, daß Gl.(6.5–62) induktive und kapazitive Blindleistungen enthält.

Man benutzt für den **komplexen Energieströmungsvektor** die Abkürzung $\underline{\vec{S}}$ und schreibt:

$$\underline{\vec{S}} = \frac{1}{2}(\underline{\vec{E}}_m \times \underline{\vec{H}}_m^*) \qquad (6.5\text{–}\ 66)$$

$$\underbrace{\oint\!\!\!\oint \underline{\vec{S}}\, d\vec{a}} = P_v + j\, \underbrace{(P_{ind} + P_{kap})} \qquad (6.5\text{–}\ 67)$$

$$\underline{P} = P_v + j\, P_b \qquad (6.5\text{–}\ 68)$$

Die Zusammenfassung $P_b = P_{ind} + P_{kap}$ ist sinnvoll, denn P_b ist die Blind– oder Pendelleistung, die jeweils während $T/4$ zum Verbraucher und wieder zurück Richtung Generator pendelt, jedoch nicht mit überwiegendem Betrag vom Generator zum Verbraucher transportiert wird. Ferner ist P_{ind} positiv und P_{kap} negativ, so daß sich P_b als Differenz aus P_{ind} und P_{kap} ergibt.

$\underline{P}$ ist die im Volumen v auftretende komplexe Leistung als Summe von Stromwärmeleistung P_v und Pendelleistung. Das Hüllenintegral $\oiint \underline{\vec{S}}\, d\vec{a}$ gibt daher die in das Volumen v eindringende komplexe Leistung an.

Der Zusammenhang der Gleichungen (6.5–65) bis (6.5–67) wurde zuerst von Fritz Emde gefunden, weswegen der **komplexe Poyntingvektor** gelegentlich auch **Emde'scher Energieströmungsvektor** genannt wird.

Die in den Gleichungen (6.5–66 und 67) angegebene **komplexe Leistung** berechnet sich **an einem linear wirkenden, komplexen Zweipol, bei harmonischer Spannungs– und Stromschwingung**:

$$u(t) = \hat{u}\, cos\, \omega t \qquad \text{und} \qquad i(t) = \hat{i}\, cos(\omega t + \varphi) \tag{6.5– 69}$$

aus der komplexen Spannungsamplitude $\underline{\hat{u}}$ und der konjugiert komplexen Stromamplitude $\underline{\hat{i}}^*$ wie folgt:

$$\boxed{\frac{\underline{\hat{u}}\,\underline{\hat{i}}^*}{2} = \frac{\hat{u}\,\hat{i}}{2}\, e^{-j\varphi} = \frac{\hat{u}\,\hat{i}}{2}\, cos\, \varphi - j\, \frac{\hat{u}\,\hat{i}}{2}\, sin\, \varphi = P_v + j\, P_b} \tag{6.5– 70}$$

als Wirkleistung P_v und (hier, wegen der willkürlich gewählten Vorzeichen, kapazitive) Blindleistung P_b.

6.6 Stromverdrängung

Zeitlich variable Magnetfelder induzieren in leitfähigen Medien (z.B. in Kupfer) nach dem Induktionsgesetz elektrische Spannungen, die ihrerseits Kurzschlußströme in diesem Medium zur Folge haben. Dabei sind elektrische und magnetische Feldgrößen eng miteinander verkoppelt. Die Kurzschlußströme nennt man Wirbelströme. Sie bewirken Verlustleistung. Um diese möglichst gering zu halten, bestehen zum Beispiel die metallischen Transformatorenkerne aus dünnen Blechen, die gegeneinander isoliert sind.

Aber nicht nur durch Gegeninduktion in anderen Leitern, auch durch Selbstinduktion in den stromführenden Leitern selbst treten Wirbelströme auf. Solche Wirbelströme verdrängen zunehmend mit der Frequenz und den Durchmessern der Leiter den Strom im Leiter. Dabei muß die Geometrie der Leiter beachtet werden: So gibt es in kreiszylindrischen Drähten "allseitige", in Nutstäben elektrischer Maschinen "einseitige" Stromverdrängung. Bei Gleichstrom gibt es keine Strom- oder Feldverdrängung.

Da in metallischen Leitern die Verschiebungsstromdichte $\dot{\vec{D}}$ bis zu höchsten Frequenzen gegenüber der Leitungsstromdichte $\vec{J}$ vernachlässigt werden darf, gilt die 1. Maxwellgleichung zur Berechnung der Stromverdrängung in der einfachen Form:

$$rot\,\vec{H} = \vec{J}. \tag{6.6- 1}$$

Leitungsstromdichte $\vec{J}$ erzeugt als Wirbelursache ein magnetisches Vektorfeld $\vec{H}$. Da im Leiter die Permeabilitätszahl $\mu_r = 1$ ist, erhält man die magnetische Flußdichte zu $\vec{B} = \mu_0\,\vec{H}$. Es sind $\vec{J}(r,t)$ und $\vec{B}(r,t)$ Funktionen von Ort und Zeit. Das aus $\vec{B}$ abgeleitete $-\dot{\vec{B}}$ genügt der 2. Maxwellgleichung:

$$rot\,\vec{E} = -\,\dot{\vec{B}} \tag{6.6- 2}$$

und ist Wirbelursache für ein elektrisches Vektorfeld $\vec{E}$ mit in sich geschlossenen elektrischen Feldlinien. Wenn aber im Metall in sich geschlossene elektrische Feldlinien vorkommen, so gibt es dort auch elektrische Umlaufspannungen. Da Stromleiter in der Regel nicht geblecht sind, erzeugen diese Umlaufspannungen $\overset{\circ}{u}\,(r,t)$ im stromführenden Leiter selbst die oben erwähnten Kurzschlußströme. Diese wirken dem ursprünglichen Leitungsstrom entgegen und verdrängen (kompensieren) ihn mehr oder weniger im Leiterinnern. Man spricht daher von "Stromverdrängung". Der Strom an der Leiteroberfläche wird dabei nicht erhöht. Stromverdrängung bedeutet daher Stromabnahme im Leiterinnern durch Widerstandszunahme.

Mit der Stromverdrängung wird auch die magnetische Feldstärke im Leiterinnenraum geschwächt; denn das Umlaufintegral des Durchflutungsgesetzes umfaßt dort bei Stromverdrängung weniger Leitungsstrom als ohne Stromverdrängung. Gemeinsam mit der Stromverdrängung erfolgt also magnetische Feldverdrängung.

Zur Berechnung dieser Strom- und Feldverdrängung verwendet man als Ausgangsgleichungen entweder die oben angeschriebenen beiden Maxwellgleichungen oder auch deren Integralformen, Durchflutungs- und Induktionsgesetz:

$$\oint \vec{H}\, d\vec{s} = \iint \vec{J}\, d\vec{a} \qquad \text{und} \qquad \oint \vec{E}\, d\vec{s} = - \iint \dot{\vec{B}}\, d\vec{a}. \qquad (6.6\text{–}\ 3)$$

Diese Integralgleichungen müssen jedoch auf differentiell kleine Flächen angewandt werden; denn Differentialgleichungen und deren Lösungen beschreiben die Strom– und Feldverdrängung im Leiter. Differentialgleichungen aber erhält man aus differentiellen Betrachtungen.

Am Beispiel der einseitigen Stromverdrängung (siehe Abschnitt 6.6.1: Ankerstäbe in Läufern elektrischer Maschinen) wird gezeigt, wie man vorzugehen hat, wenn als Ausgangsgleichungen Durchflutungs- und Induktionsgesetz verwendet werden. Am Beispiel der allseitigen Stromverdrängung (siehe Abschnitt 6.6.2: Stromverdrängung im kreisrunden Draht) wird verdeutlicht, wie man gleich durch Verkopplung der beiden Maxwellgleichungen (6.6–1) und (6.6–2) auf die beschreibenden Differentialgleichungen zusteuern kann.

Wir behandeln nachfolgend Stromverdrängung quasistationärer Felder (ohne Antennenstrahlung) und werden sehen, daß die Stärke der Stromverdrängung von der Leiterstärke, von der Frequenz und von der elektrischen Leitfähigkeit wesentlich abhängt.

6.6.1 Einseitige Stromverdrängung in Ankerstäben

Größere elektrische Generatoren und Motoren haben auf ihrem Anker oder Läufer meist keine Wicklung aus (mehr oder weniger dünnem) Kupferdraht. Vielmehr fräst man Nuten in den Läufer und preßt in jede Nut z.B. einen Aluminiumstab anstelle der Kupferwicklung (siehe Bild 6.6.1a und b). An den Stirnseiten des Läufers werden die Läuferstäbe in geeigneter Weise miteinander verbunden (z.B. durch Kurzschließen beim Kurzschlußläufer–Motor).

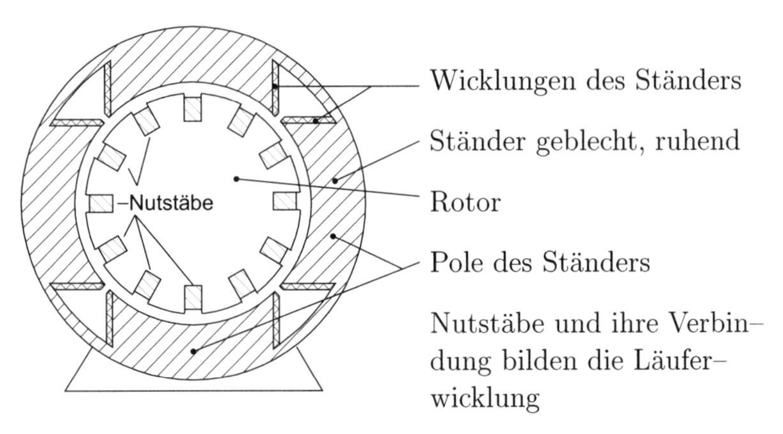

Bild 6.6.1a: Prinzip eines Zweiphasenwechselstrommotors im Querschnitt

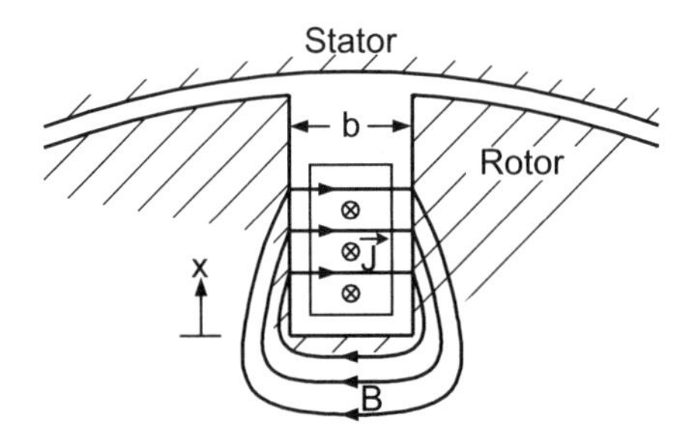

Bild 6.6.1b: Querschnitt durch den Nutstab einer elektrischen Maschine

Die elektrisch gut leitfähigen Läuferstäbe, mit der Permeabilitätszahl $\mu_r \approx 1$, sind also in den ferromagnetischen Eisenrotor, oder –läufer eingebettet. Da er eine Permeabilitäszahl $\mu_r >> 1$ hat, treten die vom Strom in den Läuferstäben erzeugten magnetischen Feldlinien fast senkrecht durch die Flanken der nicht ferromagnetischen Nutstäbe hindurch.

Man hat das so zu verstehen: Die vom Leitungsstrom eines Nutstabes erzeugten, in sich geschlossenen, magnetischen Feldlinien $\vec{H}$ verlaufen zum größeren Teil im ferromagnetischen Läufer mit $\mu_r >> 1$ und nur zu einem kleinen Teil quer durch die Nut mit dem darin eingepreßten Nutstab nach Bild 6.6.1b. Die Permeabilitätszahl μ_r der Nut (mit einem Kupfer– oder Aluminiumstab) ist aber in guter Näherung gleich eins. Am Übergang vom Eisen zur Nut, also an den Nutflanken, gilt: $Div\,\vec{B} = 0$. Daher ist $H_L = \mu_r \cdot H_{Ei}$. Da also die magnetische Feldstärke innerhalb von Nut und Nutstab μ_r mal so groß ist wie diejenige im Eisenteil des Läufers, ist die magnetische Spannung im Eisenteil des Läufers meist gegenüber der magnetischen Spannung in der Nut zu vernachlässigen.

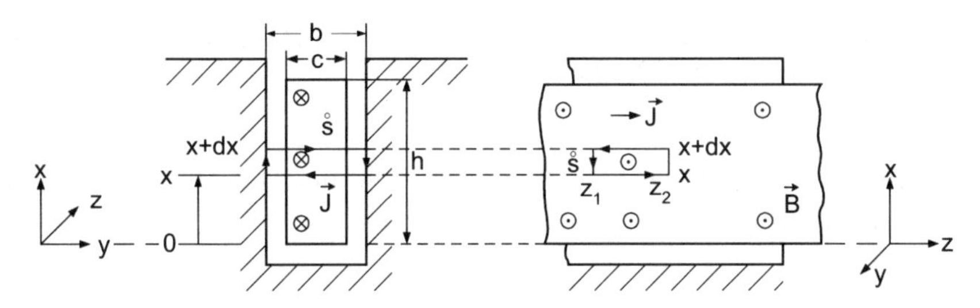

Bild 6.6.2: Quer– und Längsschnitt durch einen Nutstab

Bildet man nun um einen stromdurchflossenen Nutstab herum die magnetische Umlaufspannung, so gilt in guter Näherung: $\oint \vec{H}\, d\vec{s} \approx H \cdot b$. Die magnetische Spannung $H \cdot b$ ist daher näherungsweise gleich dem umfaßten Strom im Nutstab. Man kann somit das Durchflutungsgesetz anwenden und erhält für den Umlauf bei x und bei $x + dx$ (linke Figur von Bild 6.6.2):

$$b\, H_y(x+dx,t) - b\, H_y(x,t) = J_z(x,t)\, c\, dx, \tag{6.6- 4}$$

wobei $\vec{J} \uparrow\uparrow d\vec{a} = c\; dx\; \vec{e}_z$ berücksichtigt wurde. Weiter ist für den Grenzwert $dx \to 0$:

$$H_y(x+dx,t) - H_y(x,t) = \frac{\partial H_y(x,t)}{\partial x}\, dx. \tag{6.6- 5}$$

Setzen wir Gl.(6.6–5) in (6.6–4) ein, so wird:

$$\frac{\partial H_y(x,t)}{\partial x}\, dx = \frac{c}{b}\, J_z\,(x,t)\, dx \qquad \text{oder} \tag{6.6- 6}$$

$$\boxed{\frac{\partial H_y}{\partial x} = \frac{c}{b}\, J_z(x,t)} \tag{6.6- 7}$$

Jetzt wenden wir das Induktionsgesetz auf das Rechteck im Längsschnitt des Nutstabes nach Bild 6.6.2 an:

$$\overset{\circ}{u} = \oint \vec{E}\, d\vec{s} = -\mu \iint \dot{\vec{H}}\;\; d\vec{a} \tag{6.6- 8}$$

mit $\dot{\vec{H}} \uparrow\uparrow d\vec{a}$ und $d\vec{a} = (z_2 - z_1)\, dx\, \vec{e}_y$.

Längs der Wege dx gibt es keine Spannungsbeiträge. Man erhält für $\overset{\circ}{u}$:

$$(z_2 - z_1)\left(\underbrace{-\rho\, J_z(x+dx,t)}_{E(x+dx,t)} + \underbrace{\rho\, J_z(x,t)}_{E(x,t)}\right) = -(z_2 - z_1)\, dx\, \mu\, \dot{H}_y\,(x,t) \qquad (6.6\text{-}\ 9)$$

Mit dem vollständigen Differential läßt sich auch diese Gleichung vereinfachen; denn es ist mit dem Grenzwert $dx \to 0$:

$$J_z(x+dx,t) - J_z(x,t) = \frac{\partial J_z(x,t)}{\partial x}\, dx, \qquad (6.6\text{-}\ 10)$$

eingesetzt in Gl.(6.6–9) unter beidseitigem Kürzen von $(z_2 - z_1)$ ist:

$$-\rho\, \frac{\partial J_z(x,t)}{\partial x}\, dx = -\mu\, \dot{H}_y\,(x,t)\, dx. \qquad (6.6\text{-}\ 11)$$

Wir ersetzen noch den spezifischen elektrischen Widerstand ρ durch den Leitwert $1/\kappa$:

$$\boxed{\frac{\partial J_z(x,t)}{\partial x} = \kappa\, \mu\, \dot{H}_y\,(x,t).} \qquad (6.6\text{-}\ 12)$$

Die beiden partiellen, linearen Differentialgleichungen (6.6–7) und (6.6–12) beschreiben die einseitige Stromverdrängung. Die unabhängigen Variablen x und t von J_z und H_y werden nachfolgend weggelassen! Randbedingungen sind:

$$H_y(x=0,t) = 0, \qquad H_y(x=h,t) = \frac{i(t)}{b}. \qquad (6.6\text{-}\ 13)$$

Die partiellen Differentialgleichungen (6.6–7) und (6.6–12) enthalten jeweils die elektrische Stromdichte u n d die magnetische Feldstärke als abhängige Variablen. Eine der beiden Größen muß substituiert werden. Dazu wird Gl.(6.6–7) nochmals nach x differenziert:

$$\frac{\partial^2 H_y}{\partial x^2} = \frac{c}{b}\, \frac{\partial J_z}{\partial x}. \qquad (6.6\text{-}\ 14)$$

Gl.(6.6–12) wird in Gl.(6.6–14) eingesetzt:

$$\boxed{\frac{\partial^2 H_y}{\partial x^2} = \frac{c}{b}\, \kappa\, \mu\, \dot{H}_y} \qquad (6.6\text{-}\ 15)$$

Dies ist eine Differentialgleichung für nur $H_y(x,t)$. Ebenso wollen wir eine Differentialgleichung mit nur der Abhängigen $J_z(x,t)$ haben. Daher wird auch Gl.(6.6–12) nach x differenziert:

$$\frac{\partial^2 J_z}{\partial x^2} = \kappa\,\mu\,\frac{\partial^2 H_y}{\partial t\,\partial x} \tag{6.6– 16}$$

und Gl.(6.6–7) muß nach t differenziert werden:

$$\frac{\partial^2 H_y}{\partial x\,\partial t} = \frac{c}{b}\,\frac{\partial J_z}{\partial t}. \tag{6.6– 17}$$

Jetzt kann Gl.(6.6–17) in Gl.(6.6–16) eingesetzt werden, wodurch wir eine Differentialgleichung nur für die abhängige Variable J_z erhalten:

$$\boxed{\frac{\partial^2 J_z}{\partial x^2} = \frac{c}{b}\,\kappa\,\mu\,\dot{J}_z} \tag{6.6– 18}$$

Die Gleichungen (6.6–15) und (6.6–18) sind lineare partielle Differentialgleichungen 2. Ordnung, die eine für die abhängige Variable $H_y(x,t)$, die andere für $J_z(x,t)$, gültig für Feld– und Stromverdrängung.

Wir wollen Lösungen für sinusförmig stationäre Ströme erhalten. Da beide Differentialgleichungen linear sind, dürfen wir komplex rechnen und ersetzen reelle Momentanwerte durch die Realteile komplexer Momentanwerte.

$$i(t) = Re\{\hat{\underline{i}}\,e^{j\omega t}\}; \qquad \underline{i}(t) = \hat{\underline{i}}\,e^{j\omega t}. \tag{6.6– 19}$$

Entsprechend verfahren wir mit den Momentanwerten von $H(x,t)$ und $J(x,t)$:

$$H(x,t) = Re\{\hat{\underline{H}}(x)\,e^{j\omega t}\}; \qquad \underline{H}(x,t) = \hat{\underline{H}}(x)\,e^{j\omega t}; \tag{6.6– 20}$$

$$J(x,t) = Re\{\hat{\underline{J}}(x)\,e^{j\omega t}\}; \qquad \underline{J}(x,t) = \hat{\underline{J}}(x)\,e^{j\omega t}. \tag{6.6– 21}$$

$\hat{\underline{H}}(x)$ und $\hat{\underline{J}}(x)$ sind komplexe Amplituden, deren x–Abhängigkeit noch nicht bekannt ist. Setzt man obige komplexe Momentanwerte in die partiellen Differentialgleichungen (6.6–15) und (6.6–18) ein, so erhält man, nachdem sich die Zeitfaktoren $e^{j\omega t}$ beiderseits weggekürzt haben:

$$\boxed{\frac{d^2\hat{\underline{H}}_y}{dx^2} = \frac{c}{b}\,\kappa\,\mu\,j\omega\,\hat{\underline{H}}_y; \qquad \text{abgekürzt:} \qquad \frac{d^2\hat{\underline{H}}_y}{dx^2} = \underline{k}^2\,\hat{\underline{H}}_y} \tag{6.6– 22}$$

$$\boxed{\frac{d^2\underline{\hat{J}}_z}{dx^2} = \frac{c}{b}\kappa\,\mu\,j\omega\,\underline{\hat{J}}_z; \qquad \text{abgekürzt:} \qquad \frac{d^2\underline{\hat{J}}_z}{dx^2} = \underline{k}^2\,\underline{\hat{J}}_z} \tag{6.6–23}$$

Diese beiden Gleichungen, früher als Wärmeleitungsgleichungen, heute als **Diffusionsgleichungen** bezeichnet, sind gewöhnliche, nicht mehr partielle Differentialgleichungen. Sie sind gleichartig aufgebaut für die noch zu bestimmenden komplexen Amplituden $\underline{\hat{H}}_y(x)$ und $\underline{\hat{J}}_z(x)$.

Die Dgln. (6.6–22 und 23) zeigen, daß der Faktor $\underline{k}^2 = j\omega\kappa\mu c/b$ durch zweimaliges Differenzieren der Funktionen $\underline{\hat{H}}_y(x)$ und $\underline{\hat{J}}_z(x)$ entsteht. Wir benötigen daher auch $\underline{k}$:

$$\underline{k}^2 = j\omega\,\kappa\,\mu\frac{c}{b} = \omega\,\kappa\,\mu\,\frac{c}{b}\,e^{j\pi/2} \tag{6.6–24}$$

$$\underline{k} = \pm\sqrt{j\omega\,\kappa\,\mu\,\frac{c}{b}} = \pm\sqrt{\frac{\omega\,\mu\,\kappa\,c}{b}}\,e^{j\pi/4}. \tag{6.6–25}$$

Oft rechnet man mit $e^{j\pi/4} = \dfrac{1+j}{\sqrt{2}}$ und kürzt ab:

$$m = \pm\sqrt{\frac{c}{b}\,\frac{\omega\,\mu\,\kappa}{2}}. \tag{6.6–26}$$

Damit wird $\boxed{\underline{k} = \pm(1+j)\,m}$ (6.6–27)

Grundsätzlich werden Differentialgleichungen der Art $\underline{f}''(x) - \underline{k}^2\,\underline{f}(x) = 0$ durch (komplexe) Funktionen gelöst, die sich beim Differenzieren selbst reproduzieren. Aus dem Ansatz:

$$\underline{\hat{H}}_y(x) = \underline{A}\,e^{+\underline{k}x} + \underline{B}\,e^{-\underline{k}x} \tag{6.6–28}$$

erhält man mit den schon genannten Randbedingungen

$$\underline{\hat{H}}_y(0) = 0 \qquad \text{und} \qquad \underline{\hat{H}}_y(h) = \frac{\hat{i}}{b}$$

die Integrationskonstanten $\underline{A}$ und $\underline{B}$ zu:

$$\underline{B} = -\underline{A} \qquad \text{und} \qquad 2\,\underline{A} = \frac{\hat{i}}{b}\,\frac{1}{sinh(\underline{k}\,h)}. \tag{6.6–29}$$

Somit ist die **Ortsabhängigkeit der magnetischen Feldstärke**:

$$\underline{\hat{H}}_y(x) = \frac{\hat{\underline{i}}}{b} \frac{sinh(\underline{k}\,x)}{sinh(\underline{k}\,h)} \qquad (6.6\text{– }30)$$

Nach Gl.(6.6–7) erhalten wir aus Gl.(6.6–30) auch die **Ortsabhängigkeit der elektrischen Stromdichte** $\underline{J}_z(x)$ gemäß:

$$\underline{J}_z(x) = \frac{b}{c} \frac{\partial \underline{H}_y}{\partial x}; \qquad (6.6\text{– }31)$$

denn die zwei verfügbaren Integrationskonstanten $\underline{A}$ und $\underline{B}$ wurden ja bereits bestimmt! $\underline{\hat{J}}_z(x)$ kann sofort angegeben werden:

$$\underline{\hat{J}}_z(x) = \frac{\hat{\underline{i}}\,\underline{k}}{c} \frac{cosh(\underline{k}\,x)}{sinh(\underline{k}\,h)} \qquad (6.6\text{– }32)$$

Die komplexen Momentanwerte ergeben sich durch Multiplikation mit der Zeitfunktion $e^{j\omega t}$. Die komplexen Amplituden $\underline{\hat{J}}_z(x)$ und $\underline{\hat{H}}_y(x)$, nach den Gleichungen (6.6–32) und (6.6–30), enthalten nicht nur komplexe Faktoren $\hat{\underline{i}}\,\underline{k}$ bzw. $\hat{\underline{i}}$, sondern auch komplexe Argumente in Hyperbelcosinus und Hyperbelsinus. Deswegen ändern sich nicht nur die Beträge $\hat{J}_z(x)$ und $\hat{H}_y(x)$, sondern auch ihre Phasenlage mit der Ortsvariablen x im Nutstab.

Diskussion der Ergebnisse

Will man die Beträge wissen, so sind die komplexen Argumente zu berücksichtigen: $\underline{k}\,x = mx + jmx$ und $\underline{k}\,h = mh + jmh$. Aus Real– und Imaginärteil der komplexen Hyperbelfunktionen folgt dann allgemein:

$$|cosh(a{+}ja)| = \sqrt{\frac{cosh(2a)}{2} + cos^2 a - \frac{1}{2}} \qquad \text{und} \qquad (6.6\text{– }33)$$

$$|sinh(a{+}ja)| = \sqrt{\frac{cosh(2a)}{2} + sin^2 a - \frac{1}{2}}\,. \qquad (6.6\text{– }34)$$

Diese Ausdrücke wenden wir auf die Gleichungen (6.6–30) und (6.6–32) an. $\underline{\hat{H}}_y(x)$ und $\underline{\hat{J}}_z(x)$ sind von x abhängige, komplexe Amplituden. Ihre **Betragsfunktionen** lauten exakt:

$$\hat{H}_y(x) = \frac{\hat{i}}{b} \sqrt{\frac{cosh(2mx) + 2\,sin^2(mx) - 1}{cosh(2mh) + 2\,sin^2(mh) - 1}} \qquad (6.6\text{– }35)$$

und wegen $|\underline{k}| = |m + jm| = m\sqrt{2}$ wird

$$\boxed{\hat{J}_z(x) = \frac{\hat{i}\, m\sqrt{2}}{c}\sqrt{\frac{cosh(2mx) + 2\, cos^2(mx) - 1}{cosh(2mh) + 2\, sin^2(mh) - 1}}} \tag{6.6- 36}$$

Es ist zu überlegen, ob für sehr kleine Werte von $m\,x$ oder sehr große Werte $m\,x$ eine wesentliche Vereinfachung der Betragsfunktionen möglich ist. So bedeutet $m\,x \approx 0$, daß ω oder κ oder x gegen Null gehen.

Abschätzung für $m\,x \approx 0$:

$$|cosh(m\,x + j\,m\,x)| \approx 1$$

$$|sinh(m\,x + j\,m\,x)| \approx 0. \tag{6.6- 37}$$

Abschätzung für $m\,x > 2$:

$$|cosh(m\,x + j\,m\,x)| \approx \frac{1}{2}\, e^{m\,x} \qquad \text{ebenso}$$

$$|sinh(m\,x + j\,m\,x)| \approx \frac{1}{2}\, e^{m\,x}. \tag{6.6- 38}$$

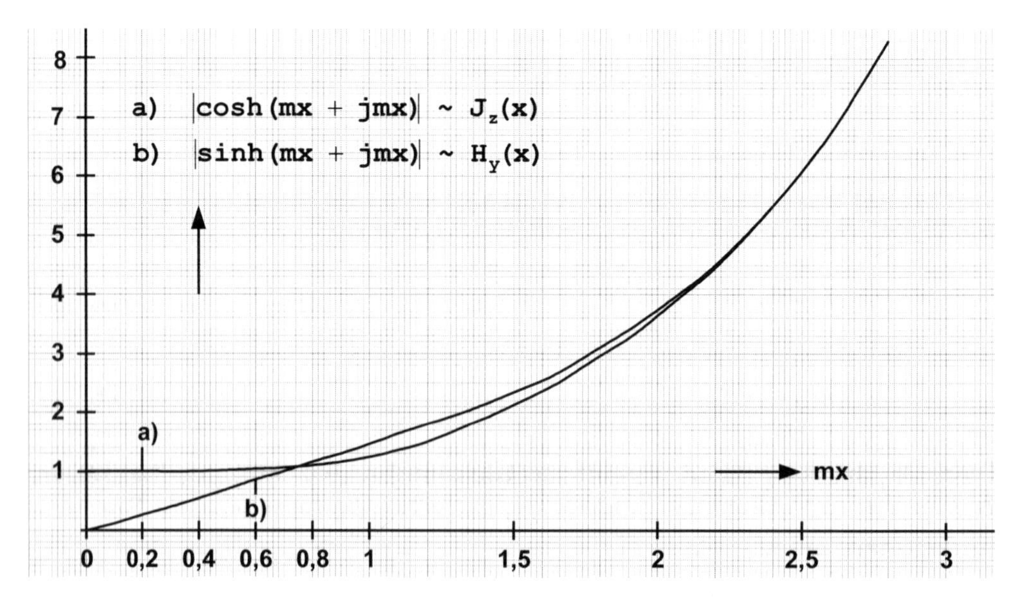

Bild 6.6.3: Beträge von Hyperbelcosinus, proportional zu $\hat{J}_z(x)$ und von Hyperbelsinus, proportional zu $\hat{H}(x)$

Für $m\,x > 2$ erhält man wegen der Gln.(6.6–38) die einfachen Näherungen:

$$\hat{H}_y(x) \approx \frac{\hat{i}}{b}\,\frac{e^{m\,x}}{e^{m\,h}} \tag{6.6– 39}$$

$$\hat{J}_z(x) \approx \frac{\hat{i}\,m\,\sqrt{2}}{c}\,\frac{e^{m\,x}}{e^{m\,h}}\,. \tag{6.6– 40}$$

Eine grundlegende Frage ist, **wann** die **Stromverdrängung** einsetzt: Bei welcher Frequenz, bei welcher Abmessung der Nutstäbe elektrischer Maschinen? Sicher ist Stromverdrängung solange vernachlässigbar, wie der Betrag der Stromdichte für $0 \leq x \leq h$ konstant bleibt. Danach ist zu fragen. Man findet, daß dies für $mh \leq 1$ der Fall ist (siehe auch Abschnitt 6.6.4).

Bei elektrischen Maschinen interessiert jetzt besonders die Frage, ob bei 50 Hz–Betrieb schon Stromverdrängung auftritt und wenn ja, wie hoch dann ein Nutstab sein darf? Dazu benötigen wir die Konstante

$$m\,h = \sqrt{\frac{c}{b}\,\frac{\omega\,\mu\,\kappa}{2}}\;h. \tag{6.6– 41}$$

Bleibt $m\,h$ kleiner/gleich eins, dann ist Stromverdrängung vernachlässigbar; wird $m\,h$ jedoch größer eins, dann tritt sie zunehmend auf.

Beispiel: Es sei für einen Nutstab aus Kupfer:

$$\omega = 2\pi\;50\;\frac{1}{s}; \qquad \mu = \mu_0 = \frac{4\,\pi\;Vs}{10^7\;Am}; \qquad \kappa_{Cu} = 58{\cdot}10^6\;\frac{A}{Vm}; \qquad c \approx b.$$

damit wird $\boxed{m\,h = 1,1\;\frac{h}{cm}}$ oder $\boxed{m = 1,1\;\frac{1}{cm}}$ (6.6– 42)

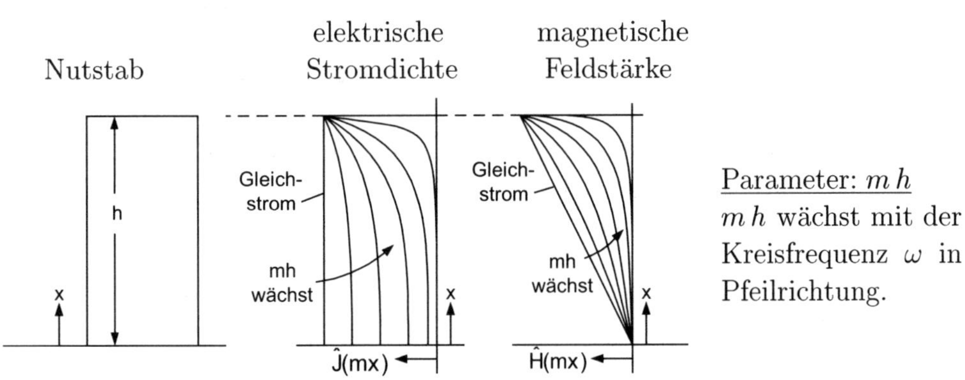

Nutstab — elektrische Stromdichte — magnetische Feldstärke

Parameter: $m\,h$
$m\,h$ wächst mit der Kreisfrequenz ω in Pfeilrichtung.

Bild 6.6.4: Elektrische Stromdichte und magnetische Feldstärke bei einseitiger Stromverdrängung, abhängig vom Argument $m\,x$

Als Merkregel mag gelten: Bei 50 Hz–Betrieb ist sehr wohl schon Stromverdrängung möglich und zwar immer dann, wenn die Nutstabhöhe (allgemeiner: Leiterhöhe h bei einseitiger Stromverdrängung) größer ist als 1 cm. Bild 6.6.4 zeigt prinzipiell die Abhängigkeiten der elektrischen Stromdichte $\hat{J}_z$ und der magnetischen Feldstärke $\hat{H}_y$, aufgetragen über der Stabhöhenvariablen x bei gegebener Kreisfrequenz ω, Leitfähigkeit κ und Nutstabhöhe h, also für einen gegebenen Nutstab.

In diesem Abschnitt wurde zur Berechnung der Stromverdrängung vom Induktions– und vom Durchflutungsgesetz ausgegangen. Diese Gesetze wurden je auf ein Flächenelement angewandt. Mittels des vollständigen Differentials erfolgte der Übergang zu Differentialgleichungen. Im folgenden Abschnitt soll die allseitige Stromverdrängung besprochen werden. Wir werden dabei (alternativ) gleich von den Maxwellgleichungen in Differentialform ausgehen.

6.6.2 Allseitige Stromverdrängung

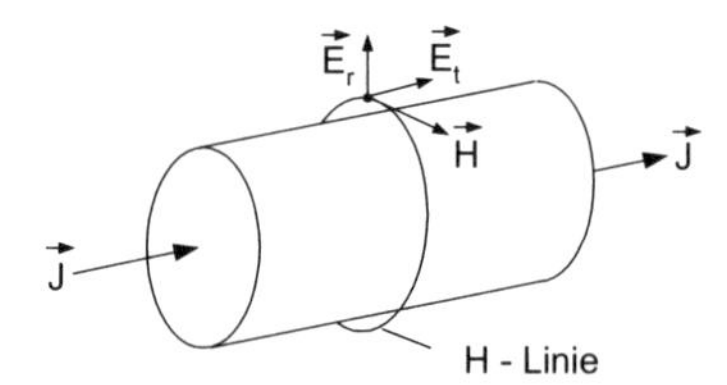

Bild 6.6.5: Kreiszylindrischer Stromleiter

Allseitige Stromverdrängung tritt dann auf, wenn Wechselstrom führende Leiter möglichst weitgehend kreisförmigen Querschnitt aufweisen und wenn sie rings herum von ferromagnetisch gleichartigem Material, $\mu_r = const$, umgeben sind. Wir setzen voraus, der Querschnitt dieser Leiter sei kreisförmig, dann ist die allseitige Stromverdrängung auch winkelunabhängig. Sie soll hier berechnet werden. Bild 6.6.5 deutet die Feldgrößen an. Wir verwenden zweckmäßig Zylinderkoordinaten. Es seien

$$\frac{\partial}{\partial \alpha} = \frac{\partial}{\partial z} = 0, \tag{6.6- 43}$$

$$\vec{J} = J_z(r)\, \vec{e}_z, \tag{6.6- 44}$$

$$\vec{H} = H_\alpha(r)\, \vec{e}_\alpha. \tag{6.6- 45}$$

Wir benötigen die erste und zweite Maxwellgleichung. Die z–Komponente der 1. Maxwellgleichung lautet in Zylinderkoordinaten:

$$rot\,\vec{H}\Big|_z : \qquad \frac{1}{r}\left(\frac{\partial}{\partial r}(r\,H_\alpha)-\frac{\partial H_r}{\partial \alpha}\right) = J_z. \qquad (6.6\text{– }46)$$

Die folgenden r– und die α–Komponenten von $rot\,\vec{H}$ liefern keine Beiträge, da Leitungsstromdichte allein in $\vec{e}_z$–Richtung vorkommt:

$$\begin{aligned} rot\,\vec{H}\Big|_r &= 0, \qquad \text{weil} \qquad J_r = 0, \\ rot\,\vec{H}\Big|_\alpha &= 0, \qquad \text{weil} \qquad J_\alpha = 0. \end{aligned} \qquad (6.6\text{– }47)$$

H_r und H_z selbst sind Null, da Antennenstrahlung ausgeschlossen wird, und da kein Quellenfeld vorliegt.

Die 2. Maxwellgleichung für ruhende Randkurven ist:

$$rot\,\vec{E} = -\,\dot{\vec{B}}\,. \qquad (6.6\text{– }48)$$

$\dot{\vec{B}}$ hat die gleiche Richtung wie die magnetische Feldstärke $\vec{H}$, also nur eine α–Komponente. Diese Richtung muß auch für $rot\,\vec{E}$ auf der linken Seite der 2. Maxwellgleichung (6.6–48) gelten:

$$rot\,\vec{E}\Big|_\alpha : \qquad \frac{\partial E_r}{\partial z}-\frac{\partial E_z}{\partial r} = -\frac{\partial B_\alpha}{\partial t}. \qquad (6.6\text{– }49)$$

Hier liefern die r– und die z–Komponenten von $rot\,\vec{E}$ keinen Beitrag, da ja B_α–Linien rechtswendig zur Leitungsstromdichte J_z zugeordnet sind. Überdies liegen kein Quellenfeld und keine Abstrahlung vor:

$$\begin{aligned} rot\,\vec{E}\Big|_r &= 0, \qquad \text{weil} \qquad \dot{B}_r = 0, \\ rot\,\vec{E}\Big|_z &= 0, \qquad \text{weil} \qquad \dot{B}_z = 0. \qquad \text{ist.} \end{aligned} \qquad (6.6\text{– }50)$$

Im übrigen bleiben, da Antennenstrahlung ausgeschlossen wird, sowohl die Stromdichte J_z, wie auch der Strom $i(t)$ in Richtung von $\vec{e}_z$ konstant, also unabhängig von der Längskoordinate z des Leiters.

Aus Gl.(6.6–46) folgt mit $\partial H_r/\partial\alpha = 0$, da H_r selbst Null ist:

$$\frac{1}{r}\,\frac{\partial}{\partial r}(r\;H_\alpha) = \frac{1}{r}\;H_\alpha + \frac{\partial H_\alpha}{\partial r} \qquad \text{also:}$$

$$\frac{\partial H_\alpha(r,t)}{\partial r} + \frac{1}{r}\;H_\alpha(r,t) = J_z(r,t). \tag{6.6– 51}$$

Aus Gl.(6.6–49) folgt, wenn man das Ohmsche Gesetz in Differentialform $\vec{J} = \kappa\,\vec{E}$ einsetzt, mit

$$E_z = \frac{1}{\kappa}\;J_z : \qquad \frac{1}{\kappa}\,\frac{\partial J_z}{\partial r} = \mu\,\frac{\partial H_\alpha}{\partial t}$$

$$\frac{\partial J_z}{\partial r} = \kappa\;\mu\;\frac{\partial H_\alpha}{\partial t}. \tag{6.6– 52}$$

Die Gleichungen (6.6–52) und (6.6–51) bilden ein System von partiellen Differentialgleichungen, die gleichzeitig gelten. Allerdings ist in jeder der beiden Gleichungen noch J_z und H_α vorhanden, was weitere Umformungen und Substitutionen erfordert. Dazu differenzieren wir Gl.(6.6–51) nach r:

$$\frac{\partial^2 H_\alpha(r,t)}{\partial r^2} + \frac{1}{r}\;\frac{\partial H_\alpha(r,t)}{\partial r} - \frac{1}{r^2}\;H_\alpha(r,t) = \frac{\partial J_z(r,t)}{\partial r},$$

und substituieren deren rechte Seite durch Gl.(6.6–52):

$$\boxed{\frac{\partial^2 H_\alpha(r,t)}{\partial r^2} + \frac{1}{r}\;\frac{\partial H_\alpha(r,t)}{\partial r} - \frac{1}{r^2}\;H_\alpha(r,t) = \kappa\;\mu\;\frac{\partial H_\alpha(r,t)}{\partial t}} \tag{6.6– 53}$$

Gl.(6.6–53) ist zwar im mathematischen Aufbau komplizierter geworden, aber sie enthält als abhängige Variable nur noch magnetische Feldstärke und nicht zusätzlich Leitungsstromdichte. Für letztere allein brauchen wir auch eine Differentialgleichung. Dazu wird Gl.(6.6–51) nach t differenziert:

$$\frac{\partial^2 H_\alpha(r,t)}{\partial r\;\partial t} + \frac{1}{r}\;\frac{\partial H_\alpha(r,t)}{\partial t} = \frac{\partial J_z(r,t)}{\partial t} \tag{6.6– 54}$$

Gl.(6.6–52) muß nach r differenziert werden:

$$\frac{\partial^2 J_z(r,t)}{\partial r^2} = \kappa\;\mu\;\frac{\partial^2 H_\alpha(r,t)}{\partial t\;\partial r}. \tag{6.6– 55}$$

Beide Gleichungen: (6.6–55) und (6.6–52) werden in (6.6–54) eingesetzt, so daß wir die gewünschte Differentialgleichung alleine für Leitungsstromdichte erhalten:

$$\boxed{\frac{\partial^2 J_z(r,t)}{\partial r^2} + \frac{1}{r}\,\frac{\partial J_z(r,t)}{\partial r} = \kappa\,\mu\,\frac{\partial J_z(r,t)}{\partial t}} \tag{6.6– 56}$$

Jetzt beschreibt Gl.(6.6–56) die Verdrängung der Leitungsstromdichte J_z in Abhängigkeit von Radius r und Zeit t im kreiszylindrischen Leiter analog zur Gleichung (6.6–53) für die magnetische Feldstärke. Allerdings sind diese beiden partiellen Differentialgleichungen mathematisch unterschiedlich aufgebaut. Sie sind **Diffusionsgleichungen in Zylinderkoordinaten**.

Um von den partiellen zu gewöhnlichen Differentialgleichungen zu kommen, geben wir zeitlich Sinusform vor und rechnen komplex, was wegen der Linearität der partiellen Differentialgleichungen zulässig ist:

$$\underline{J}_z(r,t) = \underline{\hat{J}}_z(r)\;e^{j\omega t} \tag{6.6– 57}$$

$$\underline{H}_\alpha(r,t) = \underline{\hat{H}}_\alpha(r)\;e^{j\omega t}. \tag{6.6– 58}$$

Wir setzen diese komplexen Momentanwerte in die Dgln.(6.6–53) und (6.6–56) ein, kürzen den jeweils vorhandenen Zeitfaktor $e^{j\omega t}$ heraus und erhalten dann als gewöhnliche Differentialgleichungen in den komplexen Amplituden $\underline{\hat{J}}_z$ und $\underline{\hat{H}}_\alpha$:

$$\frac{d^2\underline{\hat{H}}_\alpha(r)}{dr^2} + \frac{1}{r}\,\frac{d\underline{\hat{H}}_\alpha(r)}{dr} - \frac{1}{r^2}\,\underline{\hat{H}}_\alpha(r) = j\omega\,\kappa\,\mu\,\underline{\hat{H}}_\alpha(r) \tag{6.6– 59}$$

$$\frac{d^2\underline{\hat{J}}_z(r)}{dr^2} + \frac{1}{r}\,\frac{d\underline{\hat{J}}_z(r)}{dr} = j\omega\kappa\,\mu\,\underline{\hat{J}}_z(r) \tag{6.6– 60}$$

Dies wäre die endgültige Form der beschreibenden Differentialgleichungen, wollte man sie nicht einfügen in die bekannte Form der Besselschen Differentialgleichungen, was generell üblich und zur Lösung erforderlich ist. Daher wird eine weitere Substitution vorgenommen:

$$r = \frac{\underline{z}}{\underline{k}}; \qquad dr = \frac{1}{\underline{k}}\,d\underline{z}. \tag{6.6– 61}$$

$\underline{k}^2$ wird hier gegenüber einseitiger Stromverdrängung neu definiert mit einem Minuszeichen:

$$\underline{k}^2 = -j\,\omega\,\kappa\,\mu. \tag{6.6– 62}$$

Damit erhält man an Stelle der Gleichungen (6.6–59) und (6.6–60) die beiden folgenden, endgültigen, gewöhnlichen Differentialgleichungen mit der komplexen Variablen $\underline{z} = r \cdot \underline{k}$:

$$\underline{z}^2\,\frac{d^2\underline{\hat{H}}_\alpha}{d\underline{z}^2} + \underline{z}\,\frac{d\underline{\hat{H}}_\alpha}{d\underline{z}} + \underline{\hat{H}}_\alpha\,(\underline{z}^2 - \underbrace{1}_{=Ordnung\ 1}) = 0 \tag{6.6– 63}$$

$$\underline{z}^2\,\frac{d^2\underline{\hat{J}}_z}{d\underline{z}^2} + \underline{z}\,\frac{d\underline{\hat{J}}_z}{d\underline{z}} + \underline{\hat{J}}_z\,(\underline{z}^2 - \underbrace{0}_{=Ordnung\ 0}) = 0 \tag{6.6– 64}$$

Gl.(6.6–63) ist die **Besselsche Differentialgleichung 1. Ordnung**. Und Gl.(6.6–64) ist die **Besselsche Differentialgleichung 0. Ordnung**, wofür die 1 bzw. die 0 unmittelbar links neben den Gleichheitszeichen der beiden Differentialgleichungen charakteristisch sind.

Wegen $\underline{k}^2 = -j\omega\,\kappa\,\mu = \omega\,\kappa\,\mu\,e^{-j\pi/2}$ ist

$$\underline{k} = \sqrt{\omega\,\kappa\,\mu}\;\;e^{-j\pi/4} = (1-j)\,m; \qquad m = \sqrt{\frac{\omega\,\mu\,\kappa}{2}}. \tag{6.6– 65}$$

m, multipliziert mit dem Drahtradius r bzw. mit r_0, ist das maßgebende Argument für die Stärke der Strom– und Feldverdrängung.

6.6.3 Lösung der Besselschen Differentialgleichungen

Lösungen der beiden Besselschen Differentialgleichungen (6.6–63) und (6.6–64) sind **Zylinderfunktionen erster und zweiter Art**. Dies sind die **Besselfunktionen** $\Im_\nu(\underline{z})$ und die **Neumannschen Funktionen** $N_\nu(z)$. Zur Unterscheidung der Leitungsstromdichte J von den Besselfunktionen wird für letztere das Symbol $\Im$ gewählt.

Das Funktionenpaar $\Im_\nu(z)$ und $N_\nu(z)$ bildet ein **Fundamentalsystem** von Lösungen der Besselschen Differentialgleichungen. ν gibt die Ordnung der jeweiligen Funktion an. Es wird sich zeigen, daß als Lösungsfunktionen bei allseitiger Stromverdrängung bei den gegebenen Randbedingungen für Stromdichte und magnetische Feldstärke nur die Besselfunktionen $\Im_\nu(z)$ in Frage kommen. Zunächst aber schreiben wir das **Fundamentalsystem aus Bessel– und Neumannschen Funktionen** an:

zu (6.6–63): $$\underline{\hat{H}}(\underline{z}) = \underline{C}\,\Im_1(\underline{z}) + \underline{D}\,N_1(\underline{z}) \qquad (6.6\text{–}66)$$

zu (6.6–64): $$\underline{\hat{J}}(\underline{z}) = \underline{A}\,\Im_0(\underline{z}) + \underline{B}\,N_0(\underline{z}). \qquad (6.6\text{–}67)$$

$\Im_0(\underline{z})$ und $\Im_1(\underline{z})$ sind die Besselfunktionen nullter und erster Ordnung. $N_0(\underline{z})$ und $N_1(\underline{z})$ sind Neumannsche Funktionen der Ordnung Null und Eins. Die Konstanten $\underline{A}$, $\underline{B}$, $\underline{C}$ und $\underline{D}$ sind allgemein komplexe Integrationskonstanten, von denen wegen der gekoppelten Differentialgleichungen zweiter Ordnung nur zwei ungleich Null zulässig sind. Sie werden bestimmt aus den Randwerten:

$$r = 0 \quad \text{(Drahtachse):} \qquad \underline{\hat{H}} = 0$$

$$r = r_0 \quad \text{(Drahtoberfläche):} \qquad \underline{\hat{H}} = \frac{\hat{\underline{i}}}{2\,\pi\,r_0}. \qquad (6.6\text{–}68)$$

Es folgt: $\underline{D} = 0$, weil für $r = 0$ die Neumannsche Funktion $N_1(0)$ gegen unendlich geht und daher als Lösungsfunktion für $\underline{\hat{H}}$ nicht in Frage kommt. Sie muß verschwinden. Somit bleibt von Gl.(6.6–66):

$$\underline{\hat{H}}(\underline{z}) = \underline{C}\,\Im_1(z) \qquad (6.6\text{–}69)$$

und zusammen mit den Randwerten (6.6–68) erhält man $\underline{C}$:

$$\underline{\hat{H}}(\underline{k}\,r_0) = \frac{\hat{\underline{i}}}{2\,\pi\,r_0} \stackrel{!}{=} \underline{C}\,\Im_1(\underline{k}\,r_0) \qquad \text{daraus}$$

$$\underline{C} = \frac{\hat{\underline{i}}}{2\,\pi\,r_0\,\Im_1(\underline{k}\,r_0)}. \qquad (6.6\text{–}70)$$

Setzt man $\underline{D} = 0$ und $\underline{C}$ in den Lösungsansatz Gl.(6.6–66) ein, so folgt die endgültige **Radiusabhängigkeit für die komplexe Amplitude der magnetischen Feldstärke** zu:

$$\boxed{\underline{\hat{H}}(\underline{k}\,r) = \frac{\hat{\underline{i}}}{2\,\pi\,r_0\,\Im_1(\underline{k}\,r_0)}\Im_1(\underline{k}\,r)} \qquad (6.6\text{–}71)$$

Ihr Betrag ergibt sich aus den Beträgen der Einzelausdrücke von Gl.(6.6–71). Siehe hierzu Gl.(6.6–83). Der Phasenwinkel der magnetischen Feldstärke ist auch eine Funktion von $\underline{k}\, r$.

Jetzt wären die Integrationskonstanten $\underline{A}$ und $\underline{B}$ der elektrischen Stromdichte nach Gl.(6.6–67) zu bestimmen. Da aber gekoppelte Differentialgleichungen zweiter Ordnung vorliegen, sind die zwei verfügbaren Integrationskonstanten schon vergeben. Es hängt aber $\underline{\hat{H}}$ mit $\underline{\hat{J}}$ zusammen, somit kann man die Lösungsfunktion der Stromdichte $\underline{\hat{J}}(\underline{k}\, r)$ aus $\underline{\hat{H}}(\underline{k}\, r)$ erhalten. Gemäß Gl.(6.6–51) gilt für die Stromdichte reell :

$$J_z = \frac{dH_\alpha}{dr} + \frac{1}{r}\, H_\alpha \qquad (6.6\text{–}\ 72)$$

und entsprechend für die komplexe Amplitude der Stromdichte:

$$\underline{\hat{J}}_z(\underline{z}) = \underline{k}\, \frac{d\underline{\hat{H}}_\alpha(\underline{z})}{d\underline{z}} + \frac{\underline{k}}{\underline{z}}\, \underline{\hat{H}}_\alpha(\underline{z}). \qquad (6.6\text{–}\ 73)$$

Die Leitungsstromdichte hängt also ab von der magnetischen Feldstärke $\underline{\hat{H}}_\alpha(z)$ und von deren Differentialquotient $d\underline{\hat{H}}_\alpha / d\underline{z}$. Letzterer ist entsprechend der Differentiationsregel für die Besselfunktion 1. Ordnung zu bilden:

$$\frac{d\Im_1(\underline{z})}{d\underline{z}} = \frac{-1}{\underline{z}}\, \Im_1(\underline{z}) + \Im_0(\underline{z}). \qquad (6.6\text{–}\ 74)$$

Gl.(6.6–74) angewandt auf Gl.(6.6–73) bzw. (6.6–71) ergibt:

$$\boxed{\underline{\hat{J}}_z(\underline{k}r) = \frac{\hat{\underline{i}}\, \underline{k}}{2\,\pi\, r_0\, \Im_1(\underline{k}\, r_0)}\, \Im_0(\underline{k}\, r)} \qquad (6.6\text{–}\ 75)$$

Damit ist bei allseitiger Stromverdrängung in kreisrunden Leitern auch die Abhängigkeit der **komplexen Amplitude der Leitungsstromdichte** $\underline{\hat{J}}_z$ von der Variablen $\underline{k}\, r$ bekannt.

In den Lösungen (6.6–71) und (6.6–75) kommen die **Besselfunktionen** $\Im_0(\underline{k}\, r)$ und $\Im_1(\underline{k}\, r)$, also nullter und erster Ordnung von komplexem Argument vor. Die Funktionswerte sind daher auch komplex, was aus den folgenden Reihenentwicklungen hervorgeht; an Stelle von $\underline{k}\, r$ schreiben wir $\underline{z}$:

$$\Im_0(\underline{z}) = 1 - \frac{1}{1!^2}\left(\frac{\underline{z}}{2}\right)^2 + \frac{1}{2!^2}\left(\frac{\underline{z}}{2}\right)^4 - \frac{1}{3!^2}\left(\frac{\underline{z}}{2}\right)^6 + - \ldots \qquad (6.6\text{–}\ 76)$$

$$\Im_1(\underline{z}) = \frac{1}{1!0!}\left(\frac{\underline{z}}{2}\right)^1 - \frac{1}{2!1!}\left(\frac{\underline{z}}{2}\right)^3 + \frac{1}{3!2!}\left(\frac{\underline{z}}{2}\right)^5 - \frac{1}{4!3!}\left(\frac{\underline{z}}{2}\right)^7 + - \ldots \qquad (6.6\text{–}77)$$

Man erhält aus den komplexen Reihen (6.6–76) und (6.6–77) durch Einsetzen von $\underline{z} = m\,r - j\,m\,r$ jeweils eine reelle und eine imaginäre unendliche Reihe, deren Werte zu berechnen aufwendig ist. Rechentechnisch ist es einfacher, man macht sich den funktionalen **Zusammenhang zwischen Kelvin– und Besselfunktionen** zu Nutze, denn die **Realteile der Kelvinfunktionen** $KeR_\nu(x)$ und deren **Imaginärteile** $KeI_\nu(x)$ der ν–ten Ordnung sind beide reell. Der Zusammenhang ist:

$$KeR_\nu(x) + j\;KeI_\nu(x) = e^{\nu\pi j} \cdot \Im_\nu(x\,e^{-j\pi/4}). \qquad (6.6\text{–}78)$$

Da die komplexen Besselfunktionen nur für die Ordnung $\nu = 0$ und $\nu = 1$ benötigt werden, gilt weiter:

$$\nu = 0: \qquad KeR_0(x) + j\;KeI_0(x) = +\Im_0(x\,e^{-j\pi/4}), \qquad (6.6\text{–}79)$$

$$\nu = 1: \qquad KeR_1(x) + j\;KeI_1(x) = -\Im_1(x\,e^{-j\pi/4}). \qquad (6.6\text{–}80)$$

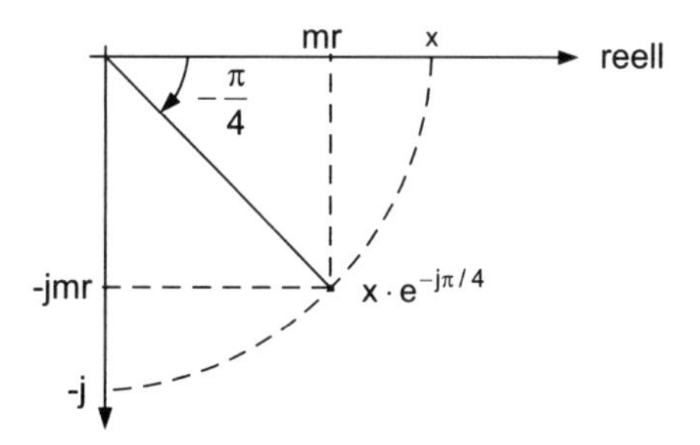

Bild 6.6.6: Komplexes Argument der Besselfunktionen

Will man also den Realteil und den reellen Imaginärteil der Besselfunktion nullter und erster Ordnung berechnen, so sind diese Funktionswerte gegeben durch die tabellierten Funktionswerte[3] der Kelvinfunktionen nullter und erster Ordnung, gemäß der Gln.(6.6–83) und (6.6–84). Dabei ist zu beachten, daß

[3] z.B. Abramowitz und Stegun: Handbook of Mathematical Functions (with Formulars, Graphs and Mathematical Tables), Dover Publications, Inc., New York

sich nach Bild 6.6.6 die Argumente x der Kelvin–Funktionen um $\sqrt{2}$ von $m\,r$ unterscheiden:

$$x = m\,r\,\sqrt{2}; \qquad x_0 = m\,r_0\,\sqrt{2}; \tag{6.6–81}$$

$$\underline{k}\,r = m\,r\,\sqrt{2}\,\frac{1-j}{\sqrt{2}} = x\,e^{-j\,\pi/4}. \tag{6.6–82}$$

Mit dem Argument von Gl.(6.6–81) lautet der **Betrag der magnetischen Feldstärke** im kreisrunden Draht mit allseitiger Stromverdrängung, ausgedrückt durch die Kelvin–Funktionen:

$$\boxed{\hat{H}(x) = \frac{\hat{i}}{2\,\pi\,r_0}\sqrt{\frac{KeR_1(x)^2 + KeI_1(x)^2}{KeR_1(x_0)^2 + KeI_1(x_0)^2}}} \tag{6.6–83}$$

und analog dazu der Betrag der **Leitungsstromdichte**:

$$\boxed{\hat{J}_z(x) = \frac{\hat{i}\,m\,\sqrt{2}}{2\,\pi\,r_0}\sqrt{\frac{KeR_0(x)^2 + KeI_0(x)^2}{KeR_1(x_0)^2 + KeI_1(x_0)^2}}} \tag{6.6–84}$$

Sowohl $\hat{H}(x)$ als auch $\hat{J}_z(x)$ nehmen mit wachsendem r, also wachsendem x monoton zu. Sie oszillieren nicht, wie man bei oberflächlicher und falscher Anwendung der reellen Besselfunktionen vermuten könnte.

Bild 6.6.7 zeigt prinzipiell für fünf verschiedene Stärken der Stromverdrängung den Verlauf von Leitungsstromdichte und magnetischer Feldstärke. Dabei sind deren Phasenabhängigkeiten zeichnerisch nicht zu sehen. 0: Gleichstrom, 1 – 5: zunehmend starke Stromverdrängung durch Betrieb mit jeweils zunehmender Kreisfrequenz ω. Im gezeichneten Beispiel 5 gibt es fast nur noch in der Außenhaut des Drahtes Leitungsstrom, daher die Bezeichnung **Haut- oder Skineffekt**. Das Metall wird bei derart starker Stromverdrängung innen gar nicht mehr ausgenutzt. Man kann sich also bei starker Stromverdrängung (zunehmend mit $m\,r$ bzw. $m\,r_0$) auf einen dünnen Draht oder ein dünnes Metallrohr als Leiter beschränken.

Man beachte, daß sowohl bei der einseitigen, wie auch bei der hier besprochenen allseitigen Stromverdrängung die Frequenz nur mit der Wurzel, die Drahtabmessung aber linear ins Argument von $m\,r$, $m\,r_0$, bzw. $m\,x$, $m\,h$ eingehen. Das heißt: Bei gegebenem Leiter bleibt die Stärke der Stromverdrängung erhalten, wenn

$$\sqrt{\frac{\omega\,\mu\,\kappa}{2}}\,h = const \qquad \text{bzw.} \qquad \sqrt{\frac{\omega\,\mu\,\kappa}{2}}\,r_0 = const \tag{6.6–85}$$

ist. Halbleiter und Elektrolyte erfahren wegen ihrer geringen spezifischen Leitfähigkeit κ kaum Stromverdrängung.

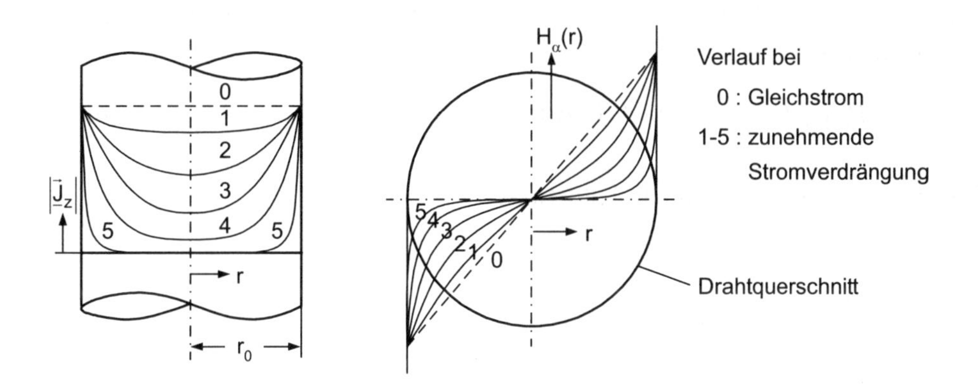

Bild 6.6.7: Elektrische Stromdichte und magnetische Feldstärke bei unterschiedlicher Stromverdrängung

6.6.4 Wechselstromwiderstand bei Stromverdrängung

Der **komplexe Wechselstromwiderstand** eines Runddrahtes bei Stromverdrängung läßt sich recht gut durch Anwendung des Hüllenintegrals über den komplexen Poyntingvektor (siehe die Gln.(6.5–61) und (6.5–62)) berechnen. Wir legen dazu eine Hüllfläche an die Drahtoberfläche und berechnen

$$\frac{1}{2} \oiint (\underline{\vec{E}}_{mt} \times \underline{\vec{H}}^*_m) \, d\vec{a} = P_v + j\, P_b, \tag{6.6– 86}$$

die im Drahtinnern auftretende komplexe Leistung. Als elektrischer Feldstärkevektor wird die Tangentialkomponente $\underline{\vec{E}}_{mt}$ eingesetzt, da nur sie, in Verbindung mit $\underline{\vec{H}}^*_m$ den radial in den Leiter eindringenden, für die **Verlustleistung zuständigen Poyntingvektor** bestimmt:

$$\underline{\vec{S}}_r(r_0) = \frac{1}{2} \left(\underline{\vec{E}}_{mt}(r_0) \times \underline{\vec{H}}^*_m(r_0) \right). \tag{6.6– 87}$$

Die in Gl.(6.6–86) enthaltene Blindleistung P_b ist in guter Näherung nur induktive Blindleistung des Leiterinnenraumes, so daß gilt:

$$\begin{aligned} \underbrace{P_v + j\, P_b}_{\underline{P}} &= P_v + j\, P_{ind} \\ &= I^2_{eff}\,(R + j\,\omega L_i). \end{aligned} \tag{6.6– 88}$$

Dabei ist L_i die der inneren induktiven Blindleistung zuzuordnende innere Induktivität des Leiters und R sein Wechselstromwirkwiderstand. Da der Poyntingvektor $\vec{\underline{S}}_r$ nach Gl.(6.6–87) die Drahtoberfläche senkrecht durchsetzt, kann das Integral von Gl.(6.6–86) einfach ausgewertet werden. Nur die Mantelfläche liefert einen Beitrag:

$$P_v + j\,P_{ind} = 2\,\pi\,r_0\,\ell\,\underline{S}_r(r_0). \tag{6.6–89}$$

Für $\underline{S}_r(r_0)$ benötigen wir die Feldstärken:

$$\begin{aligned} \underline{H}_m^*(r_0) &= \frac{\hat{\underline{i}}^*}{2\,\pi\,r_0} \\ \underline{E}_{mt}(r_0) &= \frac{\underline{J}_m(\underline{k}\,r_0)}{\kappa} = \frac{\hat{\underline{i}}\,\underline{k}\,\Im_0(\underline{k}\,r_0)}{\kappa\,2\,\pi\,r_0\,\Im_1(\underline{k}\,r_0)}. \end{aligned} \tag{6.6–90}$$

Damit wird aus Gl.(6.6–89) mit (6.6–87) und (6.6–88):

$$(R + j\,\omega\,L_i)\,\frac{\hat{i}^2}{2} = \frac{1}{2}\,2\,\pi\,r_0\,\ell\,\frac{\hat{\underline{i}}\,\hat{\underline{i}}^*}{(2\,\pi\,r_0)^2}\,\frac{\underline{k}}{\kappa}\,\frac{\Im_0(\underline{k}\,r_0)}{\Im_1(\underline{k}\,r_0)}. \tag{6.6–91}$$

Es ist aber

$$\frac{\hat{i}^2}{2} = I_{eff}^2 = \frac{\hat{\underline{i}}\,\hat{\underline{i}}^*}{2}, \tag{6.6–92}$$

so daß

$$\boxed{R + j\,\omega\,L_i = \frac{\ell\,\underline{k}}{2\,\pi\,r_0\,\kappa}\,\frac{\Im_0(\underline{k}\,r_0)}{\Im_1(\underline{k}\,r_0)}} \tag{6.6–93}$$

der **komplexe Widerstand eines Runddrahtes** ist. Berücksichtigt man zudem den Gleichstromwiderstand R_G eines Runddrahtes:

$$R_G = \frac{\ell}{\kappa\,\pi\,r_0^2}\,, \tag{6.6–94}$$

dann kann man das Verhältnis aus komplexem Wechselstrom– und Gleichstromwiderstand angeben:

$$\frac{R}{R_G} + \frac{j\,\omega\,L_i}{R_G} = \frac{\underline{k}\,r_0}{2}\,\frac{\Im_0(\underline{k}\,r_0)}{\Im_1(\underline{k}\,r_0)}. \tag{6.6–95}$$

Der Quotient dieser komplexen Besselfunktionen könnte wieder durch die reellen Kelvinfunktionen (siehe die Gln.(6.6–79) und (6.6–80)) ausgedrückt werden. Hier möge aber, da wir Näherungsformeln anstreben, ein anderer Weg beschritten werden. Mit Gl.(6.6–65) ist

$$\begin{aligned} \frac{\underline{k}\, r_0}{2} &= (1-j)\,\frac{m\, r_0}{2} \\ &= (1-j)\,X \qquad \text{wobei} \qquad X = \frac{m\, r_0}{2}. \end{aligned} \tag{6.6– 96}$$

Jetzt kann Gl.(6.6–95) in eine Reihe entwickelt werden, die für $X < 1$ rasch konvergiert. Die ausreichenden Anfangsglieder aus den Reihen, Gln.(6.6–76) und (6.6–77), ergeben für $X = m\, r_0/2 < 1$ die Näherungslösung:

$$\frac{R + j\,\omega\, L_i}{R_G} \approx (1+\frac{X^4}{3}) + j\, X^2\,(1-\frac{X^4}{6}). \tag{6.6– 97}$$

Daraus folgt für Real– und Imaginärteil, also für den Quotienten aus Stromverdrängungswirkwiderstand bzw. Blindwiderstand zum Gleichstromwiderstand eines Runddrahtes, solange $m\, r_0/2 < 1$:

$$\frac{R}{R_G} \approx 1+\frac{1}{48}\, r_0^4 \left(\frac{\omega\,\mu\,\kappa}{2}\right)^2 = 1+\frac{1}{3}\left(\frac{m\, r_0}{2}\right)^4 \tag{6.6– 98}$$

$$\frac{\omega\, L_i}{R_G} \approx \frac{1}{4}\, r_0^2\, \frac{\omega\,\mu\,\kappa}{2} = \left(\frac{m\, r_0}{2}\right)^2 \tag{6.6– 99}$$

Für **sehr starke Stromverdrängung**, also für $X = m\, r_0/2 > 1$, darf man eine asymptotische Näherung verwenden, die hier angegeben, aber nicht hergeleitet wird:

$$\boxed{\frac{R}{R_G} \approx \frac{\omega\, L_i}{R_G} + 0,3 \approx \frac{r_0}{2\,\delta} + 0,3 = \frac{m\, r_0}{2} + 0,3} \tag{6.6– 100}$$

δ ist die Dicke der **äquivalenten** (stromführenden) **Leitschicht** (siehe dazu die folgenden Ausführungen):

$$\boxed{\delta = \sqrt{\frac{2}{\omega\,\kappa\,\mu}}} \tag{6.6– 101}$$

Sie ist bei starker Stromverdrängung, gegeben durch große Werte von κ oder ω, ist aber auch bei großen Leiterquerschnitten von Bedeutung; dann nämlich, wenn der Radius eines kreiszylindrischen Massivdrahtes oder die Stabhöhe bei einseitiger Stromverdrängung größer ist als δ.

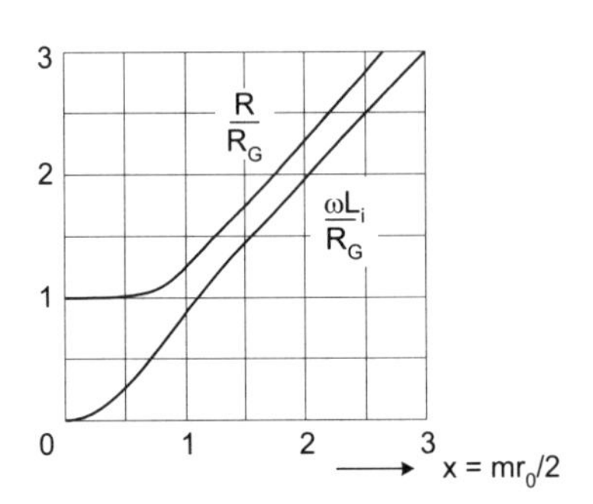

Bild 6.6.8: R/R_G und $\omega\, L_i/R_G$ bei Stromverdrängung am Runddraht

Wir stellen uns jetzt vor, wir hätten ein **kreiszylindrisches Rohr** vom gleichen äußeren Radius r_0 und vom gleichen Metall (gleichem κ) wie der massive Runddraht. Jedoch soll das Zylinderrohr nur die Wandstärke $\delta << r_0$ haben. Dann ist sein Gleichstromwiderstand R_g:

$$R_g \approx \frac{\ell}{2\,\pi\, r_0\ \ \delta\ \kappa}. \tag{6.6- 102}$$

R_g sei ebenso groß wie der Stromverdrängungs– oder Wechselstromwiderstand R des Massivdrahtes bei starker Stromverdrängung nach Gl.(6.6–100). Beim Gleichsetzen vernachlässigen wir den Zahlenwert 0,3 von Gl.(6.6–100). Dann gilt mit $R \approx R_G\, r_0/2\delta$ und $R_G = \ell/(\kappa\, \pi r_0^2)$ näherungsweise: $R \approx R_g$, also:

$$R \approx R_G\, \frac{r_0}{2\,\delta} \approx \frac{\ell}{\kappa\,\pi\, r_0^2}\, \frac{r_0}{2\,\delta}$$

$$\boxed{R \approx \frac{\ell}{2\pi\, r_0\, \delta\, \kappa}} \tag{6.6- 103}$$

Wegen der Gleichheit dieser beiden Widerstände wird δ, in der Definition nach Gl.(6.6–101), **"äquivalente Leitschichtdicke"** genannt. Der weiter innen liegende Raum des Massivdrahtes ist praktisch frei von Leitungsstrom und magnetischer Feldstärke. Er wird also elektrisch und magnetisch nicht ausgenutzt. Daraus resultiert anschaulich die Vergrößerung des Wechselstromwiderstandes gegenüber dem Gleichstromwiderstand des Massivdrahtes. Haben Massivdrähte oder Hohlrohre nur den Radius oder die Wandstärke δ, so bleibt ihr Wirkwiderstand mit wachsender Frequenz praktisch konstant.

Beispiel: Ein Meßwiderstand, der in einem großen Frequenzbereich einen konstanten Widerstandswert behalten soll, dürfte als Massivdraht nur den Radius $r_0 = \delta$ haben. Bei einem innen hohlen Draht darf zwar der Außenradius r_0 beliebig groß sein, jedoch müßte dann die Wandstärke des Hohldrahtes auf δ beschränkt werden.

Nachfolgende Tabelle gibt die **äquivalenten Leitschichtdicken** δ für verschiedene Frequenzen an. Man sieht, daß auch bei niederen Frequenzen (z.B. 50 Hz und Drahtradien $r_0 > 1\,cm$) schon mit erheblicher Stromverdrängung zu rechnen ist.

Für Kupfer, mit $\kappa = 58 \cdot 10^6\,A/Vm$, gilt:

f/Hz	$16\frac{2}{3}$	50	10^3	$15 \cdot 10^3$	10^5	10^6	10^7	10^8	10^9
δ/mm	16	9,3	2,0	0,54	0,21	0,067	0,02	0,006	0,002

Tabelle: Äquivalente Leitschichtdicken δ für verschiedene Frequenzen

Bei starker Stromverdrängung erfolgt die Widerstandszunahme von R und ωL_i nahezu proportional zu $m\,r_0/2 \sim \sqrt{f}$. Sie ist mit 10 dB/Dekade geringer als die Blindwiderstandszunahme der äußeren Induktivität $\omega\,L_a \sim f$ mit 20 dB/Dekade. Man kann daher ein Kabel, nur wegen der Widerstandszunahme durch Stromverdrängung, kaum als Tiefpaß verwenden, was gelegentlich vermutet wird.

6.6.5 Abschirmungen

Im Rahmen der elektromagnetischen Verträglichkeit interessiert oft die Abschirmwirkung von Blechen und Gehäusen besonders gegenüber magnetischen Störfeldern. Die **Schirmwirkung** beruht bei hohen Frequenzen auf der Erzeugung von feldschwächenden Wirbelströmen innerhalb des Abschirmmaterials. Bei Niederfrequenz und erst recht in der Statik können Magnetfelder nur durch hochpermeable ferromagnetische Abschirmungen, eine Art magnetischen Nebenschlusses, reduziert werden.

Die Schirmwirkung hängt auch in starkem Maße von der Bauart (Größe, Form, Wanddicke) der Schirmgehäuse ab. Öffnungen daran können ein Störfeld eindringen lassen. Bezeichnen wir als **Schirmfaktor** das Verhältnis H_a/H_i, wobei

H_a die von außen ankommende Störfeldstärke und H_i die Restfeldstärke innerhalb der Abschirmung ist, so stellt man fest: Der Schirmfaktor nimmt bei Schirmungen mit Öffnungen mit steigender Frequenz ab, bei völlig geschlossenen Schirmungen steigt er exponentiell mit der Frequenz an.

In kritischen Fällen kann eine Mehrfachabschirmung, bestehend aus hochpermeablem ferromagnetischem Blech zusammen mit sehr leitfähigem, z.B. Kupferblech, verwendet werden.

Ferner ist zu unterscheiden, ob der Vektor eines abzuschirmenden H–Feldes senkrecht oder tangential auf das Abschirmmaterial auftrifft. Da exakte Berechnungen recht aufwendig sind, findet man in der Spezialliteratur Näherungsformeln, auf die verwiesen wird.

Kapitel 7

Das instationäre elektromagnetische Feld

Beim instationären oder schnellveränderlichen elektromagnetischen Feld kommen alle Komponenten der Maxwellgleichungen zum Tragen. Gegenüber dem quasistationären Feld ist dies insbesondere die jetzt auch wirksame Antennenstrahlung. Leitungslängen sind daher beim instationären Feld nicht mehr klein gegenüber der Wellenlänge. Während wir bisher bei örtlicher Konstanz der Felder von Schwingungen sprachen, treten nun durch die Ausbreitung der elektromagnetischen Vorgänge Wellen auf. Sie sind stets Funktionen von Ort und Zeit.

7.1 Elektromagnetische Wellen im Nichtleiter

7.1.1 Eine anschauliche Darstellung ebener Wellen

Ein Nichtleiter (mit $\kappa = 0$ und $\vec{J} = 0$) sei homogen und isotrop. Ferner seien Dielektrizitäts– und Permeabilitätszahlen konstant und richtungsunabhängig:

$$\epsilon_r = const_{x,y,z}; \qquad \mu_r = const_{x,y,z}. \tag{7.1- 1}$$

Wir betrachten zunächst in einer anschaulichen Darstellung eine ebene Wellenfront, die sich in z–Richtung ausbreitet, und die zum Zeitpunkt $t = t_1$ den Ort $z = z_1$ erreicht hat. Es sei also der Halbraum $z \leq z_1$ von einer elektromagnetischen Welle erfüllt, während im Halbraum $z > z_1$ noch keine Welle vorkommt. Es liegt nahe, die Feldvektoren in kartesischen Koordinaten anzusetzen:

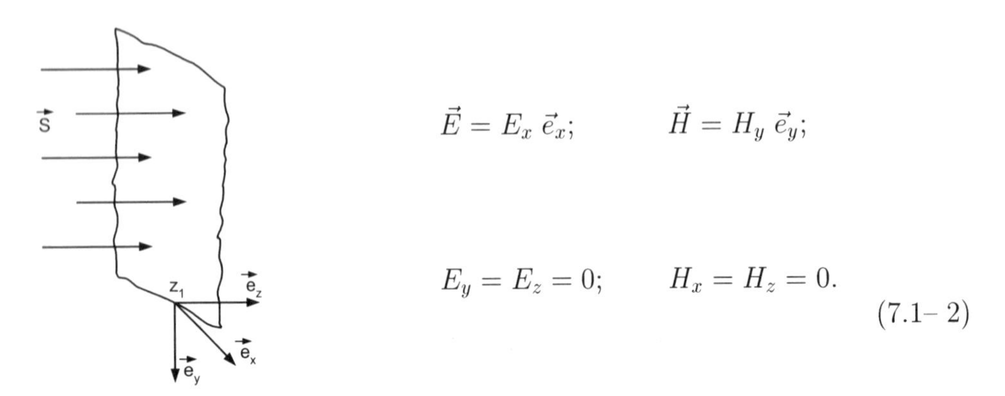

$$\vec{E} = E_x\,\vec{e}_x; \qquad \vec{H} = H_y\,\vec{e}_y;$$

$$E_y = E_z = 0; \qquad H_x = H_z = 0. \tag{7.1- 2}$$

Bild 7.1.1: Koordinaten für die Wellenausbreitung und Wellenfront

Der zugehörige **Poyntingvektor**, der die Ausbreitungsrichtung und Intensität der im Nichtleiter als Strahlung auftretenden Leistungsschwingung beschreibt, lautet:

$$\begin{aligned} \vec{S} = \vec{E} \times \vec{H} &= E_x\,\vec{e}_x \times H_y\,\vec{e}_y \\ &= E_x\,H_y\,\vec{e}_z. \end{aligned} \tag{7.1- 3}$$

Durch die Annahme, daß der elektrische Feldvektor $\vec{E}$ linear polarisiert in Richtung $\vec{e}_x$ und der magnetische Feldvektor $\vec{H}$ linear polarisiert in Richtung $\vec{e}_y$ vorkommmt, entsteht $\vec{S}$, nach Gl.(7.1–3), in der Ausbreitungsrichtung $+\vec{e}_z$. Auch wenn $\vec{E}$ und $\vec{H}$ infolge ihrer transversalen Eigenschaft nach jeder Halbwelle 180^0 Richtungsumkehr erfahren, bleibt die Ausbreitung doch in Richtung $+\vec{e}_z$ bestehen:

$$\vec{S} = E_x\,(-\vec{e}_x) \times H_y\,(-\vec{e}_y) = E_x\,H_y\,\vec{e}_z. \tag{7.1- 4}$$

Offenbar müssen sich $\vec{E}$ und $\vec{H}$ gemeinsam ausbreiten; denn wäre an ein– und demselben Ort (z.B. bei z_1) nur eine E_x– aber keine H_y–Schwingung vorhanden, so wäre auch $\vec{S} = 0 \cdot \vec{e}_z = 0$, es würde sich keine Energiestrahlung ergeben.

Wir wollen annehmen, die ebene Welle könne sich unbegrenzt im Raum ausbreiten. Dabei steht der Poyntingvektor senkrecht auf $\vec{E}$ und $\vec{H}$. Die Welle ist daher eine **Transversalwelle**. Sie ist überdies eine **Homogenwelle**, definiert durch gleiche Richtung, Amplitude und Phase innerhalb von Ebenen $z = const$. Es sind daher $z = const$ **Phasenebenen** mit

$$\frac{\partial}{\partial x} = 0 \qquad \text{und} \qquad \frac{\partial}{\partial y} = 0 \tag{7.1- 5}$$

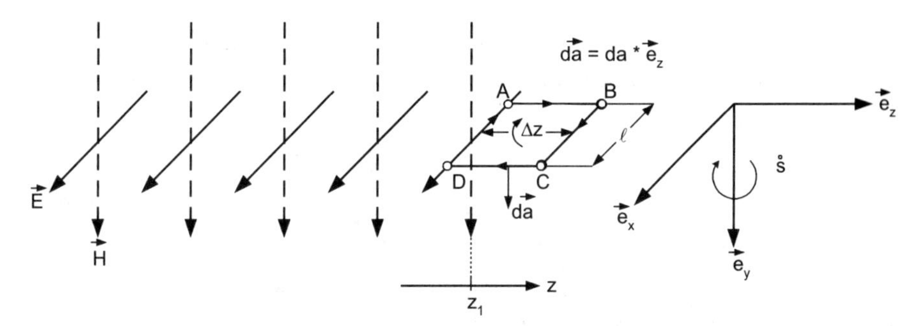

Bild 7.1.2: Rechteckschleife anliegend am "letzten" $\vec{E}$–Vektor

An den gerade bei z_1 angekommenen $\vec{E}$–Vektor der Wellenfront schließen wir nach Bild 7.1.2 ein ruhendes Rechteck der Länge ℓ und der Breite Δz an. Darauf wollen wir das Induktionsgesetz anwenden.

$$\oint \vec{E}\, d\vec{s} = - \iint \mu \; \dot{\vec{H}} \;\; d\vec{a}. \tag{7.1- 6}$$

Elektrische Spannung tritt aber nur längs $\overline{DA}$ auf; der Umlaufsinn ist zu $d\vec{a}$ rechtswendig zugeordnet, daher gilt:

$$-\ell\, E_x = - \; \dot{H}_y \;\; \mu\, \ell\, \Delta z \tag{7.1- 7}$$

$$E_x = \frac{\partial H_y}{\partial t}\, \mu\, \Delta z. \tag{7.1- 8}$$

Da obige Rechteckrandkurve $\overline{ABCDA}$ ruht, fordert das Induktionsgesetz das Voranschreiten der magnetischen Feldstärke in der Zeit Δt um Δz, da ansonsten Gl.(7.1–7) nicht erfüllt werden könnte; denn eine magnetische Flußänderung muß den Umlauf durchsetzen, damit an ihm eine elektrische Spannung induziert werden kann. Wir ersetzen $\partial H_y/\partial t$ durch den Differenzenquotienten $\Delta H_y/\Delta t_1$, wobei Δt_1 diejenige Zeitspanne sei, in der H_y von Null auf H_0 und E_x von Null auf E_0 angewachsen sei:

$$E_0 = \frac{H_0}{\Delta t_1}\, \mu\, \Delta z, \tag{7.1- 9}$$

oder

$$\Delta t_1 = \frac{H_0}{E_0}\, \mu\, \Delta z. \tag{7.1- 10}$$

Entsprechend kann man sich, nach Bild 7.1.3, eine Rechteckschleife an einen magnetischen Feldvektor anliegend vorstellen, wobei auch dieser Feldvektor in der Wellenfront liegt:

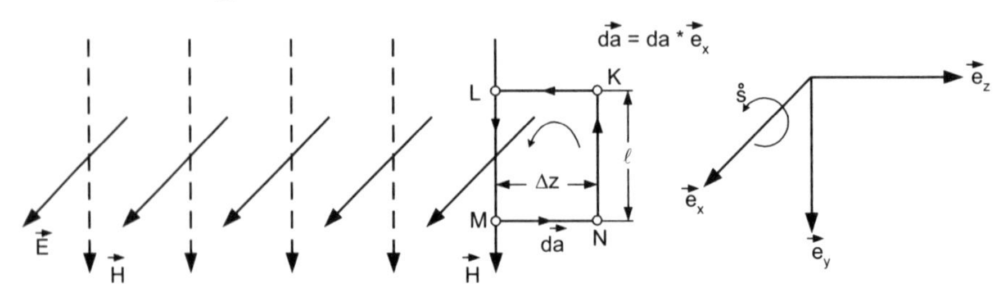

Bild 7.1.3: Rechteckschleife anliegend am "letzten" $\vec{H}$–Vektor

Auf das Rechteck $\overline{KLMNK}$ wenden wir das Durchflutungsgesetz für Verschiebungsstrom an:

$$\oint \vec{H}\, d\vec{s} = \iint \epsilon\, \dot{\vec{E}}\, d\vec{a}. \qquad (7.1\text{– }11)$$

Die magnetische Umlaufspannung ist längs des Weges $\overline{KLMNK}$ zu bilden, jedoch trägt nur die Strecke $\overline{LM}$ zur magnetischen Spannung bei:

$$\ell\, H_y = \dot{E}_x\, \epsilon\, \ell\, \Delta z, \qquad (7.1\text{– }12)$$

$$H_y = \epsilon\, \frac{\partial E_x}{\partial t}\, \Delta z. \qquad (7.1\text{– }13)$$

Da auch hier die Rechteckrandkurve $\overline{KLMNK}$ ruht, fordert das Durchflutungsgesetz ein Voranschreiten der elektrischen Feldstärke in der Zeit Δt um Δz, da ansonsten Gl.(7.1–12) nicht erfüllt werden könnte; denn eine elektrische Flußänderung $\epsilon\, \partial E_x/\partial t$ muß das Rechteck durchsetzen, damit eine magnetische Feldstärke und Spannung entstehen können.

Wir ersetzen $\partial E_x/\partial t$ durch den Differenzenquotienten $\Delta E_x/\Delta t_2$, wobei Δt_2 diejenige Zeitspanne sei, in der E_x von Null auf E_0 und H_y von Null auf H_0 angewachsen ist. Dann gilt mit E_0 und H_0:

$$H_0 = \epsilon\, \frac{E_0}{\Delta t_2}\, \Delta z, \qquad (7.1\text{– }14)$$

somit

$$\Delta t_2 = \epsilon\, \frac{E_0}{H_0}\, \Delta z. \qquad (7.1\text{– }15)$$

Die beiden Gleichungen (7.1–10) und (7.1–15) können miteinander verbunden werden, indem wir die Zeiten gleichsetzen: $\Delta t_1 = \Delta t_2 = \Delta t$ und sie dadurch eliminieren:

$$\frac{H_0}{E_0}\,\mu\,\Delta z = \epsilon\,\frac{E_0}{H_0}\Delta z \tag{7.1- 16}$$

oder

$$\boxed{\frac{E_0}{H_0} = \sqrt{\frac{\mu}{\epsilon}} = \Gamma \qquad \textbf{Wellenwiderstand}} \tag{7.1- 17}$$

Demnach breiten sich in gleichen Zeiten elektrische und magnetische Feldstärke mit der Wellenfront gemeinsam aus. Dabei ist die elektrische Feldstärke proportional zur magnetischen. Der Proportionalitätsfaktor ist Γ:

$$E_0 = \sqrt{\frac{\mu}{\epsilon}}\,H_0 = \Gamma\,H_0. \tag{7.1- 18}$$

Die Vektoren $\vec{E}$ und $\vec{H}$ stehen bei der ebenen Welle senkrecht aufeinander. Man bezeichnet

$$\boxed{\Gamma = \sqrt{\frac{\mu}{\epsilon}} = \sqrt{\frac{\mu_0\,\mu_r}{\epsilon_0\,\epsilon_r}}} \tag{7.1- 19}$$

als **Wellenwiderstand des Nichtleiters**. In Vakuum und in guter Näherung auch in Luft wirkt der **Wellenwiderstand Γ_0 des Vakuums**:

$$\boxed{\Gamma_0 = \sqrt{\frac{\mu_0}{\epsilon_0}} = 376,7\,\Omega} \tag{7.1- 20}$$

Nun bilden wir nach Gl.(7.1–10) bzw. nach Gl.(7.1–15) die Quotienten:

$$\left.\begin{aligned}\frac{\Delta z}{\Delta t_1} &= v = \frac{E_0}{\mu\,H_0} = \frac{1}{\mu}\sqrt{\frac{\mu}{\epsilon}} = \frac{1}{\sqrt{\mu\,\epsilon}}\\ \frac{\Delta z}{\Delta t_2} &= v = \frac{H_0}{\epsilon\,E_0} = \frac{1}{\epsilon}\sqrt{\frac{\epsilon}{\mu}} = \frac{1}{\sqrt{\mu\,\epsilon}}\end{aligned}\right\}\quad \begin{aligned}&\text{für}\quad \mu_r = \epsilon_r = 1 \quad \text{wird:}\\ &v \to c = \frac{1}{\sqrt{\epsilon_0\,\mu_0}}\end{aligned} \tag{7.1- 21}$$

c ist die Lichtgeschwindigkeit: $c = 299\,792\,458\,m/s$.

Durch beide Quotienten erhalten wir nach Art und Einheit eine Geschwindigkeit v. Dies ist die **Phasengeschwindigkeit** der harmonischen Welle und die Ausbreitungsgeschwindigkeit der Wellenfront oder die **Ausbreitungsgeschwindigkeit eines Phasenzustandes**, wie beispielsweise Amplitude oder Nulldurchgang.

7.1.2 Die Wellengleichung

Es ist erforderlich, neben der anschaulichen Darstellung der Wellenausbreitung nach Abschnitt 7.1.1 auch eine theoretische Ableitung anzugeben. Da wir hier ungedämpfte Wellenausbreitung behandeln, ist wieder nichtleitendes verlustfreies Ausbreitungsmedium Voraussetzung:

$$\kappa = 0; \qquad \vec{J} = 0. \tag{7.1- 22}$$

Um zu einfachen Ergebnissen zu kommen, setzen wir ferner voraus, daß Dielektrizitäts- und Permeabilitätszahl konstant seien und keine Raumladungsdichten η vorkommen:

$$\epsilon_r = const_{x,y,z} \qquad \text{und} \qquad \eta = 0,$$

daher

$$div\,\vec{D} = \epsilon\, div\,\vec{E} = 0 \qquad \text{und} \qquad \boxed{div\,\vec{E} = 0} \tag{7.1- 23}$$

ferner $\mu_r = const_{x,y,z}$ und daher:

$$div\,\vec{B} = \mu\, div\,\vec{H} = 0 \qquad \text{und} \qquad \boxed{div\,\vec{H} = 0} \tag{7.1- 24}$$

Der Nichtleiter sei also homogen und isotrop, linear wirkend und frei von elektrischen Ladungen und Strömen.

Zur **Herleitung der Wellengleichung**, die die Ausbreitung von Wellen beschreibt, wenden wir die Rotation auf beide Seiten der Maxwellgleichungen an. Zunächst die zweite Maxwellgleichung:

$$rot\,\vec{E} = -\mu\,\dot{\vec{H}}\ . \tag{7.1- 25}$$

Davon die Wirbeldichte:

$$rot\,(rot\,\vec{E}) = -rot\,(\mu\,\dot{\vec{H}}). \tag{7.1- 26}$$

Nach dem Entwicklungssatz ist $rot(rot\,\vec{E}) = grad\ div\,\vec{E} - \Delta\vec{E}$, mit Δ als Laplace–Operator, so daß für Medien mit konstantem μ, hier Nichtleiter mit $\mu = \mu_0$ folgt:

$$grad\ div\,\vec{E} - \Delta\,\vec{E} = -\mu\ rot\,\dot{\vec{H}}\ . \tag{7.1- 27}$$

Gemäß Voraussetzung ist aber $div\, \vec{E} = 0$, daher und mit Einsetzen der ersten Maxwellgleichung für Verschiebungsstromdichte:

$$rot\, \vec{H} = \epsilon\, \dot{\vec{E}} \qquad (7.1\text{-}\ 28)$$

erhalten wir:

$$\boxed{\Delta\, \vec{E} = \mu\, \epsilon\, \frac{\partial^2 \vec{E}}{\partial t^2}, \qquad \textbf{die Wellengleichung für } \vec{E}} \qquad (7.1\text{-}\ 29)$$

Diese partielle Differentialgleichung zweiter Ordnung beschreibt die Ausbreitung des elektrischen Feldvektors im Nichtleiter. Sie ist die Wellengleichung für den Feldvektor $\vec{E}$.

Jetzt wird die Wirbeldichte auf die beiden Seiten der 1. Maxwellgleichung angewandt. Für Nichtleiter gilt hier:

$$rot\,(rot\, \vec{H}) = rot\,(\epsilon\, \dot{\vec{E}}), \qquad (7.1\text{-}\ 30)$$

also

$$grad\ div\, \vec{H} - \Delta\, \vec{H} = \epsilon\ rot\ \dot{\vec{E}}\ . \qquad (7.1\text{-}\ 31)$$

Gemäß Voraussetzung ist $div\, \vec{H} = 0$, daher ist:

$$\Delta \vec{H} = -\epsilon\ rot\ \dot{\vec{E}}\ . \qquad (7.1\text{-}\ 32)$$

Für $rot\, \vec{E}$ setzen wir die zweite Maxwellgleichung ein:

$$rot\, \vec{E} = -\mu\ \dot{\vec{H}} \qquad (7.1\text{-}\ 33)$$

und erhalten so die Wellengleichung für $\vec{H}$:

$$\boxed{\Delta \vec{H} = +\epsilon\ \mu\ \frac{\partial^2\, \vec{H}}{\partial t^2}, \qquad \textbf{Wellengleichung für } \vec{H}} \qquad (7.1\text{-}\ 34)$$

Diese partielle Differentialgleichung zweiter Ordnung beschreibt die Ausbreitung des magnetischen Feldes im Nichtleiter. Sie stimmt in ihrem mathematischen Aufbau, mit der Differentialgleichung (7.1–29) für das elektrische Feld überein. Schreibt man für $\vec{E}$ und $\vec{H}$ ersatzweise den neutralen Vektor $\vec{F}$

($\underline{F}$eldgröße, aber nicht Kraft), so lautet die **Wellengleichung** ausführlich in **kartesischen Komponenten** für den homogenen und isotropen Nichtleiter:

$$\boxed{\begin{array}{l} \frac{\partial^2 F_x}{\partial x^2} + \frac{\partial^2 F_x}{\partial y^2} + \frac{\partial^2 F_x}{\partial z^2} = \epsilon\,\mu\,\frac{\partial^2 F_x}{\partial t^2} \\ \frac{\partial^2 F_y}{\partial x^2} + \frac{\partial^2 F_y}{\partial y^2} + \frac{\partial^2 F_y}{\partial z^2} = \epsilon\,\mu\,\frac{\partial^2 F_y}{\partial t^2} \\ \frac{\partial^2 F_z}{\partial x^2} + \frac{\partial^2 F_z}{\partial y^2} + \frac{\partial^2 F_z}{\partial z^2} = \epsilon\,\mu\,\frac{\partial^2 F_z}{\partial t^2} \end{array}} \qquad (7.1\text{-}\ 35)$$

7.1.3 Lösung der Wellengleichung für eine ebene Welle

Der Übersichtlichkeit wegen begnügen wir uns hier mit der Lösung der Wellengleichung für eine ebene Welle. Die Vektoren $\vec{E}$ und $\vec{H}$ schwingen (Bild 7.1.2 und 7.1.3) senkrecht zur Ausbreitungsrichtung. Die elektromagnetische Welle ist, wie wir schon wissen, eine Transversalwelle, was durch den Poyntingvektor

$$\vec{S} = \vec{E} \times \vec{H} \qquad (7.1\text{-}\ 36)$$

deutlich zum Ausdruck kommt. Schwingt beispielsweise an einem konstanten Ort der elektrische Feldvektor in x–Richtung und der magnetische Feldvektor in y–Richtung, so breitet sich die Welle in z–Richtung aus:

$$\left.\begin{array}{l} \vec{E} = E_x\,\vec{e}_x \\ \vec{H} = H_y\,\vec{e}_y \end{array}\right\} \quad \vec{S} = E_x\,H_y\,(\vec{e}_x \times \vec{e}_y) = S_z\,\vec{e}_z. \qquad (7.1\text{-}\ 37)$$

Die von Null verschiedenen zwei Komponenten der Wellengleichung lauten dann:

$$\begin{aligned} \frac{\partial^2 E_x}{\partial z^2} &= \mu\,\epsilon\,\frac{\partial^2 E_x}{\partial t^2} \qquad \text{und} \\ \frac{\partial^2 H_y}{\partial z^2} &= \mu\,\epsilon\,\frac{\partial^2 H_y}{\partial t^2}. \end{aligned} \qquad (7.1\text{-}\ 38)$$

Sowohl E_x als auch H_y müssen demnach Funktionen von Ort und Zeit sein:

$$E_x = E_x(z,t) \qquad \text{und} \qquad H_y = H_y(z,t). \qquad (7.1\text{-}\ 39)$$

Diese **Lösungsfunktionen** müssen mathematisch so aussehen, daß die Wellengleichung (7.1–38) erfüllt wird. Das heißt, daß der Ort (hier z) und die Zeit t irgendwie formal gleichberechtigt im Argument von E_x und von H_y vorkommen; denn der Differentialquotient $\partial^2 E_x/\partial z^2$ muß, abgesehen von der Konstanten $\mu\,\epsilon$, mit dem Differentialquotienten $\partial^2 E_x/\partial t^2$ übereinstimmen. Gleiches gilt für H_y. Man kann auch sagen: Beim zweimaligen Differenzieren entstehen Konstanten, die zusammengefaßt gleich $\mu\,\epsilon$ sind.

Es gibt unendlich viele **Lösungsfunktionen**, die **nach D'Alembert** wie folgt zusammengefaßt werden können:

$$\begin{aligned} E_x &= f_1(\omega t - k\,z + \varphi) + f_2(\omega t + k\,z + \varphi) \\ \Gamma\, H_y &= f_1(\omega t - k\,z + \varphi) + f_2(\omega t + k\,z + \varphi). \end{aligned} \qquad (7.1\text{–}40)$$

Dabei ist ω die übliche Kreisfrequenz, k die sogenannte **Wellenzahl**. Hält man den Ort z konstant, so sind E_x und H_y Zeitfunktionen oder Schwingungen. Hält man andererseits die Zeit t fest, so zeigen E_x und H_y ihre örtliche Verteilung oder Funktion. Beispiele solcher Ortsabhängigkeiten zeigt Bild 7.1.4. f_1 und f_2 können also ganz beliebige periodische oder auch nichtperiodische Formen (Funktionen) sein.

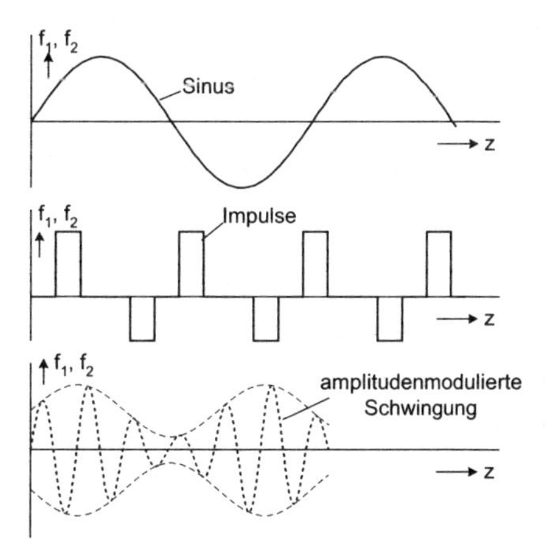

Bild 7.1.4: Beispiele für f_1 und f_2 bei $t = const$

Anschaulicher werden die Lösungen der Wellengleichung, wenn wir eine harmonische Welle (Zeit– und Ortsabhängigkeit haben Sinusform) vorgeben. Unmodulierte Sender strahlen solche Wellen ab. Sie können im Fernfeld einer Antenne als einfachste, ebene Wellen angesehen werden:

$f_1,\ f_2:$ Sinusform

$\hat{E}_{x1},\ \hat{E}_{x2},\ \hat{H}_{y1},\ \hat{H}_{y2}:$ reelle Amplituden

$$\begin{aligned} \vec{E} &= E_x(t,z)\,\vec{e}_x \\ \vec{H} &= H_y(t,z)\,\vec{e}_y. \end{aligned} \qquad (7.1\text{-}\ 41)$$

Ausführlich lauten diese Gleichungen, wie wir sehen werden, für jeweils mögliche Links- und Rechtswelle für den Nullphasenwinkel $\varphi = 0$:

$$\begin{aligned} E_x &= \hat{E}_{x1}\, sin(\omega t - k\,z) + \hat{E}_{x2}\, sin(\omega t + k\,z) \\ H_y &= \hat{H}_{y1}\, sin(\omega t - k\,z) + \hat{H}_{y2}\, sin(\omega t + k\,z). \end{aligned} \qquad (7.1\text{-}\ 42)$$

Um festzustellen, ob die Gln.(7.1–42) tatsächlich Lösungen der Wellengleichung (7.1–38) sind, differenzieren wir zweimal nach z bzw. zweimal nach t und erhalten für die Komponente E_x:

$$\begin{aligned} \frac{\partial^2 E_x}{\partial z^2} &= -\hat{E}_{x1}\, k^2\, sin(\omega t - k\,z) - \hat{E}_{x2}\, k^2\, sin(\omega t + k\,z) \\ \frac{\partial^2 E_x}{\partial t^2} &= -\hat{E}_{x1}\, \omega^2\, sin(\omega t - k\,z) - \hat{E}_{x2}\, \omega^2\, sin(\omega t + k\,z). \end{aligned} \qquad (7.1\text{-}\ 43)$$

Setzt man beide Ausdrücke in die Wellengleichung ein, so bleibt nach dem Kürzen übrig: $k^2 = \mu\,\epsilon\,\omega^2$, oder

$$\boxed{\frac{\omega}{k} = v = \frac{1}{\sqrt{\epsilon\,\mu}} \qquad \textbf{Phasengeschwindigkeit}} \qquad (7.1\text{-}\ 44)$$

Die Wellengleichung ist erfüllt. $E_x(z,t)$ ist eine der unendlich vielen, möglichen Lösungen. Das Verhältnis von Kreisfrequenz ω zur Wellenzahl k ist wieder die **Phasengeschwindigkeit** v der Welle. Sie ist hier auch die Ausbreitungsgeschwindigkeit der Wellenfront. Zum gleichen Ergebnis kommt man, wenn man $H(z,t)$ in die Wellengleichung einsetzt. Man erkennt, daß jede Funktion (Welle), die die Wellengleichung erfüllen soll, von Ort und Zeit abhängen muß.

Die Wellenlänge einer Welle ist noch anzugeben. Man stellt sie in Ausbreitungsrichtung (hier in z–Richtung) zur Zeit $t = const$ fest. Für jede harmonische Welle ist die **Wellenlänge** λ jene Länge z_1 für die gilt: $k\,z_1 = 2\,\pi$, also $k\,\lambda = 2\,\pi$. Man kann die Wellenzahl k aus $v = \omega/k$ und die Ausbreitungsgeschwindigkeit v durch $1/\sqrt{\epsilon\,\mu}$ ersetzen und erhält somit die Wellenlänge λ:

$$\boxed{\lambda = \frac{2\,\pi}{k} = 2\,\pi\,\frac{v}{\omega} = \frac{v}{f} = \frac{1}{f\,\sqrt{\epsilon\,\mu}} \qquad \textbf{Wellenlänge}} \qquad (7.1\text{-}\ 45)$$

Bei beliebiger Ausbreitungsrichtung einer Welle erweist es sich als zweckmäßig, die Wellenzahl zum **Wellenzahlvektor** oder kurz **Wellenvektor** $\vec{k}$ zu erweitern:

$$\boxed{\vec{k} = \frac{2\pi}{\lambda}\,\vec{n} \qquad \textbf{Wellenzahlvektor}} \tag{7.1- 46}$$

$\vec{k}$ steht senkrecht auf den Phasenebenen nach Bild 7.1.5.

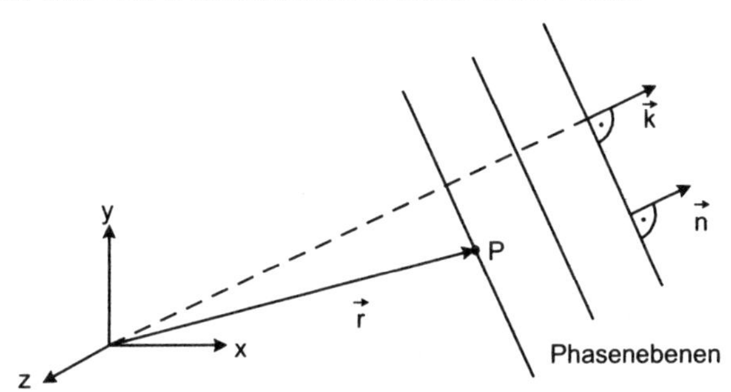

Bild 7.1.5: Harmonische Welle mit Phasenebenen und Wellenzahlvektor $\vec{k}$

Die Feldvektoren haben dann die Argumente $(\omega t \pm \vec{k}\,\vec{r})$:

$$\boxed{\vec{E} = \vec{E}(\omega t \pm \vec{k}\,\vec{r})} \qquad \text{und} \qquad \boxed{\vec{H} = \vec{H}(\omega t \pm \vec{k}\,\vec{r})} \tag{7.1- 47}$$

$\vec{r}$ ist der Ortsvektor zu einem Punkt P der Phasenebene.

7.1.4 Linkswelle und Rechtswelle

Die bisher angeschriebenen Lösungen der Wellengleichung hatten zwei Anteile: f_1 mit dem Argument $(\omega t - k\,z)$ und f_2 mit dem Argument $(\omega t + k\,z)$. Wir werden sehen, daß sich die zwei Anteile unterscheiden als

a) **Rechtswelle** mit Argument $(\omega t - k\,z)$: Ausbreitung in $+z$-Richtung,
b) **Linkswelle** mit Argument $(\omega t + k\,z)$: Ausbreitung in $-z$-Richtung.

Dazu betrachten wir wieder die sinusförmige Welle und verfolgen einen ihrer **Phasenzustände**, z.B. ihre Amplitude. Für sie muß gelten:

$$\begin{aligned} &\text{a)} \quad (\omega t - k\,z) \overset{!}{=} \frac{\pi}{2} = const \qquad \text{und} \\ &\text{b)} \quad (\omega t + k\,z) \overset{!}{=} \frac{\pi}{2} = const. \end{aligned} \tag{7.1- 48}$$

Zu a): Wenn t zunimmt, muß auch z positiv zunehmen, damit das Argument (hier $\pi/2$) konstant bleibt: Ausbreitung in $+z$–Richtung.

Zu b): Wenn t zunimmt, muß negatives z entsprechend kleiner werden ($|-z|$ nimmt zu), so daß das Argument ebenfalls konstant bleibt: Ausbreitung in Richtung $-z$.

Statt $(\omega t \pm k\, z)$ kann man auch schreiben:

$$k\,(\frac{\omega}{k}\,t \pm z) = k\,(v\,t \pm z). \qquad (7.1\text{-}\ 49)$$

Hieraus wird besonders deutlich, daß ω/k eine Geschwindigkeit ist; denn es gelten die Einheiten:

$$[\omega] = \frac{1}{s}; \qquad [k] = \frac{1}{m}; \qquad [\frac{\omega}{k}] = \frac{m}{s}. \qquad (7.1\text{-}\ 50)$$

Um die zeitlichen Änderungen, zum Beispiel den Phasenzustand der Amplitude festzustellen, differenzieren wir Gl.(7.1–48) partiell nach der Zeit:

$$\begin{aligned} &\text{a)}\quad 0 = k\,(v - \frac{\partial z}{\partial t}) \quad \text{oder} \quad \boxed{\frac{dz}{dt} = +v \quad \textbf{Rechtswelle}} \\ &\text{b)}\quad 0 = k\,(v + \frac{\partial z}{\partial t}) \quad \text{oder} \quad \boxed{\frac{dz}{dt} = -v \quad \textbf{Linkswelle}} \end{aligned} \qquad (7.1\text{-}\ 51)$$

Daß ein bestimmter Phasenzustand zur Zeit t_1 am Ort z_1 und zur Zeit $t_1 + \Delta t$ am Ort $z_1 + \Delta z$ ist, kann auch so gezeigt werden:

$$v\,t_1 - z_1 \stackrel{!}{=} v\,(t_1 + \Delta t) - (z_1 + \Delta z); \qquad (7.1\text{-}\ 52)$$

denn das Argument eines bestimmten Phasenzustandes bleibt stets konstant. Daher muß gelten:

$$v\,\Delta t - \Delta z \stackrel{!}{=} 0, \qquad (7.1\text{-}\ 53)$$

das heißt, nach der Zeit Δt ist der zurückgelegte Weg Δz:

$$\Delta z = v\,\Delta t. \qquad (7.1\text{-}\ 54)$$

Die **Phasengeschwindigkeit** v geht **in Vakuum** und auch in Luft wegen $\epsilon = 1 \cdot \epsilon_0$ und $\mu = 1 \cdot \mu_0$ über in die Lichtgeschwindigkeit c:

$$\boxed{v \Rightarrow c = \frac{1}{\sqrt{\epsilon_0\,\mu_0}}} \qquad (7.1\text{-}\ 55)$$

Dies ist die Definitionsgleichung für ϵ_0. Dabei ist $\mu_0 = 4\pi \cdot 10^{-7}\,Vs/(Am)$ exakt, während $c = 2,9979246 \cdot 10^8\,m/s$ als genau genug gemessene physikalische Konstante in obige Gleichung eingesetzt wird. Man erhält für die elektrische Feldkonstante: $\epsilon_0 = 8,85419 \cdot 10^{-12}\,As/(Vm)$.

7.1.5 Phasen– und Gruppengeschwindigkeit bei Dispersion

Medien wie Vakuum und Luft haben eine Phasengeschwindigkeit, die nicht von der Frequenz abhängt. Solche Medien sind **dispersionsfrei**. Die **Phasengeschwindigkeit** ist, wie bereits bekannt, mit:

$$\frac{dv}{d\omega} = 0: \qquad \boxed{v = \frac{\omega}{k}} \qquad (7.1\text{-}\ 56)$$

Bei vielen Medien jedoch ist die **Phasengeschwindigkeit** v eine Funktion der Frequenz. Solche Medien nennt man **dispersiv**. Mit

$$\frac{dv}{d\omega} \neq 0: \qquad \boxed{v(\omega) = \frac{d\omega}{dk} = \frac{1}{\sqrt{\epsilon(\omega)\ \mu(\omega)}}} \qquad (7.1\text{-}\ 57)$$

Will man eine Information übertragen, so ist dies nur mittels nichtperiodischer Vorgänge möglich. Sie bezeichnet man auch als **Wellengruppe** oder **Signal**. Daher ist die **Signal**– oder **Gruppengeschwindigkeit** v_{gr} in dispersiven Medien auch eine Funktion der Frequenz und sie unterscheidet sich von den frequenzabhängigen Phasengeschwindigkeiten:

$$\boxed{v_{gr}(\omega) = \frac{d\omega}{dk} \approx \frac{\Delta\omega}{\Delta k} \qquad \textbf{Gruppengeschwindigkeit}} \qquad (7.1\text{-}\ 58)$$

$\Delta\omega$ ist diejenige Gruppe von Frequenzen, die das Signal überwiegend bestimmen. Oft ist es in praktischen Fällen sinnvoll, sich auf eine solche **Frequenzgruppe** zu beschränken.

7.1.6 Energiedichte und Wellenwiderstand des Nichtleiters

Am Beispiel der sinusförmigen Welle waren $\hat{E}_{x1}$, $\hat{E}_{x2}$ und $\hat{H}_{y1}$, $\hat{H}_{y2}$ die reellen Amplituden von rechts– oder linkslaufenden Teilwellen. Die Frage ist noch offen, in welchem Verhältnis $\hat{E}_x$ und $\hat{H}_y$ zu einander stehen. In Gleichung (7.1–19) haben wir den Wellenwiderstand des Nichtleiters kennengelernt; mit den Amplituden der Teilwellen dürfen wir jetzt, zunächst für die Rechtswelle mit dem Index 1, schreiben:

$$\Gamma = \frac{\hat{E}_{x1}}{\hat{H}_{y1}} = \sqrt{\frac{\mu}{\epsilon}} \qquad (7.1\text{–}59)$$

daraus

$$\epsilon\, \hat{E}_{x1}^2 = \mu\, \hat{H}_{y1}^2 \qquad \text{und} \qquad (7.1\text{–}60)$$

$$\boxed{\frac{\epsilon}{2}\, \hat{E}_{x1}^2 = \frac{\mu}{2}\, \hat{H}_{y1}^2 \qquad \textbf{gleiche Energiedichten}} \qquad (7.1\text{–}61)$$

Elektrische und magnetische Energiedichten der Rechtswelle sind einander gleich. Entsprechend gilt für die Linkswelle mit dem Index 2:

$$\Gamma = \frac{\hat{E}_{x2}}{\hat{H}_{y2}} = \sqrt{\frac{\mu}{\epsilon}}, \qquad \text{so daß auch} \qquad (7.1\text{–}62)$$

$$\boxed{\frac{\epsilon}{2}\, \hat{E}_{x2}^2 = \frac{\mu}{2}\, \hat{H}_{y2}^2 \qquad \textbf{gleiche Energiedichten}} \qquad (7.1\text{–}63)$$

Auch für die Linkswelle sind die elektrische und magnetische Energiedichten einander gleich!

Die Gln.(7.1–59) und (7.1–62) sagen aus, daß das Verhältnis von E zu H durch die Permeabilitäts– und Dielektrizitätskonstanten des Nichtleiters gegeben und somit seinem Wellenwiderstand gleich ist. Hat man also in einem Nichtleiter die elektrische oder die magnetische Feldstärke einer Welle gegeben, so erhält man die andere Feldkomponente über den reellen Wellenwiderstand dieses Nichtleiters. Daher sind auch die Vektoren $\vec{E}$ und $\vec{H}$ gleichphasig: Sie haben zu gleichen Zeitpunkten ihre Maxima und Minima.

Wir haben gesehen, daß für die Linkswelle allein und ebenso für die Rechtswelle allein die elektrische Energiedichte gleich der magnetischen Energiedichte ist. Die Folge ungleicher (elektrischer und magnetischer) Energiedichten wird im Abschnitt 7.1.6 besprochen.

Beispiel für die Ausbreitung einer ebenen Wellenfront

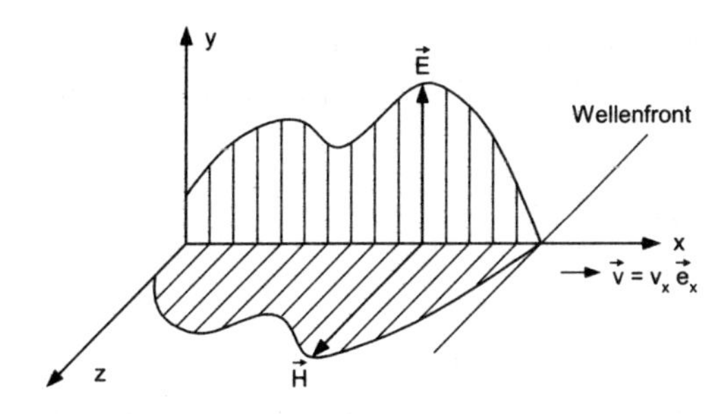

Bild 7.1.6: Wellenausbreitung in $+x$–Richtung

Die Abbildung zeigt eine nichtperiodische Funktion, die sich in x–Richtung als ebene Welle ausbreitet. Für die Ausbreitung gilt zu einem bestimmten Zeitpunkt in einer y-z–Ebene:

$$\frac{\partial}{\partial y} = 0; \qquad \frac{\partial}{\partial z} = 0 \tag{7.1- 64}$$

$$\left.\begin{array}{l} E_y = E_y(x,t) \\ H_z = H_z(x,t) \end{array}\right\} \quad E_y = \Gamma\, H_z \tag{7.1- 65}$$

Mittels des Wellenzahlvektors $\vec{k}$ kann der Zusammenhang zwischen $\vec{E}$ und $\vec{H}$ auch vektoriell angegeben werden:

$$\boxed{\vec{H} = \frac{\vec{k} \times \vec{E}}{k\,\Gamma}} \tag{7.1- 66}$$

Und der Poyntingvektor ergibt sich zu:

$$\begin{aligned} \vec{S} = \vec{E} \times \vec{H} &= E_y\, H_z\, (\vec{e}_y \times \vec{e}_z) \\ &= E_y\, H_z\, \vec{e}_x. \end{aligned} \tag{7.1- 67}$$

Die Energie wird offensichtlich, wie es sein muß, in Ausbreitungsrichtung transportiert.

7.1.7 Erweiterung auf ungleiche Energiedichten

Gegeben sei eine ebene Welle, die z.B. durch einen äußeren Störeinfluß (vielleicht verlustbehafteter Teil des Nichtleiters) beim Zeitpunkt t_0 ungleiche Energiedichten aufweist:

$$\frac{\epsilon}{2}\, E_0^2 \neq \frac{\mu}{2}\, H_0^2. \tag{7.1- 68}$$

Die Folge der ungleichen Energien ist, wie man durch Umformen von Gl.(7.1–68) erfährt, daß E_0/H_0 für eine einzige Ausbreitungsrichtung einen unzulässigen Quotienten darstellt, nämlich:

$$\frac{E_0}{H_0} \neq \Gamma; \tag{7.1- 69}$$

daher müssen sich **zwei Teilwellen** bilden: Eine **Rechtswelle** und eine **Linkswelle**. Deren Anfangsbedingungen sind:

$$\begin{array}{llll} \text{Rechtswelle:} & \vec{E}_1,\ \vec{H}_1 & \text{mit} & H_1 = E_1/\Gamma \\ \text{Linkswelle:} & \vec{E}_2,\ \vec{H}_2 & \text{mit} & H_2 = -E_2/\Gamma. \end{array} \tag{7.1- 70}$$

Dafür gilt, wie es sein muß:

$$E_1{+}E_2 = E_0 \qquad \text{und} \qquad H_1{+}H_2 = H_0. \tag{7.1- 71}$$

Aus (7.1–70) und (7.1–71) folgen die Werte der Rechtswelle E_1 und H_1, sowie diejenigen der Linkswelle E_2 und H_2 aus den linearen Ansätzen zu:

$$\left.\begin{array}{l} E_1 = \dfrac{1}{2}\,(E_0 + \Gamma\, H_0) \\ E_2 = \dfrac{1}{2}\,(E_0 - \Gamma\, H_0) \end{array}\right\} \quad E_1{+}E_2 = E_0 \tag{7.1- 72}$$

und

$$\left.\begin{array}{l} H_1 = \dfrac{1}{2}\,(H_0 + E_0/\Gamma) \\ H_2 = \dfrac{1}{2}\,(H_0 - E_0/\Gamma) \end{array}\right\} \quad H_1{+}H_2 = H_0. \tag{7.1- 73}$$

Man kann auch nachprüfen, daß $\Gamma H_2 = -E_2$ und $\Gamma H_1 = E_1$ ist.

Zahlenbeispiel für ungleiche Energiedichten

In einem Zahlenbeispiel sei $H_0 = 0,5\, E_0/\Gamma$, anstelle von $H_0 = E_0/\Gamma$, was bei gleichen Energiedichten der Fall wäre.

Aus den Gleichungen (7.1–72) und (7.1–73) erhalten wir die **Werte der Linkswelle**:

$$\begin{aligned} E_2 = \frac{1}{2}\,(E_0 - \Gamma\, H_0) &= \frac{1}{2}\,(E_0 - \frac{1}{2}\,E_0) = \frac{1}{4}\,E_0 \\ H_2 = \frac{1}{2}\,(H_0 - 2\,H_0) &= -\frac{1}{2}\cdot\frac{1}{2}\frac{E_0}{\Gamma} = -\frac{1}{4}\,\frac{E_0}{\Gamma} \end{aligned} \qquad (7.1\text{–}\ 74)$$

ebenso die **Werte der Rechtswelle**:

$$\begin{aligned} E_1 &= E_0 - E_2 = E_0 - \frac{1}{4}\,E_0 = \frac{3}{4}\,E_0 \\ H_1 &= H_0 - H_2 = H_0 - \frac{-1}{2}\,H_0 = \frac{3}{2}\,H_0. \end{aligned} \qquad (7.1\text{–}\ 75)$$

Die Form von E_0 und H_0, also für f_1 und f_2 in der **D'Alembertschen Lösung**, sei ein Rechteck bei ebener Wellenfront im Nichtleiter. Dann sehen die Teilwellen wie folgt aus:

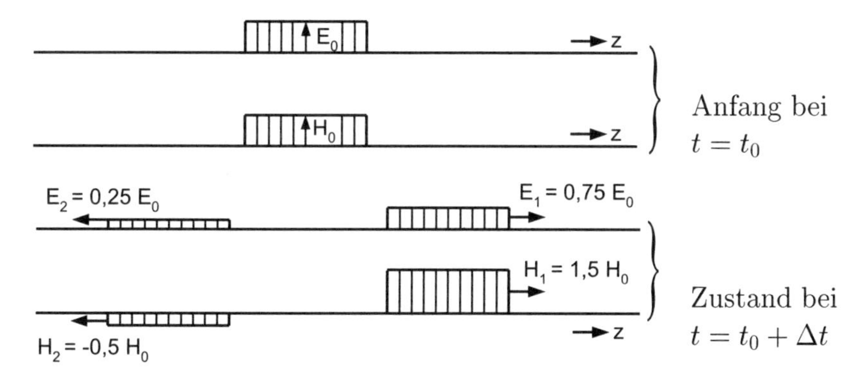

Bild 7.1.7: Rechts– und Linkswelle bei ungleichen Energiedichten

Man erkennt, bei $t = t_0 + \Delta t$ sind solche Teilwellen auseinandergelaufen, für die jeweils elektrische und magnetische Energiedichten einander gleich sind.

7.2 Die Telegraphengleichung

Stromverdrängung (Kapitel 6.6) und Wellengleichung (Kapitel 7.1) wurden aus den beiden Maxwellgleichungen hergeleitet, allerdings mit unterschiedlichen Ausgangsgrößen der ersten Maxwellgleichung: Während bei der Stromverdrängung die Verschiebungsstromdichte $\partial\vec{D}/\partial t$ im Leiter vernachlässigt werden konnte, war bei der Wellengleichung für Ausbreitung im Dielektrikum die Leitungsstromdichte $\vec{J}$ gleich Null zu setzen.

Die Telegraphengleichung dagegen beschreibt das Fortschreiten von Wellen in schlechten Leitern und in Halbleitern, wo sowohl Leitungs– als auch Verschiebungsströme berücksichtigt werden müssen. Die Telegraphengleichung umfaßt daher sowohl den Anteil der Wellengleichung als auch denjenigen der Wirbelströme. Die Voraussetzungen zur Herleitung der Telegraphengleichung sind:

$$J \neq 0, \quad \kappa \neq 0 \quad \text{aber} \quad \kappa = const_{x,y,z} \tag{7.2- 1}$$

$$\left.\begin{array}{ll} \epsilon_r = const_{x,y,z}, & \text{daher} \quad div\,\vec{D} = \epsilon\; div\,\vec{E} \\ div\,\vec{D} = \eta = 0: & \text{keine Raumladungsdichten} \end{array}\right\} \quad \boxed{div\,\vec{E} = 0} \tag{7.2- 2}$$

$$\left.\begin{array}{ll} \mu_r = const_{x,y,z}, & \text{daher} \quad div\,\vec{B} = \mu\; div\,\vec{H} \\ \text{wegen} \quad div\,\vec{B} = 0 & \text{ist hier} \end{array}\right\} \quad \boxed{div\,\vec{H} = 0} \tag{7.2- 3}$$

Man beschränkt sich, wie aus den Gln.(7.2–1) bis (7.2–3) hervorgeht, auf homogene und isotrope, allerdings elektrisch leitfähige Medien. Jetzt sind als Ausgangsgleichungen anzuschreiben:

$$\begin{array}{ll} rot\,\vec{H} = \vec{J} + \epsilon\,\dot{\vec{E}}; & rot\,\vec{E} = -\mu\,\dot{\vec{H}}; \\ div\,\vec{H} = 0; & div\,\vec{E} = 0. \end{array} \tag{7.2- 4}$$

Zur Verbindung dieser Differentialgleichungen miteinander ist zuerst die Rotation auf die erste Maxwellgleichung anzuwenden:

$$rot(rot\,\vec{H}) = rot\,\vec{J} + rot(\epsilon\,\dot{\vec{E}}). \tag{7.2- 5}$$

Mit dem Entwicklungssatz ändert sich die linke Seite dieser Gleichung; zugleich ersetzen wir rechts $\vec{J}$ durch $\kappa\,\vec{E}$:

$$\begin{aligned} grad\,\underbrace{(div\vec{H})}_{=0} - \Delta\vec{H} &= rot(\kappa\,\vec{E}) + \epsilon\,rot\,\dot{\vec{E}}; \\ &= \kappa\,rot\,\vec{E} + \epsilon\,\frac{\partial}{\partial t}\,rot\,\vec{E}. \end{aligned} \tag{7.2- 6}$$

$div\,\vec{H}$ ist gemäß Voraussetzung (7.2–3) gleich Null. Für $rot\,\vec{E}$ setzen wir in Gl.(7.2–6) die zweite Maxwellgleichung ein, so daß

$$-\Delta\vec{H} = (\kappa + \epsilon\,\frac{\partial}{\partial t})\cdot(-\,\dot{\vec{B}}), \tag{7.2- 7}$$

und mit $\vec{B} = \mu\,\vec{H}$ erhält man schließlich die Telegraphengleichung für $\vec{H}$:

$$\boxed{\Delta\,\vec{H} = \kappa\,\mu\,\frac{\partial\vec{H}}{\partial t} + \epsilon\,\mu\,\frac{\partial^2\vec{H}}{\partial t^2} \qquad \textbf{Telegraphengleichung}} \tag{7.2- 8}$$

Um die entsprechende Differentialgleichung für die elektrische Feldstärke zu erhalten, ist die Rotation auf die zweite Maxwellgleichung anzuwenden:

$$rot(rot\,\vec{E}) = rot(-\mu\,\dot{\vec{H}}). \tag{7.2- 9}$$

Der Entwicklungssatz angewandt auf die linke Seite von Gl.(7.2–9):

$$grad\,\underbrace{(div\,\vec{E})}_{=0} - \Delta\vec{E} = -\mu\,rot\,\dot{\vec{H}}\;. \tag{7.2- 10}$$

$div\,\vec{E}$ ist gemäß Voraussetzung Null. Die Bildung der Wirbeldichte von $\vec{H}$ und die Differentiation nach der Zeit können vertauscht werden:

$$+\Delta\,\vec{E} = \mu\,\frac{\partial}{\partial t}\,rot\,\vec{H}. \tag{7.2- 11}$$

Anstelle von $rot\,\vec{H}$ setzen wir $\vec{J} + \epsilon\,\dot{\vec{E}}$ von der ersten Maxwellgleichung ein und erhalten:

$$\Delta\vec{E} = \mu\,\frac{\partial}{\partial t}\,(\vec{J} + \epsilon\,\dot{\vec{E}}), \tag{7.2- 12}$$

und mit $\vec{J} = \kappa\,\vec{E}$ erhält man schließlich die Telegraphengleichung für $\vec{E}$:

$$\boxed{\Delta\vec{E} = \kappa\,\mu\,\frac{\partial\vec{E}}{\partial t} + \epsilon\,\mu\,\frac{\partial^2\vec{E}}{\partial t^2} \qquad \textbf{Telegraphengleichung}} \qquad (7.2\text{--}13)$$

Sie stimmt in ihrem mathematischen Aufbau mit Gl.(7.2–8) überein. Schreiben wir als Ersatzbuchstabe für $\vec{E}$ oder $\vec{H}$ wieder den neutralen Buchstaben $\vec{F}$, so lautet die Telegraphengleichung in ihren drei räumlichen Komponenten kartesischer Koordinaten:

$$\boxed{\begin{aligned} \frac{\partial^2 F_x}{\partial x^2} + \frac{\partial^2 F_x}{\partial y^2} + \frac{\partial^2 F_x}{\partial z^2} &= \kappa\,\mu\,\frac{\partial F_x}{\partial t} + \epsilon\,\mu\,\frac{\partial^2 F_x}{\partial t^2} \\ \frac{\partial^2 F_y}{\partial x^2} + \frac{\partial^2 F_y}{\partial y^2} + \frac{\partial^2 F_y}{\partial z^2} &= \kappa\,\mu\,\frac{\partial F_y}{\partial t} + \epsilon\,\mu\,\frac{\partial^2 F_y}{\partial t^2} \\ \frac{\partial^2 F_z}{\partial x^2} + \frac{\partial^2 F_z}{\partial y^2} + \frac{\partial^2 F_z}{\partial z^2} &= \kappa\,\mu\,\frac{\partial F_z}{\partial t} + \epsilon\,\mu\,\frac{\partial^2 F_z}{\partial t^2} \end{aligned}} \qquad (7.2\text{--}14)$$

7.2.1 Lösung der Telegraphengleichung einer harmonischen Welle

Als Lösungen kommen auch hier die verschiedensten Funktionsarten, genauer: unendlich viele Wellenformen in Frage. Im konkreten Einzelfall ist primär der Sender, der die Welle auslöst, für ihre Form verantwortlich. Ein solcher Sender muß keineswegs immer ein technisches Gerät sein. Auch der Blitz oder eine andere elektromagnetische Störung kann wellenerregend wirken. Die örtliche Verteilung einer primär erregten Welle erfährt im leitfähigen Medium durch Bedämpfungsverluste eine Formveränderung, z.B. entstehen aus Sinuswellen gedämpfte, sinusähnliche Wellen.

Wir wollen uns wieder auf einen ebenen, örtlich unbegrenzten Vorgang mit Sinusform der Welle beschränken. Der **Phasenzustand** eines Feldvektors ist dabei in der gesamten Wellenfront der gleiche. Die **Wellenfront** ist daher eine **Phasenebene**. Die Beschränkung auf eine ebene Sinuswelle ist nicht als Einschränkung oder Spezialisierung auf einen besonders einfachen Fall anzusehen; denn sowohl periodische, als auch einmalige Vorgänge (Funktionen, Wellen) können mit der Fourieranalyse (Fouriersumme, Fourierintegral) in eine Folge von harmonischen Teilvorgängen zerlegt werden.

Beispiel einer ebenen Welle im freien Raum

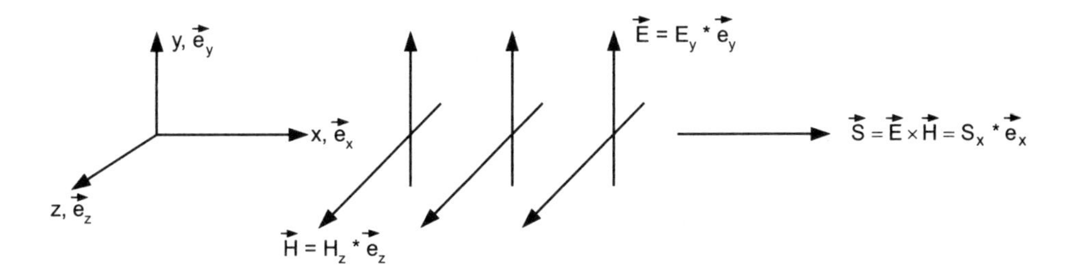

Bild 7.2.1: Beispiel einer ebenen Welle

Wie oben beschrieben wurde, beschränken wir uns auf eine ebene harmonische Transversalwelle im freien, unbegrenzten Raum. Für sie sollen folgende Komponenten existieren:

$$\left.\begin{array}{lll} E_x = 0, & E_y \neq 0, & E_z = 0 \\ H_x = 0, & H_y = 0, & H_z \neq 0 \end{array}\right\} \quad S_x \neq 0, \quad S_y = 0, \quad S_z = 0. \qquad (7.2\text{-}\ 15)$$

Solche ebenen Wellen mit konstanter Amplitude und Phasenwinkel innerhalb der Phasenebenen nennt man gelegentlich auch **homogene Wellen**. Bei ihnen wird angenommen, daß es keine Begrenzungen des Ausbreitungsraumes und daher auch keinerlei Randerscheinungen (Randverzerrungen) gibt.

Es empfiehlt sich, komplex zu rechnen, da die mathematische Behandlung auf diese Weise einfacher ist. Komplexe Rechnung ist zulässig, einmal, da die beschreibenden partiellen Differentialgleichungen (7.2–14) lineare Differentialgleichungen sind, zum anderen, weil eine gedämpfte und somit quasiharmonische (fastharmonische) exponentiell abnehmende Welle vorliegt.

Die reellen Komponenten des elektrischen und magnetischen Feldvektors seien, in Anlehnung an das Beispiel Gl.(7.2–15), die Momentanwerte:

$$e_y(x,t) = Re\{\ \underline{e}_y(x,t)\ \} = Re\{\ \underline{\hat{E}}_y(x)\ e^{j\omega t}\ \} \qquad (7.2\text{-}\ 16)$$

$$\underbrace{h_z(x,t)}_{\text{reeller Momentanwert}} = Re\{\ \underbrace{\underline{h}_z(x,t)}_{\text{komplexer Momentanwert}}\ \} = Re\{\ \underbrace{\underline{\hat{H}}_z(x)}_{\text{komplexe Amplitude}}\ \underbrace{e^{j\omega t}}_{\text{komplexer Zeitfaktor}}\ \}. \qquad (7.2\text{-}\ 17)$$

Setzt man die komplexen Momentanwerte der elektrischen Feldstärke in die Telegraphengleichung (7.2–14) ein, so erhält man aus

$$\frac{\partial^2 \underline{e}_y}{\partial x^2} = \kappa\,\mu\,\frac{\partial \underline{e}_y}{\partial t} + \epsilon\,\mu\,\frac{\partial^2 \underline{e}_y}{\partial t^2} \tag{7.2- 18}$$

ausführlich:

$$\frac{\partial^2 \hat{\underline{E}}_y(x)}{\partial x^2}\,e^{j\omega t} = \kappa\,\mu\,j\omega\,\hat{\underline{E}}_y(x)\,e^{j\omega t} + \epsilon\,\mu\,(-\omega^2)\,\hat{\underline{E}}_y(x)\,e^{j\omega t}. \tag{7.2- 19}$$

Durch Einsetzen der komplexen Momentanwerte nach Gl.(7.2–16) in die Differentialgleichung (7.2–18) erhält man also eine gewöhnliche Differentialgleichung zweiter Ordnung, Gl.(7.2–19), weil durch die Zeitvorgabe $e^{j\omega t}$ die Differentiation nach der Zeit mit $j\omega\,e^{j\omega t}$ und mit $-\omega^2 e^{j\omega t}$ erledigt ist. Die Ortsabhängigkeit $\hat{\underline{E}}_y(x)$ ist noch nicht bekannt. Wir haben also folgende Differentialgleichung zu lösen:

$$\frac{\partial^2 \hat{\underline{E}}_y(x)}{\partial x^2} = \underbrace{(j\omega\,\kappa\,\mu - \omega^2\,\epsilon\,\mu)}_{=\,\underline{\xi}^2}\,\hat{\underline{E}}_y(x). \tag{7.2- 20}$$

Es muß eine Lösung $\hat{\underline{E}}_y(x)$ gefunden werden, die sich bei zweimaligem Differenzieren nach dem Ort x selbst reproduziert, wobei durch das Differenzieren die komplexe Konstante

$$\underline{\xi}^2 = j\omega\,\kappa\,\mu - \omega^2\,\epsilon\,\mu \tag{7.2- 21}$$

entsteht. Ein Lösungsansatz für die Ortsabhängigkeit der quasiharmonischen, weil bedämpften Welle ist

$$\hat{\underline{E}}_y(x) = K\,e^{\underline{\xi} x}. \tag{7.2- 22}$$

Wir setzen diesen Lösungsansatz in die Differentialgleichung (7.2–20) ein und erhalten:

$$K\,\underline{\xi}^2\,e^{\underline{\xi} x} = (j\omega\,\kappa\,\mu - \omega^2\,\epsilon\,\mu)\,K\,e^{\underline{\xi} x}. \tag{7.2- 23}$$

Oft verwendet man den Negativwert von ξ^2 und schreibt dafür die Abkürzung $\underline{\gamma}^2$:

$$\underline{\gamma}^2 = -\underline{\xi}^2 = \omega^2\,\epsilon\,\mu - j\omega\,\kappa\,\mu \tag{7.2- 24}$$

und

$$\boxed{\underline{\gamma} = \sqrt{\omega^2\,\epsilon\,\mu - j\omega\,\kappa\,\mu} = \pm(\beta - j\alpha).} \qquad (7.2\text{-}\ 25)$$

$\underline{\gamma}$ ist die **komplexe Wellenkonstante**, die sich zusammensetzt aus dem Realteil β und dem reellen Imaginärteil α. Es ist also:

$$\underline{\gamma}^2 = (\beta - j\alpha)^2 = (\beta^2 - \alpha^2) - j\,2\,\alpha\,\beta. \qquad (7.2\text{-}\ 26)$$

Dies aber sind zwei **Bestimmungsgleichungen** für die Größen α und β, wenn man $\underline{\gamma}^2$ mit Gl.(7.2–21) vergleicht, wobei $\underline{\gamma}^2 = -\underline{\xi}^2$ ist:

$$\begin{aligned} \beta^2 - \alpha^2 &= \omega^2\,\epsilon\,\mu \qquad \text{und} \\ 2\,\alpha\,\beta &= \omega\,\kappa\,\mu. \end{aligned} \qquad (7.2\text{-}\ 27)$$

Aus den vorangehenden Gleichungen erhält man die reellen Werte α und β:

$$\boxed{\begin{aligned} \alpha &= \omega\sqrt{\frac{\epsilon\,\mu}{2}}\sqrt{-1 + \sqrt{1 + (\frac{\kappa}{\omega\,\epsilon})^2}} \\ \beta &= \omega\sqrt{\frac{\epsilon\,\mu}{2}}\sqrt{+1 + \sqrt{1 + (\frac{\kappa}{\omega\,\epsilon})^2}} \end{aligned}} \qquad (7.2\text{-}\ 28)$$

In passiver Materie ist α positiv. β muß reell sein; daher ist in beiden Fällen die innere Wurzel nur positiv zu nehmen. Man nennt α die **Dämpfungskonstante**, β die **Phasenkonstante** der Welle, was nachfolgend anschaulich wird. Denn die komplexe Lösung lautet jetzt für den elektrischen Feldvektor:

$$\underline{e}_y(x,t) = (\underline{\hat{E}}_1\,e^{-j\underline{\gamma}x} + \underline{\hat{E}}_2\,e^{+j\underline{\gamma}x})\,e^{j\omega t}, \qquad (7.2\text{-}\ 29)$$

mit den komplexen Amplituden:

$$\underline{\hat{E}}_1 = \hat{E}_1\,e^{j\varphi_1} \quad \text{und} \quad \underline{\hat{E}}_2 = \hat{E}_2\,e^{j\varphi_2}. \qquad (7.2\text{-}\ 30)$$

Und wenn man statt $\underline{\gamma}$ die Größen $\beta - j\alpha$ einsetzt, wird:

$$\begin{aligned} \underline{e}_y(x,t) &= \left(\hat{E}_1\,e^{j\varphi_1}\,e^{-j(\beta-j\alpha)x} + \hat{E}_2\,e^{j\varphi_2}\,e^{+j(\beta-j\alpha)x}\right)e^{j\omega t} \\ &= \underbrace{\hat{E}_1\,e^{-\alpha x}e^{j(\omega t-\beta x+\varphi_1)}}_{\text{für positive } x} + \underbrace{\hat{E}_2\,e^{+\alpha x}e^{j(\omega t+\beta x+\varphi_2)}}_{\text{für negative } x} \end{aligned} \qquad (7.2\text{-}\ 31)$$

In **passiver Materie** werden Wellen bedämpft. Ihre Amplituden können daher nur abnehmen. Deshalb kann $e^{+\alpha x}$, um das negative Vorzeichen im Exponenten zu erhalten, bei $\alpha > 0$ nur für $x < 0$ Gültigkeit haben.

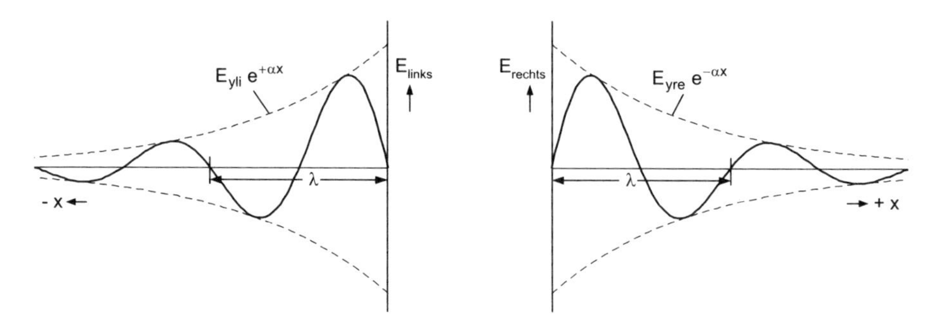

Bild 7.2.2: Örtliche Verteilung einer rechts– und einer linkslaufenden Sinuswelle zum Zeitpunkt $t = const$

Der Wellenanteil mit dem Index 1 ist mit $(\omega t - \beta x + \varphi_1)$, wie bei der Wellenausbreitung im Nichtleiter (Kapitel 7.1), eine **Rechtswelle**: $\hat{E}_1 = \hat{E}_{yre}$; der Wellenanteil mit Index 2 ist wegen des Argumentes $(\omega t + \beta x + \varphi_2)$ eine **Linkswelle**: $\hat{E}_2 = \hat{E}_{yli}$. Beide Wellenanteile können sich ausbreiten, werden jedoch durch die Bedämpfung mit fortschreitendem Ort x kleiner und kleiner. Dies wird auch aus der reellen Lösung der E–Welle, Gl.(7.2–32), sichtbar. Die Momentanwerte und damit auch die Amplituden nehmen umso stärker ab, je größer die Dämpfungskonstante α ist.

Innerhalb eines Leiters, wo $\epsilon_r \approx \mu_r \approx 1$ ist, hängen sowohl α als auch β vorwiegend von der Frequenz und der Leitfähigkeit κ des Leiters oder Halbleiters ab. Diese Abhängigkeit wird durch die Gln.(7.2–28) ausführlich beschrieben.

Da komplex gerechnet wurde, muß von den komplexen Momentanwerten der Gl.(7.2–31) der Realteil genommen werden, um zu den **reellen Momentanwerten** zurückzukehren:

$$\boxed{\begin{aligned} Re\{\underline{e}_y(x,t)\} &= \hat{E}_{yre}\, e^{-\alpha x} \, cos(\omega t - \beta x + \varphi_1) + \\ &\quad \hat{E}_{yli}\, e^{+\alpha x} \, cos(\omega t + \beta x + \varphi_2) \end{aligned}} \qquad (7.2\text{–}32)$$

Für die ebene Welle fehlt jetzt noch die Ortsabhängigkeit der magnetischen Feldkomponente $\underline{h}(x,t)$. Deren Zeitabhängigkeit ist ebenso wie bei der elektrischen Feldstärke harmonisch und bei komplexer Schreibweise durch den Zeitfaktor $e^{j\omega t}$ gegeben. $\vec{\underline{e}}_y$ und $\vec{\underline{h}}_z$ sind über die Maxwellgleichungen miteinander verkoppelt. Sie dürfen daher nicht unabhängig voneinander aus der Telegraphengleichung bestimmt werden. Vielmehr müssen wir die schon vorhandene Lösung der elektrischen Feldstärke verwenden und mittels der zweiten Maxwellgleichung zur magnetischen Feldkomponente kommen. Letzteres soll geschehen, um $\underline{H}_z(x,t)$ zu berechnen.

Von der zweiten Maxwellgleichung

$$rot\,\vec{E} = -\mu\,\dot{\vec{H}} \tag{7.2- 33}$$

bleibt wegen der ebenen Welle, die hier gemäß Voraussetzung vorliegt, nur übrig:

$$\frac{\partial E_y}{\partial x}\,\vec{e}_z = -\mu\,\dot{H}_z(x,t)\,\vec{e}_z. \tag{7.2- 34}$$

Die Einsvektoren verschwinden, wir schreiben Gl.(7.2–34) für komplexe Momentanwerte an:

$$\frac{\partial \underline{e}_y(x,t)}{\partial x} = -\mu\,\dot{\underline{h}}_z(x,t) \tag{7.2- 35}$$

und setzen $\underline{e}_y(x,t)$ in der Form von Gl.(7.2–29) ein:

$$\left(-j\underline{\gamma}\hat{\underline{E}}_1\,e^{-j\underline{\gamma}x}+j\underline{\gamma}\hat{\underline{E}}_2\,e^{+j\underline{\gamma}x}\right)\,e^{j\omega t} = -j\omega\,\mu\,\hat{\underline{H}}_z(x)\,e^{j\omega t}. \tag{7.2- 36}$$

$e^{j\omega t}$ hebt sich heraus und man erhält:

$$\hat{\underline{H}}_z(x) = \frac{\underline{\gamma}}{\omega\,\mu}\left(\hat{\underline{E}}_1\,e^{-j\underline{\gamma}x}-\hat{\underline{E}}_2\,e^{+j\underline{\gamma}x}\right), \tag{7.2- 37}$$

mit den komplexen Amplituden des magnetischen Feldvektors:

$$\hat{\underline{H}}_1 = \frac{\underline{\gamma}}{\omega\,\mu}\,\hat{\underline{E}}_1 \qquad \text{und} \qquad \hat{\underline{H}}_2 = \frac{-\underline{\gamma}}{\omega\,\mu}\,\hat{\underline{E}}_2. \tag{7.2- 38}$$

Das Minuszeichen in $\hat{\underline{H}}_2$ verhindert die Proportionalität $\hat{\underline{H}}_z(x) = const\cdot\hat{\underline{E}}(x)$. Kommt jedoch nur eine Rechtswelle oder nur eine Linkswelle zustande, dann sind elektrischer und magnetischer Feldvektor einander proportional.

Wir betrachten den Kehrwert von $\underline{\gamma}/(\omega\mu)$, also $\underline{\Gamma} = \hat{\underline{E}}/\hat{\underline{H}}$:

$$\underline{\Gamma} = \frac{\omega\,\mu}{\underline{\gamma}} = \frac{\omega\,\mu}{\sqrt{\omega^2\,\epsilon\,\mu - j\omega\,\kappa\,\mu}}. \tag{7.2- 39}$$

Dividiert man Zähler und Nenner durch $\sqrt{\omega^2 \epsilon\, \mu}$, so wird

$$\underline{\Gamma} = \frac{\omega\,\mu}{\underline{\gamma}} = \frac{\sqrt{\dfrac{\mu}{\epsilon}}}{\sqrt{1 - j\,\dfrac{\kappa}{\omega\,\epsilon}}}. \qquad (7.2\text{–}40)$$

Im Kapitel 7.1 war $\Gamma = \sqrt{\mu/\epsilon}$ der reelle Wellenwiderstand des Nichtleiters. Demgegenüber gibt Gl.(7.2–40) den **komplexen Wellenwiderstand** des schlechten Leiters oder Halbleiters an. Statt Gl.(7.2–40) schreiben wir:

$$\boxed{\underline{\Gamma} = \frac{\omega\,\mu}{\underline{\gamma}} = \frac{\Gamma}{\sqrt{1 - j\dfrac{\kappa}{\omega\,\epsilon}}} = \frac{\Gamma}{\sqrt[4]{1 + (\dfrac{\kappa}{\omega\,\epsilon})^2}}\, e^{+j\vartheta/2},} \qquad (7.2\text{–}41)$$

wobei $\vartheta = arctan\ \kappa/(\omega\,\epsilon)$

denn $\sqrt{a - jb} = (a^2 + b^2)^{1/4}\, e^{j\vartheta/2}$, wobei $\vartheta = -arctan(b/a)$ ist.

Mit diesem komplexen Wellenwiderstand $\underline{\Gamma}$ kann man anstelle von Gl.(7.2–37) für $\underline{\hat{H}}_z(x)$ anschreiben:

$$\underline{\hat{H}}_z(x) = \frac{\underline{\hat{E}}_1}{\underline{\Gamma}}\, e^{-j\underline{\gamma}x} - \frac{\underline{\hat{E}}_2}{\underline{\Gamma}}\, e^{+j\underline{\gamma}x}. \qquad (7.2\text{–}42)$$

Die $\underline{\hat{H}}_z$–Komponente ist offensichtlich nicht nur nach Betrag, sondern auch nach der Phase verschieden von $\underline{\hat{E}}$. Betrachtet man z.B. die Rechtswelle allein, so ist deren komplexer Momentanwert:

$$\underline{h}_{zre}(x,t) = \frac{\hat{E}_1}{|\underline{\Gamma}|\, e^{j\vartheta/2}}\, e^{-\alpha x}\, e^{j(\omega t - \beta x + \varphi_1)} \qquad (7.2\text{–}43)$$

und die reelle magnetische Feldstärke der **ebenen Rechtswelle** ist:

$$\boxed{H_{zre}(x,t) = \frac{\hat{E}_1\, e^{-\alpha x}}{|\underline{\Gamma}|}\, cos(\omega t - \beta x - \frac{\vartheta}{2} + \varphi_1),} \qquad (7.2\text{–}44)$$

gültig für $x \geq 0$.

Analog dazu lautet der **Momentanwert der Linkswelle** von H_z reell:

$$\boxed{H_{zli}(x,t) = \frac{\hat{E}_2\, e^{+\alpha x}}{|\underline{\Gamma}|}\, cos(\omega t + \beta x - \frac{\vartheta}{2} + \varphi_1),} \tag{7.2- 45}$$

gültig für $x \leq 0$.

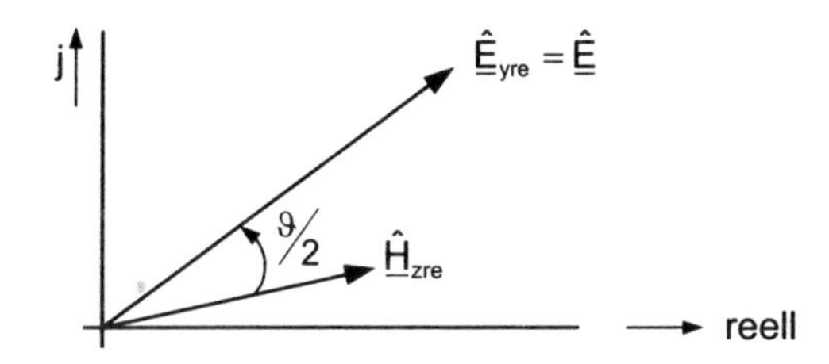

Bild 7.2.3: Nacheilender $\vec{H}$–Vektor bei einem komplexen Wellenwiderstand des schlechten Leiters

Weil nach Gl.(7.2–41) der Betrag des komplexen Wellenwiderstandes $\underline{\Gamma}$ kleiner ist als der des reellen Vakuumwellenwiderstandes, ist bei vorgegebenem $\hat{E}$ im schlechten Leiter das zugehörige $\hat{H}$ größer als im Nichtleiter. Da außerdem der Phasenwinkel $\vartheta/2$ des komplexen Wellenwiderstandes positiv ist, eilt $\underline{E}_{yre}$ gegenüber $\underline{H}_{zre}$ voraus:

7.2.2 Einige Grenzwerte

1. Schlechte Leiter

Wir betrachten zunächst den Fall des schlechten Leiters, der fast als Nichtleiter angesehen werden kann. Dieser Fall liegt tatsächlich vor bei sehr kleiner elektrischer Leitfähigkeit κ und/oder bei sehr hoher Kreisfrequenz ω. Dann gilt formelmäßig:

$$\frac{\kappa}{\omega\,\epsilon} << 1. \tag{7.2- 46}$$

Dadurch vereinfachen sich die Formeln (7.2–28) der Dämpfungskonstanten α und der Phasenkonstanten β. Denn es gilt näherungsweise:

$$\sqrt{1 + (\frac{\kappa}{\omega\,\epsilon})^2} \approx 1 + \frac{1}{2}\,(\frac{\kappa}{\omega\,\epsilon})^2. \tag{7.2- 47}$$

Daraus folgt für die **Dämpfungskonstante** α der Näherungswert:

$$\boxed{\alpha \approx \frac{\kappa}{2}\sqrt{\frac{\mu}{\epsilon}}} \tag{7.2- 48}$$

Und für die **Phasenkonstante** β erhalten wir die Näherung:

$$\beta \approx \omega\sqrt{\frac{\epsilon\,\mu}{2}}\sqrt{2+(\frac{\kappa}{\omega\,\epsilon})^2}. \tag{7.2- 49}$$

$(\kappa/\omega\epsilon)^2$ ist aber gegenüber dem Zahlenwert 2, gemäß Voraussetzung (7.2–46), vernachlässigbar, weswegen die Näherung gilt:

$$\boxed{\beta \approx \omega\,\sqrt{\epsilon\,\mu}} \tag{7.2- 50}$$

2. Grenzwerte guter metallischer Leiter

Hier ist die übliche Näherung angebracht, daß der Verschiebungsstrom gegenüber dem Leitungsstrom vernachlässigt werden darf. Die Frequenzen seien nicht zu hoch. Dann ist der Wirkwiderstand der Leiter von ihrem Gleichstromwiderstand kaum verschieden. Man darf daher in Näherung ansetzen:

$$\frac{\omega\,\epsilon}{\kappa} << 1. \tag{7.2- 51}$$

Dadurch wird die komplexe Wellenkonstante $\underline{\gamma}$:

$$\begin{aligned}\underline{\gamma}^2 &= \omega^2\,\epsilon\,\mu - j\omega\,\kappa\,\mu \\ &= -j\omega\,\kappa\,\mu\,(1 + j\,\underbrace{\frac{\omega\,\epsilon}{\kappa}}_{\approx 0})\end{aligned} \tag{7.2- 52}$$

$$\underline{\gamma} \approx \sqrt{-j\omega\,\kappa\,\mu} \qquad \text{und mit} \qquad \underline{\gamma} = \beta - j\alpha \qquad \text{ist} \tag{7.2- 53}$$

$$\beta - j\alpha \approx \sqrt{\omega\,\kappa\,\mu}\,\frac{1-j}{\sqrt{2}}. \tag{7.2- 54}$$

Somit haben die **Dämpfungskonstante** α und die **Phasenkonstante** β in guten metallischen Leitern den gleichen Betrag:

$$\boxed{\alpha = \beta \approx \sqrt{\frac{\omega\,\mu\,\kappa}{2}}} \tag{7.2- 55}$$

Die Dämpfungskonstante α erreicht hier ihren größten Wert: $\alpha = \alpha_{max}$, weswegen eine Welle im gut leitenden Metall ihre stärkste Bedämpfung erfährt. Nach einer Eindringtiefe von λ erfahren der elektrische und der magnetische Feldvektor im gut leitenden Metall mit $\lambda\,\beta = \lambda\,\alpha = 2\pi$ die sehr starken Bedämpfungen

$$\hat{E}\,e^{-\alpha\lambda} = \hat{E}\,e^{-2\pi} \approx \frac{\hat{E}}{535} \approx 0{,}00187\,\hat{E} \tag{7.2- 56}$$

und entsprechend

$$\hat{H}\,e^{-\alpha\lambda} = \hat{H}\,e^{-2\pi} \approx \frac{\hat{H}}{535} \approx 0{,}00187\,\hat{H}. \tag{7.2- 57}$$

Auf einer Länge von $x_1 = \lambda$ werden die Feldstärken auf weniger als 2 Promille oder auf $1/535$ ihres Anfangswertes heruntergedämpft. Der **komplexe Wellenwiderstand** im gut leitenden Metall ist

$$\underline{\Gamma} = \frac{\omega\,\mu}{\underline{\gamma}} \approx \frac{\omega\,\mu}{\sqrt{-j\omega\,\kappa\,\mu}}$$

$$\boxed{\underline{\Gamma} \approx \sqrt{\frac{\omega\,\mu}{\kappa}}\;e^{+j\pi/4}} \tag{7.2- 58}$$

Für den Zusammenhang zwischen elektrischer und magnetischer Komponente der Rechtswelle allein bzw. der Linkswelle allein gilt demnach innerhalb des Metalls bei komplexer Schreibweise der Komponenten:

$$\underline{\hat{E}}_{yre} = \sqrt{\frac{\omega\,\mu}{\kappa}}\;e^{j\pi/4}\;\underline{\hat{H}}_{zre} \tag{7.2- 59}$$

$$\underline{\hat{E}}_{yli} = \sqrt{\frac{\omega\,\mu}{\kappa}}\;e^{j\pi/4}\;\underline{\hat{H}}_{zli} \tag{7.2- 60}$$

Das heißt, im guten Leiter eilt die elektrische Feldstärke der magnetischen Feldstärke um den Grenzwert $\pi/4$ voraus, während bei einer ebenen Welle im Nichtleiter $\vec{E}$ und $\vec{H}$ zeitlich phasengleich schwingen.

Anhang A

Zusammenstellung von Formeln

A.1 Formeln der Vektoranalysis

A.1.1 Gesetzmäßigkeiten

	Skalarprodukte	Vektorprodukte
Kommutativ–Gesetz	$\vec{a}\,\vec{b} = \vec{b}\,\vec{a}$	$\vec{a} \times \vec{b} = -\vec{b} \times \vec{a}$
Assoziativität bei Multiplik. mit Skalar	$\alpha(\vec{a}\,\vec{b}) = (\alpha\,\vec{a})\vec{b}$ $= (\alpha\,\vec{b})\vec{a}$	$\alpha(\vec{a} \times \vec{b}) = \alpha\,\vec{a} \times \vec{b}$ $= \vec{a} \times \alpha\,\vec{b}$
Assoziativität bei Multiplik. mit Vektor	$\vec{a}\,(\vec{b}\,\vec{c}) \neq (\vec{a}\,\vec{b})\,\vec{c}$	$\vec{a} \times (\vec{b} \times \vec{c}) \neq (\vec{a} \times \vec{b}) \times \vec{c}$
Distributivität	$\vec{a}\,(\vec{b} + \vec{c}) = \vec{a}\,\vec{b} + \vec{a}\,\vec{c}$	$\vec{a} \times (\vec{b} + \vec{c}) = \vec{a} \times \vec{b} + \vec{a} \times \vec{c}$
Ortogonalität	$\vec{a}\,\vec{b} = 0$, wenn $\vec{a} \perp \vec{b}$	$\vec{a} \times \vec{b} = a\,b$, wenn $\vec{a} \perp \vec{b}$
Kollinearität	$\vec{a}\,\vec{b} = a\,b$ wenn $\vec{a} \uparrow\uparrow \vec{b}$	$\vec{a} \times \vec{b} = 0$, wenn $\vec{a} \| \vec{b}$
Quadrat eines Vektors	$\vec{a}\,\vec{a} = \vec{a}^2 = a^2$	$\vec{a} \times \vec{a} = 0$

Bemerkung: $\vec{a}\,(\vec{b}\,\vec{c})$ ist ein Vektor parallel zu $\vec{a}$, wobei $(\vec{b}\,\vec{c})$ eine Skalarfunktion ist.

A.1.2 Skalarprodukte

Skalarprodukt dreier Vektoren, die zum Teil durch den symbolischen Vektor Nabla ∇ ersetzt werden. Nabla hat differenzierende Wirkung:

$$\nabla = \frac{\partial}{\partial x}\vec{e}_x + \frac{\partial}{\partial y}\vec{e}_y + \frac{\partial}{\partial z}\vec{e}_z$$

$$\begin{array}{|lcl|}\hline \nabla(\vec{b}\,\vec{c}) & = & grad(\vec{b}\,\vec{c}); \quad (\vec{b}\,\vec{c}) = \text{Skalarfunktion} \\ \vec{a}\,(\nabla\vec{c}) & = & \vec{a}\; div\,\vec{c} \\ \vec{a}\,(\vec{b}\nabla) & = & \vec{a}(\nabla\vec{b}) = \vec{a}\; div\,\vec{b} \\ \nabla(\nabla\vec{c}) & = & grad(div\,\vec{c}) \\ (\nabla\nabla)\,\vec{c} & = & \nabla^2\vec{c} = \Delta\vec{c}; \qquad \Delta = \dfrac{\partial^2}{\partial x^2} + \dfrac{\partial^2}{\partial y^2} + \dfrac{\partial^2}{\partial z^2} \\ \hline \end{array}$$

A.1.3 Spatprodukt

$$\vec{a}\,(\vec{b}\times\vec{c}) = \vec{b}\,(\vec{c}\times\vec{a}) = \vec{c}\,(\vec{a}\times\vec{b})$$

Dieses Spatprodukt beschreibt den Rauminhaltdes aus den Vektoren $\vec{a}$, $\vec{b}$, $\vec{c}$ aufgespannten Parallelepipeds. Das Vorzeichen ist positiv, wenn die drei Vektoren in der Reihenfolge $\vec{a}$, $\vec{b}$, $\vec{c}$ ein Rechtssystem bilden.

Kartesische Komponentendarstellung des Spatproduktes:

$$\vec{a}\,(\vec{b}\times\vec{c}) = \begin{vmatrix} a_x & a_y & a_z \\ b_x & b_y & b_z \\ c_x & c_y & c_z \end{vmatrix}$$

Ersetzt man im Spatprodukt dessen Vektoren der Reihe nach durch ∇, so gilt:

$$\begin{array}{|lcl|}\hline \nabla\,(\vec{b}\times\vec{c}) & = & div\,(\vec{b}\times\vec{c}) = \vec{c}\,rot\,\vec{b} - \vec{b}\,rot\,\vec{c} \\ \vec{a}\,(\nabla\times\vec{c}) & = & \vec{a}\,rot\,\vec{c} \\ \vec{a}\,(\vec{b}\times\nabla) & = & -\vec{a}\,(\nabla\times\vec{b}) = -\vec{a}\,rot\,\vec{b} \\ \nabla\,(\nabla\times\vec{c}) & = & \nabla\,(rot\,\vec{c}) = div\,(rot\,\vec{c}) = (\nabla\times\nabla)\,\vec{c} \equiv 0 \\ \hline \end{array}$$

A.1.4 Vektorprodukt aus dem Vektor $\vec{a}$ und dem Vektor $\vec{b}\times\vec{c}$

Das vektorielle Tripelprodukt $\vec{a}\times(\vec{b}\times\vec{c})$ steht senkrecht auf $\vec{a}$ und senkrecht auf dem Vektor aus $\vec{b}\times\vec{c}$. Die Mathematik liefert:

$$\vec{a}\times(\vec{b}\times\vec{c}) = \vec{b}\,(\vec{a}\,\vec{c}) - \vec{c}\,(\vec{a}\,\vec{b})$$

Mit Nabla anstelle der Vektoren $\vec{a}$ und $\vec{b}$ erhält man den Entwicklungssatz:

$$\begin{aligned} \nabla \times (\nabla \times \vec{a}) &= rot\; rot\, \vec{a} = \nabla\,(\nabla\,\vec{a}) - \nabla^2\,\vec{a} \\ &= \nabla\,(\nabla\,\vec{a}) - \Delta\vec{a} = grad(div\,\vec{a}) - \Delta\vec{a} \end{aligned}$$

A.1.5 Produkte mit ∇, der Skalarfunktion $\phi\,(x, y, z)$ und dem Vektor $\vec{a}$:

$$\begin{aligned} \nabla\,\nabla\,\phi &= \Delta\,\phi = div(grad\,\phi) \\ \nabla \times \nabla\,\phi &= rot(grad\,\phi) = (\nabla \times \nabla)\,\phi \equiv 0 \\ \nabla\,(\phi\,\vec{a}) &= div(\phi\,\vec{a}) = \vec{a}\;grad\,\phi + \phi\;div\,\vec{a} \\ \nabla \times (\phi\,(\nabla \times \vec{a})) &= rot(\phi\;rot\,\vec{a}) \\ &= \nabla\,\phi \times (\nabla \times \vec{a}) + \phi\,\nabla \times (\nabla \times \vec{a}) \\ &= grad\,\phi \times rot\,\vec{a} + \phi\;rot(rot\,\vec{a}) \end{aligned}$$

A.1.6 Formeln zur Berechnung von *grad*, *div*, *rot*

Es sind nachfolgend jeweils: $c = const$, $\vec{c}$ = ein konstanter Vektor;
ϕ, ψ = skalare Ortsfunktionen, dagegen sind $\vec{a}\,\vec{b}\,\vec{c}$ ortsabhängige Vektoren.

$$\begin{aligned} grad\; c &= 0 \\ grad\,(c\,\phi) &= \nabla\,(c\,\phi) = c\,\nabla\,\phi = c\;grad\,\phi \\ grad\,(\phi + \psi) &= grad\,\phi + grad\,\psi \\ grad\,(\phi\,\psi) &= \phi\,\nabla\psi + \psi\,\nabla\phi = \phi\;grad\,\psi + \psi\;grad\,\phi \\ grad\,(\vec{a}\,\vec{b}) &= (\vec{a}\;grad)\,\vec{b} + (\vec{b}\;grad)\,\vec{a} + \vec{a} \times rot\,\vec{b} + \vec{b} \times rot\,\vec{a} \end{aligned}$$

denn es ist: $\vec{b}\,(\vec{a}\,\vec{d}) = (\vec{a}\,\vec{b})\,\vec{d} + \vec{a} \times (\vec{b} \times \vec{d})$

und $(\vec{a}\;grad)\,\vec{b}$ läßt sich umformen:

$2(\vec{a}\,\nabla)\,\vec{b} = rot(\vec{b} \times \vec{a}) + grad(\vec{a}\,\vec{b}) + \vec{a}\;div\,\vec{b} - \vec{b}\;div\,\vec{a} - \vec{a} \times rot\,\vec{b} - \vec{b} \times rot\,\vec{a}$

Analog dazu die Formeln für die Divergenz, wieder mit $c = const$ und $\vec{c}$ als konstantem Vektor:

$$
\begin{array}{ll}
div\,\vec{c} & = 0 \\
div(c\,\vec{a}) & = c\,\nabla\vec{a} = c\,div\,\vec{a} \\
div(\vec{a}+\vec{b}) & = div\,\vec{a} + div\,\vec{b} \\
div(\phi\,\vec{a}) & = \phi\,\nabla\vec{a} + \vec{a}\,\nabla\phi = \phi\,div\,\vec{a} + \vec{a}\,grad\,\phi \\
div(\vec{a}\,\vec{b}) & = \vec{b}\,\nabla\vec{a} + \vec{a}\,\nabla\vec{b} = \vec{b}\,div\,\vec{a} + \vec{a}\,div\,\vec{b} \\
div(\vec{a}\times\vec{b}) & = \vec{b}\,(\nabla\times\vec{a}) - \vec{a}\,(\nabla\times\vec{b}) = \vec{b}\,rot\,\vec{a} - \vec{a}\,rot\,\vec{b} \\
div(grad\,\phi) & = \nabla\nabla\,\phi = \Delta\,\phi \\
div(rot\,\vec{a}) & = \nabla\,(\nabla\times\vec{a}) = (\nabla\times\nabla)\,\vec{a} \equiv 0
\end{array}
$$

Und Formeln für die Rotation:

$$
\begin{array}{ll}
rot(c\,\vec{a}) & = c\,rot\,\vec{a} \\
rot(\vec{a}+\vec{b}) & = \nabla\times\vec{a} + \nabla\times\vec{b} = rot\,\vec{a} + rot\,\vec{b} \\
rot(\phi\,\vec{a}) & = \phi\,(\nabla\times\vec{a}) + \nabla\phi\times\vec{a} = \phi\,rot\,\vec{a} + grad\,\phi\times\vec{a} \\
rot(\vec{a}\times\vec{b}) & = \vec{a}\,div\,\vec{b} - \vec{b}\,div\,\vec{a} + (\vec{b}\,grad)\vec{a} - (\vec{a}\,grad)\vec{b} \\
rot(rot\,\vec{a}) & = \nabla\times(\nabla\times\vec{a}) = \nabla(\nabla\,\vec{a}) - \nabla\nabla\,\vec{a} = grad(div\,\vec{a}) - \Delta\vec{a} \\
rot(grad\,\phi) & = \nabla\times(\nabla\,\phi) = (\nabla\times\nabla)\,\phi \equiv 0
\end{array}
$$

A.1.7 Partielle Differentiation nach der Zeit

Die partielle Differentiation nach der Zeit wird im Text häufig durch überpunktete Größen dargestellt. Beispiele:

$$\frac{\partial\vec{D}}{\partial t} = \dot{\vec{D}} \qquad \text{oder} \qquad \frac{\partial\vec{B}}{\partial t} = \dot{\vec{B}}$$

A.1.8 Formeln in kartesischen Koordinaten

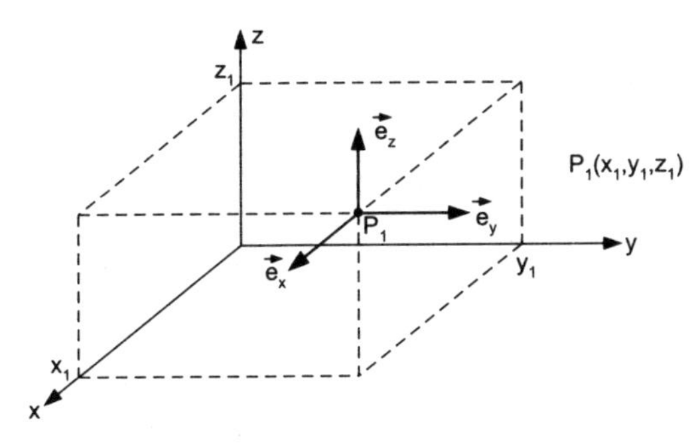

Linienelement: $ds = \sqrt{dx^2 + dy^2 + dz^2}$

Volumenelement: $dv = dx\, dy\, dz$

Nabla Operator: $\nabla = \frac{\partial}{\partial x}\,\vec{e}_x + \frac{\partial}{\partial y}\,\vec{e}_y + \frac{\partial}{\partial z}\,\vec{e}_z$

Gradient: $grad\ \varphi = \nabla\ \varphi = \frac{\partial \varphi}{\partial x}\,\vec{e}_x + \frac{\partial \varphi}{\partial y}\,\vec{e}_y + \frac{\partial \varphi}{\partial z}\vec{e}_z$

Divergenz: $div\ \vec{u} \equiv \nabla\ \vec{u} = \frac{\partial u_x}{\partial x} + \frac{\partial u_y}{\partial y} + \frac{\partial u_z}{\partial z}$

Rotation:

$$\begin{aligned} rot\, \vec{u} \equiv \nabla \times \vec{u} = & \left(\frac{\partial u_z}{\partial y} - \frac{\partial u_y}{\partial z}\right)\vec{e}_x + \\ & \left(\frac{\partial u_x}{\partial z} - \frac{\partial u_z}{\partial x}\right)\vec{e}_y + \\ & \left(\frac{\partial u_y}{\partial x} - \frac{\partial u_x}{\partial y}\right)\vec{e}_z \end{aligned}$$

Laplace–Operator: $\Delta \ldots = \frac{\partial^2 \ldots}{\partial x^2} + \frac{\partial^2 \ldots}{\partial y^2} + \frac{\partial^2 \ldots}{\partial z^2}$

Laplace–Operator, angewandt auf einen Vektor:

$$\begin{aligned} \Delta\vec{u} = \nabla^2\vec{u} = \Delta u_x + \Delta u_y + \Delta u_z = & \frac{\partial^2 u_x}{\partial x^2} + \frac{\partial^2 u_x}{\partial y^2} + \frac{\partial^2 u_x}{\partial z^2} + \\ & \frac{\partial^2 u_y}{\partial x^2} + \frac{\partial^2 u_y}{\partial y^2} + \frac{\partial^2 u_y}{\partial z^2} + \\ & \frac{\partial^2 u_z}{\partial x^2} + \frac{\partial^2 u_z}{\partial y^2} + \frac{\partial^2 u_z}{\partial z^2} \end{aligned}$$

A.1.9 Formeln in Zylinderkoordinaten

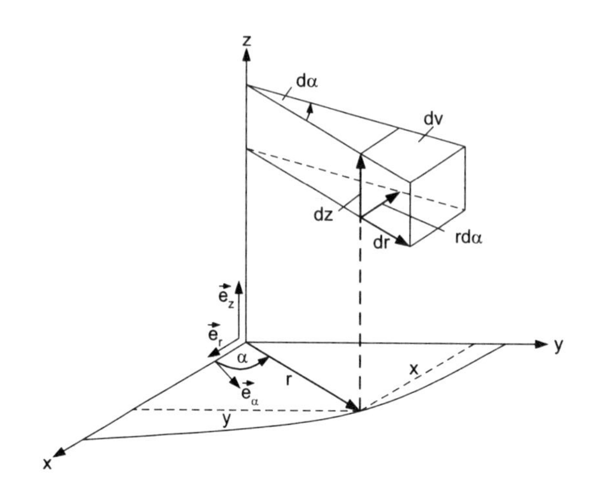

Variablen: r, α, z
Einsvektoren: $\vec{e}_r$, $\vec{e}_\alpha$, $\vec{e}_z$
Rechtssystem: $\vec{e}_r \times \vec{e}_\alpha = \vec{e}_z$
Zusammenhang mit rechtwinkligen Koordinaten:

$x = r\ cos\alpha;\ y = r\ sin\alpha;\ z = z$

$r = \sqrt{x^2 + y^2}$

$\alpha = arctan(y/x)$

$dr = dx\ cos\,\alpha + dy\ sin\,\alpha$

$r\ d\alpha = dy\ cos\,\alpha - dx\ sin\,\alpha$

$dz = dz$

Linienelement: $ds = \sqrt{dr^2 + r^2 d\alpha^2 + dz^2}$

Volumenelement: $dv = r\ dr\ d\alpha\ dz$

Nabla Operator: $\nabla = \frac{\partial}{\partial r}\,\vec{e}_r + \frac{1}{r}\,\frac{\partial}{\partial \alpha}\,\vec{e}_\alpha + \frac{\partial}{\partial z}\,\vec{e}_z$

Gradient: $grad\ \varphi \equiv \nabla\varphi = \frac{\partial\varphi}{\partial r}\,\vec{e}_r + \frac{1}{r}\,\frac{\partial\varphi}{\partial\alpha}\,\vec{e}_\alpha + \frac{\partial\varphi}{\partial z}\,\vec{e}_z$

Divergenz: $div\ \vec{u} \equiv \nabla\,\vec{u} = \frac{1}{r}\frac{\partial(r\ u_r)}{\partial r} + \frac{1}{r}\frac{\partial u_\alpha}{\partial\alpha} + \frac{\partial u_z}{\partial z}$

Rotation:

$$rot\ \vec{u} \equiv \nabla \times \vec{u} = \vec{e}_r\left(\frac{1}{r}\,\frac{\partial u_z}{\partial\alpha} - \frac{\partial u_\alpha}{\partial z}\right) + \vec{e}_\alpha\left(\frac{\partial u_r}{\partial z} - \frac{\partial u_z}{\partial r}\right)$$
$$+\vec{e}_z\left(\frac{1}{r}\,\frac{\partial(r\,u_\alpha)}{\partial r} - \frac{1}{r}\,\frac{\partial u_r}{\partial\alpha}\right)$$

Laplace–Operator: $\Delta\ldots = \frac{1}{r}\frac{\partial}{\partial r}(r\,\frac{\partial\ldots}{\partial r}) + \frac{1}{r^2}\,\frac{\partial^2\ldots}{\partial\alpha^2} + \frac{\partial^2\ldots}{\partial z^2}$

Laplace–Operator, auch in Zylinderkoordinaten, angewandt auf einen Vektor:

$$\Delta\vec{u} = \vec{e}_r\left(\Delta u_r - \frac{2}{r^2}\,\frac{\partial u_\alpha}{\partial\alpha} - \frac{u_r}{r^2}\right) + \vec{e}_\alpha\left(\Delta u_\alpha + \frac{2}{r^2}\,\frac{\partial u_r}{\partial\alpha} - \frac{u_\alpha}{r^2}\right) + \vec{e}_z\left(\Delta u_z\right)$$

A.1.10 Formeln in Kugelkoordinaten

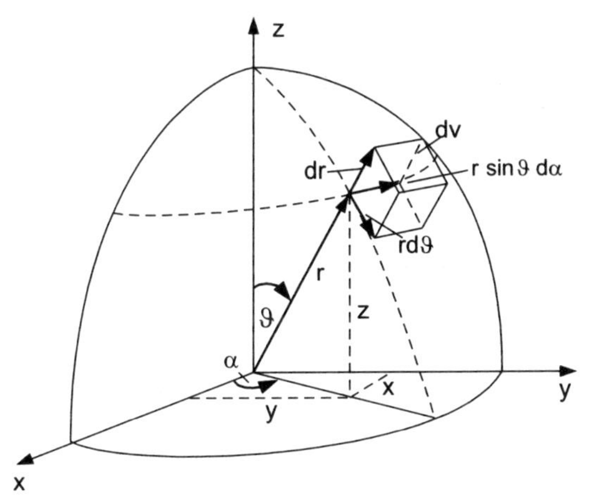

Variablen: $r,\ \vartheta,\ \alpha$
Einsvektoren: $\vec{e}_r,\ \vec{e}_\vartheta,\ \vec{e}_\alpha$
Rechtssystem: $\vec{e}_r \times \vec{e}_\vartheta = \vec{e}_\alpha$
Zusammenhang mit rechtwinkligen Koordinaten:
$x = r\ sin\,\vartheta\ cos\,\alpha,$
$y = r\ sin\,\vartheta\ sin\,\alpha,$
$z = r\ cos\,\vartheta$
$r = \sqrt{x^2 + y^2 + z^2}$
$\alpha = arctan(y/x)$
$\vartheta = arctan(\sqrt{x^2 + y^2}/z)$

$$dr = dx\ sin\,\vartheta\ cos\,\alpha + dy\ sin\,\vartheta\ sin\,\alpha + dz\ cos\,\vartheta$$
$$r\ sin\,\vartheta\ d\alpha = dy\ cos\,\alpha - dx\ sin\,\alpha$$
$$r\ d\vartheta = dx\ cos\,\vartheta\ cos\,\alpha + dy\ cos\,\vartheta\ sin\,\alpha - dz\ sin\,\vartheta$$

Linienelement: $ds = \sqrt{dr^2 + r^2 sin^2\vartheta\ d\alpha^2 + r^2\, d\vartheta^2}$

Volumenelement: $dv = r^2\ sin\,\vartheta\ dr\ d\vartheta\ d\alpha$

Nabla Operator: $\nabla \ldots = \frac{\partial \ldots}{\partial r}\vec{e}_r + \frac{1}{r}\ \frac{\partial \ldots}{\partial \vartheta}\vec{e}_\vartheta + \frac{1}{r\ sin\,\vartheta}\ \frac{\partial \ldots}{\partial \alpha}\vec{e}_\alpha$

Gradient: $grad\,\varphi \equiv \nabla\varphi = \frac{\partial\varphi}{\partial r}\,\vec{e}_r + \frac{1}{r}\ \frac{\partial\varphi}{\partial\vartheta}\,\vec{e}_\vartheta + \frac{1}{r\ sin\,\vartheta}\ \frac{\partial\varphi}{\partial\alpha}\,\vec{e}_\alpha$

Divergenz: $div\,\vec{u} \equiv \nabla\vec{u} = \frac{1}{r^2}\ \frac{\partial(r^2 u_r)}{\partial r} + \frac{1}{r\ sin\,\vartheta}\ \frac{\partial(sin\,\vartheta\ u_\vartheta)}{\partial\vartheta}$

$$+\frac{1}{r\ sin\,\vartheta}\ \frac{\partial u_\alpha}{\partial\alpha}$$

Rotation: $rot\,\vec{u} \equiv \nabla \times \vec{u} = \frac{1}{r\ sin\,\vartheta}\left(\frac{\partial(sin\,\vartheta\ u_\alpha)}{\partial\vartheta} - \frac{\partial u_\vartheta}{\partial\alpha}\right)\vec{e}_r$

$$+\frac{1}{r}\left(\frac{1}{sin\,\vartheta}\ \frac{\partial u_r}{\partial\alpha} - \frac{\partial(r\ u_\alpha)}{\partial r}\right)\vec{e}_\vartheta + \frac{1}{r}\left(\frac{\partial(r\ u_\vartheta)}{\partial r} - \frac{\partial u_r}{\partial\vartheta}\right)\vec{e}_\alpha$$

Laplace–Operator in Kugelkoordinaten für eine Skalarfunktion:

$$\Delta \ldots = \frac{1}{r^2}\frac{\partial}{\partial r}(r^2\frac{\partial \ldots}{\partial r}) + \frac{1}{r^2 sin\,\vartheta}\frac{\partial}{\partial \vartheta}(sin\,\vartheta\,\frac{\partial \ldots}{\partial \vartheta}) + \frac{1}{r^2 sin^2\vartheta}\frac{\partial^2 \ldots}{\partial \alpha^2}$$

Laplace–Operator in Kugelkoordinaten, angewandt auf einen Vektor:

$$\begin{aligned}\Delta\vec{u} = &\left(\Delta u_r - \frac{2}{r^2}u_r - \frac{2}{r^2 sin\,\vartheta}\frac{\partial}{\partial\vartheta}(sin\vartheta\; u_\vartheta) - \frac{2}{r^2 sin\,\vartheta}\frac{\partial u_\alpha}{\partial\alpha}\right)\vec{e}_r\\ &+\left(\Delta u_\vartheta - \frac{u_\vartheta}{r^2 sin^2\vartheta} + \frac{2}{r^2}\frac{\partial u_r}{\partial\vartheta} - \frac{2\,cot\,\vartheta}{r^2 sin\,\vartheta}\frac{\partial u_\alpha}{\partial\alpha}\right)\vec{e}_\vartheta\\ &+\left(\Delta u_\alpha - \frac{u_\alpha}{r^2 sin^2\vartheta} + \frac{2}{r^2 sin\,\vartheta}\frac{\partial u_r}{\partial\alpha} + \frac{2\,cot\,\vartheta}{r^2 sin\,\vartheta}\frac{\partial u_\vartheta}{\partial\alpha}\right)\vec{e}_\alpha\end{aligned}$$

A.1.11 Einige wichtige Konstanten der Elektrotechnik

$c = 2,9979246 \cdot 10^8\ m/s$	Lichtgeschwindigkeit im Vakuum
$\mu_0 = 4\pi \cdot 10^{-7}\ Vs/Am$ exakt	magnetische Feld– (Permeabilitäts–) Konstante
$\epsilon_0 = 8,85419 \cdot 10^{-12}\ As/Vm$	elektrische Feld– (Dielektrizitäts–) Konstante
$\Gamma_0 = 376,73\ \Omega$	Wellenwiderstand des Vakuums
$e = 1,602189 \cdot 10^{-19}\ As$	Elementarladung des Elektrons
$\pi = 3,14159265$	Kreiszahl

und einige spezifische elektrische Leitfähigkeiten:

$\kappa_{Al} \approx 36 \cdot 10^6\ A/Vm$	für Aluminium
$\kappa_{Au} \approx 45 \cdot 10^6\ A/Vm$	für Gold
$\kappa_{Cu} \approx 58 \cdot 10^6\ A/Vm$	für Kupfer
$\kappa_{Ag} \approx 62,5 \cdot 10^6\ A/Vm$	für Silber

Liste der hauptsächlich verwendeten Symbole

Symbol	Einheit	Benennung der Größe
$a, \vec{a}$	m^2	Fläche, Flächenvektor
$da, d\vec{a}$	m^2	Flächenelement, Vektor des Flächenelementes $d\vec{a} = \vec{n}\,da$
$\vec{A}$	Vs/m	magnetisches Vektorpotential
$\vec{B}$	Vs/m^2	magnetische Flußdichte, auch: Induktion
C	As/V	Kapazität, Kapazitätskonstante
$\vec{D}$	As/m	elektrische Flußdichte, Verschiebungsdichte
$\vec{E}$	V/m	elektrische Feldstärke
$\vec{e}_x, \vec{e}_y, \vec{e}_z$	1	Einsvektoren
ϵ_0	$As/(Vm)$	elektrische Feldkonstante
ϵ_r	1	Dielektrizitätszahl, Permittivitätszahl
$\epsilon = \epsilon_0\epsilon_r$	$As/(Vm)$	Dielektrizitätskonstante, Permittivität
η	As/m^3	elektrische Raumladungsdichte
f	Hz	Frequenz
Γ, Γ_0	Ω	Wellenwid. im Dielektrikum bzw. Vakuum
$\vec{H}$	A/m	magnetische Feldstärke
$\underline{H}_m = \underline{\hat{H}}$	A/m	komplexe Amplitude magnetischer Feldstärke
$\Theta = wI$	A	elektrische Durchflutung
$i(t)$	A	Momentanwerte eines Wechselstroms
$\hat{i}$	A	reelle Amplitude harmonischen Stromes
I	A	Gleichstrom
I_{ef}	A	Effektivwert eines Wechselstromes
$\underline{I}_m = \underline{\hat{i}}$	A	komplexe Amplitude harmonischen Stromes
$\vec{J}$	A/m^2	elektrische Leitungsstromdichte
$\Im_0, \Im_1$	1	Besselfunktion nullter bzw. erster Ordnung
$\underline{\hat{J}}$	A/m^2	komplexe Amplitude einer harmonischen Leitungsstromdichte
$\vec{j}_s$	A/m	elektrische Flächenstromdichte, Strombelag
$j = \sqrt{-1}$	1	imaginäre Einheit bei komplexen Koordinaten
κ	$A/(Vm)$	spezifische elektrische Leitfähigkeit
L	Vs/A	Selbstinduktivität(skonstante)
λ	m	Wellenlänge
$\vec{M}$	A/m	Magnetisierung
M	Vs/A	Gegeninduktivität

Symbol	Einheit	Benennung
μ_0	$Vs/(Am)$	magnetische Feldkonstante
μ_r	1	Permeabilitätszahl
$\mu = \mu_0\mu_r$	$Vs/(Am)$	Permeabilität
P_v, P_b, P_s	VA	Wirk-, Blind-, Scheinleistung
p_v	W/m^3	räumliche Verlustleistungsdichte
P_v	W	Stromwärme– oder Verlustleistung
$P_w(t)$	W	Wirk– oder Verlustleistungsschwingung
$\underline{P}$	VA	komplexe Leistung
$\vec{P}$	As/m	elektrische Polarisation
q, Q	As	elektrische Ladungen
R	V/A	elektrischer Verlustwiderstand
r, $\vec{r}$	m	Radius, Radiusvektor
ρ	Vm/A	spezifischer elektrischer Widerstand
$\vec{S}$	VA/m	Poyntingvektor der Energieströmung
$\underline{\vec{S}}$	VA/m^2	komplexer Energieströmungsvektor
$d\vec{s}$	m	Linienelement
$\overset{\circ}{s}$	m	Umlauf, Randkurve
σ	As/m	elektrische Flächenladungsdichte
$u(t)$	V	Momentanwert einer Wechselspannung
$\overset{\circ}{u}$	V	elektrische Umlaufspannung
$\hat{u}$	V	reelle Amplitude harmonischer Spannung
U	V	elektrische Gleichspannung
U_{ef}	V	Effektivwert einer Wechselspannung
$\underline{U}_m = \underline{\hat{u}}$	V	komplexe Ampl. harmonischer Spannung
V, $\overset{\circ}{\mathsf{V}}$	A	magnetische Spannung, Umlaufspannung
$\vec{v}, \vec{v}_q$	m/s	Geschwindigkeitsvektor: $\lvert\vec{v}\rvert, \lvert\vec{v}_q\rvert << c$
v	m^3	Volumen
dv	m^3	Volumenelement
φ	V	elektrisches Skalarpotential
φ_m	A	magnetisches Skalarpotential
ϕ	Vs	magnetischer Fluß
ψ	As	elektrischer Fluß
$\underline{Y}$	A/V	komplexer (elektrischer) Leitwert
$\lvert\underline{Y}\rvert$	A/V	Scheinleitwert
$\underline{Z}$	V/A	komplexer (elektrischer) Widerstand
$\lvert\underline{Z}\rvert$	V/A	Scheinwiderstand
ω	$1/s$	Kreisfrequenz: $\omega = 2\pi f$

Anhang B

Literatur

Becker, Richard u. Fritz Sauter, Theorie der Elektrizität, Bd. 1, B.G. Teubner, 1973.

Blume, Siegfried, Theorie elektromagnetischer Felder, 4. Auflage, Hüthig Studientext, 1994.

Boll, Richard, Weichmagnetische Werkstoffe (Einführung in den Magnetismus, VAC–Werkstoffe und ihre Anwendungen), Hanau, Vacuumschmelze GmbH, 4. völlig neu überarbeitete und erweiterte Auflage, 1990.

Chen, H.C., Theory of Electromagnetic Waves, New York, McGraw–Hill, Tech Books 1992.

Cheng, D.K., Field and Wave Electromagnetics, Reading Mass (USA), Addison–Wesley, Electrical Engineering Ser., 2nd edition, 1989.

Frohne, Heinrich, Elektrische und magnetische Felder, B.G. Teubner, 1994.

DIN Taschenbuch Nr. 22, Normen für Größen und Einheiten in Naturwissenschaft und Technik, Beuth-Vertrieb, 7. Auflage, 1990.

Kost, Arnulf, Numerische Methoden in der Berechnung elektromagnetischer Felder, Springer, 1994.

Küpfmüller, K. und Kohn, G., Theoretische Elektrotechnik und Elektronik, Eine Einführung, Springer, 1993, 14. verbesserte Auflage.

Landau, L.D. und Lifshitz, E.M., The Classical Theory of Fields, Oxford, Pergamon Press, 1980.

Lehner, Günther, Elektromagnetische Feldtheorie für Ingenieure und Physiker, Springer–Lehrbuch, 3. Auflage, 1996.

Marx, B. und R. Süsse, Theoretische Elektrotechnik in fünf Bänden, Band 1: Variationsrechnung und Maxwellsche Gleichungen, B.I. Wissenschaftsverlag Mannheim, Leipzig, Wien, Zürich, 1994; Springer Verlag, Heidelberg, 1997; jetzt Wissenschaftsverlag Ilmenau, Ilmenau, 1999.

Piefke, G., Feldtheorie I, II, Hochschultaschenbücher Bd. 771, 1974, Bibl. Institut Mannheim, 1985.

Schwab, Adolf, J., Begriffswelt der Feldtheorie, Springer, 5. Auflage, 1998.

Schwab, Adolf J., Elektromagnetische Verträglichkeit, Springer, 4. Auflage, 1996.

Shadowitz, Albert, The Electromagnetic Field, McGraw-Hill, Dover, 1988.

Simonyi, Karoly, Theoretische Elektrotechnik, Wiley-VCH, 10. Auflage, 1993.

Sommerfeld, Arnold, Vorlesungen über Theoretische Physik, Band 3 Elektrodynamik, H. Deutsch–Verlag, 4. Auflage, 1988.

Strassacker, G.und Strassacker, P., Analytische und numerische Methoden der Feldberechnung, B.G. Teubner, 1993.

Süsse, R., Das Kompensationsprinzip, Zeitschrift für Elektrische Informations- und Energietechnik, 10 (1980) 5, S. 461-468.

Süsse, R.; Diemar, U.; Michel, G., Theoretische Elektrotechnik, Band 2: Netzwerke und Elemente höherer Ordnung, VDI-Verlag, Düsseldorf, 1996; Springer Verlag, Heidelberg, 1997; jetzt Wissenschaftsverlag Ilmenau, Ilmenau, 1997.

Süsse, R.; Kallenbach, E.; Ströhla, T., Theoretische Elektrotechnik, Band 3: Analyse und Synthese elektrotechnischer Systeme, Wissenschaftsverlag Ilmenau, Ilmenau, 1997.

Süsse, R. und Diemar, U., Theoretische Elektrotechnik, Band 4: Beschreibung, Berechnung und Synthese von Feldern, Wissenschaftsverlag Ilmenau, Ilmenau, 2000.

Süsse, R. und Marx, B., Theoretische Elektrotechnik, Band 5: Elektrische Netzwerke – Berechnung und Synthese von Schaltungen für vorgegebenes Bifurkationsverhalten, Wissenschaftsverlag Ilmenau, Ilmenau, 2002.

Süsse, R. und Swiridow, A., Statistische Kenntnis-Dynamik, Wissenschaftsverlag Ilmenau, Ilmenau, 1998.

Weiss, A.v., Die elektromagnetischen Felder, Vieweg, 1983.

Wolff, Ingo, Grundlagen und Anwendungen der Maxwellschen Theorie, Springer, 4. Auflage, 1997.

Wunsch, Gerhard, Feldtheorie 1, Verlag Technik, 1973.

Wunsch, Gerhard, Feldtheorie 2, Hüthig, 1976.

Zahn, Markus, Electromagnetic Field Theory, Verlag Krieger, 1987.

Index